二级注册建筑师考试教材与工作实务
建筑结构、建筑物理与设备

筑龙学社　组织编写

中国建筑工业出版社

图书在版编目(CIP)数据

二级注册建筑师考试教材与工作实务. 建筑结构、建筑物理与设备 / 筑龙学社组织编写. — 北京：中国建筑工业出版社，2022.1

ISBN 978-7-112-28294-4

Ⅰ. ①二… Ⅱ. ①筑… Ⅲ. ①建筑结构－资格考试－自学参考资料②建筑物理学－资格考试－自学参考资料③房屋建筑设备－资格考试－自学参考资料 Ⅳ. ①TU

中国版本图书馆 CIP 数据核字(2022)第 243969 号

责任编辑：刘　静　徐　冉
责任校对：张惠雯

二级注册建筑师考试教材与工作实务　建筑结构、建筑物理与设备

筑龙学社　组织编写

*

中国建筑工业出版社出版、发行（北京海淀三里河路 9 号）

各地新华书店、建筑书店经销

北京红光制版公司制版

天津翔远印刷有限公司印刷

*

开本：787 毫米×1092 毫米　1/16　印张：24¼　字数：586 千字

2023 年 2 月第一版　　2023 年 2 月第一次印刷

定价：**82.00** 元

ISBN 978-7-112-28294-4

（40749）

编 委 会 名 单

（按姓氏笔画排序）

方正则　刘　莹　池彦忠　李　悦

张　登　张　鹏　张世宪　张丽霞

董　智　焦　伟

序

建筑师作为业主建筑生产全过程的代理人，其建筑专业实践涵盖从策划、设计到招标投标和施工的建筑生产全过程。注册建筑师考试的考前复习应有助于考生掌握全过程建筑设计，有助于提升其分析、创造的思维能力以及对新知识、新技术的敏感性。

我国正处于社会经济转型、产业升级，实现高质量发展的新阶段。它涉及理念的转变，模式的转型和路径的创新，是一个战略性、全局性、系统性的变革。随着新型建筑工业化的发展，传统的从设计到建造的线性流程需要进行相应的调整，形成建筑设计与建造设计协同发展的并行流程。建筑师在考前复习的过程中应对新型建筑工业化重点关注，并把握以下 4 个方面对建筑实践的影响：

1. 发展体系框架和三化融合

《"十四五"建筑业发展规划》提出在"十四五"末期要初步形成建筑业的高质量发展体系框架，推动建筑业的高质量发展。发展体系重点在三个方面发力：一是工业化，二是数字化，三是绿色化。规划强调推动三化融合，协同发展，跨界融合，集成创新。中国建筑业正在走以新型工业化变革生产方式，以数字化推动全面转型，以绿色化实现可持续发展的创新时代。

2. 科技革命和产业变革

以互联网、物联网、大数据、云计算、移动通信、人工智能、区块链等新型技术集成与创新应用，推动全行业的质量变革、效率变革、动力变革，实现数字价值创造，推动数字产业化和产业数字化。新一轮科技革命和产业变革，极大地促进了建筑业的新思维、新科技和新业态。

3. 系统集成和整合创新

加强建筑生产工业化创新发展的体系研究与实践。模块化设计、数字化制造、装配化施工、智慧化运维使装配式建筑体系集成化，并从建筑策划设计到加工制造，再到现场装配施工，以及后期运维，形成一条全产业链，进而形成全生命周期的建筑体系。

4. 工业化设计和智慧化制造

加强工业化的思维、产品化的设计思考，开拓建筑学的新边界。当机器取代人去建造，建造的组织模式必将发生变化，生产关系的变化必然改变建筑学的边界。建筑学借助工业化与智能机器人的力量，实现了从建筑策划、创意、设计到建造的一体化，击碎了传统建筑行业的专业细分与藩篱，这种"工业化＋智能机器"的复合模式必然带来生产力、生产关系和建造方式的重大变革。

总之，新型建筑工业化不仅需要建筑师扎实掌握建筑设计的专业知识与创新思维，还要跨专业学习土木工程管理、产品制造、计算机语言等相关知识，掌握诸多基于信息化技术的设计与分析模拟工具，为日后成为具有综合素质的建筑设计与建造团队领导者打下坚实的基础。新型建筑工业化的介入使得建造过程发生了重大改变，面对这种变化，建筑师除了坚守核心领域——基于场地和功能的建筑构思，还必须将设计延伸到材料、产品、构件的生产及组装领域。注册建筑师考试全面反映了社会对于建筑师的基本要求。我国注册建筑师考试科学、合理、公平、有效，考试大纲改版后的注册考试将继续与时俱进，关注新型工业化对建筑师提出的新要求，达到测试考生是否具备足够的专业知识与技能以及组织协调和决策能力的目的。

青年建筑师除立足于设计行业本身之外，应责无旁贷地做好项目设计方面的领头人，在建筑行业的创新、节能、绿色发展之路上继续探索前进。衷心希望青年建筑师们用科技的力量，拓宽建筑学的边界，走向新营造！

顾勇新
中国建筑学会监事
中国建筑学会建筑产业现代化发展委员会副主任

前　言

　　本系列图书是响应原建设部和人事部自1994年实施注册建筑师制度而编制的应试辅导书，拟包含涉及"场地与建筑方案设计（作图题）""建筑设计、建筑材料与构造""建筑结构、建筑物理与设备""建筑经济、施工与设计业务管理"科目共4册。

　　本教材以2022年版考试大纲为依据，依托筑龙学社多年教研的经验积累，结合考试参考书目、现行国家标准规范进行编写。结合例题进行知识点解析，突出重难点；同时，结合实际工程经验，给出实务提示，以帮助考生理论联系实际，力求"学得快，用得上"。

　　本教材特邀具有多年全国一、二级注册建筑师考试辅导经验的教师编写，他们均具备一级注册建筑师、一级注册结构工程师、注册电气工程师或注册公用设备工程师等执业资格。他们在本专业领域具有丰富的专业知识及经验，可以切实有效地为考生提供备考指导。

　　本教材在应试辅导的同时，也强调对专业知识体系的梳理与融贯。从专业角度加入与行业发展同步的信息以及现行国家标准规范等，内容与时俱进。在知识的归纳解读中，部分内容运用了思维导图的形式，力求重点突出、清晰直观、便于理解。同时，本教材还具备考点覆盖面广、信息量大的特点。

　　在二级注册建筑师资格考试中，"建筑结构、建筑物理与设备"科目内容较多，如何帮助学员提高复习效率并通过考试是编写教师关注的核心问题。本教材分析近5年的考题，按照重要性及出题频率对考试大纲中的考点进行分级。三星级（★★★）的知识点为需重点掌握的内容，二星级（★★）的知识点需记忆并理解掌握，一星级（★）的知识点仅作一般性了解即可。以此划定复习范围和深度，帮助考生提高学习效率。

　　总体来说，本教材的编写紧扣2022年版考试大纲的要求，立足基础，强化辅导，兼顾拓展，强调知识结构的体系化和考前复习的针对性。本教材初稿的主要章节都曾被用来试讲，考生普遍反映教材内容简洁、易懂，受到大家的欢迎与肯定。然而，百密一疏，书中若有错误或遗漏之处，也请各位同仁及广大考生不吝赐教，以使教材不断完善。

目　　录

第一章　力学的基本概念

考试大纲对相关内容的要求：

了解结构力学的基本概念；了解一般杆系结构的内力及变形概念。

（1）结构力学概念：是指针对三大力学（理论力学、材料力学、结构力学）由浅及深地建立力学概念，掌握并运用平衡及杆件受力分析的基础知识来解答考试题目（本章内容以概念为主，无需大量计算，是建筑结构设计中一项重要的基本概念）。

（2）杆系结构的内力和变形：针对体系和杆件受力进行综合讲解分析，归根结底也是结构力学的基本概念。

2022 年版大纲与往年大纲考核内容基本无差别，但强调了考生需要掌握力学的基本概念，并对所学概念形成知识网络。

根据近五年考试的真题评定和分析，出题频率较高的知识点基本集中在杆系结构在不同荷载作用下的内力及变形。第一章内容的知识网络梳理见图 1-0-1。

第一节　力　的　平　衡

一、力的投影与分力（★★）

（一）刚体、平衡以及力的三要素

1. 刚体的概念

物体受力以后发生微小变形，但对其运动和平衡的影响可以忽略不计，此时便可把物体抽象成为不变形的力学模型——刚体。

2. 平衡的概念

平衡是指在惯性参照系内，物体仍保持静止或作匀速直线运动的状态。

3. 力的三要素

力的大小、方向、作用点是力的三要素，力的作用效应取决于力的三要素（图 1-1-1）。

（二）分力的投影及作法

根据力的三要素可知，力是一个矢量，需满足矢量的运算法则。当求共点的二力矢的合力时，可采用力的平行四边形法则：两个力合成时，以表示这两个力的线段为邻边作平行四边形，这个平行四边形的对角线就表示合力的大小和方向。如图 1-1-2，两共点力 F_1、F_2 的共点为点 A。根据力的平行四边形法则，沿点 B 做 AD 的平行线 BC，沿点 D 做 AB 的平行线 DC，形成平行四边形。过共点 A 做对角线 AC，则力矢 F_r 即为力 F_1、F_2 的合力。

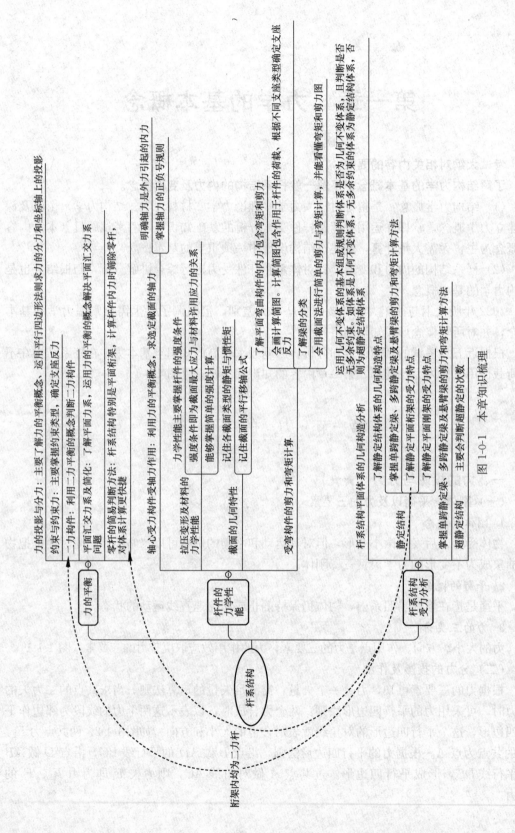

图 1-0-1　本章知识梳理

力的投影与分力：主要了解了力的平衡概念，运用平行四边形法则求力的分力和坐标轴上的投影

约束与约束力：主要掌握约束类型，确定支座反力

二力构件：利用二力平衡的概念判断二力构件

平面汇交力系简化：了解平面力系，运用平衡的概念解决平面汇交力系问题

零杆的简易判断方法：杆系结构特别是平面桁架，计算杆件内力时删除零杆，对体系结构计算更快捷

明确轴力是外力引起的内力

掌握轴力的正负号规则

轴心受力构件受轴力作用：利用力的平衡概念，求选定截面的力

力学性能主要掌握杆件的强度条件

强度条件即为截面最大应力与材料许用应力的关系

能够掌握简单的强度计算

记住各截面简单的静矩与惯性矩

记住截面的平行移轴公式

了解平面弯曲构件的内力包含弯矩和剪力

会画计算简图。计算弯曲构件弯矩图的分类

了解梁的分类

运用几何不变体系的基本组成规则判断体系是否为几何不变体系，且判断是否有多余约束。如体系是几何不变体系，无多余约束的体系为静定结构，否则为超静定结构

根据不同支座类型确定支座反力

会用截面法进行简单的剪力与弯矩计算，并能看懂弯矩和剪力图

运用几何不变体系的几何构造特点

了解静定结构平面体系的几何构造分析

掌握单跨静定梁、多跨静定梁的受力特点

了解静定平面刚架的受力特点

掌握单跨静定梁、多跨静定梁及悬臂梁的剪力和弯矩计算方法

主要会判断超静定结构的次数

力的平衡

杆件的力学性能

拉压变形及材料的力学性能

截面的几何特性

变弯构件的剪力和弯矩计算

杆系结构受力分析

静定结构

掌握单跨静定梁、多跨静定梁的受力特点

超静定结构

杆系结构

桁架内均为二力杆

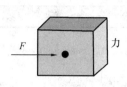

图 1-1-1 力的三要素

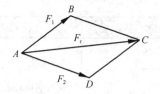

图 1-1-2 力的平行四边形法则

过力矢 F 的两端点 A、B，分别向 X 轴上做垂线，得到垂足 a、b 及线段 ab；向 Y 轴上做垂线，得到垂足 a'、b' 及线段 $a'b'$，再规定其正负号。则矢量 ab 和 $a'b'$ 称为力矢 F 在坐标轴上的投影。如图 1-1-3 中所示的 X 和 Y 即为力矢 F 在 X 轴和 Y 轴上的投影，其值为 F 的模（向量长度的绝对值）乘以力与投影轴正向夹角的余弦值，即为：

$$X = |F|\cos\alpha \tag{1-1-1}$$

$$Y = |F|\cos\beta = |F|\sin\alpha \tag{1-1-2}$$

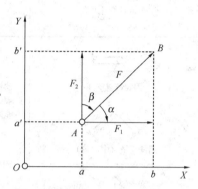

图 1-1-3 力矢 F 在坐标轴上的投影关系

二、约束与约束力（★）

考生应掌握约束的种类及其性质和特点。

几种典型约束的性质及相应约束力的确定方法见表 1-1-1。

几种典型约束的性质及其约束力　　　　　　　　　表 1-1-1

约束的类型	约束的性质	约束力的确定
柔体约束（如绳索、胶带、链条等）	柔体约束只能限制物体沿着柔性体中心线伸长方向的运动，而不能限制物体沿其他方向的运动	约束力必定沿着柔体的中心线，且背离被约束的物体
光滑接触约束	光滑接触约束只能限制物体沿接触面的公法线方向指向支承面的运动，而不能限制物体沿接触面或离开支承面的运动	光滑接触面的约束力通过接触点，沿接触面的公法线并指向被约束的物体
可动铰支座（辊轴支座）	可动铰支座不能限制物体绕销钉的转动和沿支承面的运动，而只能限制物体在支承面垂直方向的运动	可动铰支座的约束反力通过销钉中心且垂直于支承面，指向待定

3

约束的类型	约束的性质	约束力的确定
链杆约束	链杆约束只能限制物体沿链杆中心线方向的运动，而其他方向的运动都不能限制	链杆约束的约束反力沿着链杆中心线，指向待定
固定铰链支座 圆柱铰链（中间铰）	铰链约束只能限制物体在垂直于销钉轴线的平面内任意方向的运动，而不能限制物体绕销钉的转动	约束反力作用在垂直于销钉轴线的平面内，通过销钉中心，而方向待定
定向支座	定向支座只能限制物体沿支座链杆方向的运动和物体绕支座的转动，而不能限制物体沿支承面的运动	约束力可表示为一个垂直于支承面的力和一个约束力偶，指向与主动力相反
固定端约束	固定端约束既能限制物体移动，又能限制物体绕固定端转动	约束反力可表示为两个互相垂直的分力和一个约束力偶，指向均待定

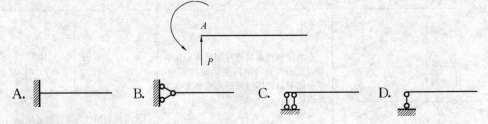

例题 1-1 (2020)：图示支座 A，与约束反力相对应的支座形式是：

A. B. C. D.

【答案】C

【解析】图示中支座不受水平约束力的作用，因此为定向支座，C 选项正确。A 选项为固定支座，受三个力作用；B 选项为固定铰支座，不受弯矩作用；C 选项为滑动支座，仅受竖向约束作用。

三、二力构件（★★★）

1. 二力平衡的概念

作用在同一不计自重的刚体上的两个力，使刚体平衡的必要充分条件是，这两个力大小相等，方向相反，且作用在同一直线上。

2. 二力构件的定义及其受力特点

仅受两个力作用且处于平衡状态的物体，称为二力构件或二力杆。如图 1-1-4，力 F_1

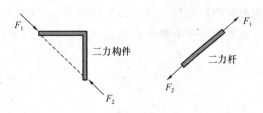

图 1-1-4　二力平衡

注意：二力构件是不计自重的。

与 F_2 为作用在同一刚体上，且作用线相同、大小相等、作用方向相反的两力矢。根据力的平衡原理，刚体处于平衡状态。

四、平面汇交力系及简化（★★）

（一）平面力系

1. 力系的概念

同时作用在刚体上的多个力，称为力系（图 1-1-5）。

2. 平面汇交力系

在平面力系中，各力作用线在同一平面内且汇交于一点的力系。

平面汇交力系（图 1-1-6）是平面一般力系的一种特殊情况。由平面一般力系的平衡条件可知，平面汇交力系的平衡条件是合力为零。

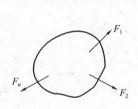

图 1-1-5　平面力系

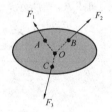

图 1-1-6　平面汇交力系

（二）平面汇交力系的几何法

1. 几何法表示规则

力多边形是由各力矢首尾相接而成，其封闭边即为合力矢（图 1-1-7）。

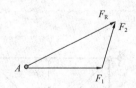
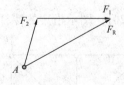

图 1-1-7　力的多边形法则

2. 几何法的平衡条件

平面汇交力系 F_1、F_2、F_3 作用在物体的 A 点 [图 1-1-8（a）]，先任选两个力 F_1、F_2，按三角形法则合成一个合力 F_{r1}，再把 F_{r1} 与下一个力 F_3 合成，合力为 F_r [图 1-1-8 (b)]。在平面汇交力系中再加入一个与 F_r 再大小相等、方向相反的力 F_4，四个力所组成的力多边形是封闭的,即矢量和为零 [图 1-1-8 (c)],则力系 F_1、F_2、F_3、F_4 必然平衡。因此平面汇交力系平衡的必要充分的几何条件是:力多边形自行封闭,如图 1-1-8 所示。

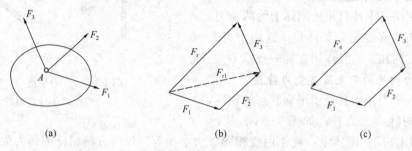

图 1-1-8 平面汇交力系平衡

五、零杆的简易判断方法（★★★）

1. 零杆的概念

在桁架的计算中,有时会遇到某些杆件内力为零的情况,这些内力为零的杆件称为零杆。

2. 零杆的简易判断方法

L 形节点,如图 1-1-9 (a) 所示,两杆节点 A 上无荷载作用时,两杆的内力都等于零,$N_1 = N_2 = 0$。

T 形节点,如图 1-1-9 (b) 所示,三杆节点 B 上无荷载作用时,如果其中有两杆在一直线上,则另一杆必为零杆,$N_3 = 0$。

K 形节点,如图 1-1-9 (c) 所示,四杆节点 C 上无何荷载作用时,两根斜杠为零杠,$N_3 = N_4 = 0$。

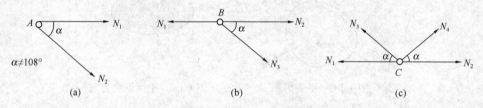

图 1-1-9 零杆的简易形式

上述结论都可以由节点平衡条件得以证实,在分析桁架时,可先利用其判断出零杆,以简化计算。

例题 1-2（2020）:图示桁架的零杆数量是:

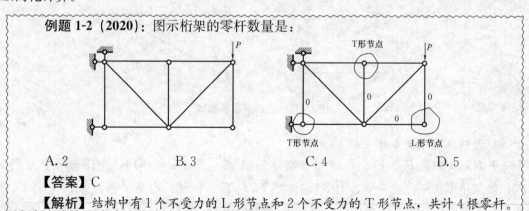

A. 2　　　　　　　　B. 3　　　　　　　　C. 4　　　　　　　　D. 5

【答案】C

【解析】结构中有 1 个不受力的 L 形节点和 2 个不受力的 T 形节点,共计 4 根零杆。

第二节　构件的力学性能

一、基本概念

（一）构件的强度、刚度和稳定性

1. 强度

构件抵抗破坏（断裂或不可恢复变形）的能力。

2. 刚度

构件抵抗变形的能力。

3. 稳定性

构件保持原有平衡状态的能力。

（二）构件的变形

构件的变形分为弹性变形及塑性变形。

1. 弹性变形

弹性：当作用于构件的外力不超过一定值时，去除外力后能恢复原尺寸及形状的性质，称为杆件或材料的弹性。

弹性变形：外力解除后可恢复的变形。

2. 塑性变形

塑性：当作用于构件的外力超过一定值时，去除外力后，变形只能部分恢复而残留下一部分不能消失的变形（残余变形），此特性称为杆件或材料的塑性。

塑性变形：外力解除后不可恢复的变形。

（三）外力

外力是指施加在构件上的外部荷载（含支座反力）。按其作用方式可分为体积力（场力）和表面力（接触力）。

表面力是直接作用于构件表面的分布力或集中力，如图 1-2-1 所示；体积力是连续分布在构件内部各点处的力，如图 1-2-2 所示。

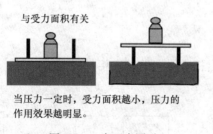

与受力面积有关

当压力一定时，受力面积越小，压力的作用效果越明显。

图 1-2-1　表面力图示

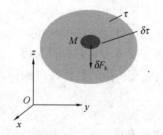

图 1-2-2　体积力图示

（四）内力与截面法（★★）

内力是指在外力作用下，物体内部各部分之间因外力而引起的附加相互作用力，即"附加内力"。附加内力是分布于截面上的一个分布力系，我们把这个分布力系在截面上某一点简化后得到的主矢和主矩，称为该截面上的内力。

1. 内力的分布特点

内力是成对出现的，大小相等，方向相反，分别作用在构件的两个部分上。

2. 截面法

截面法是求内力的基本方法，是用一截面假想地把构件分成两部分，以显示并确定内力的方法。

实务提示：

　　求解内力一般用截面法，可归纳为以下三个解题步骤：

　　1. 欲求某一截面上的内力，就沿该截面假想地把构件分为两部分，取任一部分作为研究对象，并弃掉另一部分；

　　2. 用作用于截面上的内力代替弃去部分对留下部分的作用；

　　3. 建立留取部分的平衡方程，确定未知的内力。

（五）应力和应变

1. 正应力

垂直于截面的应力分量称为正应力，用 σ 表示（图 1-2-3）。

$$\sigma = \frac{F_N}{A} \tag{1-2-1}$$

式中　F_N——构件的轴向力；

　　　A——截面面积。

图 1-2-3　截面正应力

2. 轴向线应变

纵向变形：指的是所研究物体在整体的轴向方向上受到外力引起的变形大小，用 ΔL 表示。

$$\Delta L = L_1 - L \tag{1-2-2}$$

式中　L——杆件受力前的长度；

　　　L_1——受外力后的杆件长度。

纵向线应变：指的是杆件内的微元体沿杆件纵向的长度相对变形量，用 ε 表示。

$$\varepsilon = \frac{\Delta L}{L} \tag{1-2-3}$$

3. 剪切应力

相切于截面（剪切面）的应力分量称为剪切应力，用 τ 表示（图 1-2-4）。

$$\tau = \frac{F_Q}{A_Q} \tag{1-2-4}$$

式中　F_Q——计算截面上的剪力；

　　　A_Q——剪切面的截面面积。

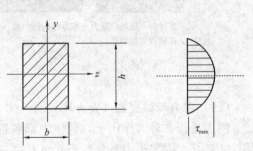

图 1-2-4　截面上剪切应力的分布情况

（六）变形和位移

（1）变形是指受力物体形状和大小的改变，可以归结为长度的改变（线变形）和角度的改变（角变形）。

（2）位移是反映物体一点的变化情况。

二、轴力（★★）

1. 杆件拉伸和压缩的概念 （图 1-2-5）

作用在杆件上外力合力的作用线与杆件轴线重合，使得杆件产生沿轴线方向的伸长或者缩短，称为拉压变形。

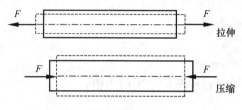

图 1-2-5　杆件拉伸和压缩

2. 利用截面法求拉压杆件横截面上的内力

轴力 F_N：轴向拉压杆件在外力作用下产生的内力称为轴力。

（1）截面选取（图 1-2-6 中 $m-m$ 截面），F 为作用在杆件两端的轴向拉力。

图 1-2-6　截面选取

（2）利用截面法求杆件内力，见图 1-2-7。

（3）轴力的正负号规则见图 1-2-8。

规定：使留取部分受拉的轴力 F_N 为正，反之为负。

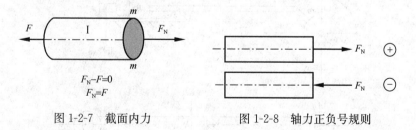

图 1-2-7　截面内力　　　　图 1-2-8　轴力正负号规则

三、拉压变形及材料的力学性能（★★）

1. 失效的概念

杆件不能正常工作的状态称为失效。失效的形式分为脆性断裂、塑性屈服、压杆失稳、疲劳断裂。

2. 强度条件

$$\sigma_{max} = \left(\frac{F_N}{A}\right)_{max} \leqslant [\sigma] \tag{1-2-5}$$

若为等截面杆，则上式变为

$$\sigma_{max} = \frac{F_{Nmax}}{A} \leqslant [\sigma] \tag{1-2-6}$$

式中 $[\sigma]$——许用正应力，即保证材料正常工作的最大应力值；

    σ_{max}——杆件内最大工作应力；

    F_N——杆件轴力；

  F_{Nmax}——杆件最大许用荷载；

    A——杆件截面面积。

3. 强度计算的三个问题

（1）校核强度：

已知 $[\sigma]$、F 和 A，检验杆件截面最大应力值：

$$\sigma_{max} = \frac{F_{Nmax}}{A} \leqslant [\sigma] \tag{1-2-7}$$

（2）选择截面：

已知 $[\sigma]$ 和 F，求杆件截面面积：

$$A \geqslant \frac{F_{Nmax}}{[\sigma]} \tag{1-2-8}$$

（3）确定最大许用荷载：

已知 $[\sigma]$ 和 A，求杆件最大许用荷载：

$$F_{Nmax} \leqslant [\sigma]A \tag{1-2-9}$$

    例题 1-3：某冷镦机的曲柄滑块机构如图所示。镦压时，矩形截面连杆 AB 在水平位置。已知：$h=1.4b$，$[\sigma]=90\text{MPa}$，$F=3780\text{kN}$。不计自重，试确定连杆的截面尺寸。

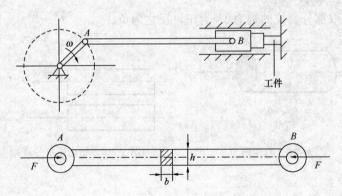

    解：

    1. 求轴力：$F_N = F = 3780\text{kN}$

    2. 求横截面面积：

由 $\dfrac{F_N}{A} \leqslant [\sigma]$，得到 $A \geqslant \dfrac{F_N}{[\sigma]} = \dfrac{3780 \times 10^3}{90} = 42 \times 10^3 \, \text{mm}^2$

3. 确定横截面的尺寸：

由 $A = hb = 1.4b^2 \geqslant 42 \times 10^3 \, \text{mm}^2$，得到 $b \geqslant 173\text{mm}$，则：$h = 1.4b \geqslant 1.4 \times 173 = 242\text{mm}$

四、截面的几何特性（★★）

（一）静矩与形心

（1）形心：截面几何形状的中心。

（2）形心主轴：过形心的主轴。

（3）平面图形对于 z 轴的静矩，见图 1-2-9。

$$S_z = \int_A y \, \mathrm{d}A \tag{1-2-10}$$

（4）平面图形对于 y 轴的静矩，见图 1-2-9。

$$S_y = \int_A z \, \mathrm{d}A \tag{1-2-11}$$

（二）基本截面的惯性矩

（1）圆形截面对其形心轴的惯性矩，见图 1-2-10。

$$I_y = I_z = \frac{\pi d^2}{64} \tag{1-2-12}$$

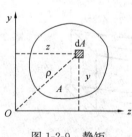
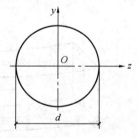

图 1-2-9　静矩　　　　　图 1-2-10　实心圆形截面

（2）环圆形截面对其形心轴的惯性矩，见图 1-2-11。

$$I_y = I_z = \frac{\pi d^2}{64}(1 - \alpha^4) \tag{1-2-13}$$

$$\alpha = \frac{d}{D}$$

（3）矩形截面对其形心轴的惯性矩，见图 1-2-12。

$$I_y = \frac{bh^3}{12} \tag{1-2-14}$$

$$I_z = \frac{hb^3}{12} \qquad\qquad (1\text{-}2\text{-}15)$$

（4）平行移轴公式（a 为截面形心距 z_1 轴的距离，A 为截面面积，I_z 为截面对其形心轴的惯性矩），见图 1-2-13。

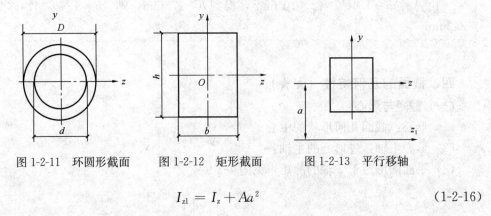

图 1-2-11　环圆形截面　　　图 1-2-12　矩形截面　　　图 1-2-13　平行移轴

$$I_{z1} = I_z + Aa^2 \qquad\qquad (1\text{-}2\text{-}16)$$

五、受弯构件（梁）的剪力与弯矩计算（★★★）

（一）平面弯曲的基本概念

（1）弯曲变形的概念：荷载垂直于杆的轴线，使得杆的轴线由直线变成曲线的变形形式，简称弯曲。

（2）梁：以弯曲为主变形的杆件。梁按照轴线分为直梁和曲梁，直梁为轴线为直线的梁，曲梁为轴线为曲线的梁。

（3）平面弯曲：轴线的弯曲平面与载荷的作用平面重合（或平行）的弯曲形式，见图 1-2-14、图 1-2-15。

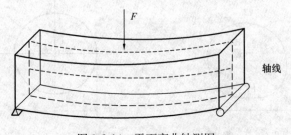

图 1-2-14　平面弯曲轴测图

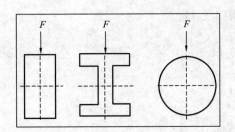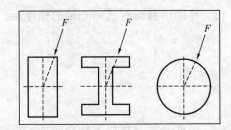

图 1-2-15　平面弯曲构件的截面示意

（二）工程实例（图 1-2-16～图 1-2-19）

图 1-2-16　吊车梁

图 1-2-17　摇臂钻的摇臂

图 1-2-18　桥梁

图 1-2-19　跳台

（三）梁的荷载及简图

（1）梁上荷载分类：集中力、分布力，集中力偶、分布力偶。

（2）不同支座形式受力简图

1）滑动铰支座：约束竖向移动，见图 1-2-20。

图 1-2-20　滑动铰支座

2）固定铰支座：水平、垂直方向不能移动，可以转动，见图 1-2-21。

3）固定支座：阻止任何方向的移动和转动，见图 1-2-22。

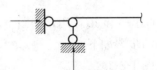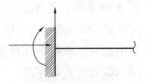

图 1-2-21　固定铰支座　　　　　　　　　图 1-2-22　固定支座

（3）梁的简化形式：用梁轴线表示，见图 1-2-23。

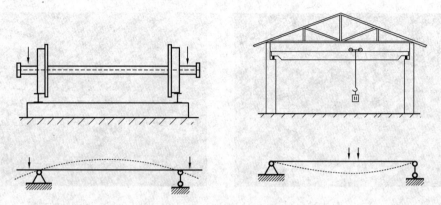

图 1-2-23　梁的简化形式

（四）梁的分类

（1）按支座情况可分为：简支梁、外伸梁、悬臂梁（图 1-2-24）。

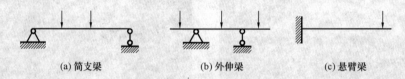

图 1-2-24　按支座情况分类

（2）按支座数量可分为：静定梁和超静定梁，见图 1-2-25。

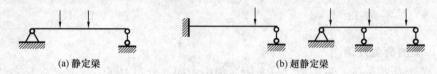

图 1-2-25　按支座数量分类

（3）按跨数分为：单跨梁和多跨梁，见图 1-2-26。

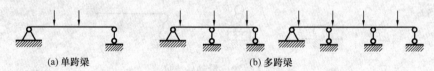

图 1-2-26　按梁跨数分类

（五）剪力与弯矩

1. 求解方法：截面法

简支梁受外力偶 M_e 及竖向力 F_1 和 F_2 作用，如图 1-2-27 所示。

利用截面法求剪力和弯矩的步骤如下：

利用截面法，取左段，见图 1-2-28：

由 $\sum F_y = 0$，得到：

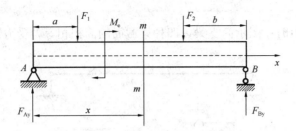

图 1-2-27　梁受力简图

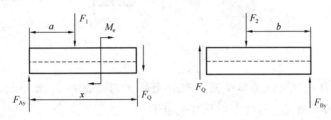

图 1-2-28　隔离体

$$F_{Ay} - F_1 - F_Q = 0$$

即：

$$F_Q = F_{Ay} - F_1$$

根据弯矩平衡原理 $\sum M_c = 0$ 得到：

$$F_{Ay}x - F_1(x-a) + M_e - M = 0$$

则：

$$M = F_{Ay}x - F_1(x-a) + M_e$$

实务提示：

　　任一横截面上的弯矩等于该横截面任一侧所有载荷对该横截面形心力矩的代数和。

2. 内力符号的规定

剪力：绕研究体顺时针转为正 [图 1-2-29 (a)]，逆时针转为负 [图 1-2-29 (b)]。

弯矩：使研究体下部受拉为正 [图 1-2-29 (c)]，上部受拉为负 [图 1-2-29 (d)]。

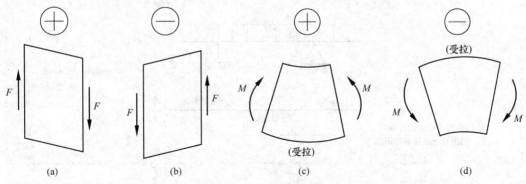

图 1-2-29　内力图示意

例题 1-4（2018）： 图示简支梁，四种梁截面的面积相等，受力最合理的是：

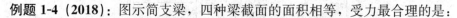

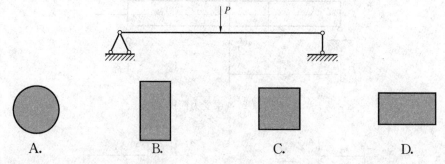

A.　　　　B.　　　　C.　　　　D.

【答案】B

【解析】构件的抗弯能力与截面对形心主轴 x 的惯性矩 I_x 大小相关。偏离形心主轴 x 的截面面积越大，I_x 越大，抗弯越有利。

例题 1-5（2019）： 下列梁弯矩示意图正确的是：

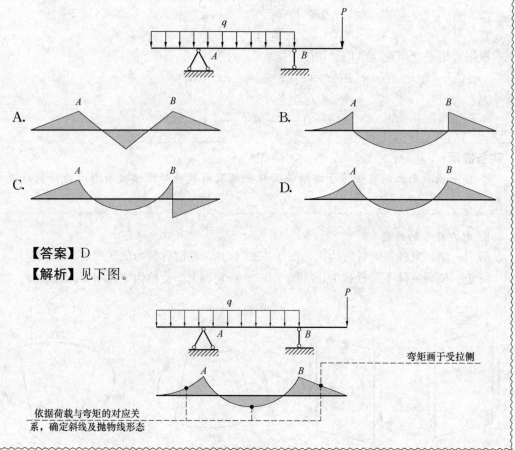

【答案】D

【解析】见下图。

第三节　杆系结构受力分析

一、杆系结构的概念

长度方向的尺寸远大于横截面尺寸的构件称为杆件。由若干杆件通过适当方式连接起来组成的结构体系称为杆系结构（图 1-3-1）。如果组成结构的所有各杆件的轴线都位于某一平面内，并且荷载也作用于此同一平面，则这种结构称为平面杆系结构，否则便是空间杆系结构。

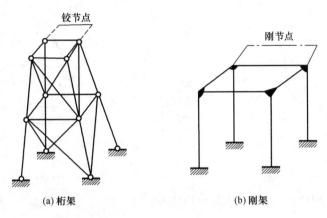

(a) 桁架　　　　　　　　(b) 刚架

图 1-3-1　杆系结构示例图

在建筑工程领域内，杆系结构是应用最为广泛的一种结构形式，几乎在所有工程的结构设计中都含有杆系结构的设计，故结构力学将杆系结构作为主要研究对象。通常所说的结构力学指的就是杆系结构力学。

二、平面体系的几何构造分析（★★★）

（一）基本概念

（1）刚片：不变形的平面刚体。

（2）自由度：确定体系位置所需要的独立坐标的数目。平面内的一个点有两个自由度，一个刚片在平面内运动时，有三个自由度。

（3）约束：减少体系自由度的装置。

（4）约束形式：分为链杆、单铰、刚节点，见图 1-3-2。

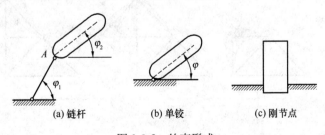

(a) 链杆　　　　　　(b) 单铰　　　　　　(c) 刚节点

图 1-3-2　约束形式

（二）几何不变体系的基本组成规则

（1）两刚片规则（如简支梁、外伸梁）：两刚片由一个铰和一个不通过该铰的链杆相连，或由三个不全平行也不交与同一点的链杆相连，则构成无多余约束的几何不变体。如图1-3-3（a）。

（2）三刚片规则（三铰刚架、三铰拱）：三个刚片用不在同一直线上的三个铰两两相连，则构成无多余约束的几何不变体系。如图1-3-3（b）。

（3）二元体规则：在一个平面杆件体系上增加或减少若干个二元体，都不会改变原结构体系。如图1-3-3（c）。

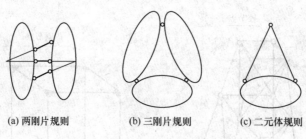

(a) 两刚片规则　　　　　(b) 三刚片规则　　　　　(c) 二元体规则

图1-3-3　几何不变体系组成规则

例题1-6（2018）：图示结构的几何体系是：

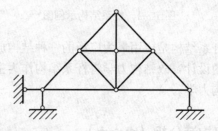

A. 无多余约束的几何不变体系　　　　B. 有多余约束的几何不变体系

C. 可变体系　　　　　　　　　　　　D. 瞬变体系

【答案】B

【解析】铰接三角形为无多余约束的几何不变体，依据二元体规则，通过不断添加二元体可以发现，上部结构为有1个多余约束的几何不变体（见解图）；支座为典型的简支梁支座，无多余约束，故B选项正确。

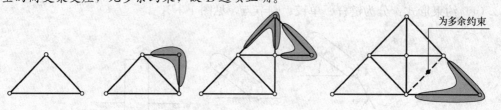

为多余约束

三、静定结构（★）

若在任意荷载作用下，结构的全部反力和内力都可以由静力平衡条件确定，这样的结构便称为静定结构。

（一）静力平衡条件

根据静力学平衡原理，静定结构的平衡条件为：
$$\sum F_x = 0, \sum F_y = 0, \sum M = 0$$

（二）几何构造特点

几何构造特点是几何不变且无多余联系，见图 1-3-4。

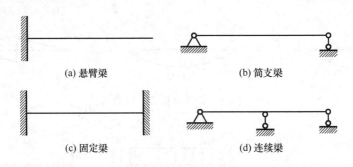

(a) 悬臂梁   (b) 简支梁

(c) 固定梁   (d) 连续梁

图 1-3-4　静定结构

（三）单跨静定梁

1. 截面法求指定 x 截面的剪力 V，弯矩 M

（1）截开；

（2）取左（或右）为研究对象；

（3）画左（或右）的内力图；

（4）列左（或右）的平衡方程。

（5）铰节点：若无集中力矩作用，则弯矩等于零；

　　　　　　若有集中力矩作用，则弯矩等于该集中力矩值。

（6）自由端：若无集中力（力偶）作用，则剪力（弯矩）等于零；

　　　　　　若有集中力（力偶）作用，则剪力（弯矩）值等于该集中力（力偶）值。

2. 剪力图与弯矩图的特征　（表 1-3-1）

剪力图与弯矩图特征　　　　　　　　　　　　　　　表 1-3-1

梁上外力情况	无荷载段	横向均布力 q 作用区段	横向集中力 P 作用处	集中力偶 M 作用处	铰处
剪力图特征	水平线	斜直线	突变，突变值为 P	无变化	无变化
弯矩图特征	斜直线	抛物线（凸出方向同 q 指向）	有尖角（尖角指向同 P 指向）	有突变，突变值为 M	为零

（1）简支梁荷载、内力图（图 1-3-5）

（2）悬臂梁荷载、内力图（图 1-3-6）

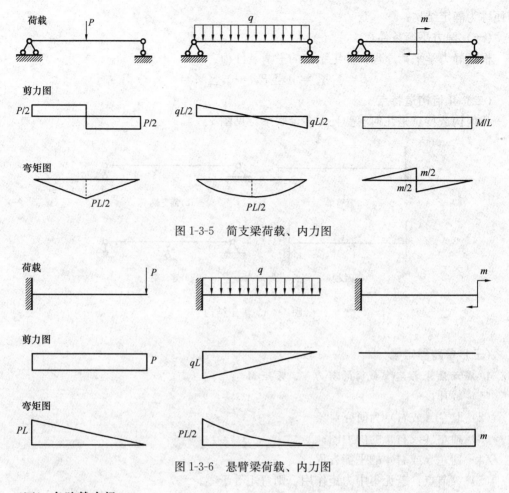

图 1-3-5 简支梁荷载、内力图

图 1-3-6 悬臂梁荷载、内力图

（四）多跨静定梁

多跨静定梁是由若干根梁用铰连接而成，并用来跨越几个相连跨度的静定梁（图 1-3-7）。

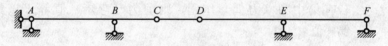

图 1-3-7 多跨静定梁

1. 多跨静定梁计算原则

计算多跨静定梁时，应遵守的原则是：先计算附属部分后计算基本部分，将附属部分的支座反力反向作用在基本部分上，把多跨梁拆成多个单跨梁，依次解决。将单跨梁的内力图连在一起，就是多跨梁的内力图。弯矩图和剪力图的画法同单跨梁。

2. 结构分析和结构层叠图

AB 段为梁的基本部分，BD 段和 DE 段均为附属部分，而 DE 段又叠加在 BD 段上，因此分析应先从 DE 段开始。由此得到层叠图 1-3-8。

计算是根据层叠图，将梁拆成单跨梁 [图 1-3-8 （c）] 进行计算，先附属部分，后基本部分，按顺序依次进行，求得各个单跨梁的支座反力。

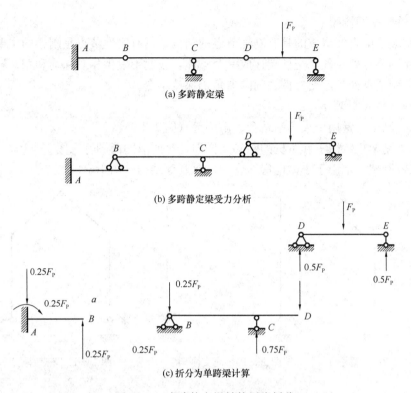

(a) 多跨静定梁

(b) 多跨静定梁受力分析

(c) 折分为单跨梁计算

图 1-3-8　多跨静定梁结构层次拆分

例题 1-7（2020）：图示结构弯矩示意图，正确的是：

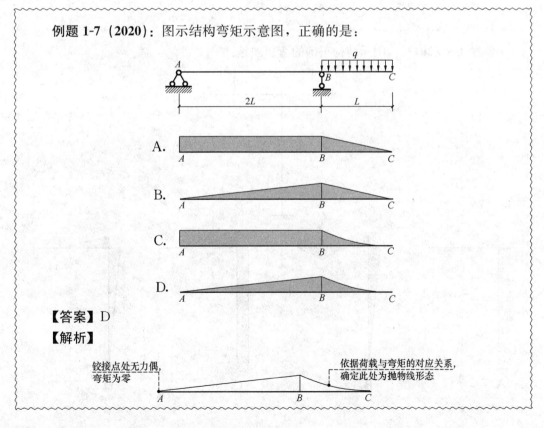

【答案】D

【解析】

铰接点处无力偶，弯矩为零

依据荷载与弯矩的对应关系，确定此处为抛物线形态

21

（五）静定平面刚架

（1）刚架是由直杆组成的具有刚性节点的结构。具有刚性节点是刚架的主要特点。

（2）在刚节点处，各汇交杆端连成一个整体，彼此不发生相对移动和相对转动，即荷载作用后，刚节点处各汇交杆件之间的夹角仍保持不变。

（3）静定平面刚架分类：

1）悬臂刚架：常用于火车站站台、雨棚等（图1-3-9）。

2）简支刚架：常用于起重机的刚支架横向计算所取的简图等（图1-3-10）。

3）三铰刚架：常用于小型厂房、仓库、食堂等结构（图1-3-11）。

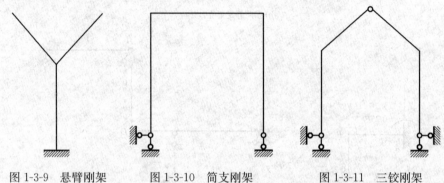

图1-3-9　悬臂刚架　　　图1-3-10　简支刚架　　　图1-3-11　三铰刚架

（4）弯矩规定以刚架的内侧纤维受拉为正，反之为负（弯矩一律画在杆件的纤维受拉侧，图中无须标明正负号）。

例题1-8（2017）：图示结构正确的弯矩图是：

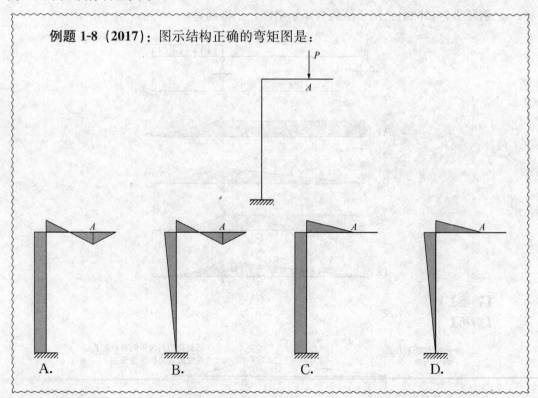

A.　　　　B.　　　　C.　　　　D.

【答案】C

【解析】

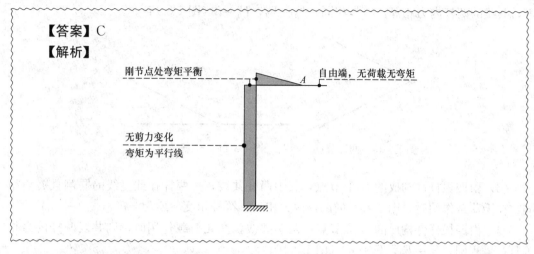

(六) 静定平面桁架

静定平面桁架是由若干直杆在两端铰接组成的静定结构（图 1-3-12）。桁架在工程实际中有广泛的应用，但是，结构力学中的桁架与实际有差别，主要进行了以下简化：

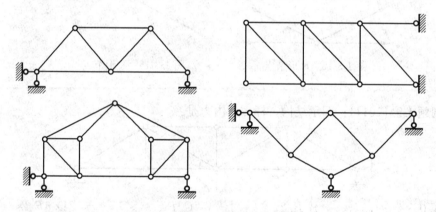

图 1-3-12　静定平面桁架

(1) 所有节点都是无摩擦的理想铰；

(2) 各杆的轴线都是直线，并在同一平面内且通过铰的中心；

(3) 荷载和支座反力都作用在节点上，并在桁架平面内。

1. 桁架的受力特点

桁架的杆件都在两端受轴向力，因此，桁架中的所有杆件均为二力杆。

2. 节点法

截取桁架的一个节点为脱离体来计算桁架内力的方法称为节点法。节点上的荷载、反力和杆件内力作用线都汇交于一点，组成了平面汇交力系，因此，节点法是利用平面汇交力系求解内力的。桁架中常见一些特殊情况的节点，掌握这些节点的平衡规律可简化计算，现列举如下：

(1) 不共线的两杆节点，当无荷载作用时，则两杆内力为零，$F_1 = F_2 = 0$（图 1-3-13）。

(2) 由三杆构成的节点，有两杆共线且无荷载作用时，则不共线的第三杆内力必为零，共线的两杆内力相等，符号相同，$F_1 = F_2$，$F_3 = 0$（图1-3-14）。

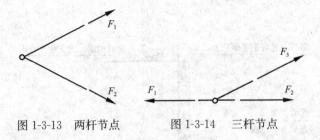

图 1-3-13　两杆节点　　　图 1-3-14　三杆节点

（3）由四根杆件构成的 K 形节点，其中两杆共线，另两杆在此直线的同侧且夹角相同，在无荷载作用时，则不共线的两杆内力相等，符号相反，$F_3 = -F_4$（图1-3-15）。

（4）由四根杆件构成的 X 形节点，两两共线，在无荷载作用时，则共线两杆内力相等且符号相同，$F_1 = F_2$，$F_3 = F_4$（图1-3-16）。

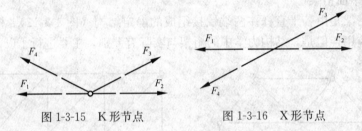

图 1-3-15　K 形节点　　　　图 1-3-16　X 形节点

例题 1-9（2011）：图示结构，杆1的内力是：

A. 0　　　　　B. $P/2$　　　　　C. P　　　　　D. $3P/2$

【答案】C

【解析】对称轴上为 T 形节点，由荷载 P 可知，两侧斜杆的竖向分力为 $P/2$，杆件 1 的内力值为：$(P/2)/\sin 30° = P$，故选 C。

例题 1-10（2018）：图示结构，杆1的内力是：

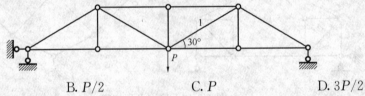

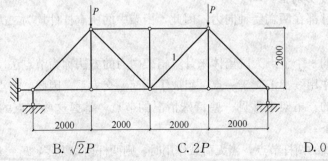

A. P　　　　　B. $\sqrt{2}P$　　　　　C. $2P$　　　　　D. 0

【答案】D

【解析】

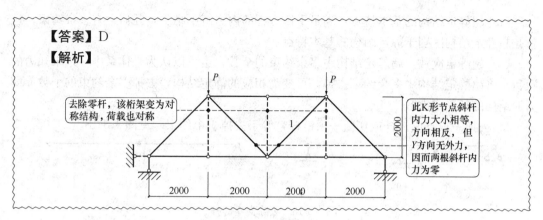

去除零杆，该桁架变为对称结构，荷载也对称

此K形节点斜杆内力大小相等，方向相反，但Y方向无外力，因而两根斜杆内力为零

（七）结构变形

以下为受力变形与弯矩图对应图示（图1-3-17）。

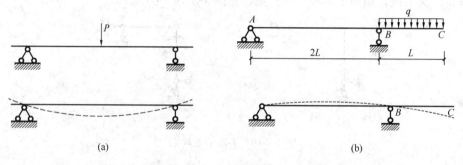

（a）   （b）

图1-3-17　简支梁变形图

例题1-11（2018）：简图示悬臂梁，端点A挠度最大的是：

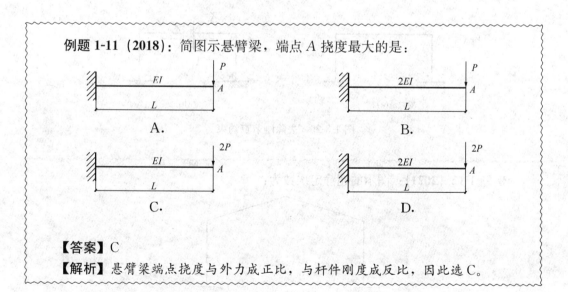

A.   B.

C.   D.

【答案】C

【解析】悬臂梁端点挠度与外力成正比，与杆件刚度成反比，因此选C。

四、超静定结构（★）

单靠平衡条件不能确定全部反力和内力的结构，称为超静定结构。静定结构和超静定结构都是几何不变体体系，而静定结构没有多余的约束，超静定结构则存在多余约束。

（1）超静定结构的基本特点：满足平衡方程的内力解不唯一，几何上有多余约束，这就是超静定结构区别于静定结构的基本特点。

（2）超静定次数：超静定结构中多余约束的个数，也可以认为是体系中多余未知力的数目。将超静定结构中多余约束去掉，可变为相应的静定结构，去掉多余约束的个数 n 即为原结构的超静定次数。

1）去掉一根支座链杆或切断一根链杆，等于去掉 1 个约束。见图 1-3-18。

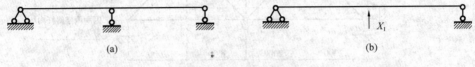

图 1-3-18　去除支座链杆

2）去掉一个固定铰支座或撤去一个单铰，等于去掉 2 个约束，见图 1-3-19（a）。将刚性连接改为单铰，相当于去掉 1 个约束，见图 1-3-19（b）。

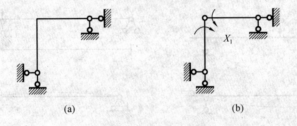

图 1-3-19　去除节点约束

3）去掉一个固定端或切断一个梁式杆，等于去掉 3 个约束，见图 1-3-20。

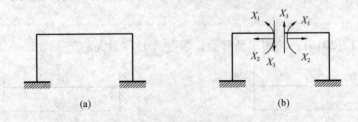

图 1-3-20　去除刚节点约束

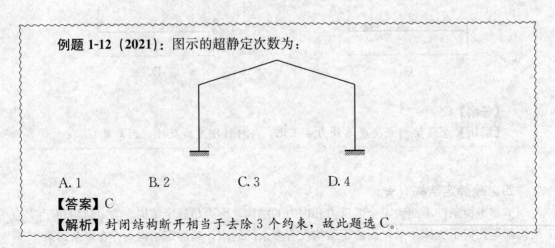

例题 1-12（2021）：图示的超静定次数为：

A. 1　　　　　　B. 2　　　　　　C. 3　　　　　　D. 4

【答案】C

【解析】封闭结构断开相当于去除 3 个约束，故此题选 C。

例题 1-13（2020）：图示的超静定次数为：

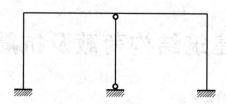

A. 2 次   B. 3 次   C. 4 次   D. 5 次

【答案】C

【解析】截断中间的竖杆后，去除 1 个约束，剖开封闭结构，去除 3 个约束，因此为 4 次超静定结构。

例题 1-14（2019）：图示结构，超静定次数为：

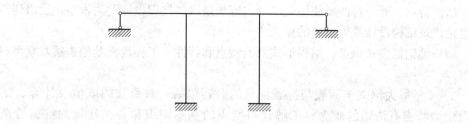

A. 2 次   B. 3 次   C. 4 次   D. 5 次

【答案】D

【解析】去掉 5 个约束（见图解），变为静定结构，故 D 选项正确。

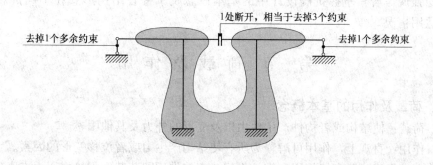

第二章　建筑结构荷载及抗震设计要求

考试大纲对相关内容的要求：

1. 掌握常用荷载、一般建筑的结构形式和受力特点的基本知识；

2. 掌握抗震设计的基本概念及抗震构造，掌握各类结构形式在不同抗震烈度下的适用范围。

（1）常用荷载及作用：掌握荷载的分类、组合及取值等基本概念，结合实例加深对概念的理解。

（2）建筑抗震设计概念和基本规定：我国为全境抗震设防的国家，所有关于结构形式、结构特点、受力特性及使用范围等内容均是以"抗震设计"为根本，所以建筑抗震设计也是建筑结构设计最为重要的概念之一。

（3）纯记忆性知识点：结构形式及其特点和特性、工程地质基础讲解及新型材料及结构等。

2002 年版大纲关于荷载与抗震部分的内容包括：对荷载的取值及计算、结构的模型及受力特点有清晰的概念；了解建筑抗震的基本知识和各类建筑的抗震构造，及各类结构在不同烈度下的使用范围；了解地质条件的基本概念。将两版考纲进行对比可见：①关于荷载部分，新版考纲较旧版考纲更加笼统；从新考纲的思路考虑，考试内容更加贴近实用，将荷载与结构形式结合在一起；②抗震设计方面，新旧考纲基本无差别，均强调需着重掌握抗震设计中的基本概念及掌握各结构形式在不同抗震设防烈度下的适用情况。

第一节　荷　载　及　作　用

一、荷载及作用的基本概念

（1）荷载：使结构或者构件产生内力以及变形的外力及其他因素。

（2）作用：直观上，作用可解释为所有使结构产生力或者位移变形的因素。

结构上，作用可分直接作用和间接作用。直接作用即荷载；间接作用为支座位移、温度应力等。

二、荷载分类及荷载代表值（★★）

（1）永久荷载：在结构使用期间，其值不随时间变化，或其变化与平均值相比可以忽略不计，或其变化是单调的并能趋于限值的荷载。

（2）可变荷载：在结构使用期间，其值随时间变化，其变化与平均值相比不可以忽略不计的荷载。

（3）偶然荷载：在结构设计使用年限内不一定出现，而一旦出现其值量很大，且持续时间很短的荷载。

（4）荷载代表值：设计中用以验算极限状态所采用的荷载量值，例如标准值、组合值、频遇值和准永久值。

（5）设计基准期：为确定可变荷载代表值而选用的时间参数。

（6）标准值：荷载的基本代表值，为设计基准期内最大荷载统计分布的特征值（例如均值、众值、中值或某个分位置）。

（7）组合值：对可变荷载，使组合后的荷载效应在设计基准期内的超越概率，能与该荷载单独出现时的相应概率趋于一致的荷载值；或使组合后的结构具有统一规定的可靠指标的荷载值。

（8）荷载设计值：荷载代表值与荷载分项系数的乘积。

（9）荷载效应：由荷载作用引起的结构或结构构件内产生的内力（如轴力、剪力、弯矩等）、变形和裂缝等的总称。

三、荷载组合（不含地震及人防荷载）（★）

（一）荷载组合的概念

按极限状态设计时，为保证结构的可靠性而对同时出现的各种荷载设计值的规定。

（二）极限状态的分项系数设计法

根据《工程结构通用规范》GB 55001—2021，结构设计时，对涉及人身安全及结构安全、结构或结构单元的正常使用功能、人员舒适性、建筑外观等不同设计目标，应进行相应的极限状态计算（图 2-1-1）。

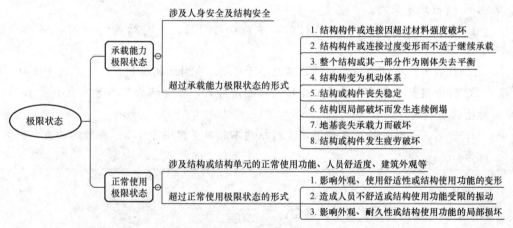

图 2-1-1　极限状态

（三）荷载组合分类

> **实务提示：**
>
> 　　结构上的作用根据时间变化特性分为永久作用、可变作用和偶然作用，其代表值应符合《工程结构通用规范》GB 55001—2021 第 2.4.1 条规定。
>
> 　　1. 永久作用采用标准值。
>
> 　　2. 可变荷载应根据设计要求采用标准值、组合值、频遇值或准永久值。

> 3. 偶然作用应按结构设计使用特点确定其代表值。

1. 基本组合

《工程结构通用规范》GB 55001—2021 规定，对持久设计状况和短暂设计状况，应采用作用的基本组合，并应符合如下规定：

$$\sum_{i \geqslant 1} \gamma_{Gi} G_{ik} + \gamma_P P + \gamma_{Q1} \gamma_{L1} Q_{1k} + \sum_{j > 1} \gamma_{Qj} \psi_{cj} \gamma_{Lj} Q_{jk} \tag{2-1-1}$$

式中　G_{ik}——第 i 个永久作用的标准值；

Q_{1k}——第 1 个可变作用（主导可变作用）的标准值；

Q_{jk}——第 j 个可变作用的标准值；

γ_{Gi}——第 i 个永久作用的分项系数；

γ_P——预应力作用的分项系数；

γ_{Q1}——第 1 个可变作用（主导可变作用）的分项系数；

γ_{Qj}——第 j 个可变作用的分项；

γ_{L1}、γ_{Lj}——第 1 个和第 j 个考虑结构设计工作年限的荷载调整系数；

ψ_{cj}——第 j 个可变作用的组合值系数，应按现行有关标准的规定采用。

> **实务提示：**
> 房屋建筑结构的作用分项系数，应根据《工程结构通用规范》GB 55001—2021 第 3.1.13 条规定采用。
> 1. 永久作用：当对结构不利时，不应小于 1.3；当对结构有利时，不应大于 1.0。
> 2. 预应力：当对结构不利时，不应小于 1.3；当对结构有利时，不应大于 1.0。
> 3. 标准值大于 $4kN/m^2$ 的工业房屋楼面活荷载，当对结构不利时不应小于 1.4；当对结构有利时，应取为 0。
> 4. 除第 3 款之外的可变作用，当对结构不利时不应小于 1.5；当对结构有利时，应取为 0。

2. 偶然组合

偶然组合的效应设计值按下式确定：

$$\sum_{i \geqslant 1} G_{ik} + P + A_d + (\psi_{f1} \text{ 或} \psi_{q1}) Q_{1k} + \sum_{j > 1} \psi_{qj} Q_{jk} \tag{2-1-2}$$

式中　A_d——偶然作用的代表值；

ψ_{f1}——第 1 个可变作用的频遇值系数；

ψ_{q1}、ψ_{qj}——第 1 个和第 j 个可变作用的准永久值系数。

3. 地震组合

详见本章第二节，此处不表。

4. 标准组合

$$\sum_{i \geqslant 1} G_{ik} + P + Q_{1k} + \sum_{j>1} \psi_{cj} Q_{jk} \qquad (2\text{-}1\text{-}3)$$

5. 频遇组合

$$\sum_{i \geqslant 1} G_{ik} + P + \psi_{f1} Q_{1k} + \sum_{j>1} \psi_{qj} Q_{jk} \qquad (2\text{-}1\text{-}4)$$

6. 准永久组合

$$\sum_{i \geqslant 1} G_{ik} + P + \sum_{j \geqslant 1} \psi_{qj} Q_{jk} \qquad (2\text{-}1\text{-}5)$$

> **实务提示：**
>
> 对于上述作用组合效应取值，应按照《工程结构通用规范》GB 55001—2021 第 2.4.7 条、第 2.4.8 条规定采用。
>
> 1. 作用组合的效应设计值，应将所考虑的各种作用同时加载于结构之后，再通过分析计算确定。
>
> 2. 当作用组合的效应设计值简化为单个作用效应的组合时，作用与作用效应应满足线性关系。

四、荷载取值（★）

（一）永久荷载

（1）永久荷载应包括结构构件、围护构件、面层及装饰、固定设备、长期储物的自重、土压力、水位不变的水压力，以及其他需要按永久荷载考虑的荷载。

（2）结构自重的标准值可按结构构件的设计尺寸与材料单位体积的自重计算确定。对于自重变异较大的材料和构件，对结构不利时自重标准值取上限值，对结构有利时取下限值。

（3）位置固定的永久设备自重应采用设备铭牌重量值；当无铭牌重量时，应按实际重量计算。

（4）隔墙自重作为永久作用时，应符合位置固定的要求；位置可灵活布置的轻质隔墙自重应按可变荷载考虑。

（5）土压力应按设计埋深与土的单位体积自重计算确定。土的单位体积自重应根据计算水位分别取不同密度进行计算。

（6）预加应力应考虑时间效应影响，采用有效预应力。

> **实务提示：**
>
> 计算水位对土体含水率有较大影响，因此土的单位体积自重需要根据水位取天然密度、饱和密度、有效密度等不同密度值进行计算。

（二）可变荷载

（1）采用等效均布活荷载方法进行设计时，应保证其产生的荷载效应与最不利堆放情况等效；建筑楼面和屋面堆放物较多或较重的区域，应按实际情况考虑其荷载。

（2）一般使用条件下的民用建筑楼面均布活荷载标准值及其组合值系数、频遇值系数和准永久值系数的取值，不应小于表 2-1-1 的规定。当使用荷载较大、情况特殊或有专门要求时，应按实际情况采用。

民用建筑楼面均布活荷载标准值及其组合值系数、频遇值
系数和准永久值系数表　　　　　　　　　　　表 2-1-1

项次	类别		标准值（kN/m²）	组合值系数 ψ_c	频遇值系数 ψ_f	准永久值系数 ψ_q
1	（1）住宅、宿舍、旅馆、医院病房、托儿所、幼儿园		2.0	0.7	0.5	0.4
	（2）办公楼、教室、医院门诊室		2.5	0.7	0.6	0.5
2	食堂、餐厅、试验室、阅览室、会议室、一般资料档案室		3.0	0.7	0.6	0.5
3	礼堂、剧场、影院、有固定座位的看台、公共洗衣房		3.5	0.7	0.5	0.3
4	（1）商店、展览厅、车站、港口、机场大厅及其旅客等候室		4.0	0.7	0.6	0.5
	（2）无固定座位的看台		4.0	0.7	0.5	0.3
5	（1）健身房、演出舞台		4.5	0.7	0.6	0.5
	（2）运动场、舞厅		4.5	0.7	0.6	0.3
6	（1）书库、档案库、储藏室（书架高度不超过 2.5m）		6.0	0.9	0.9	0.8
	（2）密集柜书库（书架高度不超过 2.5m）		12.0	0.9	0.9	0.8
7	通风机房、电梯机房		8.0	0.9	0.9	0.8
8	厨房	（1）餐厅	4.0	0.7	0.7	0.7
		（2）其他	2.0	0.7	0.6	0.5
9	浴室、卫生间、盥洗室		2.5	0.7	0.6	0.5
10	走廊门厅	（1）宿舍、旅馆、医院病房、托儿所、幼儿园、住宅	2.0	0.7	0.5	0.4
		（2）办公楼、餐厅、医院门诊室	3.0	0.7	0.6	0.5
		（3）教学楼及其他可能出现人员密集的情况	3.5	0.7	0.5	0.3
11	楼梯	（1）多层住宅	2.0	0.7	0.5	0.4
		（2）其他	3.5	0.7	0.5	0.3
12	阳台	（1）可能出现人员密集的情况	3.5	0.7	0.6	0.5
		（2）其他	2.5	0.7	0.6	0.5

（3）汽车通道及客车停车库的楼面均布活荷载标准值及其组合值系数、频遇值系数和准永久值系数的取值，不应小于表 2-1-2 的规定。当应用条件不符合该表要求时，应按效用等效原则，将车轮的局部荷载换算为等效均布荷载。

汽车通道及客车停车库的楼面活荷载   表 2-1-2

类别		标准值 (kN/m²)	组合值系数 ψ_c	频遇值系数 ψ_f	准永久值系数 ψ_q
单向板楼盖 (2m≤板跨 L)	定员不超过 9 人的小型客车	4.0	0.7	0.7	0.6
	满载总重不大于 300kN 的消防车	35	0.7	0.5	0.0
双向板楼盖 (3m≤板跨短边 L< 6m)	定员不超过 9 人的小型客车	5.5−0.5L	0.7	0.7	0.6
	满载总重不大于 300kN 的消防车	50.0−5.0L	0.7	0.5	0.0
双向板楼盖 (6m≤板跨短边 L) 和无梁楼盖 (柱网不小于 6m×6m)	定员不超过 9 人的小型客车	2.5	0.7	0.7	0.6
	满载总重不大于 300kN 的消防车	20.0	0.7	0.5	0.0

（4）房屋建筑的屋面，其水平投影面上的屋面均布活荷载的标准值及其组合值系数、频遇值系数和准永久值系数的取值，不应小于表 2-1-3 的规定。

屋面均布活荷载标准值及其组合值系数、频遇值系数和准永久值系数   表 2-1-3

项次	类别	标准值 (kN/m²)	组合值系数 ψ_c	频遇值系数 ψ_f	准永久值系数 ψ_q
1	不上人的屋面	0.5	0.7	0.5	0.0
2	上人的屋面	2.0	0.7	0.5	0.4
3	屋顶花园	3.0	0.7	0.6	0.5
4	屋顶运动场地	4.5	0.7	0.6	0.4

（5）施工和检修荷载应满足《工程结构通用规范》GB 55001—2021 的规定：

1）设计屋面板、檩条、钢筋混凝土挑檐、悬挑雨棚和预制小梁时，施工或检修集中荷载标准值不应小于 1.0kN，并应在最不利位置处进行验算；

2）对于轻型构件或较宽的构件，应按实际情况验算，或应加垫板、支撑等临时设施；

3）计算挑檐、悬挑雨棚的承载力时，应沿板宽每隔 1.0m 取一个集中荷载；在验算挑檐、悬挑雨棚的倾覆时，应沿板宽每隔 2.5～3.0m 取一个集中荷载。

（6）地下室顶板施工活荷载标准值不应小于 5.0kN/m²，当有临时堆积荷载以及有重型车辆通过时，施工组织设计中应按实际荷载验算并采取相应措施。

（7）楼梯、看台阳台和上人屋面等的栏杆活荷载标准值，不应小于《工程结构通用规范》GB 55001—2021 的规定值：

1）住宅、宿舍、办公楼、旅馆、医院、托儿所、幼儿园，栏杆顶部的水平荷载应取 1.0kN/m；

2）食堂、剧场、电影院、车站、礼堂、展览馆或体育场，栏杆顶部的水平荷载应取

1.0kN/m，竖向荷载应取 1.2kN/m，水平荷载与竖向荷载应分别考虑；

3）中小学校的上人屋面外廊楼梯平台阳台等临空部位必须设置护栏，栏杆顶部的水平荷载应取 1.5kN/m，竖向荷载应取 1.2kN/m，水平荷载与竖向荷载应分别考虑。

（8）施工荷载、检修荷载及栏杆荷载的组合值系数应取 0.7，频遇值系数应取 0.5，准永久值系数应取 0。

> **实务提示：**
>
> 楼梯、看台、阳台和上人屋面等的栏杆在紧急情况下对人身安全保护有重要作用，因此规范规定了栏杆荷载的最低取值要求。

第二节 抗 震 设 计

一、基本概念

结合《建筑抗震设计规范》GB 50011—2010（2016 年版）、《建筑工程抗震设防分类标准》GB 50223—2008 及《建筑与市政工程抗震通用规范》GB 55002—2021 对抗震设计中的基本概念作出相应解释。

（1）抗震设防烈度：按国家规定的权限批准作为一个地区抗震设防依据的地震烈度。一般情况，取 50 年内超越概率 10% 的地震烈度。

（2）抗震设防标准：衡量抗震设防要求高低的尺度，由抗震设防烈度或设计地震动参数及建筑抗震设防类别确定。

（3）地震作用：由地震动引起的结构动态作用，包括水平地震作用和竖向地震作用。

（4）设计地震动参数：抗震设计用的地震加速度（速度、位移）时程曲线、加速度反应谱和峰值加速度。

（5）设计基本地震加速度：50 年设计基准期超越概率 10% 的地震加速度的设计取值。

（6）设计特征周期：抗震设计用的地震影响系数曲线中，反映地震震级、震中距和场地类别等因素的下降段起始点对应的周期值，简称特征周期。

（7）场地：工程群体所在地，具有相似的反应谱特征。其范围相当于厂区、居民小区和自然村或不小于 $1.0km^2$ 的平面面积。

（8）建筑抗震概念设计：根据地震灾害和工程经验等所形成的基本设计原则和设计思想，进行建筑和结构总体布置并确定细部构造的过程。

（9）抗震措施：除地震作用计算和抗力计算以外的抗震设计内容，包括抗震构造措施。

（10）抗震构造措施：根据抗震概念设计原则，一般不需计算而对结构和非结构各部分必须采取的各种细部要求。

二、抗震设计的基本规定（★★★）

建筑抗震设计是为了贯彻执行国家有关建筑和市政工程防震减灾的法律法规，落实预防为主的方针，使建筑与市政工程经抗震设防后达到减轻地震破坏、避免人员伤亡、减少经济损失。抗震设计主要依据《建筑抗震设计规范》GB 50011—2010（2016 版）、《建筑与市政工程抗震通用规范》GB 55002—2021 以及相关技术规程和标准。

（一）性能要求

抗震设防的各类建筑与市政工程，其抗震设防目标应符合下列规定：

（1）当遭遇低于本地区设防烈度的多遇地震影响时，各类工程的主体结构和市政管网系统不受损坏或不需修理可继续使用。

（2）当遇相当于本地区设防烈度的设防地震影响时，各类工程中的建筑物、构筑物、桥梁结构、地下工程结构等可能发生损伤，但经一般性修理可继续使用；市政管网的损坏应控制在局部范围内，不应造成次生灾害。

（3）当遭遇高于本地区设防烈度的罕遇地震影响时，各类工程中的建筑物、构筑物、桥梁结构、地下工程结构等不致倒塌或发生危及生命的严重破坏；市政管网的损坏不致引发严重次生灾害，经抢修可快速恢复使用。

（二）地震影响

（1）各类建筑与市政工程的抗震设防烈度不应低于本地区的抗震设防烈度。

（2）各地区遭受的地震影响，应采用相应于抗震设防烈度的设计基本地震加速度和特征周期表征。

（三）抗震设防分类和设防标准

（1）建筑工程应分为以下四个抗震设防类别：

1）特殊设防类（甲类）：使用上有特殊设施，涉及国家公共安全的重大建筑工程和地震时可能发生严重次生灾害等特别重大灾害后果，需要进行特殊设防的建筑。简称甲类。

2）重点设防类（乙类）：指地震时使用功能不能中断或需尽快恢复的生命线相关建筑，以及地震时可能导致大量人员伤亡等重大灾害后果，需要提高设防标准的建筑。简称乙类。

3）标准设防类（丙类）：指大量的除 1）、2）、4）款以外按标准要求进行设防的建筑。简称丙类。

4）适度设防类（丁类）：指使用上人员稀少且震损不致产生次生灾害，允许在一定条件下适度降低要求的建筑。简称丁类。

（2）抗震设防标准：衡量抗震设防要求高低的尺度，由抗震设防烈度或设计地震动参数及建筑抗震设防类别确定。

（四）建筑形体及其构件布置的规则性

建筑设计应根据抗震概念设计的要求明确建筑形体的规则性。不规则的建筑应按规定采取加强措施；特别不规则的建筑应进行专门研究和论证，采取特别的加强措施；严重不规则的建筑不应采用。

（五）结构体系

结构体系应根据建筑的抗震设防类别、抗震设防烈度、建筑高度、场地条件、地基、结构材料和施工等因素，经技术、经济和使用条件综合比较确定。常见的结构体系有框架结构、抗震墙结构、框架-抗震墙（框剪）结构、筒体结构、砌体结构、木结构、钢结构等。

実務提示：

合理的建築形体和布置在抗震設計中是頭等重要的。提倡平、立面簡単対称。因为震害表明，簡単、対称的建築在地震时较不容易破坏。而且道理也很清楚，簡単、対称的結構容易估計其地震时的反応，容易采取抗震構造措施和進行細部処理。

三、地基、场地和基础（★）

地基：支承基础的土体或岩体。

基础：将結構所承受的各种作用传递到地基上的結構組成部分。

场地：指工程群体所在地，具有相似的反応譜特征，其范围相当于厂区、居民小区和自然村或不小于 $1.0km^2$ 的平面面积。

（一）场地

（1）选择建築场地时，应按《建築与市政工程抗震通用规范》GB 55002—2021 对地段进行综合评价，划分对建築抗震有利、一般、不利和危险的地段（表 2-2-1）。对不利地段，应尽量避开；当无法避开时应采取有效的抗震措施。对危险地段，严禁建造甲、乙、丙类建築。

有利、一般、不利、危险地段的划分　　　　表 2-2-1

地段类别	地质、地形、地貌
有利地段	稳定基岩坚硬土，开阔、平坦、密实、均匀的中硬土等
一般地段	不属于有利、不利和危险的地段
不利地段	软弱土，液化土，条状突出的山嘴，高耸孤立的山丘，陡坡，陡坎，河岸和边坡的边缘，平面分布上成因、岩性、状态明显不均匀的土层（含故河道、疏松的断层破碎带、暗埋的塘浜沟谷和半填半挖地基），高含水量的可塑黄土，地表存在结构性裂缝等
危险地段	地震时可能发生滑坡、崩塌、地陷、地裂、泥石流等及发震断裂带

（2）场地内存在发震断裂时，应对断裂的工程影响进行评价，并应符合下列要求：

1）对符合下列规定之一的情况，可忽略发震断裂错动对地面建築的影响：①抗震设防烈度小于 8 度；②非全新世活动断裂；③抗震设防烈度为 8 度和 9 度时，隐伏断裂的土层覆盖厚度分别大于 60m 和 90m。

2）对不符合上述规定的情况，应避开主断裂带。其避让距离不宜小于表 2-2-2 中对发震断裂最小避让距离的规定。在避让距离的范围内确有需要建造分散的、低于 3 层的丙类或丁类建築时，应按提高 1 度采取抗震措施，并提高基础和上部结构的整体性，且不得跨越断层线。

发震断裂的最小避让距离　　　　表 2-2-2

烈度	建築抗震设防分类			
	甲	乙	丙	丁
8	专门研究	200m	100m	—
9	专门研究	400m	200m	—

36

（二）天然地基和基础

（1）可不进行天然地基及基础的抗震承载力验算的情形有：

1）相关规范规定可不进行上部结构抗震验算的建筑；

2）地基主要受力层范围内不存在软弱黏性土层[1]的下列建筑：①一般的单层厂房和单层空旷房屋；②砌体房屋；③不超过 8 层且高度在 24m 以下的一般民用框架和框架—抗震墙房屋；④基础荷载与③项相当的多层框架厂房和多层混凝土抗震墙房屋。

（2）天然地基基础抗震验算时，应采用地震作用效应标准组合，且地基抗震承载力应取地基承载力特征值乘以地基抗震承载力调整系数计算。

地基抗震承载力应按下式计算：

$$f_{aE} = \zeta_a f_a \tag{2-2-1}$$

式中 f_{aE}——调整后的地基抗震承载力；

   ζ_a——地基抗震承载力调整系数，见表 2-2-3；

   f_a——深宽修正后的地基承载力特征值。

地基抗震承载力调整系数   表 2-2-3

岩土名称和性状	ζ_a
岩石，密实的碎石土，密实的砾、粗、中砂，$f_{ak} \geq 300$ 的黏性土和粉土	1.5
中密、稍密的碎石土，中密和稍密的砾、粗、中砂，密实和中密的细、粉砂，$150\text{kPa} \leq f_{ak} < 300\text{kPa}$ 的黏性土和粉土，坚硬黄土	1.3
稍密的细、粉砂，$100\text{kPa} \leq f_{ak} < 150\text{kPa}$ 的黏性土和粉土，可塑黄土	1.1
淤泥，淤泥质土，松散的砂，杂填土，新近堆积黄土和流塑黄土	1.0

（3）验算天然地基地震作用下的竖向承载力时，按地震作用效应标准组合的基础底面平均压力和边缘最大压力应符合下列各式要求：

$$p \leq f_{aE} \tag{2-2-2}$$
$$p_{max} \leq 1.2 f_{aE} \tag{2-2-3}$$

式中 p——地震作用效应标准组合的基础底面平均压力；

   p_{max}——地震作用效应标准组合的基础边缘的最大压力。

（4）高宽比大于 4 的高层建筑，在地震作用下基础底面不宜出现脱离区（零应力区）；其他建筑，基础底面与地基土之间脱离区（零应力区）面积不应超过基础底面面积的 15%。

四、地震作用和抗震验算（★）

（一）地震作用

1. 水平地震作用

（1）一般情况下，应至少在建筑结构的两个主轴方向分别计算水平地震作用，各方向的水平地震作用应由该方向抗侧力构件承担。

（2）有斜交抗侧力构件的结构，当相交角度大于 15° 时，应分别计算各抗侧力构件方向的水平地震作用。

---

[1] 软弱黏性土层指 7 度、8 度和 9 度时，地基承载力特征值分别小于 80、100 和 120kPa 的土层。

（3）质量和刚度分布明显不对称的结构，应计入双向水平地震作用下的扭转影响；其他情况，应允许采用调整地震作用效应的方法计入扭转影响。

2. 竖向地震作用

8、9度时的大跨度和长悬臂结构及9度时的高层建筑，应计算竖向地震作用。

实务提示：

大跨度结构是指9度和9度以上时，跨度大于18m的屋架；8度时，跨度大于24m的屋架。长悬臂结构是指9度和9度以上时，1.5m以上的悬挑阳台和走廊；8度时，2m以上的悬挑阳台和走廊。

（二）抗震验算

1. 截面抗震验算

结构构件抗震验算的组合内力设计值应采用地震作用效应和其他作用效应的基本组合值，并应符合下式规定：

$$S = \gamma_G S_{GE} + \gamma_{Eh} S_{Ehk} + \gamma_{Ev} S_{Evk} + \sum \gamma_{Di} S_{Dik} + \sum \psi_i \gamma_i S_{ik} \qquad (2\text{-}2\text{-}4)$$

式中　S——结构构件地震组合内力设计值，包括组合的弯矩、轴向力和剪力设计值等；

γ_G——重力荷载分项系数，按表2-2-4采用；

γ_{Eh}、γ_{Ev}——分别为水平、竖向地震作用分项系数，其值不应低于表2-2-5的规定；

γ_{Di}——不包括在重力荷载内的第i个永久荷载的分项系数；

γ_i——不包括在重力荷载内的第i个可变荷载的分项系数，不应小于1.5；

S_{GE}——重力荷载代表值的效应，有吊车时，尚应包括悬吊物重力标准值的效应；

S_{Ehk}——水平地震作用标准值的效应；

S_{Evk}——竖向地震作用标准值的效应；

S_{Dik}——不包括在重力荷载内的第i个永久荷载标准值的效应；

S_{ik}——不包括在重力荷载内的第i个可变荷载标准值的效应；

ψ_i——不包括在重力荷载内的第i个可变荷载的组合系数，应按表2-2-4采用。

各荷载分项系数及组合系数　表2-2-4

荷载类别、分项系数、组合系数			对承载力不利	对承载力有利	使用对象
永久荷载	重力荷载	γ_G	≥1.3	≤1.0	所有工程
	预应力	γ_{Dy}			
	水压力	γ_{Ds}	≥1.3	≤1.0	市政工程、地下工程
	土压力	γ_{Dw}			
可变荷载	风荷载	ψ_w	0.0		一般的建筑结构
			0.2		风荷载起控制作用的建筑结构
	温度作用	ψ_i	0.65		市政工程

地震作用分项系数　表2-2-5

地震作用	γ_{Eh}	γ_{Ev}
仅计算水平地震作用	1.4	0.0
仅计算竖向地震作用	0.0	1.4

地震作用	γ_{Eh}	γ_{Ev}
同时计算水平与竖向地震作用（水平地震为主）	1.4	0.5
同时计算水平与竖向地震作用（竖向地震为主）	0.5	1.4

2. 抗震变形验算

各类结构应进行多遇地震作用下的抗震变形验算，其楼层内最大的弹性层间位移应符合下式要求：

$$\Delta u_e \leqslant [\theta_e]h \qquad (2\text{-}2\text{-}5)$$

式中　Δu_e——多遇地震作用标准值产生的楼层内最大的弹性层间位移；计算时，除以弯曲变形为主的高层建筑外，可不扣除结构整体弯曲变形；应计入扭转变形，各作用分项系数均应采用 1.0；钢筋混凝土结构构件的截面刚度可采用弹性刚度；

　　　$[\theta_e]$——弹性层间位移角限值，宜按表 2-2-6 采用；

　　　h——计算楼层层高。

弹性层间位移角限值 　　　　　　　　　　　　　表 2-2-6

结构类型	$[\theta_e]$
钢筋混凝土框架	1/550
钢筋混凝土框架—抗震墙、板柱—抗震墙、框架—核心筒	1/800
钢筋混凝土抗震墙、筒中筒	1/1000
钢筋混凝土框支层	1/1000
多、高层钢结构	1/250

实务提示：

在多遇地震作用下，为保证建筑主体结构不受损坏，非结构构件（包括围护墙、隔墙、幕墙、内外装修等）没有过度破坏并导致人员伤亡，保证建筑的正常使用功能，就需要控制建筑物的最大变形。根据各国规范的规定、震害经验和实验研究结果及工程实例分析，采用层间位移角作为衡量结构变形能力从而判别是否满足建筑功能要求的指标是合理的。

例题 2-1（2020）： 下图所示的建筑中，属于不规则建筑的是：

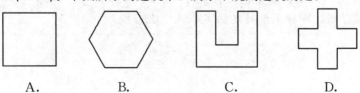

A.　　　　　B.　　　　　C.　　　　　D.

【答案】C

【解析】C 选项属于凹凸的不规则平面，平面凹进的尺寸大于相应投影方向总尺寸的 30%，故选 C。

例题 2-2 (2019)：图示关于单层钢筋混凝土厂房的平面布置图，下列做法错误的是：

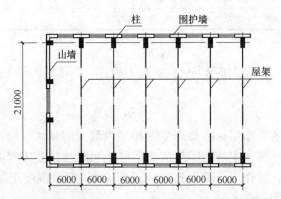

A. 采用等距布置的钢筋混凝土柱　　B. 厂房端部采用山墙承重
C. 围护墙采用混凝土砌块　　　　　D. 屋架采用钢屋架

【答案】B

【解析】依据《建筑抗震设计规范》GB 50011—2010（2016 年版）第 9.1.1 条第 7 款，厂房的同一结构单元内，不应采用不同的结构形式；厂房端部应设屋架，不应采用山墙承重；厂房单元内不应采用横墙和排架混合承重。根据规范，本题中厂房端部的山墙仅为围护结构，而非结构承重墙体。

例题 2-3 (2019)：一小学教学楼，采用钢筋混凝土框架结构，所在地区的抗震设防烈度为 6 度，场地类别属于二类场地，应按下列哪一个抗震设防烈度来确定抗震等级？

A. 6 度　　　　　B. 7 度　　　　　C. 8 度　　　　　D. 9 度

【答案】B

【解析】根据《建筑工程抗震设防分类标准》GB 50223—2008 第 6.0.8 条，教育建筑中，幼儿园、小学、中学的教学用房以及学生宿舍和食堂，抗震设防类别应不低于重点设防类（即乙类）。

根据《建筑抗震设计规范》GB 50011—2010（2016 年版）的第 6.1.3 条的第 4 款，当甲乙类建筑按规定提高 1 度确定其抗震等级而房屋的高度超过本规范表 6.1.2 相应规定的界时，应采取比一级更有效的抗震构造措施。因此该小学教学楼应提高 1 度确定抗震等级，即按 7 度确定抗震等级，应选 B。

第三章　建　筑　结　构　类　型

考试大纲对相关内容的要求：

了解混凝土结构、钢结构、砌体结构等结构的基本性能、结构形式及应用范围；掌握抗震设计的基本概念及抗震构造。

2022 年考试大纲的内容与过去两年的考纲基本相同。

本章主要根据考试大纲的要求并结合历年的真题考点以及现行的《混凝土结构设计规范》GB 50010—2010（2015 年版）、《钢结构设计标准》GB 50017—2017 以及《砌体结构设计规范》GB 50003—2011，对基本知识框架和考点进行讲解和梳理。

第一节　钢筋混凝土结构

一、基本设计原则（★★）

我国规范规定，对建筑物和构筑物进行结构设计时，采用以概率理论为基础的极限状态设计方法，以可靠度指标度量结构构件的可靠度，采用分项系数的设计表达式进行设计。

（一）结构功能

建筑结构必须满足下述各项功能要求：①安全性；②适用性；③耐久性。

（二）极限状态及其设计表达式

1. 承载力极限状态

混凝土构件的极限承载力状态与结构的安全性相对应，在设计中认为构件的极限承载力状态即为混凝土构件强度破坏时的临界状态。

正截面承载力计算，即根据构件承受的荷载来计算构件（主要是混凝土梁和混凝土柱）的纵向钢筋配筋量。梁、柱正截面受弯破坏时，按纵向受力钢筋配筋率的大小，可分为三种破坏形态，分别为少筋梁的破坏、适筋梁的破坏和超筋梁的破坏。

少筋梁破坏通常是由于梁下部受拉钢筋配置过少，梁受弯时下部钢筋首先被拉断，在梁底形成较大的单个竖向裂缝，而梁顶混凝土并未屈服，破坏形态如图 3-1-1（a）所示。

超筋梁的破坏是由于梁下部受拉钢筋配置过多，梁受弯时下部钢筋未屈服，而梁顶混凝土被压碎，破坏形态如图 3-1-1（c）所示。

少筋梁和超筋梁都属于脆性破坏，设计中应尽量避免。

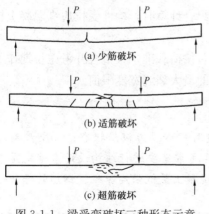

图 3-1-1　梁受弯破坏三种形态示意

适筋梁通常下部受拉钢筋配筋率合理，梁受弯时下部受拉钢筋首先屈服，随即上部受压区混凝土也进入屈服塑性阶段，梁顶局部出现塑性区，梁底出现多条竖向裂缝，破坏形态如图 3-1-1（b）所示。适筋梁有良好的塑性变形能力和地震耗能能力。

斜截面受剪承载力计算，梁和柱斜截面抗剪承载力主要由梁（或柱）自身混凝土抗剪承载力和箍筋的抗剪承载力两部分组成，当梁（或柱）截面尺寸和自身混凝土强度等级一定时，斜截面抗剪承载力计算主要用来确定梁（或柱）箍筋配筋量。

根据梁（或柱）剪跨比（λ）的不同，受剪破坏通常分为三种破坏形态，详见下图 3-1-2。剪跨比（λ）指构件截面弯矩与剪力和有效高度乘积的比值，$\lambda = M/(Vh_0)$，其中 M 为构件的承受的弯矩，V 为构件承受的剪力，h_0 为构件的有效截面高度。

斜压破坏：出现几条平行斜裂缝，混凝土压碎，为脆性破坏。

斜拉破坏：出现一条主裂缝，为脆性破坏。

剪压破坏：有一条主裂缝，箍筋屈服，压区混凝土压碎，为延性破坏。

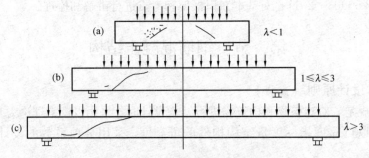

(a) 斜压破坏；(b) 剪压破坏；(c) 斜拉破坏

图 3-1-2　梁受剪破坏三种形态示意

2. 正常使用极限状态的验算

（1）对需要控制变形的构件，应进行变形验算。对于受弯构件（梁和楼板）的最大挠度进行验算，主要控制大跨度构件的挠度变形。

（2）结构构件的裂缝控制：

一级：严格要求不出现裂缝的构件，按荷载标准组合计算时，构件受拉边缘混凝土不应产生拉应力。

二级：一般要求不出现裂缝的构件，按荷载标准组合计算时，构件受拉边缘混凝土拉应力不应大于混凝土抗拉强度的标准值。

三级：允许出现裂缝的构件，对钢筋混凝土构件，按荷载准永久组合并考虑长期作用影响计算时，构件的最大裂缝宽度不应超过规范规定的最大裂缝宽度限值。

实务提示：

　　钢筋混凝土结构有三项最主要的指标：①强度对应承载力极限状态；②刚度对应正常使用极限状态；③结构耐久性。强度和刚度通常需要进行结构设计来确定是否满足，而耐久性主要通过构造措施来保证，比如混凝土最低强度等级、钢筋的保护层厚度等。

例题 3-1：下列图示中，属于适筋梁裂缝的是：

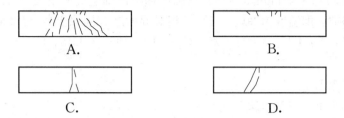

A.   B.

C.   D.

【答案】A

【解析】适筋梁破坏形式为拉坏与压坏同时存在，A 选项正确。B 选项为超筋梁破坏形式，C、D 选项为少筋梁破坏形式。

例题 3-2：图示均布荷载作用下的悬臂梁，可能出现的弯曲裂缝形状是：

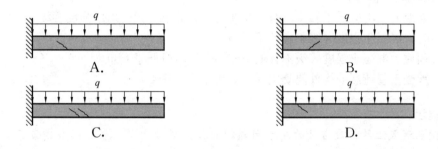

A.   B.

C.   D.

【答案】D

【解析】悬臂梁根部弯矩最大，且上部受拉，因此受弯裂缝应该从上部开展，且靠近根部，D 选项正确。

二、材料性能（★★）

钢筋和混凝土共同工作：混凝土抗压强度很高，但抗拉强度很低；钢筋抗拉强度高。两种材料组合，用钢筋承担拉力而让混凝土承担压力，发挥各自的优势，提高构件承载能力。

钢筋和混凝土共同工作的原因如下：

（1）混凝土和钢筋之间有良好的粘结性能，两者能可靠地结合在一起，共同受力，共同变形。

（2）混凝土和钢筋两种材料的温度线膨胀系数很接近，可以避免温度变化时产生较大的温度应力破坏二者之间的粘结力。

（3）混凝土包裹在钢筋的外部，可使钢筋免于腐蚀或高温软化，并提高了结构的耐久性。

(一) 混凝土材料性能

1. 混凝土强度标准值

150mm×150mm×150mm 立方体抗压强度标准值确定混凝土强度等级的依据，用标准方法制作和养护（即温度为20℃±3℃，相对湿度＞90％以上），经 28d 养护混凝土的强度等级分为 14 级：C15、C20、C25、C30、C35、C40、C45、C50、C55、C60、C65、C70、C75、C80。

2. 混凝土的变形

（1）在荷载作用下的受力变形。

（2）体积变形，如混凝土的收缩、膨胀以及由于温度变化所产生的变形。

（3）徐变：在荷载的长期作用下，即使荷载维持不变，混凝土的变形仍会随时间而增加。

（4）混凝土的收缩：水泥强度等级越高，收缩越大；养护条件越好，收缩越小；混凝土振捣越密实，收缩越小；构件的体表比越大，收缩越小；骨料的弹性模量越大，收缩越小。

3. 混凝土材料的选用

（1）素混凝土不应低于 C15；钢筋混凝土不应低于 C20；采用强度等级 400MPa 及以上的钢筋时，混凝土强度等级不宜低于 C25。

（2）预应力混凝土强度等级不宜低于 C40，且不应低于 C30。

（3）承受重复荷载的构件混凝土强度等级不应低于 C30。

> **实务提示：**
>
> 钢筋混凝土构件最常见的质量问题即混凝土裂缝问题，裂缝的成因复杂，结构受力过大、混凝土材料干缩、基础不均匀沉降、施工质量问题等都会引起混凝土开裂。国家规范对混凝土裂缝的宽度作了规定，通常裂缝的宽度不超过国家规范规定的限值时不用处理。

(二) 钢筋的种类及其力学性能

1. 钢筋的分类

（1）按外形分为光圆钢筋和变形钢筋。

（2）按品种可分为碳素钢和普通低合金钢。碳素钢分为低碳钢（＜0.25％）、中碳钢（0.25％～0.6％）和高碳钢（0.6％～1.4％）。

低碳钢强度低但塑性好，称为软钢。加入了少量的合金元素，如锰、硅、钒、钛等。

2. 钢筋的牌号、强度级别

（1）提倡应用高强度、高性能钢筋

纵向受力普通钢筋可采用 HRB400、HRB500、HRBF400、HRBF500、HRB335、RRB400、HPB300 钢筋；梁、柱和斜撑构件的纵向受力普通钢筋宜采用 HRB400、HRB500、HRBF400、HRBF500 钢筋。

箍筋宜采用 HRB400、HRBF400、HRB335、HPB300、HRB500、HRBF500 钢筋。

预应力筋宜采用预应力钢丝、钢绞线和预应力螺纹钢筋。

将 400MPa、500MPa 级高强热轧带肋钢筋作为纵向受力的主导钢筋推广应用，尤其是梁、柱和斜撑构件的纵向受力配筋应优先采用 400MPa、500MPa 级高强钢筋，500MPa 级高强钢筋用于高层建筑的柱、大跨度与重荷载梁的纵向受力配筋更为有利；淘汰直径 16mm 及以上的 HRB335 热轧带肋钢筋，保留小直径的 HRB335 钢筋，主要用于中、小跨度楼板配筋以及剪力墙的分布筋配筋，还可用于构件的箍筋与构造配筋。

列入采用控温轧制工艺生产的 HRBF400、HRBF500 系列细晶粒带肋钢筋，取消牌号 HRBF335 钢筋。

（2）结构用的钢筋有明显的屈服点，且屈服后有一定的延性，有明显屈服点的钢筋的应力－应变曲线如图 3-1-3 所示。

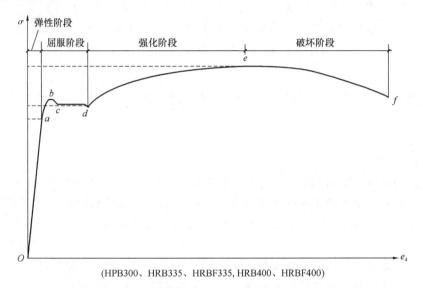

(HPB300、HRB335、HRBF335, HRB400、HRBF400)

图 3-1-3　有明显屈服点钢筋的应力—应变曲线图

a 点对应的应力称为比例极限；

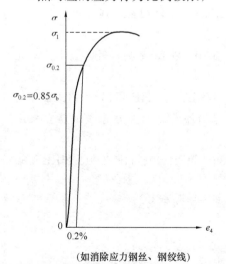

（如消除应力钢丝、钢绞线）

图 3-1-4　无明显屈服点钢筋的
应力—应变曲线图

b 点称为上屈服点；

c 点称为下屈服点，屈服强度；

d 段称为屈服台阶；

e 点的应力称为钢筋的极限强度，颈缩拉断。

（3）无明显屈服点的钢筋的应力-应变曲线

对于无明显屈服现象出现的钢筋或钢绞线，规定以产生 0.2% 残余变形的应力值作为其屈服极限，称为条件屈服极限或屈服强度。该种钢筋达到屈服强度之后很快便会被拉断，延性低。如图 3-1-4 所示。

钢筋的力学性能指标有屈服强度、极限抗拉强度、伸长率、冷弯性能。钢筋强度标准值应具有不小于 95% 的保证率。

（4）对按一、二、三级抗震等级设计的框架和斜撑构件（含梯段），其纵向受力普通钢筋应符合

45

下列要求：

1）抗拉强度实测值与屈服强度实测值的比值不应小于 1.25。

2）屈服强度实测值与屈服强度标准值的比值不应大于 1.30。

3）最大力下的总伸长率实测值不应小于 9%。

实务提示：

①通常钢筋的塑性变形能力和钢筋的强度是成反比的，也就是说，钢筋的强度越高，塑性变形能力就越差；同时钢筋的强度越高，其可焊性也变差，对焊接的要求也就越高。②区分抗震钢筋和非抗震钢筋：如果是抗震钢筋应按前文第（4）条的要求采用，而非抗震钢筋对总伸长率的要求降低，可参考《混凝土结构设计规范》GB 50010—2010（2015 年版）的第 4.2.4 条采用。

例题 3-3：当采用强度等级 400MPa 的钢筋时，钢筋混凝土结构的混凝土强度等级最低限值是：

A. C15   B. C20   C. C25   D. C30

【答案】C

【解析】《混凝土结构设计规范》GB 50010—2010（2015 年版）第 4.1.2 条，素混凝土结构的混凝土强度等级不应低于 C15；钢筋混凝土结构的混凝土强度等级不应低于 C20；采用强度等级 400MPa 及以上的钢筋时，混凝土强度等级不应低于 C25。

预应力混凝土结构的混凝土强度等级不宜低于 C40，且不应低于 C30。

承受重复荷载的钢筋混凝土构件，混凝土强度等级不应低于 C30。

例题 3-4：混凝土结构设计中，限制使用的钢筋是：

A. HPB300   B. HRBF335   C. HRB400   D. HRB500

【答案】B

【解析】《混凝土结构设计规范》GB 50010—2010（2015 年版）第 4.2.1 条，混凝土结构的钢筋应按下列规定选用：

①纵向受力普通钢筋可采用 HRB400、HRB500、HRBF400、HRBF500、HRB335、RRB400、HPB300 钢筋；梁、柱和斜撑构件的纵向受力普通钢筋宜采用 HRB400、HRB500、HRBF400、HRBF500 钢筋。

②箍筋宜采用 HRB400、HRBF400、HRB335、HPB300、HRB500、HRBF500 钢筋。

③预应力筋宜采用预应力钢丝、钢绞线和预应力螺纹钢筋。

例题 3-5：图示普通钢筋的应力-应变曲线，e 点的应力称为：

A. 比例极限   B. 屈服极限   C. 极限强度   D. 设计强度

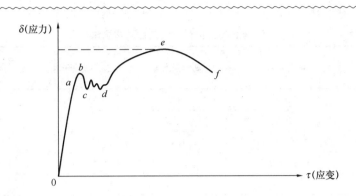

【答案】C

【解析】强度极限：取试样名义应力的最大值，常称为材料的拉伸强度。

三、混凝土结构的耐久性（★）

混凝土结构的耐久性如同混凝土结构的强度、刚度一样，是保证混凝土构件正常工作的重要方面。在设计中根据混凝土结构所处的环境来划分不同的环境类别，再根据环境类别对混凝土结构的材料提出不同的指标限值，以此来满足耐久性的要求。

（1）混凝土构件的环境类别划分见表 3-1-1。

混凝土构件环境类别划分表　　　　　　　　　　　　　　表 3-1-1

环境类别	条件
一	室内干燥环境； 无侵蚀性静水浸没环境
二 a	室内潮湿环境； 非严寒和非寒冷地区的露天环境； 非严寒和非寒冷地区与无侵蚀性的水或土壤直接接触的环境； 严寒和寒冷地区的冰冻线以下与无侵蚀性的水或土壤直接接触的环境
二 b	干湿交替环境； 水位频繁变动环境； 严寒和寒冷地区的露天环境； 严寒和寒冷地区冰冻线以上与无侵蚀性的水或土壤直接接触的环境
三 a	严寒和寒冷地区冬季水位变动区环境； 受除冰盐影响环境； 海风环境
三 b	盐渍土环境； 受除冰盐作用环境； 海岸环境
四	海水环境
五	受人为或自然的侵蚀性物质影响的环境

（2）设计使用年限为50年的混凝土结构，其混凝土材料宜符合表3-1-2的规定。

结构混凝土材料的耐久性基本要求 表 3-1-2

环境等级	最大水胶比	最低强度等级	最大氯离子含量（%）	最大碱含量（kg/m³）
一	0.60	C20	0.30	不限制
二 a	0.55	C25	0.20	3.00
二 b	0.50（0.55）	C30（C25）	0.15	
三 a	0.45（0.50）	C35（C30）	0.15	
三 b	0.40	C40	0.10	

从表3-1-2可以看出，水胶比、混凝土强度等级、最大氯离子含量以及最大碱含量是影响混凝土构件耐久性的因素。

实务提示：

耐久性是混凝土的一个重要性能指标，混凝土耐久性的好坏，决定混凝土工程的寿命。影响混凝土耐久性的破坏作用最常见的是冰冻—融解循环（简称冻融循环）作用，以致有时人们用抗冻性来代表混凝土的耐久性。冻融循环在混凝土中产生内应力，促使裂缝发展、结构疏松，直至表层剥落或整体崩溃。环境水的作用包括淡水的浸溶作用、含盐水和酸性水的侵蚀作用等。其中硫酸盐、氯盐、镁盐和酸类溶液在一定条件下可产生剧烈的腐蚀作用，导致混凝土的迅速破坏。

四、构造要求（★★★）

（一）伸缩缝

1. 伸缩缝作用

为了防止温度变化和混凝土收缩而引起结构过大的附加内应力，从而避免当受拉的内应力超过混凝土的抗拉强度时引起结构裂缝，因此需要对结构设置伸缩缝。伸缩缝的最大间距应符合表3-1-3的要求。

钢筋混凝土结构伸缩缝最大间距（m） 表 3-1-3

结构类别		室内或土中	露天
排架结构	装配式	100	70
框架结构	装配式	75	50
	现浇式	55	35
剪力墙结构	装配式	65	40
	现浇式	45	30
挡土墙、地下室墙壁等类结构	装配式	40	30
	现浇式	30	20

2. 与伸缩缝的合并

当建筑物需设沉降缝、防震缝时，沉降缝、防震缝可以和伸缩缝合并，但伸缩缝的宽度应满足防震缝宽度的要求控制。

3. 减小结构裂缝的构造措施和施工措施

（1）在建筑物的屋盖加强保温措施；

（2）将结构顶层局部改变为刚度较小的形式；

（3）在温度影响较大的部位提高构件的配筋率；

（4）改善混凝土的质量，施工中加强养护，可减少干缩的影响；

（5）采用低收缩混凝土材料，采取跳仓浇筑、后浇带、控制缝等施工方法，并加强施工养护。当伸缩缝间距增大较多时，尚应考虑温度变化和混凝土收缩对结构的影响。

（二）混凝土保护层

最外层钢筋外表面（常为箍筋外表面）到截面边缘的垂直距离（c），如图 3-1-5 所示。

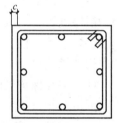

图 3-1-5　构件保护层示意

1. 构件中普通钢筋及预应力筋的混凝土保护层厚度

构件中普通钢筋及预应力筋的混凝土保护层厚度应满足下列要求：

构件中受力钢筋的保护层厚度不应小于钢筋的公称直径 d；

设计使用年限为 50 年的混凝土结构，最外层钢筋的保护层厚度应符合表 3-1-4 的规定；设计使用年限为 100 年的混凝土结构，最外层钢筋的保护层厚度不应小于表 3-1-4 中数值的 1.4 倍。

混凝土保护层的最小厚度 c（mm）　　　　　　　　　表 3-1-4

环境类别	板、墙、壳	梁、柱、杆
一	15	20
二 a	20	25

49

环境类别	板、墙、壳	梁、柱、杆
二 b	25	35
三 a	30	40
三 b	40	50

注: 1. 混凝土强度等级不大于 C25 时，表中保护层厚度数值应增加 5mm；
　　2. 钢筋混凝土基础宜设置混凝土垫层，基础中钢筋的混凝土保护层厚度应从垫层顶面算起，且不应小于 40mm。

2. 减小混凝土保护层的厚度的措施

（1）构件表面有可靠的防护层；

（2）采用工厂化生产的预制构件；

（3）在混凝土中掺加阻锈剂或采用阴极保护处理等防锈措施；

（4）当对地下室墙体采取可靠的建筑防水做法或防护措施时，与土层接触一侧钢筋的保护层厚度可适当减少，但不应小于 25mm；

（5）当梁、柱、墙中纵向受力钢筋的保护层厚度大于 50mm 时，宜对保护层采取有效的构造措施；

（6）当在保护层内配置防裂、防剥落的钢筋网片时，网片钢筋的保护层厚度不应小于 25mm。

（三）混凝土构件钢筋的锚固和连接

钢筋的锚固是指钢筋锚入混凝土当中，并在钢筋充分受力的情况下不被拔出的锚固措施。钢筋锚固分为直锚、弯钩和机械锚固。常见的弯钩和机械锚固形式如图 3-1-6 所示。

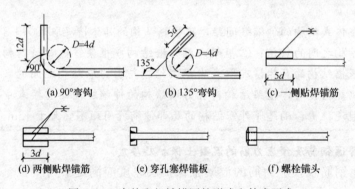

(a) 90°弯钩　　　　　(b) 135°弯钩　　　　　(c) 一侧贴焊锚筋

(d) 两侧贴焊锚筋　　　(e) 穿孔塞焊锚板　　　(f) 螺栓锚头

图 3-1-6　弯钩和机械锚固的形式和技术要求

钢筋的连接是指同直径或不同直径的钢筋在混凝土构件当中的连接，区分方式对应相应的连接要求。常用的连接方式分为绑扎搭接、机械连接或焊接。

混凝土结构中受力钢筋的连接接头宜设置在受力较小处。在同一根受力钢筋上宜少设接头。在结构的重要构件和关键传力部位，纵向受力钢筋不宜设置连接接头。轴心受拉及小偏心受拉杆件的纵向受力钢筋不得采用绑扎搭接；其他构件中的钢筋采用绑扎搭接时，受拉钢筋直径不宜大 25mm，受压钢筋直径不宜大于 28mm。

实务提示：

混凝土保护层的作用：

① 保证混凝土与钢筋共同工作，确保结构力学性能。钢筋的混凝土保护层是混凝土与钢筋之间的握裹力最基本的保证，因此就要求保护层有一定的厚度。如果保护层厚度过小，则混凝土与钢筋之间不能发挥握裹力的作用。因此规范规定，混凝土保护层厚度的最小尺寸，不应小于受力钢筋的一个直径。

② 保护钢筋不锈蚀，确保结构安全和耐久性。混凝土保护层对防止钢筋锈蚀具有保护作用。

③ 保护钢筋不受高温（火灾）影响，保证结构受火灾时候的承载力。钢筋受到高温（火灾）时承载力急剧丧失，进而导致整个结构倒塌。混凝土保护层具有一定厚度，可以使建筑物的结构在高温条件下或遇有火灾时，保护钢筋不受高温影响而使结构急剧丧失承载力而倒塌。因此保护层的厚度与建筑物耐火性有关。

例题 3-6： 以下结构中允许伸缩缝间距限值最小的是：

A. 装配式框架结构　　　　　　B. 现浇式框架结构

C. 装配式剪力墙结构　　　　　D. 现浇式剪力墙结构

【答案】D

【解析】《混凝土结构设计规范》GB 50010—2010（2015 年版）第 8.1.1 条规定，钢筋混凝土结构伸缩缝的最大间距可按表 8.1.1（见表 3-1-3）确定。由表可知，现浇式剪力墙结构允许伸缩缝间距限值最小。

例题 3-7： 下列钢筋连接接头做法中，错误的是：

A. 所有的钢筋都可采用绑扎连接

B. 钢筋连接接头宜设置在受力较小处

C. 重要构件不宜设置连接接头

D. 同一根受力钢筋上宜少设接头

【答案】A

【解析】根据规范《混凝土结构设计规范》GB 50010—2010（2015 年版）第 8.4.1 条，钢筋连接可采用绑扎搭接、机械连接或焊接。机械连接接头及焊接接头的类型及质量应符合国家现行有关标准的规定。

混凝土结构中受力钢筋的连接接头宜设置在受力较小处（B 选项正确）。在同一根受力钢筋上宜少设接头（D 选项正确）。在结构的重要构件和关键传力部位，纵向受力钢筋不宜设置连接接头（C 选项正确）。

第 8.4.2 条，轴心受拉及小偏心受拉杆件的纵向受力钢筋不得采用绑扎搭接（A 选项错误）。

例题 3-8：下列柱配筋图中，混凝土保护层厚度 c 标注正确的是：

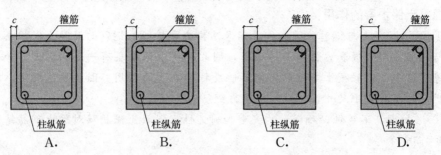

A.   B.   C.   D.

【答案】A

【解析】混凝土保护层厚度 c：箍筋外表面到截面边缘的垂直距离。

例题 3-9：混凝土结构设计中，限制使用的钢筋锚固方式是：

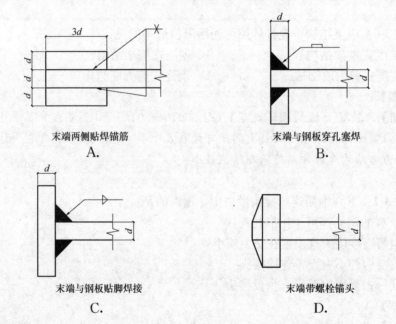

末端两侧贴焊锚筋
A.

末端与钢板穿孔塞焊
B.

末端与钢板贴脚焊接
C.

末端带螺栓锚头
D.

【答案】C

【解析】参见《混凝土结构设计规范》GB 50010—2010（2015 年版）第 8.3.3 条的附图（见图 3-1-6）。

五、钢筋混凝土结构形式（★★★）

（一）钢筋混凝土框架结构

1. 定义

采用梁柱组成的结构体系作为竖向承重结构，同时承受水平荷载，称为框架结构体系。用于多层及高度不大的高层建筑。

2. 框架结构基本性能和适用条件

框架结构的优点是建筑平面布置灵活,梁和柱可以预制或现浇。缺点是侧向刚度较小,水平位移大,因此限制了框架结构的建造高度,一般不宜超过60m。框架结构如图3-1-7所示。

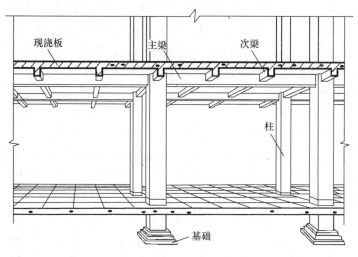

图 3-1-7　框架结构示意图

常根据使用要求和柱网、层高布置梁和柱。在高层建筑中,梁柱必须做成刚接。梁的跨度受到梁断面尺寸的限制。过大的梁断面会增加层高,是不经济的,对抗震也不利。柱断面的尺寸要根据所受轴力和弯矩的大小确定。在地震区,柱断面尺寸受到轴压比限制,不能过小。梁、柱布置要整齐、规则。

(二) 抗震墙 (剪力墙) 结构

1. 定义

利用建筑物的墙体作为竖向承重和抵抗侧力的结构,称为抗震墙(剪力墙)结构体系。墙体同时也作为围护及房间分隔构件。剪力墙结构如图3-1-8所示。

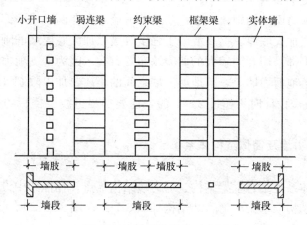

图 3-1-8　剪力墙结构示意图

2. 基本性能和适用条件

剪力墙的间距受楼板构件跨度的限制,一般为3~8m。因而剪力墙结构适用于要求小房间的住宅、旅馆等建筑，可省去大量填充墙的工序及材料。如果采用滑升模板及大模板等先进的施工方法，施工速度很快。

现浇剪力墙结构整体性好、刚度大，在水平力作用下侧向变形小。墙体截面积大，承载力容易满足。抗震性能好，适宜于建造高层建筑。适用层数为 10～50 层，目前我国 10～30 层的高层公寓式住宅大多采用这种体系。其缺点和局限性：剪力墙间距太小，平面布置不灵活。不适用于建造公共建筑，结构自重较大。为了减轻自重和充分利用剪力墙的承载力和刚度，剪力墙的间距尽可能做大些，可到 6m 左右。

（三）框支剪力墙结构

1. 定义

墙的底层做成框架柱时称为框支剪力墙。

底层柱的侧刚度小，形成上下刚度突变，在地震作用下底层柱会产生很大内力及塑性变形致使结构破坏。因此地震区不允许单独采用框支剪力墙。为满足地震区住宅建筑需要底层商店，或旅馆建筑中底层需设置大的公用房间的要求，可做成部分剪力墙框支、部分剪力墙落地的底层大空间剪力墙结构。框支剪力墙结构如图 3-1-9 所示。

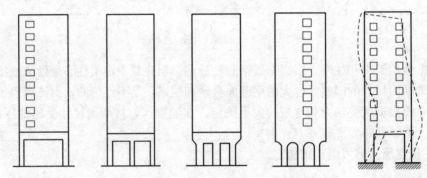

图 3-1-9　框支剪力墙结构示意图

2. 基本性能和适用条件

在底层大空间剪力墙结构中，一般把落地剪力墙布置在两端或中部，并使纵向、横向墙围成筒体，在底层加大墙厚、提高混凝土强度等级以加大底层墙的刚度，使整个结构上下刚度差别减小。上部采用开间较大的剪力墙布置方案。因为框支剪力墙承受的剪力大部分要通过楼板传到落地剪力墙上，落地剪力墙之间的距离要加以限制（墙的距离与楼板宽度之比不超过 3，抗震设计时不超过 2～2.5），还要加强过渡层楼板的整体性和刚性，厚度较大时现浇。

（四）框架—剪力墙及筒体结构体系

1. 定义

框架—剪力墙体系是结合框架结构、剪力墙结构优点，在框架中设置一些剪力墙，就成了框架—剪力墙结构。框架—剪力墙结构如图 3-1-10、图 3-1-12 所示。框架—剪力墙结构的典型工程如图 3-1-11 所示。

筒体体系是由若干纵横交错的密集框架或封闭剪力墙围成的筒状封闭空间受力体系，比框架和剪力墙有更大的空间刚度，适用于超高层建筑。筒体结构可分为框架—核心筒结构，其示意详见图 3-1-13；如果将框架核心筒结构中外围框架的间距减小，一般柱子间距

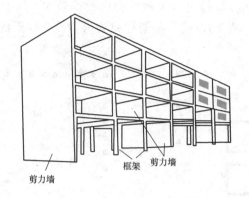

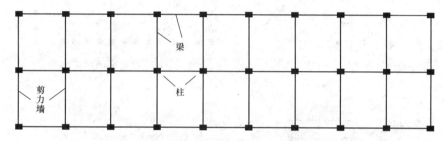

图 3-1-10 框架剪力墙示意图

图 3-1-11 框架—剪力墙体系典型工程（北京饭店）

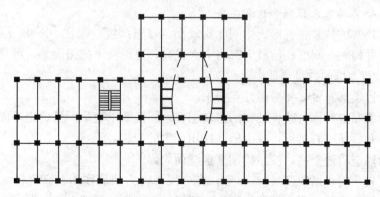

图 3-1-12 框架—剪力墙平面体系

不大于 4.0m 时，外围的框架柱可以形成很强的筒体效应，这时就形成框架密筒结构体系，如图 3-1-14 所示；如果将外围的框架柱改为剪力墙，即形成筒中筒结构体系，如图 3-1-15 所示。

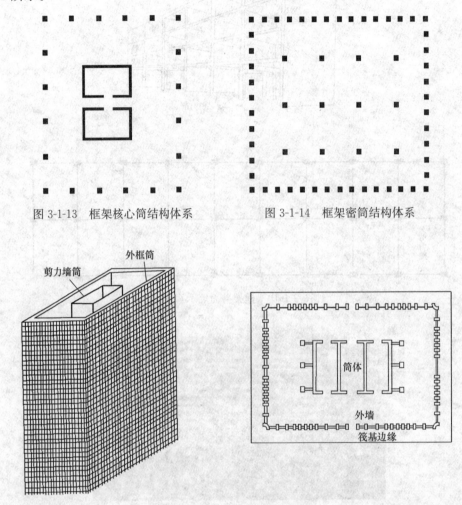

图 3-1-13　框架核心筒结构体系　　　　图 3-1-14　框架密筒结构体系

图 3-1-15　筒中筒结构体系

2. 框架—剪力墙基本性能和适用条件

剪力墙单片式的分散布置形式，刚度比较小，建造高度一般在 10~20 层。把剪力墙连在一起做成井筒式，刚度和承载力都将大大提高，也增强了抗扭能力，可建造高达 30~40 层的建筑。剪力墙的数量要适中。

剪力墙可以灵活布置，要考虑几点要求。

（1）剪力墙布置对称可减少结构的扭转。在地震区要求更加严格。当不能对称布置时要使刚度中心和质量中心接近，减少地震作用产生的扭转。

（2）剪力墙应贯通全高，使结构刚度连续而均匀。

（3）高度较小时可做成 T 形或 L 形，充分发挥剪力墙的作用。高度较大时布置成井筒结构以加大结构抗侧力刚度和抗扭刚度。还可以使框架柱灵活布置，形成丰富多变的立面效果。

（4）剪力墙靠近结构外围布置，可增强结构的抗扭作用。同一轴线上分设在两端、相距较远的剪力墙，会限制两墙之间构件的收缩和膨胀，由此产生的温度应力可能造成不利影响。

（5）在两片平行的剪力墙（或两个井筒）之间布置剪力墙时，两片墙之间的楼板在水平力作用下可能在平面内产生挠曲，对框架产生不利的影响。要限制剪力墙（或井筒）之间的距离与楼板宽度之比 L/B。剪力墙的间距不要超过限值。

实务提示：

　　从结构的角度看，抗震墙在结构中占的比例越大，结构的抗侧能力就越强，可建造的层数就越多。

（五）单层厂房

1. 单层厂房平面布置

柱网满足生产工艺要求，统一模数，跨度可选用 9m、12m、15m、18m、24m、30m、36m 等，柱距可选 6m、9m 和 12m。

2. 设置变形缝

装配式钢筋混凝土排架结构，屋面板上部有保温或隔热措施且有墙体封闭时，其伸缩缝最大间距为 100m，无墙体封闭而处于露天时为 70m。单层厂房除有特殊要求，一般不设沉降缝。在地震区应按防震缝的要求做伸缩缝。变形缝处一般设置双排架。

3. 厂房剖面布置

柱高度按生产需要，主要是满足吊车轨顶要求，且符合模数。单层厂房的结构如图3-1-16、图 3-1-17 所示。

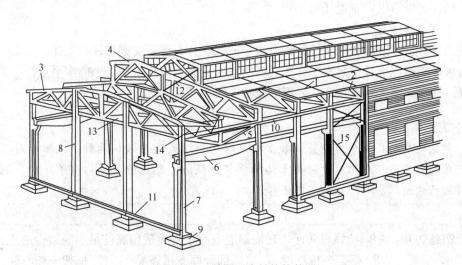

图 3-1-16　单层厂房结构构件图

1—屋面板；2—天沟板；3—天窗架；4—屋架；5—托架；6—吊车梁；7—排架柱；8—抗风柱；

9—基础；10—连系梁；11—基础梁；12—天窗架垂直支撑；

13—屋架下弦横向水平支撑；14—屋架端部垂直支撑；15—柱间支撑

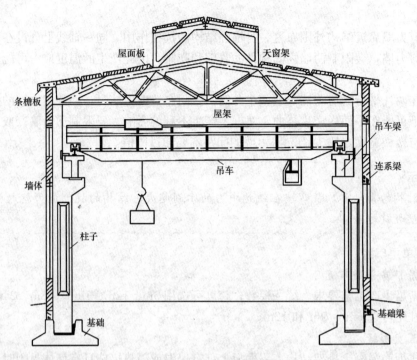

图 3-1-17 单层厂房结构剖面图

图中标注文字：屋面板、天窗架、条檐板、屋架、吊车梁、墙体、连系梁、吊车、柱子、基础、基础梁

4. 屋盖结构布置

优先采用无檩体系，选用预应力大型屋面板；有檩屋盖中，檩条常用 T 形、Γ 形的钢筋混凝土檩条，或轻型钢檩条，檩条应布置在屋架节点上，檩条上布置小型屋面板或其他瓦材。有天窗架时，一般从两端头算起的第二柱间开始布置天窗，天窗架两端焊在屋架上。有抽柱时应沿纵向布置托架。

5. 支撑系统布置

加强厂房整体刚度和稳定性并传递水平荷载。分为屋盖支撑和柱间支撑。屋盖包括上弦横向水平支撑、下弦横向水平支撑、纵向水平支撑、垂直支撑与纵向水平系杆、天窗架支撑等。柱间支撑一般应布置在温度区段的中间。

实务提示：

常见的单层厂房分为钢筋混凝土排架结构和门式刚架结构两种。无吊车时，一般门式刚架单层厂房相对于混凝土结构排架更经济，总造价更低；有吊车时，混凝土排架结构的厂房有一定的成本优势。

例题 3-10：相同抗震设防区，现浇钢筋混凝土房屋适用高度最小的结构形式为：

A. 框架   B. 框架—抗震墙   C. 部分框支抗震墙   D. 框架—核心筒

【答案】 A

【解析】 详见《建筑抗震设计规范》GB 50011—2010（2016 年版）第 6.1.1 条中的表 6.1.1。相同地震烈度区，现浇钢筋混凝土房屋适用高度最小的是框架结构。

可以理解为抗震墙占比例越小，房屋适用的高度就越低。框架结构中抗震墙数量为零，在实际工程中适用的高度最小。

例题 **3-11**：下列图示中，表示排架结构的是：

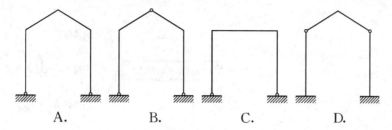

A.   B.   C.   D.

【答案】D

【解析】排架由屋架（或屋面梁）、柱和基础组成，柱与屋架铰接，与基础刚接。D 选项是单层厂房结构的基本形式。

例题 **3-12**：判断下图属于那种结构体系：

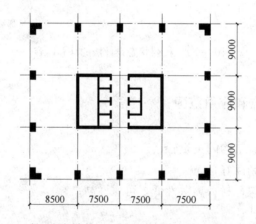

A. 框架结构   B. 抗震墙结构   C. 框架—核心筒结构   D. 筒中筒结构

【答案】C

【解析】《高层建筑混凝土结构技术规程》JGJ 3—2010 第 2.1.8 条，框架—核心筒结构是由核心筒与外围的稀柱框架组成的筒体结构。

第二节　多高层钢结构房屋

一、基本设计原则（★）

钢结构的设计中除疲劳计算和抗震设计外，均采用以概率理论为基础的极限状态设计方法，用分项系数设计表达式进行计算。疲劳破坏的计算采用允许应力法进行设计。

钢结构设计计算应按承载能力极限状态和正常使用极限状态进行设计。其中承载能力极限状态应包括：构件或连接的强度破坏、脆性断裂，因过度变形而不适用于继续承载，结构或构件丧失稳定，结构转变为机动体系和结构倾覆；正常使用极限状态应包括：影响结构、构件、非结构构件正常使用或外观的变形，影响正常使用的振动，影响正常使用或耐久性能的局部损坏。极限状态设计法的计算内容见图 3-2-1。

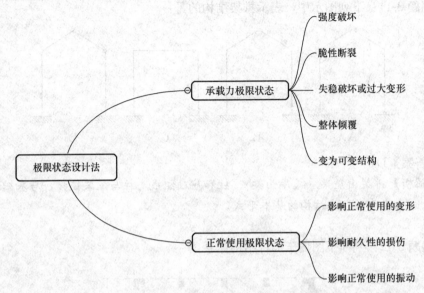

图 3-2-1　极限状态设计法的计算内容

二、钢结构的特点和应用范围

1. 钢结构特点

（1）钢材的强度高、结构的重量轻；

（2）钢材的塑性、韧性好；

（3）钢材的材质均匀，材料离散性低，可靠性高；

（4）钢材具有可焊性；

（5）钢结构的密封性好；

（6）钢结构制作、安装的工业化程度高；

（7）钢结构耐热，不耐火，不耐高温；

（8）钢材的耐腐蚀性差。

2. 钢结构的应用范围

（1）大跨度结构，可用于 60m 及以上的跨度；

（2）重型工业厂房结构；

（3）受动力荷载影响的结构；

（4）高层建筑和高耸结构；

（5）可拆卸的移动结构；

（6）容器和其他构筑物；

（7）轻型钢结构；

（8）平面结构：桁架、刚架、拱；

（9）空间结构：网架、网壳、悬索、索膜结构。

三、钢结构材料特性（★）

1. 钢材的主要机械性能指标

钢材的主要机械性能指标包括抗拉强度、屈服强度、冲击韧性和冷弯性能。

（1）抗拉强度：钢材断裂前能够承受的最大应力，它表示钢材应力达到屈服强度后安全储备的大小。

（2）屈服强度：确定钢材强度设计值的主要指标。

（3）冲击韧性：将标准试件在摆锤式冲击试验机上冲断时所消耗的冲击功，它反映钢材在冲击荷载和冲击试验中所显示出来的性能。

（4）冷弯性能是指钢材在发生塑性变形时，对出现裂纹的抵抗能力，是判断钢材塑性变形能力和显示钢材内部缺陷的综合指标。

2. 钢材的种类

钢结构所用的钢材分为普通碳素钢和普通低合金钢两类。建筑承重结构用钢材宜采用Q235钢、Q345钢、Q390钢、Q420钢。见图3-2-2。

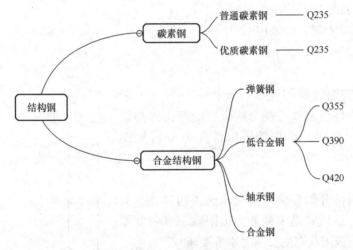

图 3-2-2　结构钢常用类型

钢结构所用钢材主要有热轧成型的钢板和型钢，以及冷弯成型的薄壁型钢。

（1）钢板

钢板分厚钢板、薄钢板和扁钢。其规格为：

1）厚钢板：厚度4.5～60mm，宽度600～3000mm，长度4～12m；

2）薄钢板：厚度0.35～4mm，宽度500～1500mm，长度0.5～4m；

3）扁钢：厚度4～60mm，宽度12～200mm，长度3～9m。

4）表达方式：—600×10×12000。

（2）型钢

型钢可以直接用作构件，以减少加工制造的工作量，在设计中应优先选用。常用的型钢有角钢、槽钢、工字钢和钢管。表达方式：角钢L100×80×8、工字钢I40c、槽钢

[32a、钢管 Φ108×4。截面形式见图 3-2-3。

图 3-2-3　不同类型的型钢截面示意

（3）薄壁型钢

薄壁型钢是用 5～5mm 厚的薄板经模压或弯曲成型。截面形式见图 3-2-4。

图 3-2-4　不同类型薄壁型钢截面示意

（4）焊条型号

钢材采用 Q235 时，焊条型号应采用 E43；

当钢材为 Q345 时，焊条用 E50；

当钢材为 Q390、Q420 时，焊条用 E55。

四、钢结构的计算和连接（★）

基本受力构件包括轴心受力构件、受弯构件和拉弯、压弯构件，其中，轴心受压构件受力分析见图 3-2-5。

1. 轴心受力构件

轴心受力构件分轴心受拉及受压两类构件，作为一种受力构件，就应满足承载能力极限状态（强度要求）和正常使用极限状态的要求（刚度要求）。

正常使用极限状态的要求构件有足够的刚度；承载能力极限状态包括强度、整体稳定、局部稳定三方面的要求。

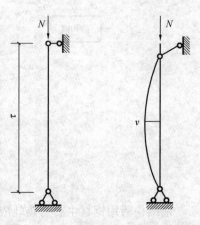

图 3-2-5　轴心受压构件受力示意图

对于钢构件设计，轴心受拉构件主要是由强度控制，轴心受压构件主要是由稳定控制。常用作轴心受力构件的构件截面包括型钢截面和组合截面，其中组合截面包括实腹式组合截面和格构式组合截面两种。轴心受力构件常用截面类型见图 3-2-6。通常钢结构中的结构柱为轴心或者偏心受压构件，常用钢结构柱有实腹柱和格构柱两种，见图 3-2-7。

2. 受弯构件

梁主要是用作承受横向荷载的实腹式构件，主要内力为弯矩与剪力。钢结构梁受力简图见图 3-2-8。

梁的截面主要分型钢截面与钢板组合截面。

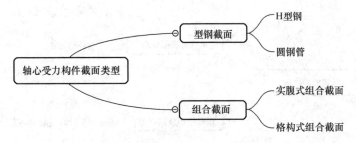

图 3-2-6　轴心受压构件的截面类型

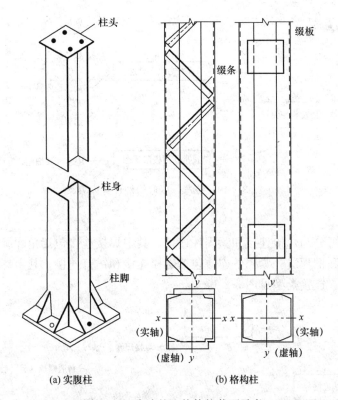

(a) 实腹柱　　　　　　　　(b) 格构柱

图 3-2-7　实腹柱和格构柱截面示意

梁格形式主要有简式梁格、普通梁格及复式梁格。

梁的正常使用极限状态为控制梁的挠曲变形。

梁的承载能力极限状态包括强度、整体稳定性及局部稳定性。需计算的内容见图 3-2-9。

3. 拉弯、压弯构件

拉弯、压弯构件同时承受轴向荷载和横向荷载。拉弯构件主要承受拉力、弯矩和剪力；压弯构件主要承受轴向压力、弯矩和剪力。

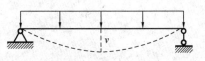

图 3-2-8　受弯构件（钢结构梁）

受力示意图

拉弯和压弯构件的截面主要分型钢与钢板组合截面，拉弯和压弯构件承载能力极限状态包括强度、整体稳定性、局部稳定性及屈服后强度。需计算的内容见图 3-2-10。

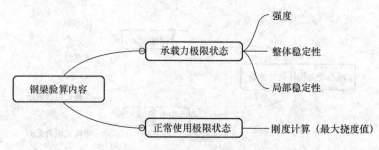

图 3-2-9　钢结构受弯构件计算内容

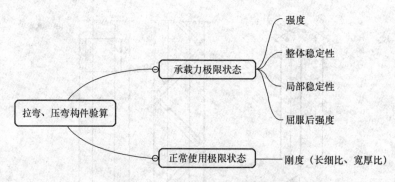

图 3-2-10　拉弯、压弯构件计算内容

4. 钢结构连接

钢结构连接可分为焊接连接和紧固件连接。其中焊接连接包括角焊缝、对接焊缝、端接焊缝、塞焊缝和槽焊缝；紧固件连接包括螺栓连接和锚钉连接，其中螺栓连接分为普通螺栓和高强螺栓。连接类型见图 3-2-11。

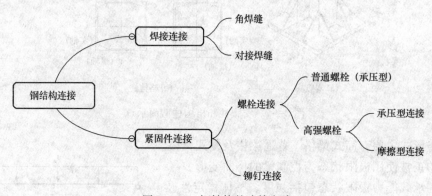

图 3-2-11　钢结构的连接方式

（1）螺栓连接

普通螺栓：钢结构一般选用 C 级（粗制）六角螺母螺栓，标识用 M 和螺栓直径（mm）表示，例如 M16、M20 等。主要用于受拉连接及次要构件和临时固定构件的受剪连接。

高强螺栓：抗剪连接时摩擦型以板件间最大摩擦力为承载力极限状态；承压型允许克服最大摩擦力后，以螺杆抗剪与孔壁承压破坏为承载力极限状态（同普通螺栓）。受拉时两者无区别。螺栓连接的示意见图 3-2-12、图 3-2-13。

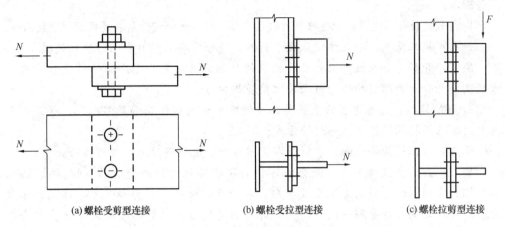

(a)螺栓受剪型连接　　　　(b)螺栓受拉型连接　　　　(c)螺栓拉剪型连接

图 3-2-12　螺栓连接

（2）焊接连接

焊接连接最常用到的是角焊缝和对接焊缝。角焊缝示意见图 3-2-14，对接焊缝示意见图 3-2-15。

焊接连接应注意以下事项：

1）尽量减少焊缝的数量和尺寸；

2）焊缝的布置宜对称于构件截面的形心轴；

3）节点区留有足够空间，便于焊接操作和焊后检测；

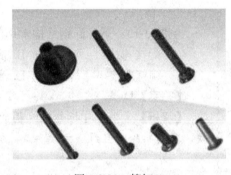

4）应避免焊缝密集和双向、三向相交；

图 3-2-13　铆钉

5）焊缝位置宜避开最大应力区；

6）焊缝连接宜选择等强配比；当不同强度的钢材连接时，可采用与低强度钢材相匹配的 焊接材料。

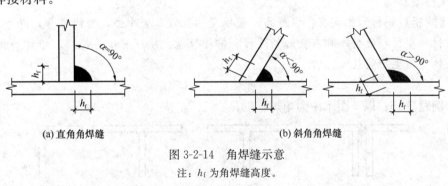

(a)直角角焊缝　　　　　　　(b)斜角角焊缝

图 3-2-14　角焊缝示意

注：h_f 为角焊缝高度。

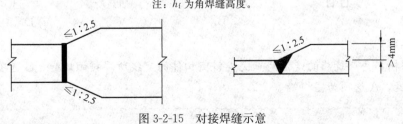

图 3-2-15　对接焊缝示意

实务提示:

1. 螺栓连接:通过螺栓把连接件连接成一体,分普通螺栓连接和高强螺栓连接两种。

优点:施工简单、安装方便,便于拆卸,适合需要装拆的和临时性的连接。

缺点:开始需要在板件上开孔,拼装的时候需要对孔,增加制作的工作量且要求较高,开孔也会削弱构件的截面,比较费钢材。

2. 焊缝连接:通过电弧产生热量,致使焊条还有焊件局部高温熔化,等到冷却时凝结,从而将构件连接到一起的方式。

优点:不减弱构件截面,省材料,简单方便,连接强度大,密封性好。

缺点:因为高温作用,可能会使焊接的某些部位的材质变脆弱。焊接过程中,因为钢材受到不均匀的高温熔化及冷却,会产生焊接残余应力和变形,结构的承载力、刚度和实用性都受到一定的影响。焊接因为刚度大,局部裂纹只要产生就会扩展到整体,特别是在低温的情况下,容易脆断。焊接韧性差,会降低疲劳强度。

例题 3-13:可拆卸钢结构常用的连接方法是:

A. 焊接连接　　　　　　B. 高强螺栓连接

C. 铆钉连接　　　　　　D. 普通螺栓连接

【答案】D

【解析】常用于可拆卸钢结构的连接方式为普通螺栓连接,其特点是现场作业快,容易拆除,且维修方便。

例题 3-14:关于钢结构优点的说法,错误的是:

A. 结构强度高　　　　　B. 结构自重轻

C. 施工周期短　　　　　D. 防火性能好

【答案】D

【解析】钢材的优点有:强度高,塑性及韧性好,耐冲击,性能可靠,易于加工成板材、型材和线材,具有良好的焊接和铆接性能。缺点有:易锈蚀,维护费用高,耐火性差,生产能耗大。

例题 3-15:以下图示中为角焊缝的是:

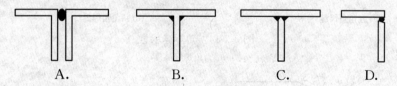

A.　　　　　　B.　　　　　　C.　　　　　　D.

【答案】B

【解析】角焊缝指的是沿两直交或斜交构件的交线所焊接的焊缝。C 选项为 T 形对接焊缝,A 选项为塞焊缝。

第三节 砌体结构房屋

一、砌体材料及其力学性能（★★）

1. 砌体分类

（1）无筋砌体：砖砌体、砌块砌体和石砌体。

（2）砖砌体：实心黏土砖、黏土空心砖。

（3）砌块砌体：混凝土空心砌块和粉煤灰砌块。

（4）配筋砌体：砌体水平灰缝中配有钢筋。

（5）砌体截面中配有钢筋混凝土小柱。

2. 砌体材料的强度等级

（1）块材和砂浆的强度等级，依据其抗压强度来划分。

（2）块材强度等级以 MU 表示，单位为 MPa。

（3）烧结普通砖、烧结多孔砖的强度等级分为 5 级：MU30、MU25、MU20、MU15、MU10。

（4）蒸压灰砂砖、蒸压粉煤灰砖的强度等级分为 3 级：MU25、MU20、MU15。

（5）砌块的强度等级分为 5 级：MU20、MU15、MU10、MU7.5、MU5。

（6）石材的强度等级由边长为 70mm 的立方体试块的抗压强度来表示，可分为 7 级：MU100、MU80、MU60、MU50、MU40、MU30、MU20。

3. 砂浆的强度等级

由边长为 70.7mm 的立方体试块，在标准条件下养护，进行抗压试验。砂浆强度等级分为 5 级：M15、M10、M7.5、M5、M2.5。

当验算施工阶段砌体承载力时，砂浆强度取 0。

4. 砌体结构特点

就地取材，施工方便，造价经济抗压强度高，抗拉、抗弯、抗剪的强度低，耐久性好，耐火性好，自重大，为脆性材料，抗裂性差。

位于侵蚀性土壤环境的砌体结构，不应采用蒸压灰砂普通砖、蒸压粉煤灰普通砖。

5. 砌体受压破坏形态

砌体受压破坏时，裂缝沿着压力轴向开展。砌体受压时候的破坏形态如图 3-3-1 所示。

砌体轴心受压时从开始直至破坏，根据裂缝的出现和发展等特点，可划分为三个受力阶段。第一阶段：从砌体开始受压，到出现第一条（批）裂缝。在此阶段，随着压力的增大，单块砖内产生细小裂缝，但就砌体而言，多数情况裂缝约有数条。如不再增加压力，单块砖内的裂缝亦不发展。根据国内外的试验结果，砖砌体内产生第一批裂缝时的压力约为破坏时压力的 50%～70%。第二阶段：随着压力的增加，

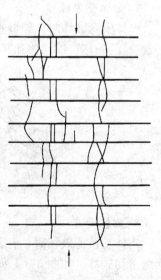

图 3-3-1 砌体受压破坏示意图

单块砖内裂缝不断发展，并沿竖向通过若干皮砖，在砖体内逐渐连接成一段段的裂缝。此时，即使压力不再增加，裂缝仍会继续发展，砌体已临近破坏，处于十分危险的状态。其压力约为破坏时压力的80%～90%。第三阶段：压力继续增加，砌体内裂缝迅速加长加宽，最后使砌体形成小柱体（个别砖可能被压碎）而失稳，整个砌体亦随之破坏。以破坏时压力除以砌体横截面面积所得的应力即为该砌体的极限强度。

6. 砌体轴心受拉

砌体轴心受拉破坏形态有三种破坏形式。三种破坏形态的示意见图3-3-2。

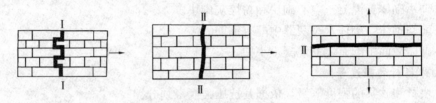

图3-3-2　砌体受拉破坏示意

（1）沿齿缝截面的破坏：当轴向拉力与水平灰缝平行时，有可能发生这种破坏，破坏面沿灰缝，为齿状。

（2）沿块体截面的破坏：当轴向拉力与水平灰缝平行时，有可能发生这种破坏，沿块体截面的破坏，块体本身被拉断。

（3）沿水平灰缝的破坏：当轴向拉力与水平灰缝垂直时，有可能发生这种破坏。

第一种破坏的抗拉强度主要决定于砂浆和块体之间的粘结力，而粘结力主要与砂浆的强度等级有关，因此第一种破坏的抗拉强度主要与砂浆的强度有关。第二种破坏的抗拉强度主要决定于块体的强度等级。第三种破坏的抗拉强度很低，规范不允许有这种受力的构件。

当轴向拉力与水平灰缝平行时，有两种破坏形式，到底发生哪一种破坏，与块体和砂浆的相对强度有关，块体强度高，砂浆强度低，发生第一种破坏，否则发生第二种破坏。

7. 砌体受弯破坏

砌体受弯破坏时，裂缝在墙体受拉侧开展。可能发生的三种破坏形态分别为：沿齿缝（灰缝）的破坏、沿块体和竖向灰缝的破坏、沿通缝的破坏。如图3-3-3所示。

(a) 沿齿缝　　　(b) 沿块体和竖向灰缝　　　(c) 沿通缝

图3-3-3　砌体结构受弯破坏示意图

8. 砌体受剪

砌体受抗剪破坏时，有三种破坏形态，即沿通缝剪切破坏、沿齿缝剪切破坏、沿阶梯形缝剪切破坏。如图3-3-4所示。

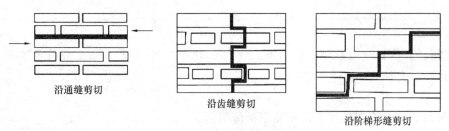

沿通缝剪切　　　沿齿缝剪切　　　沿阶梯形缝剪切

图 3-3-4　砌体结构受剪破坏示意

实务提示：

1. 砌体结构的受力裂缝可根据下列特征进行判断：

(1) 重力荷载造成的裂缝多呈竖向；

(2) 剪切作用造成的裂缝主要为斜向裂缝；

(3) 弯曲受拉裂缝多数沿砌体灰缝水平向发展；

(4) 直拉裂缝多沿着与拉力垂直灰缝开展；

(5) 局部承压荷载裂缝多出现在混凝土大梁或木梁下部的墙体。

2. 太阳辐射热裂缝可按下列特征进行判断：

(1) 顶层裂缝严重；

(2) 结构单元两端裂缝严重；

(3) 在墙上斜向发展。

例题 **3-16**：图示砌体结构属于轴心受拉破坏的是：

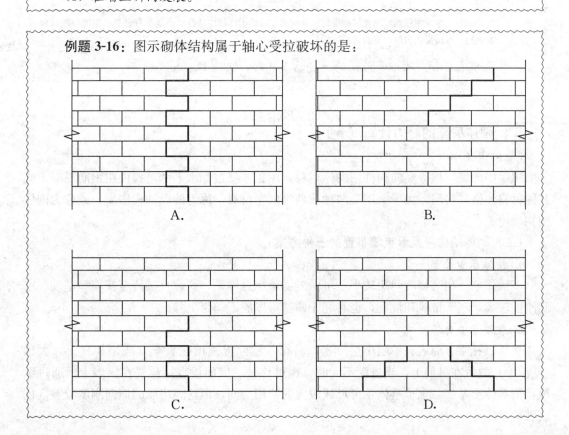

A.　　　　　　　　　　　　B.

C.　　　　　　　　　　　　D.

【答案】A

【解析】依据《砌体结构设计规范》GB 50003—2011 第 3.2.2 条图示可知，A 选项为轴心受拉破坏。

例题 3-17：下列砌体中，收缩率最低的是：

A. 混凝土砌块   B. 加气混凝土砌块

C. 混凝土多孔砖   D. 烧结多孔砖

【答案】D

【解析】根据《砌体结构设计规范》GB 50003—2011 的第 3.2.5 条第 3 款，砌体的线膨胀率和收缩率，可按表 3.2.5-2（解表）采用。

砌体的线膨胀系数和收缩率		解表
砌体类别	线膨胀系数 （$10^{-6}/℃$）	收缩率 （mm/m）
烧结普通砖、烧结多孔砖砌体	5	-0.1
蒸压灰砂普通砖、蒸压粉煤灰普通砖砌体	8	-0.2
混凝土普通砖、混凝土多孔砖、混凝土砌块砌体	10	-0.2
轻集料混凝土砌块砌体	10	-0.3
料石和毛石砌体	8	—

注：表中的收缩率系由达到收缩允许标准的块体砌筑 28d 的砌体收缩系数。当地方有可靠的砌体收缩试验数据时，亦可采用当地的试验数据。

根据解表可知，收缩率最低的是烧结多孔砖，应选 D。

二、砌体房屋的静力计算（★）

（一）定义

房屋中的墙、柱等竖向构件用砌体材料，屋盖、楼盖等水平承重构件用钢筋混凝土或其他材料建造的房屋，由于采用了两种或两种以上材料，称为砖混结构房屋，或称为砌体结构房屋。

（二）砌体结构房屋承重墙布置的三种方案

1. 横墙承重体系

多层住宅、宿舍横墙间距较小，可做成横墙承重体系，荷载直接传至横墙和基础。空间刚度较大，利于抗风和抗震，也有利于调整房屋的不均匀沉降。

2. 纵墙承重体系

食堂、礼堂、商店、单层小型厂房，将楼、屋面板铺设在大梁（或屋架）上，大梁（或屋架）放置在纵墙上，当进深不大时，也可将楼、屋面板直接放置在纵墙上，通过纵墙将荷载传至基础。该承重体系可形成较大的使用空间，但这类房屋的横向刚度较差，抗震性能差。

3. 纵横墙混合承重体系

教学楼、实验楼、办公楼、医院门诊楼的部分房屋需要做成大空间，部分房间可以做成小空间，跨度小的可将板直接搁置在横墙上，跨度大的方向可加设大梁，板荷载传至大梁，大梁支承在纵墙上，这种设计纵横墙同时承重，布置灵活。

（三）砌体结构房屋静力计算

砌体结构房屋静力计算方案有弹性方案、刚弹性方案、刚性方案。砌体结构房屋静力计算方案的选择可按表 3-3-1 选用。

砌体房屋静力计算方案 　　　　　　　　　　　　　　　　　　　表 3-3-1

	屋盖或楼盖类别	刚性方案	刚弹性方案	弹性方案
1	整体式、装配整体式和装配式无檩体系钢筋混凝土屋盖或钢筋混凝土楼盖	$s<32$	$32 \leqslant s \leqslant 72$	$s>72$
2	装配式有檩体系钢筋混凝土屋盖、轻钢屋盖和有密铺望板的木屋盖或木楼盖	$s<20$	$20 \leqslant s \leqslant 48$	$s>48$
3	瓦材屋面的木屋盖和轻钢屋盖	$s<16$	$16 \leqslant s \leqslant 36$	$s>36$

注：1. 表中 s 为房屋横墙间距，其长度单位为"m"。
　　2. 当屋盖、楼盖类别不同或横墙间距不同时，可按《砌体结构设计规范》GB 50003—2011 第 4.2.7 条的规定确定房屋的静力计算方案。
　　3. 对无山墙或伸缩缝处无横墙的房屋，应按弹性方案考虑。

三种静力计算方案的定义，《砌体结构设计规范》GB 50003—2011 第 4.2.1 条规定如下。

（1）刚性方案：房屋空间刚度大，在荷载作用下墙柱内力可按顶端具有不动铰支承的竖向结构计算。

（2）刚弹性方案：在荷载作用下，墙柱内力可考虑空间工作性能影响系数，按顶端为弹性支承的平面排架计算。

（3）弹性方案：可按屋架或大梁与墙（柱）为铰接的、不考虑空间工作的平面排架或框架计算。

单层砌体房屋：在风载作用下，一般可按刚性、弹性、刚弹性三种方案进行设计。多层砌体房屋：在风载作用下，一般均按刚性方案设计。

三种计算方案的计算简图见图 3-3-5。

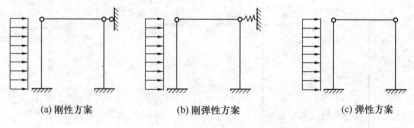

(a) 刚性方案　　　　　　　(b) 刚弹性方案　　　　　　　(c) 弹性方案

图 3-3-5　砌体结构计算方案力学简图

刚性和刚弹性方案的横墙要求如下：

（1）横墙中开有洞口时，洞口的水平截面面积不应超过横墙截面面积的 50%；

（2）横墙厚度不宜小于 180mm；

（3）单层房屋的横墙长度不宜小于其高度，多层房屋横墙长度不宜小于 $H/2$（H 为横墙总高度）。

实务提示：

1. 刚性方案。房屋的空间刚度很大，在水平荷载（包括竖向偏心荷载产生的水平力）作用下，由于结构的空间作用，墙、柱处于空间受力状态，顶点位移很小，屋盖和层间楼盖可以视作墙、柱的刚性支座。对于单层房屋，在荷载作用下，墙、柱可按上端不动铰支于屋盖、下端嵌固于基础的竖向构件计算。对于多层房屋，在竖向荷载作用下，墙、柱在每层高度范围内，可近似地按两端铰支的竖向构件计算；在水平荷载作用下，墙、柱可按竖向连续梁计算。民用建筑和大多数公共建筑均属于这种方案。此时，横墙间的水平荷载由纵墙承受，并通过屋盖或楼盖传给横墙，横墙可以视作嵌固于基础的竖向悬臂梁，考虑轴向压力的作用按偏心受压和剪切计算，并应满足一定的刚度要求。

2. 弹性方案。房屋的空间刚度很小，在水平荷载作用下，结构的空间作用很弱，墙、柱处于平面受力状态。单层厂房和仓库等建筑常属于这种方案。此时，在荷载作用下，墙、柱内力应按有侧移的平面排架或框架计算。

3. 刚弹性方案。房屋的空间刚度介于刚性方案与弹性方案之间，在水平荷载作用下，屋盖对墙、柱顶点的侧移有一定约束，可以视作墙、柱的弹性支座。单层房屋也常属于这种方案。此时，在荷载作用下，墙、柱内力可按考虑空间工作的侧移折减后的平面排架或框架计算。

例题 3-18：下列砌体结构房屋静力计算方案中，错误的是：

A. 刚性方案　　　B. 弹性方案　　　C. 塑性方案　　　D. 刚弹性方案

【答案】C

【解析】《砌体结构设计规范》GB 50003—2011 第 4.2.1 条，房屋的静力计算，根据房屋的空间工作性能分为刚性方案、刚弹性方案和弹性方案。

例题 3-19：单层砌体结构房屋墙体采用刚性方案静力计算时，正确的计算简图是：

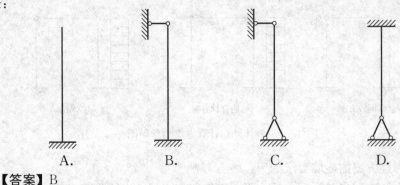

A.　　　　　　B.　　　　　　C.　　　　　　D.

【答案】B

三、无筋砌体构件承载力计算（★）

（一）受压构件

窗间墙和砖柱，承受上部传来的竖向荷载和自身重量。

根据《砌体结构设计规范》GB 50003—2011 第 5.1.1 条，受压构件的承载力，应符合下式的要求：

$$N \leqslant \varphi f A \tag{3-3-1}$$

式中　N——轴向力设计值；

　　　φ——高厚比 β 和轴向力的偏心距 e 对受压构件承载力的影响系数；

　　　f——砌体的抗压强度设计值；

　　　A——截面面积。

（二）局部均匀受压和梁端局部受压

根据《砌体结构设计规范》GB 50003—2011 第 5.2.1 条，砌体截面中受局部压力时的承载力，应满足下式的要求：

$$N_l \leqslant \gamma f A_l \tag{3-3-2}$$

式中　N_l——局部受压面积上的轴向力设计值；

　　　γ——砌体局部抗压强度提高系数；

　　　f——砌体的抗压强度设计值；

　　　A_l——局部受压面积。

其中，砌体局部抗压强度提高系数 γ 应按《砌体结构设计规范》GB 50003—2011 第 5.2.2 条规定采用：

（1）γ 可按下式计算：

$$\gamma = 1 + 0.35 \sqrt{\frac{A_0}{A_l} - 1} \tag{3-3-3}$$

式中　A_0——影响砌体局部抗压强度的计算面积。

（2）计算所得 γ 值，尚应符合下列规定（图 3-3-6）：

1）在图 3-3-6（a）的情况下，$\gamma \leqslant 2.5$；

2）在图 3-3-6（b）的情况下，$\gamma \leqslant 2.0$；

3）在图 3-3-6（c）的情况下，$\gamma \leqslant 1.5$；

4）在图 3-3-6（d）的情况下，$\gamma \leqslant 1.25$。

按《砌体结构设计规范》GB 50003—2011 第 6.2.13 条的要求灌孔的混凝土砌块砌体，在 1）、2）款的情况下，尚应符合 $\gamma \leqslant 1.5$。未灌孔混凝土砌块砌体，$\gamma = 1.0$。

对多孔砖砌体孔洞难以灌实时，应按 $\gamma = 1.0$ 取用；当设置混凝土垫块时，按垫块下的砌体局部受压计算。

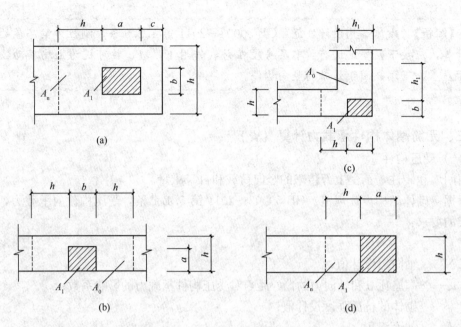

图 3-3-6　局部受压计算示意

四、构造要求（★★★）

（一）砖砌体构件的高厚比

砖砌体构件的高厚比是保证构件整体稳定的构造措施，《砌体结构设计规范》GB 50003—2011 中关于高厚比（β）的规定如下。

$$\beta = H_0/h \leqslant \mu_1\mu_2[\beta] \tag{3-3-4}$$

式中　H_0——墙、柱的计算高度；

h——墙厚或矩形柱与 H_0 相对应的边长；

μ_1——自承重墙允许高厚比的修正系数；

μ_2——有门窗洞口墙允许高厚比的修正系数；

$[\beta]$——墙、柱的允许高厚比，应按表 3-3-2 采用。

墙、柱的允许高厚比（$[\beta]$ 值）　　　　表 3-3-2

砌体类别	砂浆强度等级	墙	柱
无筋砌体	M2.5	22	15
	M5.0 或 Mb5.0、Ms5.0	24	16
	≥M7.5 或 Mb7.5、Ms7.5	26	17
配筋砌块砌体	—	30	21

（二）具体构造要求

（1）5 层及 5 层以上房屋的墙，以及受振动或层高大于 6m 的墙、柱所用材料的最低强度等级，应符合下列要求：砖 MU10，砌块 MU7.5，石材 MU30，砂浆 M5。

（2）地面以下或防潮层以下的砌体、潮湿房间的墙，所用材料要求：烧结普通砖 MU15，混凝土砌块 MU7.5，水泥砂浆 M5。

（3）在冻胀地区，地面以下或防潮层以下的砌体，不宜采用多孔砖；采用混凝土空心砌块时，其孔洞应采用强度等级不低于 Cb20 的混凝土预先灌实。

（4）承重的独立砖柱截面尺寸不应小于 240mm×370mm。毛石墙的厚度不宜小于 350mm，毛料石柱较小边长不宜小于 400mm。

（5）跨度大于 6m 的屋架和跨度大于下列数值的梁，应在支承处砌体上设置混凝土或钢筋混凝土垫块；当墙中设有圈梁时，垫块与圈梁宜浇成整体。砖砌体为 4.8m；砌块和料石砌体为 4.2m；毛石砌体为 3.9m。

（6）当梁跨度大于或等于下列数值时，其支承处宜加设壁柱（加设壁柱是为了加强稳定），或采取其他加强措施。240mm 厚的砖墙为 6m；180mm 厚的砖墙为 4.8m；砌块、料石墙为 4.8m。

（7）预制钢筋混凝土板的支承长度，在墙上不宜小于 100mm（内墙 100mm，外墙 120mm）在钢筋混凝土圈梁上不宜小于 80mm。

（8）填充墙、隔墙应分别采取措施与周边主体结构构件可靠连接，山墙处的壁柱或构造柱宜砌至山墙顶部，且屋面构件应与山墙可靠拉结。

（三）防止或减轻墙体开裂的主要措施

1. 伸缩缝的设置

防止或减轻房屋在正常使用条件下，由温差和砌体干缩引起的墙体竖向裂缝，应在墙体中设置伸缩缝。根据《砌体结构设计规范》GB 50003—2011 第 6.3.1 条要求，可按表 3-3-3 确定砌体房屋伸缩缝的最大间距。

砌体房屋伸缩缝最大间距（mm）　　　　　　　　　　　　表 3-3-3

屋盖或楼盖类别		间距
整体式或装配整体式钢筋混凝土结构	有保温层或隔热层的屋盖、楼盖	50
	无保温层或隔热层的屋盖	40
装配式无檩体系钢筋混凝土结构	有保温层或隔热层的屋盖、楼盖	60
	无保温层或隔热层的屋盖	50
装配式有檩体系钢筋混凝土结构	有保温层或隔热层的屋盖、楼盖	75
	无保温层或隔热层的屋盖	60
瓦材屋盖、木屋盖或楼盖、轻钢屋盖		100

注：1. 对烧结普通砖、烧结多孔砖、配筋砌块砌体房屋，取表中数值；对石砌体、蒸压灰砂普通砖、蒸压粉煤灰普通砖、混凝土砌块、混凝土普通砖和混凝土多孔砖房屋，取表中数值乘以 0.8 的系数，当墙体有可靠外保温措施时，其间距可取表中数值。

2. 在钢筋混凝土屋面上挂瓦的屋盖应按钢筋混凝土屋盖采用；层高大于 5m 的烧结普通砖、烧结多孔砖、配筋砌块砌体结构单层房屋，其伸缩缝间距可按表中数值乘以 1.3。

3. 温差较大且变化频繁地区和严寒地区不采暖的房屋及构筑物墙体的伸缩缝的最大间距，应按表中数值予以适当减小。

4. 墙体的伸缩缝应与结构的其他变形缝相重合，缝宽度应满足各种变形缝的变形要求；在进行立面处理时，必须保证缝隙的变形作用。

2. 屋顶层墙体防裂措施

（1）屋面应设置保温、隔热层。

（2）屋面保温（隔热）层或屋面刚性面层及砂浆找平层应设置分隔缝，分隔缝间距不宜大于 6m，其缝宽不小于 30mm，并与女儿墙隔开。

（3）采用装配式有檩体系钢筋混凝土屋盖和瓦材屋盖。

（4）顶层屋面板下设置现浇钢筋混凝土圈梁，并沿内外墙拉通，房屋两端圈梁下的墙体内宜设置水平钢筋。

（5）顶层墙体有门窗等洞口时，在过梁上的水平灰缝内设置 2～3 道焊接钢筋网片或直径 6mm 钢筋，焊接钢筋网片或钢筋应伸入洞口两端墙内不小于 600mm。

（6）顶层及女儿墙砂浆强度等级不低于 M7.5。

（7）女儿墙应设置构造柱，构造柱间距不宜大于 4m，构造柱应伸至女儿墙顶并与现浇钢筋混凝土压顶整浇在一起。

（8）对顶层墙体施加竖向预应力。

3. 底层墙体防裂措施

（1）增大基础圈梁的刚度。

（2）在底层的窗台下墙体灰缝内设置 3 道焊接钢筋网片或 2 根直径 6mm 钢筋，并应伸入两边窗间墙内不小于 600mm。

4. 其他防裂措施

在每层门、窗过梁上方的水平灰缝内及窗台下第一和第二道水平灰缝内，宜设置焊接钢筋网片或 2 根直径 6mm 钢筋，焊接钢筋网片或钢筋应伸入两边窗间墙内不小于 600mm。当墙长大于 5m 时，宜在每层墙高度中部设置 2～3 道焊接钢筋网片或 3 根直径 6mm 的通长水平钢筋，竖向间距为 500mm。

（四）圈梁设置

（1）对于有地基不均匀沉降或较大振动荷载的房屋，设置现浇混凝土圈梁。

（2）厂房、仓库、食堂等空旷单层房屋设置圈梁：

1）砖砌体结构房屋，檐口标高为 5～8m 时，应在檐口标高处设置圈梁一道；檐口标高大于 8m 时，应增加设置数量。

2）砌块及料石砌体结构房屋，檐口标高为 4～5m 时，应在檐口标高处设置圈梁一道；檐口标高大于 5m 时，应增加设置数量。

3）对有吊车或较大振动设备的单层工业房屋，当未采取有效的隔振措施时，除在檐口或窗顶标高处设置现浇钢筋混凝土圈梁外，尚应增加设置数量。

（3）住宅、办公楼及多层工业厂房按如下规定设置现浇混凝土圈梁：

住宅、办公楼等多层砌体结构民用房屋，且层数为 3～4 层时，应在底层和檐口标高处各设置一道圈梁。当层数超过 4 层时，除应在底层和檐口标高处各设置一道圈梁外，至少应在所有纵、横墙上隔层设置。多层砌体工业房屋，应每层设置现浇钢筋混凝土圈梁。设置墙梁的多层砌体结构房屋，应在托梁、墙梁顶面和檐口标高处设置现浇钢筋混凝土圈梁。

（4）建设在软弱地基或不均匀地基上的砌体结构房屋应设置现浇混凝土圈梁。

（五）圈梁构造要求

（1）圈梁宜连续地设在同一水平面上，并形成封闭状；当圈梁被门窗洞口截断时，应在洞口上部增设相同截面的附加圈梁。附加圈梁与圈梁的搭接长度不应小于其中到中垂直间距的 2 倍，且不得小于 1m。

（2）纵、横墙交接处的圈梁应可靠连接。刚弹性和弹性方案房屋，圈梁应与屋架、大梁等构件可靠连接。

（3）混凝土圈梁的宽度宜与墙厚相同，当墙厚不小于 240mm 时，其宽度不宜小于墙厚的 2/3。圈梁高度不应小于 120mm。纵向钢筋数量不应少于 4 根，直径不应小于 10mm，箍筋间距不应大于 300mm。

（4）圈梁兼作过梁时，过梁部分的钢筋应按计算面积另行增配。

（5）采用现浇混凝土楼（屋）盖的多层砌体结构房屋，当层数超过 5 层时，除应在檐口标高处设置一道圈梁外，可隔层设置圈梁，并应与楼（屋）面板一起现浇。未设置圈梁的楼面板嵌入墙内的长度不应小于 120mm，并沿墙长配置不少于 2 根直径为 10mm 的纵向钢筋。

（六）过梁

对有较大振动荷载或可能产生不均匀沉降的房屋，应采用混凝土过梁。当过梁的跨度不大于 1.5m 时，可采用钢筋砖过梁；不大于 1.2m 时，可采用砖砌平拱过梁。

实务提示：

砌体结构墙体的构造措施主要包括三个方面，即伸缩缝、沉降缝和圈梁构造柱。

（1）由于温度改变，容易在墙体上造成裂缝，可用伸缩缝将房屋分成若干单元，使每单元的长度限制在一定范围内。伸缩缝应设在温度变化和收缩变形可能引起应力集中、砌体产生裂缝的地方。伸缩缝两侧宜设承重墙体，其基础可不分开。

（2）当地基土质不均匀时，房屋将引起过大不均匀沉降造成房屋开裂，严重影响建筑物的正常使用，甚至危及其安全。为防止沉降裂缝的产生，可在适当部位布置沉降缝，将房屋分成若干刚度较好的单元，沉降缝的基础必须分开。

（3）钢筋混凝土圈梁构造柱可以抵抗基础不均匀沉降引起墙体内产生的拉应力，同时可以增加房屋结构的整体性，防止因振动（包括地震）产生的不利影响。因此，圈梁宜连续地设在同一水平面上，并形成封闭状。

例题 3-20：图示砌体结构房屋中，属于纵横墙承重方案的是：

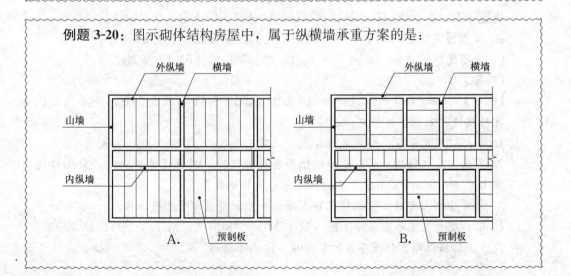

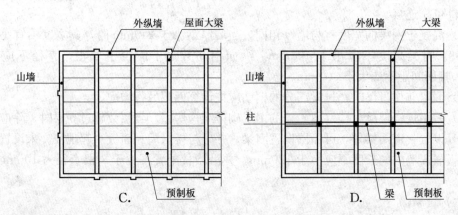

C. 预制板   D. 梁 预制板

【答案】B

【解析】纵横墙混合承重就是把梁或板同时搁置在纵墙和横墙上。优点是房间布置灵活，整体刚度好；缺点是所用梁、板类型较多，施工较为麻烦。

例题 3-21：带壁柱墙的砖墙厚度，可按规定采用：

A. 带壁柱墙截面的厚度

B. 不带壁柱墙截面的厚度

C. 应改用不带壁柱墙截面的折算厚度

D. 应改用带壁柱墙截面的折算厚度

【答案】D

【解析】根据《砌体结构设计规范》GB 50003—2011 第 6.1.2 条第 1 款，按公式（6.1.1）［见式（3-3-4）］验算带壁柱墙的高厚比，此时公式中墙厚 h 应改用带壁柱墙截面的折算厚度 h_T。

重点是要考虑壁柱对墙体厚度的贡献。

例题 3-22：防止或减轻砌体结构顶层墙体开裂的措施中，错误的是：

A. 屋面设置保温隔热层　　　　　B. 提高屋面板混凝土强度

C. 采用瓦材屋盖　　　　　　　　D. 增加顶层墙体砌筑砂浆强度

【答案】B

【解析】根据《砌体结构设计规范》GB 50003—2011 第 6.5.2 条，房屋顶层墙体，宜根据情况采取下列措施：

1. 屋面应设置保温、隔热层（A 选项正确）。

2. 屋面保温（隔热）层或屋面刚性面层及砂浆找平层应设置分隔缝，分隔缝间距不宜大于 6m，其缝宽不小于 30mm，并与女儿墙隔开。

3. 采用装配式有檩体系钢筋混凝土屋盖和瓦材屋盖（C 选项正确）。

4. 顶层及女儿墙砂浆强度等级不低于 M7.5（Mb7.5、Ms7.5）（D 选项正确）。

提示屋面板混凝土强度不是防裂措施，B 选项错误。

例题 3-23：图示钢筋混凝土挑梁，埋入砌体长度满足要求的是：

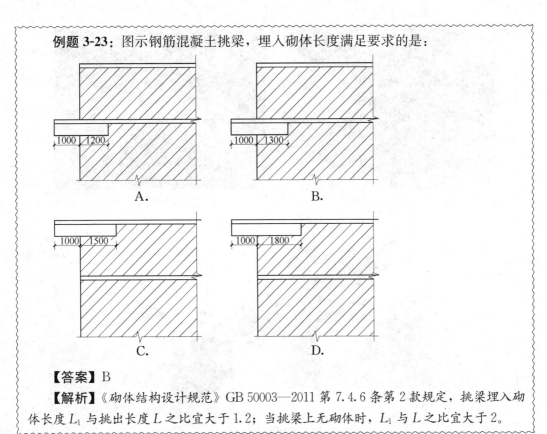

【答案】 B

【解析】《砌体结构设计规范》GB 50003—2011 第 7.4.6 条第 2 款规定，挑梁埋入砌体长度 L_1 与挑出长度 L 之比宜大于 1.2；当挑梁上无砌体时，L_1 与 L 之比宜大于 2。

第四节　木结构房屋

一、木结构的特点（★）

由木材或主要由木材组成的承重结构称为木结构。由于树木分布普遍，易于取材，采伐加工方便，同时木材质轻且强，所以很早就被广泛地用来建造房屋和桥梁。木材是天然生成的建筑材料，它有以下缺点：各向异性、天然缺陷（木节、裂缝、斜纹等）、天然尺寸受限制、易腐、易蛀、易裂和翘曲。因此，木结构要求采用合理的结构形式和节点连接形式，施工时应严格保证施工质量，并在使用中经常维护，以保证结构具有足够的可靠性和耐久性。木结构示意见图 3-4-1。

二、木结构用材的种类（★）

木结构用材分为针叶材（承重结构）和阔叶材（连接键）。主要承重构件宜采用针叶材，如红松、云杉、冷杉等；重要的木制连接件应采用细密、直纹、无节和无其他缺陷且耐腐的硬质阔叶材，如榆树材、槐树材、桦树材等。

木结构构件按加工后形状分为原木、方木和板材。

（1）原木又称圆木，可分为整原木和半原木。原木根部直径较粗，梢部直径较细，其直径变化一般沿长度每 1m 变化 9mm。原木梢部直径为梢径。原木直径以梢径来度量。

(a) 古代斗栱

(b) 榫卯连接的木结构

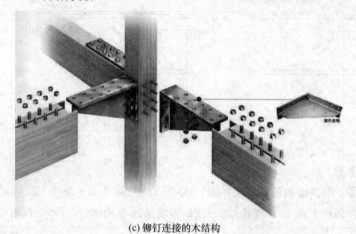
(c) 铆钉连接的木结构

图 3-4-1　木结构示意图

（2）截面宽度与厚度之比小于 3 的称为方木（方材），常用厚度为 60～240mm。

（3）截面宽度与厚度之比大于 3 的称为板材，常用厚度为 15～80mm。

三、木材的力学性能（★）

木材顺纹抗拉强度最高，而横纹抗拉强度很低，仅为顺纹抗拉强度的 1/10～1/40。木材在受拉破坏前变形很小，没有显著的塑性变形，因此属于脆性破坏。

木材受压时具有较好的塑性变形，它可以使应力集中逐渐趋于缓和，所以局部削弱的影响比受拉时小得多；木节对受压强度的影响也较小，斜纹和裂缝等缺陷和疵病也较受拉时的影响缓和，所以木材的受压工作要比受拉工作可靠得多。

木材的受弯性能较好，抗弯强度＞顺纹抗压＞顺纹抗拉＞顺纹抗剪。

四、影响木材力学性能的因素（★）

（1）木材的缺陷：木节、斜纹、裂缝以及髓心。

（2）含水率：木材强度一般随含水率的增加而降低，含水率对受压、受弯、受剪及承压强度影响较大，而对受拉强度影响较小。

（3）木纹斜度：木材是一种各向异性的材料，不同方向的受力性能相差很大，同一木材的顺纹强度最高，横纹强度最低。

此外，木材的力学性能还与受荷载作用时间、温度的高低、湿度等因素的影响有关。随荷载作用时间的增长，木材的强度和刚度下降。温度升高、湿度增大，木材的强度和刚度下降。

例题 3-24： 下列普通木结构设计和构造要求中，错误的是：

A. 木材宜用于结构的受压构件

B. 木材宜用于结构的受弯构件

C. 木材受弯构件的受拉边不得开缺口

D. 木屋盖采用内排水时，宜采用木质天沟

【答案】D

【解析】根据《木结构设计标准》GB 50005—2017 第 7.1.4 条，方木、原木结构设计应符合下列要求：木屋盖宜采用外排水，采用内排水时，不应采用木制天沟。

例题 3-25： 地震区木结构柱的竖向连接，正确的是：

A. 采用螺栓连接   B. 采用榫头连接

C. 采用铆钉接头   D. 不能有接头

【答案】D

【解析】根据《建筑抗震设计规范》GB 50011—2010（2016 年版）第 11.3.9 条，柱子不能有接头。

第五节　绿色建筑结构专篇

本节依据《绿色建筑评价标准》GB/T 50378—2019（本节简称《评价标准》）与结构相关部分的要求，作具体讲解。

一、安全耐久（★★）

1. 《评价标准》第4.1.2条（控制项）

（1）场地应避开滑坡、泥石流等地质危险地段，易发生洪涝地区应有可靠的防洪涝基础设施。

（2）建筑结构应满足承载力和建筑使用功能要求。建筑外墙、屋面、门窗、幕墙及外保温等围护结构应满足安全、耐久和防护的要求。

（3）外遮阳、太阳能设施、空调室外机位、外墙花池等外部设施应与建筑主体结构统一设计、施工，并应具备安装、检修与维护条件。

（4）建筑内部的非结构构件、设备及附属设施等应连接牢固并能适应主体结构变形。

2. 《评价标准》第4.2.8条（得分项）

提高建筑结构材料的耐久性，评价总分值为 10 分，并按下列规则评分：

（1）按 100 年进行耐久性设计，得 10 分。

（2）采用耐久性能好的建筑结构材料，满足下列条件之一，得 10 分：

1）对于混凝土构件，提高钢筋保护层厚度或采用高耐久混凝土；

2）对于钢构件，采用耐候结构钢及耐候型防腐涂料；

3）对于木构件，采用防腐木材、耐久木材或耐久木制品。

二、资源节约（★★）

1.《评价标准》第 7.1.10 条（控制项）

选用的建筑材料应符合下列规定：

（1）500km 以内生产的建筑材料重量占建筑材料总重量的比例应大于 60％。

（2）现浇混凝土应采用预拌混凝土，建筑砂浆应采用预拌砂浆。

2.《评价标准》第 7.2.15 条（得分项）

合理选用建筑结构材料与构件，评价总分值为 10 分，并按下列规则评分：

（1）混凝土结构，按下列规则分别评分并累计：

1）400MPa 级及以上强度等级钢筋应用比例达到 85％，得 5 分；

2）混凝土竖向承重结构采用强度等级不小于 C50 混凝土用量占竖向承重结构中混凝土总量的比例达到 50％，得 5 分。

（2）钢结构，按下列规则分别评分并累计：

1）Q345 及以上高强钢材用量占钢材总量的比例达到 50％，得 3 分；达到 70％，得 4 分；

2）螺栓连接等非现场焊接节点占现场全部连接、拼接节点的数量比例达到 50％，得 4 分；

3）采用施工时免支撑的楼屋面板，得 2 分。

（3）混合结构：对其混凝土结构部分、钢结构部分，分别按本条第（1）款、第（2）款进行评价，得分取各项得分的平均值。

例题 3-26：绿色建筑设计中，应优先选用的建筑材料是：

A. 不可再利用的建筑材料

B. 不可再循环的建筑材料

C. 以各种废弃物为原料生产的建筑材料

D. 高耗能的建筑材料

【答案】C

【解析】根据《绿色建筑评价标准》GB/T 50378—2019 第 7.2.17 条，选用可再循环材料、可再利用材料及利废建材，评价总分值为 12 分，并按下列规则分别评分并累计：

（1）可再循环材料和可再利用材料用量比例，按下列规则评分：

1）住宅建筑达到 6％或公共建筑达到 10％，得 3 分；

2）住宅建筑达到 10％或公共建筑达到 15％，得 6 分。

（2）利废建材选用及其用量比例，按下列规则评分：

1）采用一种利废建材，其占同类建材的用量比例不低于50%，得3分；

　　2）选用两种及以上的利废建材，每一种占同类建材的用量比例均不低于30%，得6分。

第四章 建筑地基与基础工程

考试大纲对相关内容的要求:

了解工程地质条件基本知识,地基与基础类型及选用原则。

本章主要根据考试大纲的要求,结合历年的真题考点以及现行的《建筑地基基础设计规范》GB 50007—2011(本章简称《地基规范》)和《建筑地基处理技术规范》JGJ 79—2012(本章简称《地基技术规范》),对土力学的基本概念以及地基和基础部分的基本知识框架和常见考点进行梳理和讲解。

第一节 地 基 概 述

一、基本概念（★★）

1. 地基

地基是指建筑物下面支承基础的土体或岩体。作为建筑地基的土层分为岩石、碎石土、砂土、粉土、黏性土和人工填土。地基有天然地基和人工地基两类。地基和基础的示意见图 4-1-1。

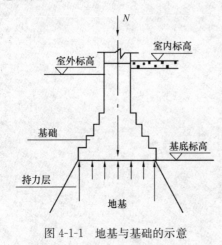

图 4-1-1　地基与基础的示意

2. 天然地基

不需要对地基进行处理就可以直接放置基础的天然土层。

3. 人工地基

当建筑物荷载在基础底部产生的基底压力大于软黏土层的承载能力,或基础的沉降变形数据超过建筑物正常使用的允许值时,土质地基必须通过置换、夯实、挤密、排水、胶结、加筋和化学处理等方法对软土地基进行处理与加固,使其性能得以改善,满足承载能力或沉降的要求,此时地基称为人工地基。

4. 基础

指建筑底部与地基(土层)直接接触的承重构件,它的作用是把建筑上部的荷载传给地基。基础属于结构的一部分。

实务提示:

基础分类:

(1)按使用的材料分为灰土基础、砖基础、毛石基础、混凝土基础、钢筋混凝土基础。

（2）按埋置深度可分为浅基础、深基础。埋置深度不超过5m者称为浅基础，大于5m者称为深基础。

（3）按受力性能可分为刚性基础和柔性基础。

（4）按构造形式可分为条形基础、独立基础、满堂基础和桩基础。满堂基础又分为筏板基础和箱形基础。

5. 标准冻结深度

在空旷场地中不少于10年的实测最大冻结深度的平均值。

6. 地基处理

为提高地基承载力，或改善其变形性质或渗透性质而采取的工程措施。

7. 复合地基

部分土体被增强或被置换，而形成的由地基土和增强体共同承担荷载的人工地基。

8. 抗浮稳定性

（1）整体抗浮稳定性：整体抗浮稳定性是建筑物自重及压重之和不小于水浮力作用值的1.05倍；当整体抗浮不满足时，应增加压重或设置抗浮构件等措施，抗浮构件主要包括抗拔桩和抗浮锚杆。

（2）局部抗浮稳定性：在整体满足抗浮稳定性要求而局部（如某一跨）不满足时，也可采用增加结构刚度的措施。

实务提示：

（1）不管是天然地基还是经过处理的复合地基都属于支撑上部基础和结构荷载的"土"的范畴；而基础是与结构竖向构件（柱和墙体）直接相连的，属于"结构"的范畴。要能区分地基和基础的概念。

（2）基础的变形控制是地基基础设计的重点和难点，原因在于土体的离散性很大，从勘察角度说，很难给出准确的沉降计算参数，另外基础的沉降还和基础的大小、形状及刚度相关，所以，在实际工程中准确地计算基础沉降是很困难的。

（3）抗浮稳定性要能区分整体抗浮不满足和局部抗浮不满足两种情况。整体抗浮不满足属于稳定问题，只能通过增加抗浮措施来满足，而局部抗浮不满足是承载力问题，即可采取抗浮措施来满足抗浮要求，可以增大局部构件的刚度，使得构件的承载能力能够满足浮力作用的要求。

9. 地基变形

（1）基本原则：建筑物的地基变形计算值，不应大于地基变形允许值。

（2）地基变形允许值：建筑物的地基变形允许值应按《地基规范》中的规定采用。

（3）地基变形特征：地基变形特征按类型区分，可以分为沉降量、沉降差、倾斜或局部倾斜。

（4）沉降量：高层建筑应控制基础的沉降量。

（5）沉降差：框架结构和单层排架结构以控制基础的沉降差为主。

（6）倾斜：多层或高层建筑和高耸结构应控制基础的倾斜。

（7）局部倾斜：砌体承重结构应控制基础的局部倾斜。

地基变形的具体要求见表 4-1-1。

建筑物的地基变形允许值

表 4-1-1

变形特征		地基土类别	
		中、低压缩性土	高压缩性土
砌体承重结构基础的局部倾斜		0.002	0.003
工业与民用建筑相邻柱基的沉降差	框架结构	$0.002l$	$0.003l$
	砌体墙填充的边排柱	$0.0007l$	$0.001l$
	当基础不均匀沉降时不产生附加应力的结构	$0.005l$	$0.005l$
单层排架结构（柱距为 6m）柱基的沉降量（mm）		120	200
桥式吊车轨面的倾斜（不调整轨道考虑）	纵向	0.004	
	横向	0.003	
多层和高层建筑的整体倾斜	$H_g \leqslant 24$	0.004	
	$24 < H_g \leqslant 60$	0.003	
	$60 < H_g \leqslant 100$	0.0025	
	$H_g > 100$	0.002	
体型简单的高层建筑基础的平均沉降量（mm）		200	
高耸结构基础的倾斜	$H_g \leqslant 20$	0.008	
	$20 < H_g \leqslant 50$	0.006	
	$50 < H_g \leqslant 100$	0.005	
	$100 < H_g \leqslant 150$	0.004	
	$150 < H_g \leqslant 200$	0.003	
	$200 < H_g \leqslant 250$	0.002	
高耸结构基础的沉降量（mm）	$H_g \leqslant 100$	400	
	$100 < H_g \leqslant 200$	300	
	$200 < H_g \leqslant 250$	200	

注：1. l 为相邻柱基的中心距离（mm）；H_g 为自室外地面起算的建筑物高度（m）。

2. 倾斜指基础倾斜方向两端点的沉降差与其距离的比值。

3. 局部倾斜指砌体承重结构沿纵向 6～10m 内基础两点的沉降差与其距离的比值。

例题 4-1： 图示基础结构形式是：

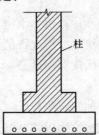

柱

A. 无筋扩展基础　　　　　　　　B. 钢筋混凝土基础

C. 钢筋混凝土独立基础　　　　　D. 筏形基础

【答案】C

【解析】单独基础，也称独立式基础或柱式基础。当建筑物上部结构采用框架结构或单层排架结构承重时，基础常采用方形或矩形的单独基础。本题图中的基础结构形式即柱下钢筋混凝土独立基础。

例题 4-2：计算砌体承重结构地基变形允许值的控制指标是：

A. 沉降量　　　　　　　　　　　B. 沉降差

C. 基础局部倾斜　　　　　　　　D. 结构倾斜

【答案】C

【解析】地基变形允许值是指为保证建筑物正常使用而确定的变形控制值。地基变形特征可分为沉降量、沉降差、倾斜或局部倾斜。由于建筑地基不均匀、荷载差异很大、体形复杂等因素引起的地基变形，对于砌体承重结构应控制局部倾斜；高耸结构应控制倾斜，必要时尚应控制平均沉降量。

二、地质条件（★★）

（一）土的组成及主要成分

地基是由土体组成的，那么土的性质对地基承载力的影响十分显著，因此，有必要了解土的物理力学性质。

1. 土的组成

土是由固体颗粒、水和气体三部分所组成的三相体系。固体部分构成土的骨架，称为土骨架。土骨架间布满相互贯通的孔隙。这些孔隙有时完全被水充满，称为饱和土；如果只有一部分被水占据，另一部分被气体占据，称为非饱和土；也可能完全充满气体，那就是干土。水、空气和固体部分本身的性质，以及水、空气和固体部分之间的比例关系和相互作用决定土的物理力学性质。

2. 土的重力密度

通常土的重力密度越大，表明土体越密实，其承载力相对较高；重力密度越小，表明土质孔隙较多，土不紧密，因而承载力相对较低，压缩性较大。

3. 土的含水量

土的含水量反映土的干湿程度。含水量越大土越软，地基承载力就会越低；如果是黏性土，土越软，其工程性质就越差。

（二）地基土的分类

1. 碎石土的分类

碎石土为粒径大于 2mm 的颗粒含量超过全重 50% 的土。碎石土可按表 4-1-2 分为漂石、块石、卵石、碎石、圆砾和角砾。

碎石土的分类

表 4-1-2

土的名称	颗粒形状	粒组含量
漂石	圆形及亚圆形为主	粒径大于 200mm 的颗粒含量超过全重 50%
块石	棱角形为主	
卵石	圆形及亚圆形为主	粒径大于 20mm 的颗粒含量超过全重 50%
碎石	棱角形为主	
圆砾	圆形及亚圆形为主	粒径大于 2mm 的颗粒含量超过全重 50%
角砾	棱角形为主	

2. 砂土的分类

砂土为粒径大于 2mm 的颗粒含量不超过全重 50%、粒径大于 0.075mm 的颗粒超过全重 50% 的土。砂土可按表 4-1-3 分为砾砂、粗砂、中砂、细砂和粉砂。

砂土的分类

表 4-1-3

土的名称	粒组含量
砾砂	粒径大于 2mm 的颗粒含量占全重 25%～50%
粗砂	粒径大于 0.5mm 的颗粒含量超过全重 50%
中砂	粒径大于 0.25mm 的颗粒含量超过全重 50%
细砂	粒径大于 0.075mm 的颗粒含量超过全重 85%
粉砂	粒径大于 0.075mn 的颗粒含量超过全重 50%

注：分类时应根据颗粒组含量栏从上到下以最先符合者确定。

3. 黏性土的分类

黏性土为塑性指数 I_p 大于 10 的土，可按表 4-1-4 分为黏土、粉质黏土。

黏性土的分类

表 4-1-4

塑性指数 I_p	土的名称
$I_p > 17$	黏土
$10 < I_p \leqslant 17$	粉质黏土

注：塑性指数由相应于 76g 圆锥体沉入土样中深度为 10mm 时测定的液限计算而得。

例题 4-3：不可直接作为建筑物天然地基持力层的土层是：

A. 淤泥　　　　B. 黏土　　　　C. 粉土　　　　D. 泥岩

【答案】A

【解析】《建筑地基基础设计规范》GB 50007—2011 条文说明第 4.1.12 条，淤泥和淤泥质土有机质含量为 5%～10% 时的工程性质变化较大，不适合直接作为天然地基持力层，应予以重视。黏土、粉土和砂土均可以作为天然地基的持力层，其承载力大小取决于土层的密实程度。另外，泥岩属于岩质地基的一种，工程中可以作为天然地基持力层使用。

随着城市建设的需要，有些工程遇到泥炭或泥炭质土。泥炭或泥炭质土是在湖泊和沼泽静水、缓慢的流水环境中沉积，经生物化学作用形成，含有大量的有机质，具有含水量高、压缩性高、孔隙比高和天然密度低、抗剪强度低、承载力低的工程特性。泥炭、泥炭质土不应直接作为建筑物的天然地基持力层，工程中遇到时应根据地区经验处理。

三、填土地基与软弱地基（★★）

（一）填土地基

（1）填土地基的定义：

利用压实填土作为建筑工程上部结构基础持力层的地基即为填土地基。

（2）压实填土的填料要求：

①级配良好的砂土或碎石土；以卵石、砾石、块石或岩石碎屑作填料；②性能稳定的矿渣、煤渣等工业废料；③以粉质黏土、粉土作填料时，其含水量宜为最优含水量，可采用击实试验确定；④挖高填低或开山填沟的土石料，应符合设计要求；⑤不得使用淤泥、耕土、冻土、膨胀性土以及有机质含量大于5％的土；⑥对含有生活垃圾或有机质废料的填土，未经处理不宜作为建筑物地基使用。

（3）填土地基的施工要求：

施工时填土应分层压实，每层填土的压实厚度应为200～400mm，框架结构或砌体结构的地基持力层其压实系数不应小于0.97，排架结构的地基持力层其压实系数不应小于0.96；非地基持力层的填土（如基础底标高以上的肥槽回填土）压实系数不小于0.94。

（4）填土地基的注意事项：

在进行压实施工时，应注意采取地面排水措施；位于斜坡上的填土，应验算其稳定性；未经检验查明以及不符合质量要求的压实填土，均不得作为建筑工程的地基持力层。

（二）软弱地基

（1）软弱地基的定义：

当地基压缩层主要由淤泥、淤泥质土、冲填土、杂填土或其他高压缩性土层构成，该地基属于软弱地基，在建筑地基的局部范围内有高压缩性土层时，应按局部软弱土层处理。

（2）软弱地基的特性：

软弱地基土层具有含水量高、高压缩性、天然抗剪强度较低的特点。

（3）软弱地基的利用：

淤泥和淤泥质土，宜利用其上覆较好土层作为持力层，当上覆土层较薄，应采取避免施工时对淤泥和淤泥质土扰动的措施；冲填土、建筑垃圾和性能稳定的工业废料，当均匀性和密实度较好时，可利用作为轻型建筑物地基的持力层。

（4）软弱地基的处理：

局部软弱土层以及暗塘、暗沟等，可采用压实、换土、桩基或其他方法处理。当地基承载力或变形不能满足设计要求时，地基处理可选用机械压实、堆载预压、真空预压、换填垫层或复合地基等方法。机械压实包括重锤夯实、强夯、振动压实等方法，可用于处理由建筑垃圾或工业废料组成的杂填土地基；堆载预压可用于处理较厚淤泥和淤泥质土地基；换填垫层（包括加筋垫层）可用于软弱地基的浅层处理。

（三）软弱地基上的建筑物建筑措施

建筑体形应力求简单、规则。当建筑体形复杂时，根据平面形状和高度差异，应设置沉降缝。沉降缝设置部位为：

（1）建筑平面的转折部位；

（2）高度差异或荷载差异处；

（3）长高比过大的砌体承重结构或钢筋混凝土框架结构的适当部位；

（4）地基土的压缩性有显著差异处；

（5）建筑结构或基础类型不同处；

（6）分期建造房屋的交界处。

（四）减少结构不均匀沉降的结构措施

（1）增加基础的整体刚度，采用刚度大的基础，如基础形式选用筏板基础、箱形基础等。

（2）砌体结构可加强整体刚度，在关键部位设置圈梁。圈梁设置：正向挠曲时，基础处设置；反向挠曲时，顶层设置。

（3）减轻结构的自重，采用轻型结构，如可以采用轻钢结构等；减轻非结构构件的重量，如采用轻质的二次建筑隔墙等。

（4）调整基础的埋置深度或设置地下室。

（5）采用桩基础，将上部结构的重量传到下部土层。

实务提示：

（1）压实填土应考虑经济成本，一般换填土的厚度超过 3.0m 时，经济上不合算。

（2）地基处理应结合当地的实际情况和工程经验，综合考虑经济性和安全性，选择合适的地基处理方案。

例题 4-4： 下列减少建筑物沉降和不均匀沉降的结构措施中，错误的是：

A. 选用轻型结构 　　　　　　　B. 设置地下室

C. 采用桩基，减少不均匀沉降 　　D. 减少基础整体刚度

【答案】 D

【解析】 根据《地基规范》第 7.4.1 条，为减少建筑物沉降和不均匀沉降，可采用下列措施：

1. 选用轻型结构，减轻墙体自重，采用架空地板代替室内填土；

2. 设置地下室或半地下室，采用覆土少、自重轻的基础形式；

3. 调整各部分的荷载分布、基础宽度或埋置深度；

4. 对不均匀沉降要求严格的建筑物，可选用较小的基底压力。

第 7.4.2 条，对于建筑体形复杂、荷载差异较大的框架结构，可采用箱基、桩基、筏基等加强基础整体刚度，减少不均匀沉降。

例题 4-5： 下列土质中，不可以作为回填土使用的是：

A. 基坑中挖出的原土　　　　　　B. 黏性土

C. 膨胀土和耕地土　　　　　　　D. 与原土压缩性相近的老土

【答案】C

【解析】回填土应符合设计要求，保证填方的强度和稳定性。一般不能用淤泥和淤泥质土、膨胀土、有机质物含量大于 8% 的土、含水溶性硫酸盐大于 5% 的土、含水量不符合压实要求的黏性土。

例题 4-6： 地坪垫层以下及基础底标高以上的压实填土，最小压实系数应为：

A. 0.90　　　　　B. 0.94　　　　　C. 0.96　　　　　D. 0.97

【答案】B

【解析】根据《地基规范》表 6.3.7 注 2，地坪垫层以下及基础底面标高以上的压实填土，压实系数不应小于 0.94。

四、地基处理（★★）

（一）定义

地基处理是指为提高地基承载力，改善其变形性能或渗透性能而采取的技术措施。

（二）地基处理常用的处理方式

（1）复合地基：部分土体被增强或被置换，形成由地基土和竖向增强体（竖向增强体包括 CFG 桩、水泥搅拌桩、振冲碎石桩等）共同承担荷载的人工地基。

（2）换填垫层：挖除基础底面下一定范围内的软弱土层或不均匀土层，回填其他性能稳定、无侵蚀性、强度较高的材料，并夯压密实形成的垫层。

（3）预压地基：在地基上进行堆载预压或真空预压，或联合使用堆载和真空预压，形成固结压密后的地基。

（4）夯实地基：反复将夯锤提到高处使其自由落下，给地基以冲击和振动能量，将地基土密实处理或置换形成密实墩体的地基。

（三）复合地基的类型

（1）砂石桩复合地基：

将碎石、砂或砂石混合料挤压入已成的孔中，形成密实砂石竖向增强体的复合地基。振动沉管砂石桩是振动沉管砂桩和振动沉管碎石桩的简称。振动沉管砂石桩就是在振动机的振动作用下，把套管打入规定的设计深度，夯管入土后，挤密了套管周围土体，然后投入砂石，再排砂石于土中，振动密实成桩，多次循环后就成为砂石桩。其处理深度达 10m 左右。

（2）水泥粉煤灰碎石桩复合地基（CFG 桩复合地基）：

由水泥、粉煤灰、碎石等混合料加水拌合在土中灌注形成竖向增强体的复合地基。在北方地区，CFG 桩复合地基是最常见的地基处理方式之一，具有施工快速、便捷，取材方便，工艺成熟，综合造价较低的优点。

（3）夯实水泥土桩复合地基：

将水泥和土按设计比例拌合均匀，在孔内分层夯实形成竖向增强体的复合地基。

（4）水泥土搅拌桩复合地基：

以水泥作为固化剂的主要材料，通过深层搅拌机械，将固化剂和地基土强制搅拌形成竖向增强体的复合地基。深层搅拌法系利用水泥或其他固化剂通过特制的搅拌机械，在地基中将水泥和土体强制拌和，使软弱土硬结成整体，形成具有水稳性和足够强度的水泥土桩或地下连续墙，处理深度可达 8～12m。施工过程：定位—沉入到底部—喷浆搅拌（上升）—重复搅拌（下沉）—重复搅拌（上升）—完毕。

（5）旋喷桩复合地基：

通过钻杆的旋转、提升，高压水泥浆由水平方向的喷嘴喷出，形成喷射流，以此切割土体并与土拌合形成水泥土竖向增强体的复合地基。

（6）灰土桩挤密复合地基：

土桩及灰土桩是利用沉管、冲击或爆扩等方法在地基中挤土成孔，然后向孔内夯填素土或灰土成桩。成孔时，桩孔部位的土被侧向挤出，从而使桩周土得以加密。土桩及灰土桩挤密地基，是由土桩或灰土桩与桩间挤密土共同组成复合地基。土桩及灰土桩挤密复合地基的特点是：就地取材、以土治土、原位处理、深层加密和费用较低。

实务提示：

复合地基和桩基础的区别与联系：复合地基属于地基范畴，而桩基础属于基础范畴，这是两者间的本质区别。二者都是以桩的形式处理地基，但复合地基中桩体与基础往往不是直接相连的，它们之间通过垫层来过渡；而桩基础中桩体与基础直接相连，两者形成一个整体。因此，它们的受力特性也存在着明显差异。复合地基的主要受力层在加固体范围内，而桩基础的主要受力层是在桩尖以下一定范围内。

在复合地基的桩和桩间土中，桩的作用是主要的，而地基处理中桩的类型较多，性能变化较大。复合地基的类型一般按桩的类型进行划分，按成桩所采用的材料不同，可分为：

（1）散体材料桩复合地基，如碎石桩复合地基、砂桩复合地基、矿渣桩复合地基等；

（2）柔性桩复合地基，如水泥土搅拌桩复合地基、旋喷桩复合地基、灰土桩复合地基等；

（3）刚性桩复合地基，如树根桩复合地基、CFG 桩复合地基等。

例题 4-7： 下列地基处理方法中，属于复合地基方案的是：

A. 换填垫层　　　　　　　　B. 机械压实

C. 设置水泥粉煤灰石桩　　　D. 真空预压

【答案】C

【解析】当地基承载力或变形不能满足设计要求时，地基处理可选用机械压实、堆载预压、真空预压、换填垫层或复合地基等方法。灰土挤密桩法是利用锤击将钢管打入土中侧向挤密土体形成桩孔，将管拔出后，在桩孔中分层回填 2∶8 或 3∶7 灰土并夯实而成，与桩间土共同组成复合地基以承受上部荷载。故灰土桩属于复合地基做法，C 选项正确。

五、地基承载力计算（★）

1. 轴心荷载作用

当上部结构传至基础的荷载为轴心荷载作用时，基底为均匀受压，如图 4-1-2 所示。

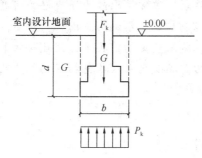

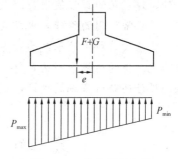

图 4-1-2　轴心荷载作用　　　　　图 4-1-3　偏心荷载作用

基础轴心受压时应满足：

$$p_k \leqslant f_a$$

式中　p_k——相应于作用的标准组合时，基础底面处的平均压力值（kPa）；

　　　f_a——修正后的地基承载力特征值（kPa）。

2. 偏心荷载作用

当基础受偏心荷载作用时，如图 4-1-3 所示，则：

$$p_{kmax} \leqslant 1.2 f_a$$

p_{kmax}——相应于作用的标准组合时，基础底面边缘的最大压力值（kPa）。

3. 基础底面压力

基础底面的压力，可按下列公式确定：

（1）当轴心荷载作用时：

$$p_k = (F_k + G_k)/A \tag{4-1-1}$$

式中　F_k——相应于作用的标准组合时，上部结构传至基础顶面的竖向力值（kN）；

　　　G_k——基础自重和基础上的土重（kN）；

　　　A——基础底面面积（m²）。

（2）当偏心荷载作用时：

$$p_{kmax} = [(F_k + G_k)/A] + (M_k/W) \tag{4-1-2}$$

式中　M_k——相应于作用的标准组合时，作用于基础底面的力矩值（kN·m）；

　　　W——基础底面的抵抗矩（m³）。

适用条件：偏心距 $e \leqslant b/6$（因土不能受拉，不出现拉应力情况）。

实务提示：

　　与钢、混凝土、砌体等材料相比，土属于大变形材料。当荷载增加时，随着地基变形的相应增长，地基承载力也在逐渐增大，很难界定出下一个真正的"极限值"，根据现有的理论及经验的承载力计算公式，可以得出不同的值。因此，地基极限承载力的确定，实际上没有一个通用的界定标准，也没有一个适用于一切土类的计算公式，主要根据工程经验所定下的界限和相应的安全系数加以调整，确定一个满足工程要求的地基承载力值。它不仅与土质、土层埋藏顺序有关，而且与基础底面的形状、大小、埋深、上部结构对变形的适应程度、地下水位的升降、地区经验的差异等有关。

此外，建筑物的正常使用应满足其功能要求，常常是承载力还有潜力可挖，而变形已超过正常使用的限值，也就是变形的限制控制了承载力。因此，在实际使用过程中，地基设计所用的承载力通常是在保证地基稳定的前提下，使建筑物的变形不超过其允许值的地基承载力，即允诺承载力，其安全系数已包括在内。无论是天然地基的设计还是桩基础的设计，原则均是如此。

第二节 基 础 设 计

一、基本规定

（一）基础设计等级

地基基础设计应根据地基复杂程度、建筑物规模和功能特征，以及由于地基问题可能造成建筑物破坏或影响正常使用的程度分为甲、乙、丙三个设计等级，设计时应根据具体情况，按表 4-2-1 选用。

地基基础设计等级　　　　　　　　　　　　　　　　　　表 4-2-1

设计等级	建筑和地基类型
甲级	重要的工业与民用建筑物； 30 层以上的高层建筑； 体型复杂、层数相差超过 10 层的高低层连成一体建筑物； 大面积的多层地下建筑物（如地下车库、商场、运动场等）； 对地基变形有特殊要求的建筑物； 复杂地质条件下的坡上建筑物（包括高边坡）； 对原有工程影响较大的新建建筑物； 场地和地基条件复杂的一般建筑物； 位于复杂地质条件及软土地区的 2 层及 2 层以上地下室的基坑工程； 开挖深度大于 15m 的基坑工程； 周边环境条件复杂、环境保护要求高的基坑工程
乙级	除甲级、丙级以外的工业与民用建筑物； 除甲级、丙级以外的基坑工程
丙级	场地和地基条件简单、荷载分布均匀的 7 层及 7 层以下民用建筑及一般工业建筑，次要的轻型建筑物； 非软土地区且场地地质条件简单、基坑周边环境条件简单、环境保护要求不高且开挖深度小于 5.0m 的基坑工程

（二）基础设计规定

根据建筑物地基基础设计等级及长期荷载作用下地基变形对上部结构的影响程度，地基基础设计应符合下列规定：

（1）所有建筑物的地基计算均应满足承载力计算的有关规定。

（2）设计等级为甲级、乙级的建筑物，均应按地基变形设计。

（3）设计等级为丙级的建筑物有下列情况之一时应作变形验算：

1）地基承载力特征值小于130kPa，且体形复杂的建筑。

2）在基础上及其附近有地面堆载或相邻基础荷载差异较大，可能引起地基产生过大的不均匀沉降时。

3）软弱地基上的建筑物存在偏心荷载时。

4）相邻建筑距离近，可能发生倾斜时。

5）地基内有厚度较大或厚薄不均的填土，其自重固结未完成时。

（4）稳定性验算：

1）对经常受水平荷载作用的高层建筑、高耸结构和挡土墙等，以及建造在斜坡上或边坡附近的建筑物和构筑物，尚应验算其稳定性；

2）基坑工程应进行稳定性验算；

3）建筑地下室或地下构筑物存在上浮问题时，尚应进行抗浮验算。

二、基础埋置深度确定依据（★）

1. 基础的埋置深度

基础的埋置深度应按下列条件确定：

（1）建筑物的用途，有无地下室、设备基础和地下设施，基础的形式和构造；

（2）作用在地基上的荷载大小和性质；

（3）工程地质和水文地质条件；

（4）相邻建筑物的基础埋深；

（5）地基土冻胀和融陷的影响。

2. 埋深的构造要求

在满足地基稳定和变形要求的前提下，当上层地基的承载力大于下层土时，宜利用上层土作持力层。除岩石地基外，基础埋深不宜小于0.5m。位于岩石地基上的高层建筑，其基础埋深应满足抗滑稳定性要求。在抗震设防区，除岩石地基外，天然地基上的箱形和筏形基础其埋置深度不宜小于建筑物高度的1/15；桩箱或桩筏基础的埋置深度（不计桩长）不宜小于建筑物高度的1/18。

实务提示：

基础埋深宜自室外地面标高算起。在填方整平地区，可自填土地面标高计算，但填土在上部结构施工后完成时，应从天然地面标高算起。对于地下室，当采用箱形基础或筏形基础时，基础埋置深度自室外地面标高算起；当采用独立基础或条形基础时，应从室内地面标高算起。

例题4-8：确定基础埋置深度时，不需要考虑的条件是：

A. 基础形式　　　　　　　　B. 作用在地基上的荷载大小

C. 相邻建筑物的基础埋深　　D. 上部楼盖形式

【答案】D

【解析】《地基规范》第5.1.1条，基础的埋置深度，应按下列条件确定：

（1）建筑物的用途，有无地下室、设备基础和地下设施，基础的形式和构造；

（2）作用在地基上的荷载大小和性质；

（3）工程地质和水文地质条件；

（4）相邻建筑物的基础埋深；

（5）地基土冻胀和融陷的影响。

三、基础基本概念及分类（★★）

1. 基础的基本概念

基础是将上部结构所承受的各种作用（荷载）传递到地基上的结构组成部分，是属于结构的一部分。

2. 基础的分类

（1）按使用的材料分为灰土基础、砖基础、毛石基础、毛石混凝土基础、灰土基础、混凝土基础、钢筋混凝土基础。

（2）按埋置深度可分为浅基础和深基础。埋置深度不超过 5m 者称为浅基础，大于 5m 者称为深基础。通常独立基础、条形基础属于浅基础，桩基础属于深基础。

（3）按受力性能可分为刚性基础和柔性基础。刚性基础又名无筋扩展基础，通常砖基础、毛石基础或者素混凝土基础的宽高比满足规范限值（规范限值要求可参考《地基规范》第 8.1.1 条）要求时可以看作刚性基础。刚性基础，顾名思义，不需要配置钢筋。柔性基础又名有筋扩展基础，通常指需要配筋的混凝土基础，包括筏板基础以及宽高比超过规范限值需要配筋的独立基础和条形基础。

（4）按构造形式可分为条形基础、独立基础、井格基础、满堂基础和桩基础。满堂基础又分为筏形基础和箱形基础。

实务提示：

在工程中独立基础多用于无地下室的框架结构房屋，实际上，独立基础＋防水板的基础体系可以用于地下室基础，具有良好的经济性。

例题 4-9： "三合土"原材料中，不包括的是：

A. 砂石   B. 水泥   C. 碎砖   D. 石灰膏

【答案】D

【解析】"三合土"是一种建筑材料，它由石灰、黏土（或碎砖、碎石）和细砂所组成，其实际配比视泥土的含沙量而定。经分层压实，具有一定强度和耐水性，多用于建筑物的基础或路面垫层。现作为基础材料已很少用。

四、基础选型（★★）

（一）无筋扩展基础

无筋扩展基础是由砖、毛石、混凝土或毛石混凝土、灰土和三合土等材料组成的，且不需要配筋的墙下条形基础或柱下独立基础。如图 4-2-1 所示。其所能承担的荷载较小，一般适用于单层或多层民用建筑和轻型的工业厂房。无筋扩展基础的宽高比（b_2/H_0）应满足《地基规范》第 8.1.1 条的要求。

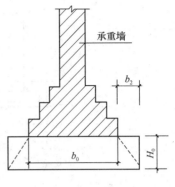

图 4-2-1　无筋扩展基础示意

（二）扩展基础

为扩散上部结构传来的荷载，使作用在基底的压应力满足地基承载力的设计要求，且基础内部的应力满足材料强度的设计要求，通过向侧边扩展一定底面积的基础称为扩展基础。如图 4-2-2 所示。

常见的扩展基础包括柱下钢筋混凝土独立基础、墙下钢筋混凝土条形基础。通常适用于多层民用建筑；地质条件好、持力层承载力高时，也可以用于高层建筑。

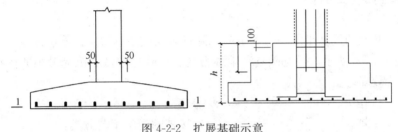

图 4-2-2　扩展基础示意

（三）箱形基础和筏板基础

抗震设防区天然地质地基上的箱形和筏形基础，其埋深不宜小于建筑物高度的 1/15。

1. 概念

箱形基础是由底板、顶板、侧墙及一定数量的内隔墙构成的整体刚度较好的钢筋混凝土结构。由于箱形基础施工复杂，材料和人工成本均很高，且形成的内隔空间无法有效利用，现在工程中已很少使用。

筏板基础是指采用一整块具有一定厚度的钢筋混凝土板来作为上部结构基础的一种基础形式；只有板无地梁时，称为平板式筏板基础，有地梁时称为梁板式筏板基础。其选型应根据地基土质、上部结构体系、柱距、荷载大小、使用要求以及施工条件等因素确定。框架—核心筒结构和筒中筒结构宜采用平板式筏板基础。筏板基础布置灵活，施工相对箱型基础便捷，通常用于高层建筑。在实际工程中平板式筏板基础比梁板式筏板基础更常用。筏板基础的厚度通常由冲切计算控制，筏板基础的配筋通常由基础整体弯矩和局部弯矩共同作用决定。

2. 带裙房的高层建筑筏形基础与沉降缝和后浇带设置要求

高层建筑与相连的裙房之间设置沉降缝时，高层建筑的基础埋深应大于裙房基础的埋深至少 2m。地面以下沉降缝的缝隙用粗砂填实。如图 4-2-3 所示。

当高层建筑与相连的裙房之间不设置沉降缝时，宜在裙房一侧设置控制沉降差的后浇带。当高层建筑基础面积满足地基承载力和变形要求时，后浇带宜设在与高层建筑相邻裙房的第一跨内。当需要满足高层建筑地基承载力、降低高层建筑沉降量、减小高层建筑与

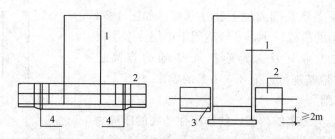

图 4-2-3　高层建筑与裙房间的沉降缝、后浇带处理示意
1—高层建筑；2—裙房及地下室；3—室外地坪以下用粗砂填实；4—后浇带

裙房间的沉降差而增大高层建筑基础面积时，后浇带可设在距主楼边柱的第二跨内。

当高层建筑与相连的裙房之间不设沉降缝和后浇带时，高层建筑及与其紧邻一跨裙房的筏板基础应采用相同厚度，裙房筏板基础的厚度宜从第二跨裙房开始逐渐变化。

（四）深基础（桩基础）

1. 特点

当天然地基上的浅基础承载力不足或沉降量过大或地基稳定性不满足规定时，常采用桩基础，如图 4-2-4 所示。桩基础具有承载力高、沉降速率低、沉降量小的优点，但通常桩基础的造价较高。

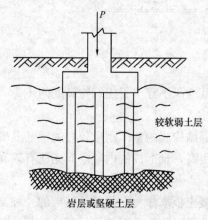

图 4-2-4　端承桩示意图

2. 分类

（1）按桩的施工工艺分类：

桩基础可以分为预制桩和灌注桩。其中预制桩通常在工程制作养护完成后运至施工现场，采用静压或锤击的方式打入土层中；而灌注桩采用现场机械或人工成孔，成孔后现场放置桩身钢筋笼并浇筑桩身混凝土的方式成桩。

预制桩有钢筋混凝土桩，也有钢桩。灌注桩根据不同的施工机械可分为沉管灌注桩、钻孔灌注桩、挖孔灌注桩。

（2）按承载性状分类：

1）摩擦型桩：在承载能力极限状态下，桩顶竖向荷载由桩侧阻力承受，桩端阻力小到可忽略不计。端承摩擦桩：在承载能力极限状态下，桩顶竖向荷载主要由桩侧阻力承受。

2）端承型桩：在承载能力极限状态下，桩顶竖向荷载由桩端阻力承受，桩侧阻力小到可忽略不计。摩擦端承桩：在承载能力极限状态下，桩顶竖向荷载主要由桩端阻力承受。

（3）按成桩方法分类：

1）非挤土桩：干作业法钻（挖）孔灌注桩、泥浆护壁法钻（挖）孔灌注桩、套管护壁法钻（挖）孔灌注桩。

2）部分挤土桩：冲孔灌注桩、钻孔挤扩灌注桩、搅拌劲芯桩、预钻孔打入（静压）预制桩、打入（静压）式敞口钢管桩、敞口预应力混凝土空心桩和 H 型钢桩；

3）挤土桩：沉管灌注桩、沉管夯（挤）扩灌注桩、打入（静压）预制桩、闭口预应力混凝土空心桩和闭口钢管桩。

（4）按桩径（设计直径 d）大小分类：

1）小直径桩：$d\leqslant250mm$；

2）中等直径桩：$250mm<d<800mm$；

3）大直径桩：$d\geqslant800mm$。

实务提示：

（1）基础的选型要兼顾满足结构基础的安全性和工程造价的经济性。在满足基础安全性的前提下，工程造价从低到高依次是：独立基础、条形基础、筏板基础和桩基础。

（2）桩基的施工方法也很多，比如预制桩一般采用静压桩基静压施工，靠静压力压入土层中，钻孔灌注桩常见的成孔方式包括干作业成孔、泥浆护壁成孔、套管成孔、人工挖孔。而泥浆护壁成孔分正循环工艺和反循环工艺两种。

例题 4-10：关于桩基础的做法，错误的是：

A. 竖向受压桩按受力情况可分为摩擦型桩和端承型桩

B. 同一结构单元内的桩基，可采用部分摩擦桩和部分端承桩

C. 地基基础设计等级为甲级的单桩竖向承载力特征值应通过静荷载试验确定

D. 承台周围回填土的压实系数不应小于 0.94

【答案】B

【解析】《地基规范》第 8.5.2 条第 5 款规定，同一结构单元内的桩基，不宜选用压缩性差异较大的土层作桩端持力层，不宜采用部分摩擦桩和部分端承桩。B 选项错误。通常非地基持力层的填土压实系数要求均为 0.94。

例题 4-11：图示基础结构形式是：

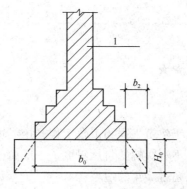

A. 无筋扩展基础   B. 钢筋混凝土基础

C. 钢筋混凝土独立基础   D. 筏形基础

【答案】A

【解析】基础中无钢筋表示，且给出了刚性角的示意，可判定为无筋扩展基础。无筋扩展基础的宽高比（b_2/H_0）应满足《地基规范》第 8.1.1 条的要求。故 A 选项正确。

例题 4-12：下列基础做法错误的是：

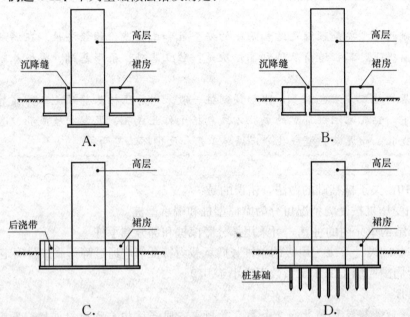

【答案】B

【解析】根据《地基规范》第 8.4.20 条，带裙房的高层建筑筏形基础应符合下列规定：当高层建筑与相连的裙房之间设置沉降缝时，高层建筑的基础埋深应大于裙房基础的埋深至少 2m。地面以下沉降缝的缝隙应用粗砂填实。对比可以发现，A 选项正确，B 选项错误。

五、土质边坡与挡墙（★★）

（一）土质边坡

1. 概念

在建筑场地及其周边，由于建筑工程和市政工程开挖或填筑施工所形成的人工边坡和对建（构）筑物安全或稳定有不利影响的自然斜坡，一般简称边坡。

永久边坡：设计使用年限超过 2 年的边坡。

临时边坡：设计使用年限不超过 2 年的边坡。

边坡设计应保护和整治边坡环境，边坡水系应因势利导，设置地表排水系统，边坡工程应设内部排水系统。对于稳定的边坡，应采取保护及营造植被的防护措施。建筑物的布局应依山就势，防止大挖大填。对于平整场地而出现的新边坡，应及时进行支挡或构造防护。应根据边坡类型、边坡环境、边坡高度及可能的破坏模式，选择适当的边坡稳定计算方法和支挡结构形式。

2. 土质边坡的稳定坡角

土质边坡的坡度允许值，应根据当地经验，参照同类土层的稳定坡度确定。当土质良好且均匀、无不良地质现象、地下水不丰富时，可按表 4-2-2 确定。

土质边坡坡度允许值 表 4-2-2

土的类别	密实度或状态	坡度允许值（高宽比）	
		坡高在 5m 以内	坡高为 5～10m
碎石土	密实	1：0.35～1：0.50	1：0.50～1：0.75
	中密	1：0.50～1：0.75	1：0.75～1：1.00
	稍密	1：0.75～1：1.00	1：1.00～1：1.25
黏性土	坚硬	1：0.75～1：1.00	1：1.00～1：1.25
	硬塑	1：1.00～1：1.25	1：1.25～1：1.50

注：1. 表中碎石土的充填物为坚硬或硬塑状态的黏性土。

2. 对于砂土或充填物为砂土的碎石土，其边坡坡度允许值均按自然休止角确定。

（二）挡墙

1. 概念

挡墙的作用是为保证边坡稳定及环境安全，对边坡采取的结构性支挡和防护。建筑边坡工程的设计使用年限不应低于被保护的建（构）筑物设计使用年限。

2. 挡墙的类型及适用范围

（1）重力式挡墙：

重力式挡墙是指依靠自身重力使边坡保持稳定的支护结构。采用重力式挡墙时，土质边坡高度不宜大于 10m，岩质边坡高度不宜大于 12m。重力式挡墙的基础埋置深度，应根据地基承载力、水流冲刷、岩石裂隙发育及风化程度等因素进行确定。在特强冻涨、强冻涨地区应考虑冻涨的影响。在土质地基中，基础埋置深度不宜小于 0.5m；在软质岩地基中，基础埋置深度不宜小于 0.3m。重力式挡土墙应每间隔 10～20m 设置一道伸缩缝。当地基有变化时宜加设沉降缝。在挡土结构的拐角处，应采取加强的构造措施。

对变形有严格要求或开挖土石方可能危及边坡稳定的边坡不宜采用重力式挡墙，开挖土石方危及相邻建筑物安全的边坡不应采用重力式挡墙。

（2）悬臂式挡墙：

悬臂式挡墙是由立板、底板（前趾板、踵板）和墙后填土组成的支护结构，见图 4-2-5

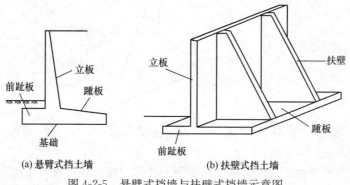

(a) 悬臂式挡土墙 (b) 扶壁式挡土墙

图 4-2-5 悬臂式挡墙与扶壁式挡墙示意图

（a）。悬臂式挡墙适用于地基承载力较低的填方边坡工程，悬臂式挡墙适用高度不宜超过6m，悬臂式挡墙应采用现浇钢筋混凝土结构，悬臂式挡墙的基础应置于稳定的岩土层内。

（3）扶壁式挡墙：

扶臂式挡墙是由立板、底板（前趾板、踵板）、扶壁和墙后填土组成的支护结构，见图4-2-5（b）。扶壁式挡墙适用于地基承载力较低的填方边坡工程，其适用高度不宜超过10m，应采用现浇钢筋混凝土结构，基础应置于稳定的岩土层内。

（4）锚杆挡墙：

锚杆挡墙可分为下列形式：①根据挡墙的结构形式可分为板肋式锚杆挡墙、格构式锚杆挡墙和排桩式锚杆挡墙；②根据锚杆的类型可分为非预应力锚杆挡墙和预应力锚杆（索）挡墙。如图4-2-6所示。

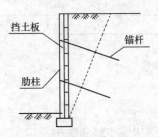

图4-2-6　锚杆挡墙示意

在施工期稳定性较好的边坡，可采用板肋式或格构式锚杆挡墙。

下列边坡宜采用排桩式锚杆挡墙支护：

1）位于滑坡区或切坡后可能引发滑坡的边坡；

2）切坡后可能沿外倾软弱结构面滑动、破坏后果严重的边坡；

3）高度较大、稳定性较差的土质边坡；

4）边坡塌滑区内有重要建筑物基础的Ⅳ类岩质边坡和土质边坡。

3. 挡墙的土压力计算

侧向岩土压力分为静止岩土压力、主动岩土压力和被动岩土压力。当支护结构变形不满足主动岩土压力产生条件时，或当边坡上方有重要建筑物时，应对侧向岩土压力进行修正。侧向岩土压力可采用库仑土压力或朗金土压力公式求解。侧向总岩土压力可采用总岩土压力公式直接计算或按岩土压力公式求和计算，侧向岩土压力和分布应根据支护类型确定。在各种岩土侧压力计算时，可用解析公式求解。对于复杂情况也可采用数值极限分析法进行计算。

例题4-13：图示挡土墙的类型是：

A. 悬臂式　　　　B. 扶壁式　　　　C. 重力式　　　　D. 锚杆式

【答案】C

【解析】用于"边坡"方面的支挡结构一般称"挡土墙"或"挡墙"，主要有重力式、悬臂式、扶壁式、锚杆式、锚定板式和土钉墙式等。重力式挡土墙应用较广泛，利用挡土结构自身的重力，以支挡土质边坡的横推力，常采用条石垒砌或采用混凝土浇筑。

　　本题图中的挡土墙利用自身重力支挡土的推力，因此形式为重力式挡土墙。

第五章　建筑热工与节能

考试大纲对相关内容的要求：

理解建筑热工的基本原理和建筑围护结构的绿色节能设计原则，掌握其保温、隔热的常规设计方法。

将新大纲与 2002 年版考试大纲进行对比可知：①增加了绿色节能设计的应用知识；②强调了保温、隔热的常规设计方法的要求，使考试内容与国家节能减排绿色节能政策紧密结合。

修订后的《民用建筑热工设计规范》GB 50176—2016，细化了热工分区；细化了保温、隔热设计要求；修改了热桥、隔热设计方法；增加了透光围护结构、自然通风、遮阳设计内容；补充了热工设计参数。

第一节　传热的基本知识

一、传热的基本概念（★）

传热是指由于温度差引起的能量转移，又称热传递。由热力学第二定律可知，凡是有温度差存在时，热就必然从高温处传递到低温处，因此传热是自然界和工程技术领域中极普遍的一种传递现象。

（1）冬季采暖房屋，外围护结构的保温设计，一般按稳定传热计算。

（2）夏季围护结构的传热是以 24 小时为一周期的波动热作用，其室内外传热按周期不稳定传热计算，不允许简化为稳定传热。

二、传热的基本方式（★★★）

传热是一种复杂现象。从本质上来说，只要一个介质内或者两个介质之间存在温度差，就一定会发生传热。我们把不同类型的传热过程称为传热模式。物体的传热过程分为三种基本传热模式，即热传导、热对流和热辐射。

1. 热传导

热传导，指物质在无相对位移的情况下，物体内部具有不同温度，或者不同温度的物体直接接触时所发生的热能传递现象。固体中的热传导是源于晶格振动形式的原子活动。非导体中，能量传输只依靠晶格波（声子）进行；在导体中，除了晶格波还有自由电子的平移运动。

我们知道，所有物质都是由基本的分子或者原子构成的。只要物体有温度，分子（原子）就处在不停的运动当中。温度越高，分子的能量也就越大，也就是说振动的能量越大。当邻近的分子发生碰撞时，能量就会从能量高的分子向能量低的分子传输。从而，当存在温度梯度时，能量传输总是向温度较低的方向进行。

2. 热对流

对流传热，又称热对流，是指由于流体的宏观运动而引起的流体各部分之间发生相对位移，冷热流体相互掺混所引起的热量传递过程。

对流传热可分为强迫对流和自然对流。强迫对流，是由于外界作用推动而产生的流体循环流动。自然对流是由于温度不同引起密度梯度变化，从而因重力作用引起低温高密度流体自上而下流动，高温低密度流体自下而上流动。

对流热流密度计算公式，又称牛顿冷却公式：

$$Q = H(T_1 - T_2) \tag{5-1-1}$$

其中 Q 是热流密度（W/m²），T_1 是固体壁面温度，T_2 是壁面接触流体的温度。H 为对流换热系数 [W/(m²·K)]。H 与边界层中的条件有关，边界层又取决于表面的几何形状、流体的运动特性及流体的众多热力学性质和输运性质。

3. 热辐射

热辐射，是一种物体用电磁辐射的形式把热能向外散发的传热方式。它不依赖任何外界条件而进行，是在真空中最为有效的传热方式。

不管物质处在何种状态（固态、气态、液态或者玻璃态），只要物质有温度（所有物质都有温度），就会以电磁波的形式向外辐射能量。这种能量的发射是由于组成物质的原子或分子中电子排列位置的改变所造成的。

实际传热过程一般都不是单一的传热方式，如煮开水过程中，火焰对炉壁的传热，就是辐射、对流和传导的综合，而不同的传热方式则遵循不同的传热规律。为了分析方便，人们在传热研究中把三种传热方式分解开来，然后再加以综合。

三、热力学定律

热力学定律，是描述物理学中热学规律的定律，包括热力学第零定律、热力学第一定律、热力学第二定律和热力学第三定律。其中热力学第零定律又称为热平衡定律，这是因为热力学第一、第二定律发现后才认识到这一规律的重要性；热力学第一定律是能量守恒与转换定律在热现象中的应用；热力学第二定律有多种表述，也叫熵增加原理。

1. 热力学第零定律

热力学第零定律又称热平衡定律，是一个关于互相接触的物体在热平衡时的描述，以及为温度提供理论基础。最常用的定律表述是：若两个热力学系统均与第三个系统处于热平衡状态，此两个系统也必互相处于热平衡。

2. 热力学第一定律

热力学第一定律是涉及热现象领域内的能量守恒和转化定律，反映了不同形式的能量在传递与转换过程中守恒。表述为：物体内能的增加等于物体吸收的热量和对物体所作的功的总和表达式为 $\Delta U = Q + W$。即热量可以从一个物体传递到另一个物体，也可以与机械能或其他能量互相转换，但是在转换过程中，能量的总值保持不变。其推广和本质就是著名的能量守恒定律。

系统在绝热状态时，功只取决于系统初始状态和结束状态的能量，和过程无关。

孤立系统的能量永远守恒。

系统经过绝热循环，其所做的功为零，因此第一类永动机是不可能的（即不消耗能量做功的机械）。

3. 热力学第二定律

克劳修斯表述为：热量不能自发地从低温物体转移到高温物体。开尔文表述为：不可能从单一热源取热使之完全转换为有用的功而不产生其他影响。熵增原理：不可逆热力过程中熵的微增量总是大于零。在自然过程中，一个孤立系统的总混乱度（即"熵"）不会减小。

4. 热力学第三定律

热力学第三定律描述的是热力学系统的熵在温度趋近于绝对零度时趋于定值。而对于完整晶体，这个定值为零。

例题 5-1（2021）：热量传播的三种方式是：

A. 传热、吸热、放热　　　　　　 B. 吸热、蓄热、散热

C. 蓄热、放热、导热　　　　　　 D. 导热、对流、辐射

【答案】D

【解析】根据传热机理的不同，热量传递有三种基本方式：导热、对流和辐射。具体为：①导热是指物体中有温差时由于直接接触的物质质点作热运动而引起的热能传递过程。

②对流是指由流体（液体、气体）中温度不同的各部分相互混合的宏观运动而引起的热传递现象。

③辐射是指物体表面对外发射热射线在空间传递能量的现象。凡是温度高于绝对零度的物体都能发射辐射能。

第二节　民用建筑热工设计

一、总则和术语（★）

（一）总则

（1）建筑与当地气候相适应是建筑设计应当遵循的基本原则；创造良好的室内热环境是建筑的基本功能。本节的主要目的就在于使民用建筑的热工设计与地区气候相适应，保证室内基本的热环境要求。建筑热工设计主要包括建筑物及其围护结构的保温、防热和防潮设计。

（2）对于室内温湿度有特殊要求和特殊用途的建筑（如浴室、游泳池等），以及简易的临时性建筑，因其使用条件和建筑标准与一般民用建筑有较大差别，故不在本节学习范畴。

（二）术语

（1）建筑热工：研究建筑室外气候通过建筑围护结构对室内热环境的影响、室内外热湿作用对围护结构的影响，通过建筑设计改善室内热环境方法的学科。

（2）围护结构：分隔建筑室内与室外，以及建筑内部使用空间的建筑部件。

（3）热桥：围护结构中热流强度显著增大的部位。

（4）围护结构单元：围护结构的典型组成部分，由围护结构平壁及其周边梁、柱等节点共同组成。

（5）导热系数：在稳态条件和单位温差作用下，通过单位厚度、单位面积匀质材料的热流量。

（6）蓄热系数：当某一足够厚度的匀质材料层一侧受到谐波热作用时，通过表面的热流波幅与表面温度波幅的比值。

（7）热阻：表征围护结构本身或其中某层材料阻抗传热能力的物理量。

（8）传热阻：表征围护结构本身加上两侧空气边界层作为一个整体的阻抗传热能力的物理量。

（9）传热系数：在稳态条件下，围护结构两侧空气为单位温差时，单位时间内通过单位面积传递的热量。传热系数与传热阻互为倒数。

（10）线传热系数：当围护结构两侧空气温度为单位温差时，通过单位长度热桥部位的附加传热量。

（11）导温系数：材料的导热系数与其比热容和密度乘积的比值，表征物体在加热或冷却时，各部分温度趋于一致的能力，也称热扩散系数。

（12）热惰性：受到波动热作用时，材料层抵抗温度波动的能力，用热惰性指标（D）来描述。

（13）表面换热系数：围护结构表面和与之接触的空气之间通过对流和辐射换热，在单位温差作用下，单位时间内通过单位面积的热量。

（14）表面换热阻：物体表面层在对流换热和辐射换热过程中的热阻，是表面换热系数的倒数。

（15）太阳辐射吸收系数：表面吸收的太阳辐射热与投射到其表面的太阳辐射热之比。

（16）温度波幅：当温度呈周期性波动时，最高值与平均值之差。

（17）衰减倍数：围护结构内侧空气温度稳定，外侧受室外综合温度或室外空气温度周期性变化的作用，室外综合温度或室外空气温度波幅与围护结构内表面温度波幅的比值。

（18）延迟时间：围护结构内侧空气温度稳定，外侧受室外综合温度或室外空气温度周期性变化的作用，其内表面温度最高值（或最低值）出现时间与室外综合温度或室外空气温度最高值（或最低值）出现时间的差值。

（19）露点温度：在大气压力一定、含湿量不变的条件下，未饱和空气因冷却而到达饱和时的温度。

（20）冷凝：围护结构内部存在空气或空气渗透过围护结构，当围护结构内部的温度达到或低于空气的露点温度时，空气中的水蒸气析出形成凝结水的现象。

（21）结露：围护结构表面温度低于附近空气露点温度时，空气中的水蒸气在围护结构表面析出形成凝结水的现象。

（22）水蒸气分压：在一定温度下，湿空气中水蒸气部分所产生的压强。

（23）蒸汽渗透系数：单位厚度的物体，在两侧单位水蒸气分压差作用下，单位时间内通过单位面积渗透的水蒸气量。

（24）蒸汽渗透阻：一定厚度的物体，在两侧单位水蒸气分压差作用下，通过单位面积渗透单位质量水蒸气所需要的时间。

（25）辐射温差比：累年1月南向垂直面太阳平均辐照度与1月室内外温差的比值。

（26）建筑遮阳：在建筑门窗洞口室外侧与门窗洞口一体化设计的遮挡太阳辐射的构件。

（27）水平遮阳：位于建筑门窗洞口上部，水平伸出的板状建筑遮阳构件。

（28）垂直遮阳：位于建筑门窗洞口两侧，垂直伸出的板状建筑遮阳构件。

（29）组合遮阳：在门窗洞口的上部设水平遮阳、两侧设垂直遮阳的组合式建筑遮阳构件。

二、热工计算基本参数和方法（★）

1. 室外气象参数

（1）最冷、最热月平均温度的确定应符合下列规定：

1）最冷月平均温度 $t_{\min \cdot m}$ 应为累年1月平均温度的平均值；

2）最热月平均温度 $t_{\max \cdot m}$ 应为累年7月平均温度的平均值。

（2）采暖、空调度日数的确定应符合下列规定：

1）采暖度日数 $HDD18$ 应为历年采暖度日数的平均值；

2）空调度日数 $CDD26$ 应为历年空调度日数的平均值。

2. 室外气象参数

（1）冬季室外计算参数的确定应符合下列规定：

1）采暖室外计算温度 t_w 应为累年年平均不保证5d的日平均温度；

2）累年最低日平均温度 $t_{e \cdot \min}$ 应为历年最低日平均温度中的最小值。

（2）夏季室外计算参数的确定应符合下列规定：

1）夏季室外计算温度逐时值应为历年最高日平均温度中的最大值所在日的室外温度逐时值；

2）夏季各朝向室外太阳辐射逐时值应为与温度逐时值同一天的各朝向太阳辐射逐时值。

3. 室内计算参数

（1）冬季室内热工计算参数应按下列规定取值：

1）温度：采暖房间应取18℃，非采暖房间应取12℃；

2）相对湿度：一般房间应取30%～60%。

（2）夏季室内热工计算参数应按下列规定取值：

1）非空调房间：空气温度平均值应取室外空气温度平均值＋1.5K，温度波幅应取室外空气温度波幅－1.5K，并将其逐时化；

2）空调房间：空气温度应取26℃；

3）相对湿度应取60%。

4. 基本计算方法

（1）单一匀质材料层的热阻应按下式计算：

$$R = \delta / \lambda \tag{5-2-1}$$

式中 R——材料层的热阻（$m^2 \cdot K/W$）；

　　δ——材料层的厚度（m）；

　　λ——材料的导热系数 [$W/(m \cdot K)$]。

（2）多层匀质材料层组成的围护结构平壁的热阻应按下式计算：

$$R = R_1 + R_2 + \cdots + R_n \tag{5-2-2}$$

式中 R_1，$R_2 \cdots R_n$——各层材料的热阻（$m^2 \cdot K/W$），其中，实体材料层的热阻应按 $R = \delta/\lambda$ 计算。

（3）围护结构平壁的传热阻应按下式计算：

$$R_0 = R_i + R + \cdots + R_e \tag{5-2-3}$$

式中 R_0——围护结构的传热阻（$m^2 \cdot K/W$）；

　　R_i——内表面换热阻（$m^2 \cdot K/W$）；

　　R_e——外表面换热阻（$m^2 \cdot K/W$）；

　　R——围护结构平壁的热阻（$m^2 \cdot K/W$）。

（4）围护结构平壁的传热系数应按下式计算：

$$K = 1/R_0 \tag{5-2-4}$$

式中 K——围护结构平壁的传热系数 [$W/(m^2 \cdot K)$]；

　　R_0——围护结构的传热阻（$m^2 \cdot K/W$）。

（5）围护结构单元的平均传热系数应考虑热桥的影响，并应按下式计算：

$$K_m = K + \sum \psi_j l_j / A \tag{5-2-5}$$

式中 K_m——围护结构单元的平均传热系数 [$W/(m^2 \cdot K)$]；

　　K——围护结构平壁的传热系数 [$W/(m^2 \cdot K)$]；

　　ψ_j——围护结构上的第 j 个结构性热桥的线传热系数 [$W/(m \cdot K)$]；

　　l_j——围护结构第 j 个结构性热桥的计算长度（m）；

　　A——围护结构的面积（m^2）。

（6）单一匀质材料层的热惰性指标应按下式计算：

$$D = R \cdot S \tag{5-2-6}$$

式中 D——材料层的热惰性指标，无量纲；

　　R——材料层的热阻（$m^2 \cdot K/W$）；

　　S——材料层的蓄热系数 [$W/(m^2 \cdot K)$]。

（7）多层匀质材料层组成的围护结构平壁的热惰性指标应按下式计算：

$$D = D_1 + D_2 + \cdots + D_n \tag{5-2-7}$$

式中 D_1，$D_2 \cdots D_n$——各层材料的热惰性指标，无量纲，其中，实体材料层的热惰性指标应按 $D = R \cdot S$ 计算，封闭空气层的热惰性指标应为零。

（8）围护结构的延迟时间应按下式计算：

$$\xi = \xi_e - \xi_i \tag{5-2-8}$$

式中 ξ——围护结构的延迟时间（h）；

　　ξ_e——室外综合温度或空气温度达到最大值的时间（h）；

ξ_i——室外综合温度或空气温度影响下的围护结构内表面温度达到最大值的时间（h），应采用围护结构周期传热计算软件计算。

（9）单一匀质材料层的蒸汽渗透阻应按下式计算：

$$H = \delta / \mu \qquad (5\text{-}2\text{-}9)$$

式中　H——材料层的蒸汽渗透阻（$m^2 \cdot h \cdot Pa/g$），常用薄片材料和涂层的蒸汽渗透阻应按规定选用；

　　　δ——材料层的厚度（m）；

　　　μ——材料的蒸汽渗透系数 $[g/(m \cdot h \cdot Pa)]$。

（10）多层匀质材料层组成的围护结构的蒸汽渗透阻应按下式计算：

$$H = H_1 + H_2 + \cdots + H_n \qquad (5\text{-}2\text{-}10)$$

式中　H_1，$H_2 \cdots H_n$——各层材料的蒸汽渗透阻（$m^2 \cdot h \cdot Pa/g$），其中，实体材料层的蒸汽渗透阻应按相关规范规定计算或选用，封闭空气层的蒸汽渗透阻应为零。

（11）冬季围护结构平壁的内表面温度应按下式计算：

$$\theta_i = t_i - \frac{R_i}{R_0} (t_i - t_e) \qquad (5\text{-}2\text{-}11)$$

式中　θ_i——围护结构平壁的内表面温度（℃）；

　　　R_0——围护结构平壁的传热阻（$m^2 \cdot K/W$）；

　　　R_i——内表面换热阻（$m^2 \cdot K/W$）；

　　　t_i——室内计算温度（℃）；

　　　t_e——室外计算温度（℃）。

> **实务提示：**
>
> 　　夏季太阳辐射照度用于围护结构隔热计算，其取值原则上应与夏季室外计算温度的取值相配合，即取历年最热一天的太阳辐射资料的累年平均值作为基础来统计。但考虑到这样统计比较麻烦，因此取各地历年7月份最大直射辐射日总量和相应日期总辐射日总量的累年平均值，然后通过计算分别确定东、南、西、北垂直面和水平面上地方太阳时的太阳逐时辐射照度及昼夜平均值。

三、热工设计分区（★）

建筑热工设计区划分为两级。建筑热工设计一级区划指标及设计原则应符合表 5-2-1 的规定。

建筑热工设计一级区划指标及设计原则 表 5-2-1

一级区划名称	区划指标		设计原则
	主要指标	辅助指标	
严寒地区（1）	$t_{\min \cdot m} \leqslant -10℃$	$145 \leqslant d_{\leqslant 5}$	必须充分满足冬季保温要求，一般可以不考虑夏季防热
寒冷地区（2）	$-10℃ < t_{\min \cdot m} \leqslant 0℃$	$90 \leqslant d_{\leqslant 5} < 145$	应满足冬季保温要求，部分地区兼顾夏季防热

一级区划名称	区划指标		设计原则
	主要指标	辅助指标	
夏热冬冷地区 (3)	$0℃<t_{min·m}≤10℃$ $25℃<t_{max·m}≤30℃$	$0≤d_{≤5}<90$ $40≤d_{≥25}<110$	必须满足夏季防热要求，适当兼顾冬季保温
夏热冬暖地区 (4)	$10℃<t_{min·m}$ $25℃<t_{max·m}≤29℃$	$100≤d_{≥25}<200$	必须充分满足夏季防热要求，一般可不考虑冬季保温
温和地区 (5)	$0℃<t_{min·m}≤13℃$ $18℃<t_{max·m}≤25℃$	$0≤d_{≤5}<90$	部分地区应考虑冬季保温，一般可不考虑夏季防热

建筑热工设计二级区划指标及设计要求应符合表 5-2-2 的规定。

建筑热工设计二级区划指标及设计要求　　　　　　　　表 5-2-2

一级区划名称	区划指标		设计要求
严寒 A 区（1A）	$6000≤HDD18$		冬季保温要求极高，必须满足保温设计要求，不考虑防热设计
严寒 B 区（1B）	$5000≤HDD18<6000$		冬季保温要求非常高，必须满足保温设计要求，不考虑防热设计
严寒 C 区（1C）	$3800≤HDD18<5000$		必须满足保温设计要求，可不考虑防热设计
寒冷 A 区（2A）	$2000≤HDD18<3800$	$CDD26≤90$	应满足保温设计要求，可不考虑防热设计
寒冷 B 区（2B）		$CDD26>90$	应满足保温设计要求，宜满足隔热设计要求，兼顾自然通风、遮阳设计
夏热冬冷 A 区（3A）	$1200≤HDD18<2000$		应满足保温、隔热设计要求，重视自然通风、遮阳设计
夏热冬冷 B 区（3B）	$700≤HDD18<1200$		应满足隔热、保温设计要求，强调自然通风、遮阳设计
夏热冬暖 A 区（4A）	$500≤HDD18<700$		应满足隔热设计要求，宜满足保温设计要求，强调自然通风、遮阳设计
夏热冬暖 B 区（4B）	$HDD18<500$		应满足隔热设计要求，可不考虑保温设计，强调自然通风、遮阳设计
温和 A 区（5A）	$CDD26<10$	$700≤HDD18<2000$	应满足冬季保温设计要求，可不考虑防热设计
温和 B 区（5B）		$HDD18<700$	宜满足冬季保温设计要求，可不考虑防热设计

四、保温要求（★★★）

1. 设计原则

（1）建筑外围护结构应具有抵御冬季室外气温作用和气温波动的能力，非透光外围护结构内表面温度与室内空气温度的差值应控制在规范允许的范围内。

（2）严寒、寒冷地区建筑设计必须满足冬季保温要求，夏热冬冷地区、温和 A 区建筑设计应满足冬季保温要求，夏热冬暖 A 区、温和 B 区宜满足冬季保温要求。

（3）建筑物的总平面布置、平面和立面设计、门窗洞口设置应考虑冬季利用日照并避开冬季主导风向。

（4）建筑物宜朝向南北或接近朝向南北，体形设计应减少外表面积，平、立面的凹凸不宜过多。

（5）严寒地区和寒冷地区的建筑不应设开敞式楼梯间和开敞式外廊，夏热冬冷 A 区不宜设开敞式楼梯间和开敞式外廊。

（6）严寒地区建筑出入口应设门斗或热风幕等避风设施，寒冷地区建筑出入口宜设门斗或热风幕等避风设施。

（7）外墙、屋面、直接接触室外空气的楼板、分隔采暖房间与非采暖房间的内围护结构等非透光围护结构应按墙体和楼、屋面要求进行保温设计。

（8）外窗、透光幕墙、采光顶等透光外围护结构的面积不宜过大，应降低透光围护结构的传热系数值，提高透光部分的遮阳系数值，减少周边缝隙的长度，且应按门窗、幕墙、采光顶要求进行保温设计。

（9）日照充足地区宜在建筑南向设置阳光间，阳光间与房间之间的围护结构应具有一定的保温能力。

（10）围护结构的保温形式应根据建筑所在地的气候条件、结构形式、采暖运行方式、外饰面层等因素选择。

（11）围护结构中的热桥部位应进行表面结露验算，并应采取保温措施，确保热桥内表面温度高于房间空气露点温度。

（12）建筑及建筑构件应采取密闭措施，保证建筑气密性要求。

2. 常用构造措施

（1）提高墙体热阻值可采取下列措施：

1）采用轻质高效保温材料与砖、混凝土、钢筋混凝土、砌块等主墙体材料组成复合保温墙体构造；

2）采用低导热系数的新型墙体材料；

3）采用带有封闭空气间层的复合墙体构造设计。

（2）外墙宜采用热惰性大的材料和构造，提高墙体热稳定性可采取下列措施：

1）采用内侧为重质材料的复合保温墙体；

2）采用蓄热性能好的墙体材料或相变材料复合在墙体内侧。

（3）屋面保温设计应符合下列规定：

1）屋面保温材料应选择密度小、导热系数小的材料；

2）屋面保温材料应严格控制吸水率。

（4）严寒地区、寒冷地区建筑应采用木窗、塑料窗、铝木复合门窗、铝塑复合门窗、钢塑复合门窗和断热铝合金门窗等保温性能好的门窗。严寒地区建筑采用断热金属门窗时宜采用双层窗。夏热冬冷地区、温和 A 区建筑宜采用保温性能好的门窗。

（5）严寒地区、寒冷地区、夏热冬冷地区、温和 A 区的玻璃幕墙应采用有断热构造的玻璃幕墙系统，非透光的玻璃幕墙部分、金属幕墙、石材幕墙和其他人造板材幕墙等幕墙面板背后应采用高效保温材料保温。幕墙与围护结构平壁间（除结构连接部位外）不应形成热桥，并宜对跨越室内外的金属构件或连接部位采取隔断热桥措施。

（6）有保温要求的门窗、玻璃幕墙、采光顶采用的玻璃系统应为中空玻璃、Low-E 中空玻璃、充惰性气体 Low-E 中空玻璃等保温性能良好的玻璃，保温要求高时还可采用三玻两腔、真空玻璃等。传热系数较低的中空玻璃宜采用"暖边"中空玻璃间隔条。

（7）严寒地区、寒冷地区、夏热冬冷地区、温和 A 区的门窗、透光幕墙、采光顶周边与墙体、屋面板或其他围护结构连接处应采取保温、密封构造；当采用非防潮型保温材料填塞时，缝隙应采用密封材料或密封胶密封。其他地区应采取密封构造。

（8）严寒地区、寒冷地区可采用空气内循环的双层幕墙，夏热冬冷地区不宜采用双层幕墙。

（9）地面层热阻的计算只计入结构层、保温层和面层。

（10）地面保温材料应选用吸水率小、抗压强度高、不易变形的材料。

五、防热设计（★★）

1. 设计原则

（1）建筑外围护结构应具有抵御夏季室外气温和太阳辐射综合热作用的能力。自然通风房间的非透光围护结构内表面温度与室外累年日平均温度最高日的最高温度的差值，以及空调房间非透光围护结构内表面温度与室内空气温度的差值应控制在规范允许的范围内。

（2）夏热冬暖和夏热冬冷地区建筑设计必须满足夏季防热要求，寒冷 B 区建筑设计宜考虑夏季防热要求。

（3）建筑物防热应综合采取有利于防热的建筑总平面布置与形体设计、自然通风、建筑遮阳、围护结构隔热和散热、环境绿化、被动蒸发、淋水降温等措施。

（4）建筑朝向宜采用南北向或接近南北向，建筑平面、立面设计和门窗设置应有利于自然通风，避免主要房间受东、西向的日晒。

（5）非透光围护结构（外墙、屋面）应按外墙和屋面的要求进行隔热设计。

（6）建筑围护结构外表面宜采用浅色饰面材料，屋面宜采用绿化、涂刷隔热涂料、遮阳等隔热措施。

（7）透光围护结构（外窗、透光幕墙、采光顶）隔热设计应符合门窗、幕墙、采光顶的要求。

（8）建筑设计应综合考虑外廊、阳台、挑檐等的遮阳作用。建筑物的向阳面，东、西向外窗（透光幕墙），应采取有效的遮阳措施。

（9）房间天窗和采光顶应设置建筑遮阳，并宜采取通风和淋水降温措施。

（10）夏热冬冷、夏热冬暖和其他夏季炎热的地区，一般房间宜设置电扇调风改善热环境。

2. 常用构造措施

（1）外墙隔热可采用下列措施：

1）宜采用浅色外饰面。

2）可采用通风墙、干挂通风幕墙等。

3）设置封闭空气间层时，可在空气间层平行墙面的两个表面涂刷热反射涂料、贴热反射膜或铝箔。当采用单面热反射隔热措施时，热反射隔热层应设置在空气温度较高一侧。

4）采用复合墙体构造时，墙体外侧宜采用轻质材料，内侧宜采用重质材料。

5）可采用墙面垂直绿化及淋水被动蒸发墙面等。

6）宜提高围护结构的热惰性指标 D 值。

7）西向墙体可采用高蓄热材料与低热传导材料组合的复合墙体构造。

（2）屋面隔热可采用下列措施：

1）宜采用浅色外饰面。

2）宜采用通风隔热屋面。通风屋面的风道长度不宜大于 10m，通风间层高度应大于 0.3m，屋面基层应做保温隔热层，檐口处宜采用导风构造，通风平屋面风道口与女儿墙的距离不应小于 0.6m。

3）可采用有热反射材料层（热反射涂料、热反射膜、铝箔等）的空气间层隔热屋面。单面设置热反射材料的空气间层，热反射材料应设在温度较高的一侧。

4）可采用蓄水屋面。水面宜有水浮莲等浮生植物或白色漂浮物。水深宜为 0.15～0.2m。

5）宜采用种植屋面。种植屋面的保温隔热层应选用密度小、压缩强度大、导热系数小、吸水率低的保温隔热材料。

6）可采用淋水被动蒸发屋面。

7）宜采用带老虎窗的通气阁楼坡屋面。

8）采用带通风空气层的金属夹芯隔热屋面时，空气层厚度不宜小于 0.1m。

（3）种植屋面的布置应使屋面热应力均匀、减少热桥，未覆土部分的屋面应采取保温隔热措施使其热阻与覆土部分接近。

（4）对遮阳要求高的门窗、玻璃幕墙、采光顶隔热宜采用着色玻璃、遮阳型单片 Low-E 玻璃、着色中空玻璃、热反射中空玻璃、遮阳型 Low-E 中空玻璃等遮阳型的玻璃系统。

（5）向阳面的窗、玻璃门、玻璃幕墙、采光顶应设置固定遮阳或活动遮阳。固定遮阳设计可考虑阳台、走廊、雨棚等建筑构件的遮阳作用，设计时应进行夏季太阳直射轨迹分析，根据分析结果确定固定遮阳的形状和安装位置。活动遮阳宜设置在室外侧。

（6）对于非透光的建筑幕墙，应在幕墙面板的背后设置保温材料，保温材料层的热阻应满足墙体的保温要求，且不应小于 $1.0(m^2 \cdot K)/W$。

六、防潮设计（★）

1. 设计原则

（1）建筑构造设计应防止水蒸气渗透进入围护结构内部，围护结构内部不应产生冷凝。

（2）围护结构内部冷凝验算应符合现行规范要求。

（3）建筑设计时，应充分考虑建筑运行时的各种工况，采取有效措施确保建筑外围护结构内表面温度不低于室内空气露点温度。

（4）夏热冬冷长江中、下游地区，夏热冬暖沿海地区建筑的通风口、外窗应可以开启和关闭。室外或与室外连通的空间，其顶棚、墙面、地面应采取防止返潮的措施或采用易于清洗的材料。

（5）围护结构防潮设计应遵循下列基本原则：

1）室内空气湿度不宜过高；

2）地面、外墙表面温度不宜过低；

3）可在围护结构的高温侧设隔汽层；

4）可采用具有吸湿、解湿等调节空气湿度功能的围护结构材料；

5）应合理设置保温层，防止围护结构内部冷凝；

6）与室外雨水或土壤接触的围护结构应设置防水（潮）层。

2. 常用构造措施

（1）采暖建筑中，对外侧有防水卷材或其他密闭防水层的屋面、保温层外侧有密实保护层或保温层的蒸汽渗透系数较小的多层外墙，当内侧结构层的蒸汽渗透系数较大时，应进行屋面、外墙的内部冷凝验算。

（2）采暖期间，围护结构中保温材料因内部冷凝受潮而增加的重量湿度允许增量，应符合表 5-2-3 的规定。

采暖期间，围护结构中保温材料因内部冷凝受潮而增加的重量湿度允许增量　表 5-2-3

保温材料	重量湿度的允许增量 $[\Delta w]$（%）
多孔混凝土（泡沫混凝土、加气混凝土等）（$\rho_0 = 500 \sim 700 \text{kg/m}^3$）	4
水泥膨胀珍珠岩和水泥膨胀蛭石等（$\rho_0 = 300 \sim 500 \text{kg/m}^3$）	6
沥青膨胀珍珠岩和沥青膨胀蛭石等（$\rho_0 = 300 \sim 400 \text{kg/m}^3$）	7
矿渣和炉渣填料	2
水泥纤维板	5
矿棉、岩棉、玻璃棉及制品（板或毡）	5
模塑聚苯乙烯泡沫塑料（EPS）	15
挤塑聚苯乙烯泡沫塑料（XPS）	10
硬质聚氨酯泡沫塑料（PUR）	10
酚醛泡沫塑料（PF）	10
玻化微珠保温浆料（自然干燥后）	5
胶粉聚苯颗粒保温浆料（自然干燥后）	5
复合硅酸盐保温板	5

（3）当围护结构内表面温度低于空气露点温度时，应采取保温措施，并应重新复核围护结构内表面温度。

（4）进行民用建筑的外围护结构热工设计时，热桥处理可遵循下列原则：

1）提高热桥部位的热阻；

2）确保热桥和平壁的保温材料连续；

3）切断热流通路；

4）减少热桥中低热阻部分的面积；

5）降低热桥部位内外表面层材料的导温系数。

（5）采用松散多孔保温材料的多层复合围护结构，应在水蒸气分压高的一侧设置隔汽层。对于有采暖、空调功能的建筑，应按采暖建筑围护结构设置隔汽层。

（6）外侧有密实保护层或防水层的多层复合围护结构，经内部冷凝受潮验算而必需设置隔汽层时，应严格控制保温层的施工湿度。对于卷材防水屋面或松散多孔保温材料的金属夹芯围护结构，应有与室外空气相通的排湿措施。

（7）外侧有卷材或其他密闭防水层，内侧为钢筋混凝土屋面板的屋面结构，经内部冷凝受潮验算不需设隔汽层时，应确保屋面板及其接缝的密实性，并应达到所需的蒸汽渗透阻。

（8）室内地面和地下室外墙防潮宜采用下列措施：

1）建筑室内一层地表面宜高于室外地坪 0.6m 以上；

2）采用架空通风地板时，通风口应设置活动的遮挡板，使其在冬季能方便关闭，遮挡板的热阻应满足冬季保温的要求；

3）地面和地下室外墙宜设保温层；

4）地面面层材料可采用蓄热系数小的材料，减少表面温度与空气温度的差值；

5）地面面层可采用带有微孔的面层材料；

6）面层宜采用导热系数小的材料，使地表面温度易于紧随空气温度变化；

7）面层材料宜有较强的吸湿、解湿特性，具有对表面水分湿调节作用。

（9）严寒地区、寒冷地区非透光建筑幕墙面板背后的保温材料应采取隔汽措施，隔汽层应布置在保温材料的高温侧（室内侧），隔汽密封空间的周边密封应严密。夏热冬冷地区、温和 A 区的建筑幕墙宜设计隔汽层。

（10）在建筑围护结构的低温侧设置空气间层，保温材料层与空气层的界面宜采取防水、透气的挡风防潮措施，防止水蒸气在围护结构内部凝结。

七、自然通风设计（★）

1. 一般规定

（1）民用建筑应优先采用自然通风去除室内热量；

（2）建筑的平、立、剖面设计，空间组织和门窗洞口的设置应有利于组织室内自然通风；

（3）受建筑平面布置的影响，室内无法形成流畅的通风路径时，宜设置辅助通风装置；

（4）室内的管路、设备等不应妨碍建筑的自然通风。

2. 技术措施

（1）建筑的总平面布置宜符合下列规定：

1）建筑宜朝向夏季、过渡季节主导风向；

2) 建筑朝向与主导风向的夹角：条形建筑不宜大于 30°，点式建筑宜在 30°～60° 之间；

3) 建筑之间不宜相互遮挡，在主导风向上游的建筑底层宜架空。

（2）采用自然通风的建筑，进深应符合下列规定：

1) 未设置通风系统的居住建筑，户型进深不应超过 12m；

2) 公共建筑进深不宜超过 40m，进深超过 40m 时应设置通风中庭或天井。

（3）通风中庭或天井宜设置在发热量大、人流量大的部位，在空间上应与外窗、外门以及主要功能空间相连通。通风中庭或天井的上部应设置启闭方便的排风窗（口）。

（4）进、排风口的设置应充分利用空气的风压和热压以促进空气流动，设计应符合下列规定：

1) 进风口的洞口平面与主导风向间的夹角不应小于 45°。无法满足时，宜设置引风装置。

2) 进、排风口的平面布置应避免出现通风短路。

3) 宜按照建筑室内发热量确定进风口总面积，排风口总面积不应小于进风口总面积。

4) 室内发热量大，或产生废气、异味的房间，应布置在自然通风路径的下游。应将这类房间的外窗作为自然通风的排风口。

5) 可利用天井作为排风口和竖向排风风道。

6) 进、排风口应能方便地开启和关闭，并应在关闭时具有良好的气密性。

（5）当房间采用单侧通风时，应采取下列措施增强自然通风效果：

1) 通风窗与夏季或过渡季节典型风向之间的夹角应控制在 45°～60° 之间；

2) 宜增加可开启外窗窗扇的高度；

3) 迎风面应有凹凸变化，尽量增大凹口深度；

4) 可在迎风面设置凹阳台。

（6）室内通风路径的设计应遵循布置均匀、阻力小的原则，应符合下列规定：

1) 可将室内开敞空间、走道、室内房间的门窗、多层的共享空间或者中庭作为室内通风路径。在室内空间设计时宜组织好上述空间，使室内通风路径布置均匀，避免出现通风死角。

2) 宜将人流密度大或发热量大的场所布置在主通风路径上；将人流密度大的场所布置在主通风路径的上游，将人流密度小但发热量大的场所布置在主通风路径的下游。

3) 室内通风路径的总截面积应大于排风口面积。

八、建筑遮阳设计 (★)

1. 建筑遮阳系数的确定

（1）水平遮阳和垂直遮阳的建筑遮阳系数应按下列公式计算：

$$SC_s = (I_D \cdot X_D + 0.5 I_d \cdot X_d)/I_0 \tag{5-2-12}$$

$$I_0 = I_D + 0.5 I_d \tag{5-2-13}$$

式中　SC_s ——建筑遮阳的遮阳系数，无量纲；

I_D ——门窗洞口朝向的太阳直射辐射（W/m²），应按门窗洞口朝向和当地的太阳直射辐射照度计算；

X_D——遮阳构件的直射辐射透射比，无量纲；

I_d——水平面的太阳散射辐射（W/m²）；

X_d——遮阳构件的散射辐射透射比，无量纲；

I_0——门窗洞口朝向的太阳总辐射（W/m²）。

（2）水平遮阳的散射辐射透射比应按下式计算：

$$X_d = \frac{\alpha}{90} \tag{5-2-14}$$

式中　X_d——遮阳构件的散射辐射透射比，无量纲；

α——门、窗口的垂直视角（°）。

（3）垂直遮阳的散射辐射透射比应按下式计算：

$$X_d = \frac{\beta}{180} \tag{5-2-15}$$

式中　β——门、窗口的水平视角（°）。

（4）组合遮阳的遮阳系数应为同时刻的水平遮阳与垂直遮阳建筑遮阳系数的乘积。

（5）挡板遮阳的建筑遮阳系数应按下式计算：

$$SC_s = 1 - (1 - \eta)(1 - \eta^*) \tag{5-2-16}$$

式中　η——挡板的轮廓透光比，无量纲，应为门窗洞口面积扣除挡板轮廓在门窗洞口上阴影面积后的剩余面积与门窗洞口面积的比值；

η^*——挡板材料的透射比，无量纲，应按表5-2-4的规定确定。

挡板材料的透射比　　　　　　　　　　表 5-2-4

遮阳板使用的材料	规　格	η^*
织物面料		0.5 或按实测太阳光透射比
玻璃钢板		0.5 或按实测太阳光透射比
玻璃、有机玻璃类板	0＜太阳光透射比≤0.6	0.5
	0.6＜太阳光透射比≤0.9	0.8
金属穿孔板	0＜穿孔率≤0.2	0.15
	0.2＜穿孔率≤0.4	0.3
	0.4＜穿孔率≤0.6	0.5
	0.6＜穿孔率≤0.8	0.7
混凝土、陶土釉彩窗外花格		0.6 或按实际镂空比例及厚度
木质、金属窗外花格		0.7 或按实际镂空比例及厚度
木质、竹质窗外帘		0.4 或按实际镂空比例

（6）活动外遮阳全部收起时的遮阳系数可取 1.0，全部放下时应按不同的遮阳形式进行计算。

2. 建筑遮阳措施

（1）北回归线以南地区，各朝向门窗洞口均宜设计建筑遮阳；北回归线以北的夏热冬暖、夏热冬冷地区，除北向外的门窗洞口宜设计建筑遮阳；寒冷 B 区东、西向和水平朝向门窗洞口宜设计建筑遮阳；严寒地区、寒冷 A 区、温和地区建筑可不考虑建筑遮阳。

（2）建筑门窗洞口的遮阳宜优先选用活动式建筑遮阳。

（3）当采用固定式建筑遮阳时，南向宜采用水平遮阳；东北、西北及北回归线以南地区的北向宜采用垂直遮阳；东南、西南朝向窗口宜采用组合遮阳；东、西朝向窗口宜采用挡板遮阳。

（4）当为冬季有采暖需求房间的门窗设计建筑遮阳时，应采用活动式建筑遮阳、活动式中间遮阳，或采用遮阳系数冬季大、夏季小的固定式建筑遮阳。

（5）建筑遮阳应与建筑立面、门窗洞口构造一体化设计。

实务提示：

通过建筑物外部窗户既有太阳辐射得热，也有传热和冷风渗透热损失，但就整个供暖期来说，窗户仍是一个失热构件，即使南窗也是如此。此外，窗户与外墙相比，其单位面积热损失也要大得多。计算表明，在北京地区采用单层钢窗的情况下，窗户单位面积传热热损失为同一朝向37cm砖墙的倍数：南向约为2.2倍，东、西向约为3.2倍，北向约为3.7倍。在哈尔滨地区采用双层钢窗的情况下，窗户单位面积传热热损失为同一朝向49cm砖墙的倍数：南向约为1.5倍，东、西向约为2倍，北向约为2.3倍。如果窗户有邻近建筑物或上部阳台遮挡，并考虑冷风渗透的影响，则窗户与外墙相比就更为不利。此外，在冬季大风天气，通过窗户缝隙的冷风渗透，还会造成室温的急剧下降或波动。

材料的耐久性和保温性与其潮湿状况密切相关。湿度过高会明显地降低其机械强度，产生破坏性变形，有机材料会腐朽。湿度过高会使其保温性能显著降低。因此，对于一般供暖建筑，虽然允许结构内部产生一定量的冷凝水，但是为了保证结构的耐久性和保温性，材料的湿度不得超过一定限度。允许增量系指经过一个供暖期，保温材料重量湿度的增量在允许范围之内，以便供暖期过后，保温材料中的冷凝水逐渐向内侧和外侧散发，而不致在内部逐年积聚，导致湿度过高。

例题 5-2（2022）：混凝土墙厚度为200mm，传热系数为0.81W/(m·K)，保温层厚度为100mm，传热系数为0.04W/(m·K)。墙体内表面热阻 $R_i = 0.11\text{m}^2 \cdot \text{K/W}$，墙体外表面热阻 $R_e = 0.04\text{m}^2 \cdot \text{K/W}$。则墙体的综合热阻为：

A. 2.5m² · K/W

B. 2.45m² · K/W

C. 2.9m² · K/W

D. 3.05m² · K/W

【答案】 C

【解析】 根据《民用建筑热工设计规范》GB 50176—2016 第3.4.4条，围护结构平壁的传热阻应按下式计算：$R_0 = R_i + R + R_e$。式中，R_0 为围护结构的传热阻，m² · K/W；R_i 为内表面换热阻，m² · K/W，应按规范附录B第B.4节的规定取值；R_e 为外表面换热阻，m² · K/W，应按规范附录B第B.4节的规定取值；R 为围护结构平壁的热阻，m² · K/W，应根据不同构造按规范第3.4.1条～第3.4.3条的规定计算。本题中，墙体的综合热阻为：0.1/0.04＋0.2/0.81＋0.11＋0.04＝2.9m² · K/W。

例题 5-3（2021）：根据《民用建筑热工设计规范》GB 50176—2016，二级分区依据是：

 A. 冬季室内计算参数，夏季室内计算参数

 B. 冬季室外计算温度，夏季室外计算温度

 C. 最冷月平均温度最热月平均温度

 D. 采暖度日数，空调度日数

【答案】D

【解析】根据《民用建筑热工设计规范》GB 50176—2016 第 4.1.2 条表 4.1.2，划分二级分区的依据是采暖度日数（HDD18）和空调度日数（CDD26）。

第三节 公共建筑节能设计

一、总则和术语（★）

1. 总则

（1）公共建筑节能设计应根据当地的气候条件，在保证室内环境参数条件下，改善围护结构保温隔热性能，提高建筑设备及系统的能源利用效率，利用可再生能源，降低建筑暖通空调、给水排水及电气系统的能耗。

（2）当建筑高度超过 150m 或单栋建筑地上建筑面积大于 200000m² 时，应组织专家对其节能设计进行专项论证。

2. 术语

（1）透光幕墙：可见光可直接透射入室内的幕墙。

（2）建筑体形系数：建筑物与室外空气直接接触的外表面积与其所包围的体积的比值，外表面积不包括地面和不供暖楼梯间内墙的面积。

（3）单一立面窗墙面积比：建筑某一个立面的窗户洞口面积与该立面的总面积之比，简称窗墙面积比。

（4）太阳得热系数（SHGC）：通过透光围护结构（门窗或透光幕墙）的太阳辐射室内得热量与投射到透光围护结构（门窗或透光幕墙）外表面上的太阳辐射量的比值。太阳辐射室内得热量包括太阳辐射通过辐射透射的得热量和太阳辐射被构件吸收再传入室内的得热量两部分。

（5）可见光透射比：透过透光材料的可见光光通量与投射在其表面上的可见光光通量之比。

（6）围护结构热工性能权衡判断：当建筑设计不能完全满足围护结构热工设计规定指标要求时，计算并比较参照建筑和设计建筑的全年供暖和空气调节能耗，判定围护结构的总体热工性能是否符合节能设计要求的方法，简称权衡判断。

（7）参照建筑：进行围护结构热工性能权衡判断时，作为计算满足标准要求的全年供暖和空气调节能耗用的基准建筑。

（8）综合部分负荷性能系数（IPLV）：基于机组部分负荷时的性能系数值，按机组

在各种负荷条件下的累积负荷百分比进行加权计算获得的表示空气调节用冷水机组部分负荷效率的单一数值。

（9）集中供暖系统耗电输热比（*EHR-h*）：设计工况下，集中供暖系统循环水泵总功耗（kW）与设计热负荷（kW）的比值。

二、建筑与建筑热工（★★★）

1. 一般规定

（1）公共建筑分类应符合下列规定：

1）单栋建筑面积大于 $300m^2$ 的建筑，或单栋建筑面积小于或等于 $300m^2$ 但总建筑面积大于 $1000m^2$ 的建筑群，应为甲类公共建筑；

2）单栋建筑面积小于或等于 $300m^2$ 的建筑，应为乙类公共建筑。

（2）代表城市的建筑热工设计分区应按表 5-3-1 确定。

代表城市建筑热工设计分区　　　　　　　　　　　　　　　　表 5-3-1

气候分区及气候子区		代表城市
严寒地区	严寒 A 区	博克图、伊春、呼玛、海拉尔、满洲里、阿尔山、玛多、黑河、嫩江、海伦、齐齐哈尔、富锦、哈尔滨、牡丹江、大庆、安达、佳木斯、二连浩特、多伦、大柴旦、阿勒泰、那曲
严寒地区	严寒 B 区	博克图、伊春、呼玛、海拉尔、满洲里、阿尔山、玛多、黑河、嫩江、海伦、齐齐哈尔、富锦、哈尔滨、牡丹江、大庆、安达、佳木斯、二连浩特、多伦、大柴旦、阿勒泰、那曲
严寒地区	严寒 C 区	长春、通化、延吉、通辽、四平、抚顺、阜新、沈阳、本溪、鞍山、呼和浩特、包头、鄂尔多斯、赤峰、额济纳旗、大同、乌鲁木齐、克拉玛依、酒泉、西宁、日喀则、甘孜、康定
寒冷地区	寒冷 A 区	丹东、大连、张家口、承德、唐山、青岛、洛阳、太原、阳泉、晋城、天水、榆林、延安、宝鸡、银川、平凉、兰州、喀什、伊宁、阿坝、拉萨、林芝、北京、天津、石家庄、保定、邢台、济南、德州、兖州、郑州、安阳、徐州、运城、西安、咸阳、吐鲁番、库尔勒、哈密
寒冷地区	寒冷 B 区	丹东、大连、张家口、承德、唐山、青岛、洛阳、太原、阳泉、晋城、天水、榆林、延安、宝鸡、银川、平凉、兰州、喀什、伊宁、阿坝、拉萨、林芝、北京、天津、石家庄、保定、邢台、济南、德州、兖州、郑州、安阳、徐州、运城、西安、咸阳、吐鲁番、库尔勒、哈密
夏热冬冷地区	夏热冬冷 A 区	南京、蚌埠、盐城、南通、合肥、安庆、九江、武汉、黄石、岳阳、汉中、安康、上海、杭州、宁波、温州、宜昌、长沙、南昌、株洲、永州、赣州、韶关、桂林、重庆、达县、万州、涪陵、南充、宜宾、成都、遵义、凯里、绵阳、南平
夏热冬冷地区	夏热冬冷 B 区	南京、蚌埠、盐城、南通、合肥、安庆、九江、武汉、黄石、岳阳、汉中、安康、上海、杭州、宁波、温州、宜昌、长沙、南昌、株洲、永州、赣州、韶关、桂林、重庆、达县、万州、涪陵、南充、宜宾、成都、遵义、凯里、绵阳、南平
夏热冬暖地区	夏热冬暖 A 区	福州、莆田、龙岩、梅州、兴宁、英德、河池、柳州、贺州、泉州、厦门、广州、深圳、湛江、汕头、南宁、北海、梧州、海口、三亚
夏热冬暖地区	夏热冬暖 B 区	福州、莆田、龙岩、梅州、兴宁、英德、河池、柳州、贺州、泉州、厦门、广州、深圳、湛江、汕头、南宁、北海、梧州、海口、三亚
温和地区	温和 A 区	昆明、贵阳、丽江、会泽、腾冲、保山、大理、楚雄、曲靖、泸西、屏边、广南、兴义、独山
温和地区	温和 B 区	瑞丽、耿马、临沧、澜沧、思茅、江城、蒙自

（3）建筑群的总体规划应考虑减轻热岛效应。建筑的总体规划和总平面设计应有利于自然通风和冬季日照。建筑的主朝向宜选择本地区最佳朝向或适宜朝向，且宜避开冬季主导风向。

（4）建筑设计应遵循被动节能措施优先的原则，充分利用天然采光、自然通风，结合围护结构保温隔热和遮阳措施，降低建筑的用能需求。

建筑体形宜规整紧凑，避免过多的凹凸变化。

（5）建筑总平面设计及平面布置应合理确定能源设备机房的位置，缩短能源供应输送距离。同一公共建筑的冷热源机房宜位于或靠近冷热负荷中心位置集中设置。

2. 建筑设计及具体措施

（1）严寒和寒冷地区公共建筑体形系数应符合表 5-3-2 的规定。

严寒和寒冷地区公共建筑体形系数限值 表 5-3-2

单栋建筑面积 A（m²）	建筑体形系数
300＜A≤800	≤0.50
A＞800	≤0.40

（2）严寒地区甲类公共建筑各单一立面窗墙面积比（包括透光幕墙）均不宜大于 0.60；其他地区甲类公共建筑各单一立面窗墙面积比（包括透光幕墙）均不宜大于 0.70。

（3）单一立面窗墙面积比的计算应符合下列规定：

1）凹凸立面朝向应按其所在立面的朝向计算；

2）楼梯间和电梯间的外墙和外窗均应参与计算；

3）外凸窗的顶部、底部和侧墙的面积不应计入外墙面积；

4）当外墙上的外窗、顶部和侧面为不透光构造的凸窗时，窗面积应按窗洞口面积计算；当凸窗顶部和侧面透光时，外凸窗面积应按透光部分实际面积计算。

（4）甲类公共建筑的屋顶透光部分面积不应大于屋顶总面积的 20%。当不能满足本条的规定时，必须按本标准规定的方法进行权衡判断。

（5）单一立面外窗（包括透光幕墙）的有效通风换气面积应符合下列规定：

1）甲类公共建筑外窗（包括透光幕墙）应设可开启窗扇，其有效通风换气面积不宜小于所在房间外墙面积的 10%；当透光幕墙受条件限制无法设置可开启窗扇时，应设置通风换气装置。

2）乙类公共建筑外窗有效通风换气面积不宜小于窗面积的 30%。

（6）外窗（包括透光幕墙）的有效通风换气面积应为开启扇面积和窗开启后的空气流通界面面积的较小值。

（7）严寒地区建筑的外门应设置门斗；寒冷地区建筑面向冬季主导风向的外门应设置门斗或双层外门，其他外门宜设置门斗或应采取其他减少冷风渗透的措施；夏热冬冷、夏热冬暖和温和地区建筑的外门应采取保温隔热措施。

（8）建筑中庭应充分利用自然通风降温，并可设置机械排风装置加强自然补风。

（9）建筑设计应充分利用天然采光。天然采光不能满足照明要求的场所，宜采用导光、反光等装置将自然光引入室内。

（10）当公共建筑入口大堂采用全玻幕墙时，全玻幕墙中非中空玻璃的面积不应超过同一立面透光面积（门窗和玻璃幕墙）的 15%，且应按同一立面透光面积（含全玻幕墙面积）加权计算平均传热系数。

（11）建筑围护结构热工性能的权衡判断，应首先计算参照建筑在规定条件下的全年供暖和空气调节能耗，然后计算设计建筑在相同条件下的全年供暖和空气调节能耗，当设计建筑的供暖和空气调节能耗小于或等于参照建筑的供暖和空气调节能耗时，应判定围护结构的总体热工性能符合节能要求。当设计建筑的供暖和空气调节能耗大于参照建筑的供暖和空气调节能耗时，应调整设计参数重新计算，直至设计建筑的供暖和空气调节能耗不大于参照建筑的供暖和空气调节能耗。

例题5-4（2021）：《公共建筑节能设计标准》GB 50189—2015中规定，一面外墙上透明部分不应超过其总面积的百分比是：

A.50%   B.60%   C.70%   D.80%

【答案】C

【解析】根据《公共建筑节能设计标准》GB 50189—2015已对上述内容进行修订，第3.2.2条规定，严寒地区甲类公共建筑各单一立面窗墙面积比（包括透光幕墙）均不宜大于0.60；其他地区甲类公共建筑各单一立面窗墙面积比（包括透光幕墙）均不宜大于0.70。

例题5-5（2020）：为满足自然通风的需要，《公共建筑节能设计标准》GB 50189—2015对外窗的可开启面积作出规定，下列哪一项是该标准的规定？

A. 不宜小于20%   B. 不宜小于30%

C. 不宜小于40%   D. 不宜小于50%

【答案】B

【解析】《公共建筑节能设计标准》GB 50189—2015第3.2.8条规定，单一立面外窗（包括透光幕墙）的有效通风换气面积应符合下列规定：①甲类公共建筑外窗（包括透光幕墙）应设可开启窗扇，其有效通风换气面积不宜小于所在房间外墙面积的10%；当透光幕墙受条件限制无法设置可开启窗扇时，应设置通风换气装置。②乙类公共建筑外窗有效通风换气面积不宜小于窗面积的30%。

例题5-6（2012）：严寒、寒冷地区公共建筑的体形系数一般应小于或等于：

A.0.30   B.0.35   C.0.50   D.0.45

【答案】C

【解析】建筑体形系数是指建筑物与室外大气接触的外表面积与其所包围的体积的比值。根据《公共建筑节能设计标准》GB 50189—2015第3.2.1条，严寒和寒冷地区公共建筑体形系数应符合表5-3-2的规定。由表可知，严寒、寒冷地区公共建筑的体形系数一般应小于或等于0.50。

第四节 工业建筑节能统一设计标准

一、总则及术语（★）

1. 总则

（1）新建、改建及扩建的工业建筑均应进行节能设计。特殊行业和有特殊要求的厂房或部位的节能设计，应按其专项节能设计标准执行。

（2）本节对工业建筑中建筑与建筑热工、供暖通风空调与给水排水、电气、能量回收与可再生能源利用等专业提出通用性的节能设计要求，规定相应的节能措施，指导工业建筑节能设计。

2. 术语

（1）工业建筑：由生产厂房和生产辅助用房组成，其中生产辅助用房包括仓库及公用辅助用房等。

（2）工业建筑能耗：工业建筑在使用过程中所消耗各类能源的总量。包括为保证工业建筑中生产、人员所需的室内环境要求，及其为满足向室外大气排放标准所产生的各种能源耗量，还包括建筑供水系统及其水处理所产生的各种能源耗量等。

（3）工业建筑节能：在工业建筑规划、设计和使用过程中，在满足规定的建筑功能要求和室内外环境质量的前提下，通过采取技术措施和管理手段，实现零能耗或降低运行能耗、提高能源利用效率的过程。

（4）余热强度：室内人员、照明以及生产工艺过程中产生并放散到室内空间环境中的热量，以建筑单位体积热量计算（W/m^3）。

（5）总窗墙面积比：建筑物各立面透光部分和非透光外门窗的洞口总面积之和，与各立面总面积之和的比值。

（6）围护结构热工性能权衡判断：当工业建筑设计不能完全满足规定的围护结构热工设计要求或计算条件时，而进行的围护结构的总体热工性能是否符合节能设计或室内环境要求的计算。

（7）参照建筑：进行一类工业建筑围护结构热工性能权衡判断时，作为计算满足标准要求的全年供暖和空调能耗用的基准建筑。

（8）冷源综合制冷性能系数（$SCOP$）：在名义工况下，以电为能源的空调冷源系统（包括制冷机、冷却水泵及冷却塔或风冷式的风机）的额定制冷量与其净输入能量之比。

二、基本规定

1. 节能设计分类与基本原则

（1）工业建筑节能设计应按表 5-4-1 进行分类设计。

工业建筑节能设计分类　　　　　　　　　　　　　　　表 5-4-1

类别	环境控制及能耗方式	建筑节能设计原则
一类工业建筑	供暖、空调	通过围护结构保温和供暖系统节能设计，降低冬季供暖能耗；通过围护结构隔热和空调系统节能设计，降低夏季空调能耗
二类工业建筑	通风	通过自然通风设计和机械通风系统节能设计，降低通风能耗

（2）工业建筑能耗的范围和计算应符合下列规定：

工业建筑全年能耗可按下式计算：

$$Q = Q_1 + Q_2 + Q_3 + Q_4 + Q_5 - Q_6 + Q_7 \qquad (5\text{-}4\text{-}1)$$

式中　Q——工业建筑年能耗（$kW \cdot h$）；

Q_1——工业建筑空调系统年能耗（$kW \cdot h$）；

Q_2——工业建筑供暖系统年能耗（$kW \cdot h$）；

Q_3——工业建筑给排水系统年能耗（$kW \cdot h$）；

Q_4——工业建筑通风除尘系统年能耗（$kW \cdot h$）；

Q_5——工业建筑照明系统年能耗（$kW \cdot h$）；

Q_6——余热、可再生能源利用量（kW·h）；

Q_7——其他工业建筑能耗（电梯、电热水器、电风扇等）（kW·h）。

（3）全年工业建筑能耗应按下式计算：

$$Q = Q_z - Q_g - Q_q \qquad (5\text{-}4\text{-}2)$$

式中　Q——全年工业建筑能耗（kW·h）；

Q_z——全年工业综合能耗（kW·h）；

Q_g——全年工艺能耗（kW·h）；

Q_q——其他能耗，指除工艺能耗和工业建筑能耗范围以外的能耗（kW·h）。

2. 节能设计环境计算参数

（1）工业建筑中体力劳动强度级别可按表 5-4-2 进行分类。

工业建筑中体力劳动强度级别　　　　　　　　表 5-4-2

体力劳动强度级别	劳动强度指数 n	职业描述
Ⅰ（轻劳动）	$n \leqslant 15$	坐姿：手工作业或腿的轻度活动；立姿：操作仪器、控制、查看设备，上臂用力为主的装配工作
Ⅱ（中等劳动）	$15 < n \leqslant 20$	手和臂持续动作（如锯木头等）；臂和腿的工作（如卡车、拖拉机或建筑设备等运输操作等）；臂和躯干的工作（如锻造、风动工具操作、粉刷、间断搬运中等重物等）
Ⅲ（重劳动）	$20 < n \leqslant 25$	臂和躯干负荷工作（如搬重物、铲、锤锻、锯刨或凿硬木、挖掘等）
Ⅳ（极重劳动）	$n > 25$	大强度的挖掘、搬运，快到极限节律的极强活动

（2）冬季室内节能设计计算温度应按表 5-4-3 确定。

冬季室内节能设计计算温度　　　　　　　　表 5-4-3

体力劳动强度等级	温度（℃）
轻劳动	16
中等劳动	14
重劳动	12
极重劳动	10

（3）夏季空气调节室内节能设计计算参数应按表 5-4-4 确定。

夏季空气调节室内节能设计计算参数　　　　　　　　表 5-4-4

参数	计算参数取值
温度	28℃
相对湿度	$\leqslant 70\%$

三、建筑与建筑热工（★）

1. 总图与建筑设计

（1）厂区选址应综合考虑区域的生态环境因素，充分利用有利条件，符合可持续发展原则。

（2）建筑总图设计应避免大量热、蒸汽或有害物质向相邻建筑散发而造成能耗增加，应采取控制建筑间距、选择最佳朝向、确定建筑密度和绿化构成等措施。

（3）建筑总图设计应合理确定能源设备机房的位置，缩短能源供应输送距离。冷热源机房宜位于或靠近冷热负荷中心位置集中设置。

（4）厂区总图设计和建筑设计应有利于冬季日照、夏季自然通风和自然采光等条件，合理利用当地主导风向。

（5）在满足工艺需求的基础上，建筑内部功能布局应区分不同生产区域。对于大量散热的热源，宜放在生产厂房的外部并与生产辅助用房保持距离；对于生产厂房内的热源，宜采取隔热措施，并宜采用远距离控制或自动控制。

（6）建筑设计应优先采用被动式节能技术，根据气候条件，合理采用围护结构保温隔热与遮阳、天然采光、自然通风等措施，降低建筑的供暖、空调、通风和照明系统的能耗。

（7）建筑设计应充分结合行业特征和特殊性，统筹兼顾，积极采用节能新技术、新材料、新工艺、新设备。

（8）有余热条件的厂区应充分考虑实现能量就地回收与再利用的设施。

（9）建筑设计应充分利用工业厂区水、植被等自然条件，合理选择绿化和铺装形式，营建有利的区域生态条件。

（10）严寒和寒冷地区一类工业建筑体形系数应符合表 5-4-5 的规定。

严寒和寒冷地区一类工业建筑体形系数 表 5-4-5

单栋建筑面积 A（m^2）	建筑形体系数
$A>3000$	$\leqslant 0.3$
$800<A\leqslant 3000$	$\leqslant 0.4$
$300<A\leqslant 800$	$\leqslant 0.5$

（11）一类工业建筑总窗墙面积比不应大于 0.50，当不能满足本条规定时，必须进行权衡判断。

（12）一类工业建筑屋顶透光部分的面积与屋顶总面积之比不应大于 0.15，当不能满足本条规定时，必须进行权衡判断。

2. 自然通风和天然采光

（1）工业建筑宜充分利用自然通风消除工业建筑余热、余湿。

（2）对于二类工业建筑，宜采用单跨结构。

（3）在多跨工业建筑中，宜将冷热跨间隔布置，宜避免热跨相邻。

（4）在利用自然通风时，应避免自然进风对室内环境的污染或无组织排放造成室外环境的污染。

（5）在利用外窗作为自然通风的进、排风口时，进、排风面积宜相近；当受到工业辅助用房或工艺条件限制，进风口或排风口面积无法保证时，应采用机械通风进行补充。

（6）当外墙进风面积不能保证自然通风要求时，可采用在地面设置地下风道作为进风口的方式；对于年温差大、地层温度较低的地区，宜利用地道作为进风冷却方式。

（7）热压自然通风设计时，应使进、排风口高度差满足热压自然通风的需求。

（8）当热源靠近厂房的一侧外墙布置，且外墙与热源之间无工作地点时，该侧外墙的进风口宜布置在热源的间断处。

（9）以风压自然通风为主的工业建筑，其迎风面与夏季主导风向宜成 60°～90°，且不宜小于 45°。

（10）自然通风应采用阻力系数小、易于开关和维修的进、排风口或窗扇。不便于人员开关或需要经常调节的进、排风口或窗扇，应设置机械开关或调节装置。

（11）建筑设计应充分利用天然采光。大跨度或大进深的厂房采光设计时，宜采用顶部天窗采光或导光管采光系统等采光装置。

（12）在大型厂房方案设计阶段，宜进行采光模拟分析计算和采光的节能量核算。可节省的照明用电量宜按下列公式计算：

$$U_e = W_e/A \tag{5-4-3}$$

$$W_e = \Sigma(P_n \times t_D \times F_D + P_n \times t'_D \times F'_D)/1000 \tag{5-4-4}$$

式中　U_e——单位面积上可节省的年照明用电量 $[(kW \cdot h)/(m^2 \cdot a)]$；

　　　　W_e——可节省的年照明用电量 $[(kW \cdot h)/a]$；

　　　　A——照明的总面积（m^2）；

　　　　P_n——房间或区域的照明安装总功率（W）；

　　　　t_D——全部利用天然采光的时数（h）；

　　　　F_D——全部利用天然采光时的采光依附系数，取 1；

　　　　t'_D——部分利用天然采光的时数（h）；

　　　　F'_D——部分利用天然采光时的采光依附系数，在临界照度与设计照度之间的时段取 0.5。

3. 围护结构热工设计

（1）进行围护结构热工计算时，外墙和屋面的传热系数（K）应采用包括结构性热桥在内的平均传热系数（K_m）。工业建筑金属围护结构典型构造形式的传热系数见表 5-4-6。

工业建筑金属围护结构典型构造传热系数　　　　　　　　　　表 5-4-6

编号	保温材料种类	保温厚度（mm）	传热系数 K $[W/(m^2 \cdot K)]$	简图	用料及分层做法（从室外至室内）
屋面 1a	玻璃丝棉毡	50	0.92		1. 面层压型金属板
		75	0.65		2. 防水透汽膜
		100	0.50		3. 玻璃丝棉毡
		120	0.42		4. 隔汽层
		150	0.34		5. 底层压型钢板
屋面 1b	玻璃丝棉毡	100+100	0.26		1. 面层压型金属板
					2. 防水透汽膜
					3. 玻璃丝棉毡
					4. 隔汽层
					5. 底层压型钢板

编号	保温材料种类	保温厚度 (mm)	传热系数 K $[W/(m^2 \cdot K)]$	简图	用料及分层做法 (从室外至室内)
屋面 2a	岩棉板	50	0.91		1. 单层防水卷材
		60	0.77		
		80	0.60		2. 岩棉板
		100	0.49		
		120	0.41		3. 隔汽膜
		150	0.33		
		180	0.28		4. 专用压型钢板
屋面 2b	硬质挤塑聚苯板	50	0.64		1. 单层防水卷材
		60	0.54		2. 防火覆盖板
		80	0.42		3. 挤塑聚苯板
		100	0.34		4. 隔汽膜
		120	0.29		5. 专用压型钢板
墙体 1	玻璃丝棉毡	50	0.92		1. 外层压型钢板
					2. 防水透汽膜
		75	0.65		3. 玻璃丝棉毡
					4. 隔汽层
		100	0.50		5. 内层压型钢板
墙体 2a	玻璃丝棉毡	50+A+50	0.46		1. 外层压型钢板
					2. 防水透汽膜
		60+A+60	0.39		3. 玻璃丝棉毡
					4. 40mm 厚空气层
		75+A+75	0.32		5. 玻璃丝棉毡
					6. 隔汽层
		100+A+100	0.25		7. 内层压型钢板
墙体 2b	玻璃丝棉毡	50+A+50	0.38		1. 外层压型钢板
					2. 防水透汽膜
		60+A+60	0.33		3. 玻璃丝棉毡
					4. 铝箔层
		75+A+75	0.28		5. 40mm 厚空气层
					6. 玻璃丝棉毡
		100+A+100	0.22		7. 隔汽层
					8. 内层压型钢板

注：表中保温材料容重及导热系数采用以下数值：玻璃丝棉毡容重为 16kg/m³，导热系数为 0.045W/(m² · K)；岩棉板容重为 180kg/m³，导热系数为 0.044W/(m² · K)；硬质挤塑聚苯板容重为 28kg/m³，导热系数为 0.030W/(m² · K)。

（2）根据建筑所在地的气候分区，一类工业建筑围护结构的热工性能应分别符合表5-4-7～表5-4-14的规定，当不能满足本条规定时，必须进行权衡判断。

严寒 A 区围护结构传热系数限值 表 5-4-7

围护结构部位		传热系数 K [W/(m² · K)]		
		$S{\leqslant}0.10$	$0.10{<}S{\leqslant}0.15$	$S{>}0.15$
屋面		${\leqslant}0.40$	${\leqslant}0.35$	${\leqslant}0.35$
外墙		${\leqslant}0.50$	${\leqslant}0.45$	${\leqslant}0.40$
立面外窗	总窗墙面积比${\leqslant}0.20$	${\leqslant}2.70$	${\leqslant}2.50$	${\leqslant}2.50$
	$0.20{<}$总窗墙面积比${\leqslant}0.30$	${\leqslant}2.50$	${\leqslant}2.20$	${\leqslant}2.20$
	总窗墙面积比${>}0.30$	${\leqslant}2.20$	${\leqslant}2.00$	${\leqslant}2.00$
屋顶透光部分		${\leqslant}2.50$		

严寒 B 区围护结构传热系数限值 表 5-4-8

围护结构部位		传热系数 K [W/(m² · K)]		
		$S{\leqslant}0.10$	$0.10{<}S{\leqslant}0.15$	$S{>}0.15$
屋面		${\leqslant}0.45$	${\leqslant}0.45$	${\leqslant}0.40$
外墙		${\leqslant}0.60$	${\leqslant}0.55$	${\leqslant}0.45$
立面外窗	总窗墙面积比${\leqslant}0.20$	${\leqslant}3.00$	${\leqslant}2.70$	${\leqslant}2.70$
	$0.20{<}$总窗墙面积比${\leqslant}0.30$	${\leqslant}2.70$	${\leqslant}2.50$	${\leqslant}2.50$
	总窗墙面积比${>}0.30$	${\leqslant}2.50$	${\leqslant}2.20$	${\leqslant}2.20$
屋顶透光部分		${\leqslant}2.70$		

严寒 C 区围护结构传热系数限值 表 5-4-9

围护结构部位		传热系数 K [W/(m² · K)]		
		$S{\leqslant}0.10$	$0.10{<}S{\leqslant}0.15$	$S{>}0.15$
屋面		${\leqslant}0.55$	${\leqslant}0.50$	${\leqslant}0.45$
外墙		${\leqslant}0.65$	${\leqslant}0.60$	${\leqslant}0.50$
立面外窗	总窗墙面积比${\leqslant}0.20$	${\leqslant}3.30$	${\leqslant}3.00$	${\leqslant}3.00$
	$0.20{<}$总窗墙面积比${\leqslant}0.30$	${\leqslant}3.00$	${\leqslant}2.70$	${\leqslant}2.70$
	总窗墙面积比${>}0.30$	${\leqslant}2.70$	${\leqslant}2.50$	${\leqslant}2.50$
屋顶透光部分		${\leqslant}3.00$		

寒冷 A 区围护结构传热系数限值 表 5-4-10

围护结构部位		传热系数 K [W/(m² · K)]		
		$S{\leqslant}0.10$	$0.10{<}S{\leqslant}0.15$	$S{>}0.15$
屋面		${\leqslant}0.60$	${\leqslant}0.55$	${\leqslant}0.50$
外墙		${\leqslant}0.70$	${\leqslant}0.65$	${\leqslant}0.60$
立面外窗	总窗墙面积比${\leqslant}0.20$	${\leqslant}3.50$	${\leqslant}3.30$	${\leqslant}3.30$
	$0.20{<}$总窗墙面积比${\leqslant}0.30$	${\leqslant}3.30$	${\leqslant}3.00$	${\leqslant}3.00$
	总窗墙面积比${>}0.30$	${\leqslant}3.00$	${\leqslant}2.70$	${\leqslant}2.70$
屋顶透光部分		${\leqslant}3.30$		

寒冷 B 区围护结构传热系数限值　表 5-4-11

围护结构部位		传热系数 K [W/(m² · K)]		
		S≤0.10	0.10<S≤0.15	S>0.15
屋面		≤0.65	≤0.60	≤0.55
外墙		≤0.75	≤0.70	≤0.65
立面外窗	总窗墙面积比≤0.20	≤3.70	≤3.50	≤3.50
	0.20<总窗墙面积比≤0.30	≤3.50	≤3.30	≤3.30
	总窗墙面积比>0.30	≤3.30	≤3.00	≤2.70
	屋顶透光部分		≤3.50	

夏热冬冷地区围护结构传热系数和太阳得热系数限值　表 5-4-12

围护结构部位		传热系数 K [W/(m² · K)]	
屋面		≤0.70	
外墙		≤1.10	
外窗		传热系数 K [W/(m² · K)]	太阳得热系数 SHGC（东、南、西/北向）
立面外窗	总窗墙面积比≤0.20	≤3.60	—
	0.20<总窗墙面积比≤0.40	≤3.40	≤0.60/—
	总窗墙面积比>0.40	≤3.20	≤0.45/0.55
	屋顶透光部分	≤3.50	≤0.45

夏热冬暖地区围护结构传热系数和太阳得热系数限值　表 5-4-13

围护结构部位		传热系数 K [W/(m² · K)]	
屋面		≤0.90	
外墙		≤1.50	
外窗		传热系数 K [W/(m² · K)]	太阳得热系数 SHGC（东、南、西/北向）
立面外窗	总窗墙面积比≤0.20	≤4.00	—
	0.20<总窗墙面积比≤0.40	≤3.60	≤0.50/0.60
	总窗墙面积比>0.40	≤3.40	≤0.40/0.50
	屋顶透光部分	≤4.00	≤0.40

不同气候区地面热阻限值和地下室外墙热阻限值　表 5-4-14

气候分区	围护结构部位	热阻 R [(m² · K)/W]
地面	周边地面	≥1.1
	非周边地面	≥1.1
供暖地下室外墙（与土壤接触的墙）		≥1.1
地面	周边地面	≥0.5
	非周边地面	≥0.5
供暖地下室外墙（与土壤接触的墙）		≥0.5

注：1. 本注为表 5-4-7～表 5-4-14 的注。

　　2. S 为体形系数。

　　3. 周边地面系指据外墙内表面 2m 以内的地面。

　　4. 地面热阻系指建筑基础持力层以上各层材料的热阻之和。

　　5. 地下室外墙热阻系指土壤以内各层材料的热阻之和。

（3）生产车间应优先采用预制装配式外墙围护结构，当采用预制装配式复合围护结构时，应符合下列规定：

1）根据建筑功能和使用条件，应选择保温材料品种和设置相应构造层次；

2）预制装配式围护结构应有气密性和水密性要求，对于有保温隔热的建筑，其围护结构应设置隔汽层和防风透气层；

3）当保温层或多孔墙体材料外侧存在密实材料层时，应进行内部冷凝受潮验算，必要时采取隔气措施；

4）屋面防水层下设置的保温层为多孔或纤维材料时，应采取排气措施。

（4）建筑围护结构应进行详细构造设计，并应符合下列规定：

1）采用外保温时，外墙和屋面宜减少出挑构件、附墙构件和屋顶突出物，外墙与屋面的热桥部分应采取阻断热桥措施；

2）有保温要求的工业建筑，变形缝应采取保温措施；

3）严寒及寒冷地区地下室外墙及出入口应防止内表面结露，并应设防水排潮措施。

（5）建筑围护结构采用金属围护系统且有供暖或空调要求时，构造层设计应采用满足围护结构气密性要求的构造；恒温恒湿环境的金属围护系统气密性不应大于 $1.2m^3/(m^2 \cdot h)$。

（6）外门设计宜符合下列规定：

1）严寒和寒冷地区有保温要求时，外门宜通过设门斗、感应门等措施，减少冷风渗透；

2）有保温或隔热要求时，应采用防寒保温门或隔热门，外门与墙体之间应采取防水保温措施。

（7）外窗设计应符合的规定：

1）无特殊工艺要求时，外窗可开启面积不宜小于窗面积的30%，当开启有困难时，应设相应通风装置；

2）有保温隔热要求时，外窗安装宜采用具有保温隔热性能的附框。

（8）以排除室内余热为目的而设置的天窗及屋面通风器应采用可关闭的形式。

（9）位于夏热冬冷或夏热冬暖地区，散热量小于 $23W/m^3$ 的厂房，当建筑空间高度不大于8m时，宜采取屋顶隔热措施。采用通风屋顶隔热时，其通风层长度不宜大于10m，空气层高度宜为0.2m。

（10）夏热冬暖、夏热冬冷、温和地区的工业建筑宜采取遮阳措施。当设置外遮阳时，遮阳装置应符合下列规定：

1）东西向宜设置活动外遮阳，南向宜设水平外遮阳；

2）建筑物外遮阳装置应兼顾通风及冬季日照。

4. 工业建筑围护结构热工性能的权衡判断

（1）当一类工业建筑进行权衡判断时，设计建筑围护结构的传热系数最大限值不应超过表5-4-15的规定。

（2）一类工业建筑围护结构热工性能权衡判断计算应采用参照建筑对比法，步骤应符合下列规定：

1）应采用统一的供暖、空调系统，计算设计建筑和参照建筑全年逐时冷负荷和热负荷，分别得到设计建筑和参照建筑全年累计耗冷量和全年累计耗热量。

建筑围护结构的传热系数最大
表 5-4-15

气候分区	围护结构部位	传热系数 K [W/(m² · K)]
严寒 A 区	屋面	0.50
	外墙	0.60
	外窗	3.00
	屋顶透光部分	3.00
严寒 B 区	屋面	0.55
	外墙	0.65
	外窗	3.50
	屋顶透光部分	3.50
严寒 C 区	屋面	0.60
	外墙	0.70
	外窗	3.80
	屋顶透光部分	3.80
寒冷 A 区	屋面	0.65
	外墙	0.75
	外窗	4.00
	屋顶透光部分	4.00
寒冷 B 区	屋面	0.70
	外墙	0.80
	外窗	4.20
	屋顶透光部分	4.20
夏热冬冷地区	屋面	0.80
	外墙	1.20
	外窗	4.50
	屋顶透光部分	4.50
夏热冬暖地区	屋面	1.00
	外墙	1.60
	外窗	5.00
	屋顶透光部分	5.00

2) 应采用统一的冷热源系统，计算设计建筑和参照建筑的全年累计能耗，同时将各类型能源耗量统一折算成标煤比较，得到所设计建筑全年累计综合标煤能耗 $E_设$ 和参照建筑全年累计综合标煤能耗 $E_参$。

3) 应进行综合能耗对比，并应符合下列规定：①当 $E_设/E_参 \leqslant 1$ 时，应判定为符合节能要求；②当 $E_设/E_参 > 1$ 时，应判定为不符合节能要求，并应调整建筑热工参数重新计算，直至符合节能要求为止。

（3）当进行一类工业建筑围护结构热工性能权衡判断优化时，宜根据经济成本投资回收期进行优化方案的设计比较。

例题 5-7 (2013)：《工业建筑节能设计统一标准》GB 51245—2017 中规定，一类工业建筑总窗墙面积比不应大于（　　）。当不能满足本条规定时，必须进行权衡判断。

A. 0.50　　　　　　　B. 0.30　　　　　　　C. 0.35　　　　　　　D. 0.70

【答案】 A

【解析】 根据《工业建筑节能设计统一标准》GB 51245—2017 第 4.1.11 条，一类工业建筑总窗墙面积比不应大于 0.50，当不能满足本条规定时，必须进行权衡判断。

第五节　严寒和寒冷地区居住建筑节能设计

一、总则及术语（★）

（一）总则

（1）严寒和寒冷地区居住建筑应进行节能设计，应在保证室内热环境质量的前提下，通过建筑热工和暖通设计将供暖能耗控制在规定的范围内。通过给水排水及电气系统的节能设计，提高建筑物给水排水、照明和电气系统的用能效率。

（2）应贯彻国家有关节约能源、保护环境的法律、法规和政策，改善严寒和寒冷地区居住建筑的室内热环境，提高能源利用效率，适应国家清洁供暖的要求，促进可再生能源的建筑应用，进一步降低建筑能耗。

（二）术语

（1）体形系数：建筑物与室外大气接触的外表面积与其所包围的体积的比值。外表面积中，不包括地面和不供暖楼梯间等公共空间内墙及户门的面积。

（2）围护结构传热系数：在稳态条件下，围护结构两侧空气为单位温差时，单位时间内通过单位面积传递的热量。

（3）围护结构单元的平均传热系数：考虑了围护结构单元中存在的热桥影响后得到的传热系数，简称：平均传热系数。

（4）窗墙面积比：窗户洞口面积与房间立面单元面积（即建筑层高与开间定位线围成的面积）之比。

（5）建筑遮阳系数：在照射时间内，同一窗口（或透光围护结构部件外表面）在有建筑外遮阳和没有建筑外遮阳的两种情况下，接收到的两个不同太阳辐射量的比值。

（6）透光围护结构太阳得热系数：在照射时间内，通过透光围护结构部件（如窗户）的太阳辐射室内得热量与透光围护结构外表面（如窗户）接收到的太阳辐射量的比值。

（7）围护结构热工性能的权衡判断：当建筑设计不能完全满足规定的围护结构热工性能要求时，计算并比较参照建筑和设计建筑的全年供暖能耗，来判定围护结构的总体热工性能是否符合节能设计要求的方法，简称：权衡判断。

（8）参照建筑：进行围护结构热工性能权衡判断时，作为计算满足标准要求的全年供暖能耗用的建筑。

（9）换气次数：单位时间内室内空气的更换次数，即通风量与房间容积的比值。

（10）耗电输热比（EHR）：设计工况下，集中供暖系统循环水泵总功耗（kW）与设计热负荷（kW）的比值。

（11）耗电输冷（热）比［EC（H）R］：设计工况下，空调冷热水系统循环水泵总功耗（kW）与设计冷（热）负荷（kW）的比值。

（12）空气源热泵机组制热性能系数（COP）：在特定工况条件下，单位时间内空气源热泵机组制热量与耗电量的比值。

（13）全装修居住建筑：在交付使用前，户内所有功能空间的管线作业完成、所有固定面全部铺装粉刷完毕，给水排水、燃气、供暖通风空调、照明供电及智能化系统等全部安装到位，厨房、卫生间等基本设置配置完备，满足基本使用功能，可直接入住的新建或改扩建的居住建筑。

二、建筑与围护结构（★★）

（一）一般规定

（1）建筑群的总体布置，单体建筑的平面、立面设计，应考虑冬季利用日照并避开冬季主导风向，严寒和寒冷 A 区建筑的出入口应考虑防风设计，寒冷 B 区应考虑夏季通风。

（2）建筑物宜朝向南北或接近朝向南北。建筑物不宜设有三面外墙的房间，一个房间不宜在不同方向的墙面上设置两个或更多的窗。

（3）严寒和寒冷地区居住建筑的体形系数不应大于表 5-5-1❶ 规定的限值。当体形系数大于表 5-5-1 规定的限值时，必须进行围护结构热工性能的权衡判断。

居住建筑体形系数限值　　　　　　　　　　　　　　　　　　　　表 5-5-1

热工区划	建筑层数	
	≤3 层	>3 层
严寒地区	≤0.55	≤0.30
寒冷地区	≤0.57	≤0.33

（4）严寒和寒冷地区居住建筑的窗墙面积比不应大于表 5-5-2❷ 规定的限值。当窗墙面积比大于表 5-5-2 规定的限值时，必须进行围护结构热工性能的权衡判断。

居住建筑窗墙面积比限值　　　　　　　　　　　　　　　　　　　　表 5-5-2

热工区划	居住建筑窗墙面积比		
	南	北	东、西
严寒 A 区	0.55	0.35	0.40
严寒 B 区	0.55	0.35	0.40
严寒 C 区	0.55	0.35	0.40
寒冷 A 区	0.60	0.40	0.45
寒冷 B 区	0.60	0.40	0.45

---

❶ 本表摘自《建筑节能与可再生能源利用通用规范》GB 55015—2021，表 3.1.2 节选。

❷ 同上，表 C.0.1-4。

（5）严寒地区居住建筑的屋面天窗与该房间屋面面积的比值不应大于 0.10，寒冷地区不应大于 0.15。

（6）楼梯间及外走廊与室外连接的开口处应设置窗或门，且该窗和门应能密闭，门宜采用自动密闭措施。

（7）严寒 A、B 区的楼梯间宜供暖，设置供暖的楼梯间的外墙和外窗的热工性能应满足本标准要求。非供暖楼梯间的外墙和外窗宜采取保温措施。

（8）地下车库等公共空间，宜设置导光管等天然采光设施。

（9）采光装置应符合下列规定：

1）采光窗的透光折减系数 T_r 应大于 0.45；

2）导光管采光系统在漫射光条件下的系统效率应大于 0.50。

（10）有采光要求的主要功能房间，室内各表面的加权平均反射比不应低于 0.4。

（11）安装分体式空气源热泵（含空调器、风管机、多联机）时，室外机的安装位置应符合下列规定：

1）应能通畅地向室外排放空气和自室外吸入空气；

2）在排出空气与吸入空气之间不应发生气流短路；

3）可方便地对室外机的换热器进行清扫；

4）应避免污浊气流对室外机组的影响；

5）室外机组应有防积雪和太阳辐射措施；

6）对化霜水应采取可靠措施有组织排放；

7）对周围环境不得造成热污染和噪声污染。

（12）建筑的可再生能源利用设施应与主体建筑同步设计、同步施工。

（13）建筑方案和初步设计阶段的设计文件应有可再生能源利用专篇，施工图设计文件中应注明与可再生能源利用相关的施工与建筑运营管理的技术要求。运行技术要求中宜明确采用优先利用可再生能源的运行策略。

（14）建筑物上安装太阳能热利用或太阳能光伏发电系统，不得降低本建筑和相邻建筑的日照标准。

（二）围护结构热工设计

（1）严寒地区除南向外不应设置凸窗，其他朝向不宜设置凸窗；寒冷地区北向的卧室、起居室不应设置凸窗，北向其他房间和其他朝向不宜设置凸窗。当设置凸窗时，凸窗凸出（从外墙面至凸窗外表面）不应大于 400mm；凸窗的传热系数限值应比普通窗降低 15%，且其不透光的顶部、底部、侧面的传热系数应小于或等于外墙的传热系数。当计算窗墙面积比时，凸窗的窗面积应按窗洞口面积计算。

（2）外窗及敞开式阳台门应具有良好的密闭性能。

（3）封闭式阳台的保温应符合下列规定：

1）阳台和直接连通的房间之间应设置隔墙和门、窗；

2）当阳台和直接连通的房间之间不设置隔墙和门、窗时，应将阳台作为所连通房间的一部分。

（4）外窗（门）框（或附框）与墙体之间的缝隙，应采用高效保温材料填堵密实，不得采用普通水泥砂浆补缝。

（5）外窗（门）洞口的侧墙面应作保温处理，并应保证窗（门）洞口室内部分的侧墙面的内表面温度不低于室内空气设计温、湿度条件下的露点温度，减小附加热损失。

（6）当外窗（门）的安装采用金属附框时，应对附框进行保温处理。

（7）外墙与屋面的热桥部位均应进行保温处理，并应保证热桥部位的内表面温度不低于室内空气设计温、湿度条件下的露点温度，减小附加热损失。

（8）变形缝应采取保温措施，并应保证变形缝两侧墙的内表面温度在室内空气设计温、湿度条件下不低于露点温度。

（9）地下室外墙应根据地下室不同用途，采取合理的保温措施。

（10）应对外窗（门）框周边、穿墙管线和洞口进行有效封堵。应对装配式建筑的构件连接处进行密封处理。

三、供暖、通风、空气调节和燃气（★）

（一）一般规定

（1）供暖和空气调节系统的施工图设计，必须对每一个供暖、空调房间进行热负荷和逐项逐时的冷负荷计算。

（2）居住建筑的热、冷源方式及设备的选择，应根据节能要求，考虑当地资源情况、环境保护、能源效率及用户对供暖运行费用可承受的能力等综合因素，经技术经济分析比较确定。

（3）居住建筑供暖热源应采用高能效、低污染的清洁供暖方式，并应符合下列规定：

1）有可供利用的废热或低品位工业余热的区域，宜采用废热或工业余热；

2）技术经济条件合理时，应根据当地资源条件采用太阳能、热电联产的低品位余热、空气源热泵、地源热泵等可再生能源建筑应用形式或多能互补的可再生能源复合应用形式；

3）不具备本条第1）、2）款的条件，但在城市集中供热范围内时，应优先采用城市热网提供的热源。

（4）只有当符合下列条件之一时，允许采用电直接加热设备作为供暖热源：

1）无城市或区域集中供热，且采用燃气、煤、油等燃料受到限制，同时无法利用热泵供暖的建筑；

2）利用可再生能源发电，且其发电量能满足建筑自身电加热用电量需求的建筑；

3）利用蓄热式电热设备在夜间低谷电进行供暖或蓄热，且不在用电高峰和平段时间启用的建筑；

4）电力供应充足，且当地电力政策鼓励用电供暖时。

（5）当采用电直接加热设备作为供暖热源时，应分散设置。

（6）太阳能热利用系统设计应根据工程所采用的集热器性能参数、气象数据以及设计参数计算太阳能热利用系统的集热系统效率 η，且宜符合表 5-5-3 的规定。

太阳能热利用系统的集热系统效率 η（%）   表 5-5-3

太阳能热水系统	太阳能供暖系统	太阳能空调系统
$\eta \geqslant 42$	$\eta \geqslant 35$	$\eta \geqslant 30$

（7）居住建筑的集中供暖系统，应按热水连续供暖进行设计。居住区内的商业、文化及其他公共建筑的供暖形式，可根据其使用性质、供热要求经技术经济比较后确定。公共建筑的供暖系统应与居住建筑分开，并应具备分别计量的条件。

（8）除集中供暖的热源可兼作冷源的情况外，居住建筑不宜设多户共用冷源的集中供冷系统。

（9）集中供暖系统的热量计量应符合下列规定：

1）锅炉房和热力站的总管上，应设置计量总供热量的热量计量装置；

2）建筑物的热力入口处，必须设置热量表，作为该建筑物供暖耗热量的结算点；

3）室内供暖系统根据设备形式和使用条件设置热计量装置。

（10）供暖空调系统应设置自动室温调控装置。

（11）当暖通空调系统输送冷媒温度低于其管道外环境温度且不允许冷媒温度有升高，或当输送热媒温度高于其管道外环境温度且不允许热媒温度有降低时，管道与设备应采取保温保冷措施；绝热层的设置应符合下列规定：

1）保温层厚度应按现行国家标准《设备及管道绝热设计导则》GB/T 8175 中经济厚度计算方法计算；

2）供冷或冷热共用时，保冷层厚度应按现行国家标准《设备及管道绝热设计导则》GB/T 8175 中经济厚度和防止表面结露的保冷层厚度方法计算，并取厚值；

3）管道与设备绝热厚度及风管绝热层最小热阻可按现行国家标准《公共建筑节能设计标准》GB 50189 中的规定选用；

4）管道和支架之间，管道穿墙、穿楼板处应采取防止热桥的措施；

5）采用非闭孔材料保温时，外表面应设保护层；采用非闭孔材料保冷时，外表面应设隔汽层和保护层。

（12）全装修居住建筑中单个燃烧器额定热负荷不大于 5.23kW 的家用燃气灶具的能效限定值应符合表 5-5-4 的规定。

家用燃气灶具的能效限定值 表 5-5-4

类型		热效率 η（%）
大气式灶	台式	62
	嵌入式	59
	集成灶	56
红外线灶	台式	64
	嵌入式	61
	集成灶	58

（二）集体措施

（1）燃气锅炉房的设计，应符合下列规定：

1）供热半径应根据区域的情况、供热规模、供热方式及参数等条件合理确定，供热规模不宜过大。当受条件限制供热面积较大时，应经技术经济比较后确定，采用分区设置热力站的间接供热系统。

2）模块式组合锅炉房，宜以楼栋为单位设置；不应多于 10 台；每个锅炉房的供热量宜在 1.4MW 以下。当总供热面积较大，且不能以楼栋为单位设置时，锅炉房应分散设置。

3) 直接供热的燃气锅炉，其热源侧的供、回水温度和流量限定值与负荷侧在整个运行期对供、回水温度和流量的要求不一致时，应按热源侧和用户侧配置二次泵水系统。

4) 燃气锅炉应安装烟气回收装置。

在有条件采用集中供热或在楼内集中设置燃气热水机组（锅炉）的高层建筑中，不宜采用户式燃气供暖炉（热水器）作为供暖热源。

（2）当采用户式燃气炉作为热源时，应设置专用的进气及排烟通道，并应符合下列规定：

1) 燃气炉自身应配置有完善且可靠的自动安全保护装置；

2) 应具有同时自动调节燃气量和燃烧空气量的功能，并应配置有室温控制器；

3) 配套供应的循环水泵的工况参数，应与供暖系统的要求相匹配。

（3）当采用户式燃气供暖热水炉作为供暖热源时，其热效率不应低于现行国家标准《家用燃气快速热水器和燃气采暖热水炉能效限定值及能效等级》GB 20665 中 2 级能效的要求。

（4）采用空气源热泵机组供热时，冬季设计工况下机组制热性能系数（COP）应满足下列要求：

1) 寒冷地区冷热风机组制热性能系数（COP）不应小于 2.0，冷热水机组制热性能系数（COP）不应小于 2.2；

2) 严寒地区冷热风机组制热性能系数（COP）不宜小于 1.8，冷热水机组制热性能系数（COP）不宜小于 2.0。

（5）换热站宜采用间接连接的一、二次水系统，且服务半径不宜过大；条件允许时，宜设楼宇式换热站或在热力入口设置混水装置；一次水设计供水温度不宜高于 130℃，回水温度不应高于 50℃。

（6）当供暖系统采用变流量水系统时，循环水泵宜采用变速调节方式。

（7）室外管网应进行水力平衡计算，且应在热力站和建筑物热力入口处设置水力平衡装置。

（8）建筑物热力入口应设水过滤器，并应根据室外管网的水力平衡要求和建筑物内供暖系统所采用的调节方式，确定采用的水力平衡阀门或装置的类型，并应符合下列规定：

1) 热力站出口总管上，不应串联设置自力式流量控制阀；当有多个分环路时，各分环路总管上可根据水力平衡的要求设置静态水力平衡阀；

2) 定流量水系统的各热力入口，可按照规范设置静态水力平衡阀，或自力式流量控制阀；

3) 变流量水系统的各热力入口，应根据水力平衡的要求和系统总体控制设置的情况，设置压差控制阀，但不应设置自力式定流量阀。

（9）水力平衡装置的设置和选择，应符合下列规定：

1) 阀门调节性能和压差范围，应符合相应产品标准的要求；

2) 当采用静态水力平衡阀时，应根据阀门流通能力及两端压差，选择确定平衡阀的直径与开度；

3）当采用自力式流量控制阀时，应根据设计流量进行选型；自力式流量控制阀的流量指示准确度应满足现行国家标准《采暖空调用自力式流量控制阀》GB/T 29735 的要求；

4）采用自力式压差控制阀时，应根据所需控制压差选择与管路同尺寸的阀门，同时应确保其流量不小于设计最大值；自力式压差控制阀的压差控制性能应满足现行行业标准《采暖空调用自力式压差控制阀》JG/T 383 的要求；

5）当选择自力式流量控制阀、自力式压差控制阀、动态平衡电动两通阀或动态平衡电动调节阀时，应保持阀权度 $S=0.3\sim0.5$。

（10）当供热锅炉房设计采用自动监测与控制的运行方式时，应满足下列规定：

1）计算机自动监测系统应具备全面、及时地反映锅炉运行状况的功能；

2）应随时测量室外的温度和整个热网的需求，按照预先设定的程序，通过改变投入燃料量实现锅炉供热量调节；

3）应通过对锅炉运行参数的分析，及时对运行状态作出判断；

4）应建立各种信息数据库，对运行过程中的各种信息数据进行分析，并应能够根据需要打印各类运行记录，保存历史数据；

5）锅炉房、热力站的动力用电、水泵用电和照明用电应分别计量。

（11）集中供暖系统应以热水为热媒。

（12）室内的供暖系统的制式，宜采用双管系统，或共用立管的分户独立循环系统。当采用共用立管系统时，在每层连接的户数不宜超过 3 户，立管连接的户内系统总数不宜多于 40 个。当采用单管系统时，应在每组散热器的进出水支管之间设置跨越管，散热器应采用低阻力两通或三通调节阀。

（13）室内供暖系统的供回水温度应符合下列要求：

1）散热器系统供水温度不应高于 80℃，供回水温差不宜小于 10℃；

2）低温地面辐射供暖系统户（楼）内的供水温度不应高于 45℃，供、回水温差不宜大于 10℃。

（14）采用低温地面辐射供暖的集中供热小区，锅炉或换热站不宜直接提供温度低于 60℃的热媒。当外网提供的热媒温度高于 60℃时，宜在楼栋的供暖热力入口处设置混水调节装置。

（15）当设计低温地面辐射供暖系统时，宜按主要房间划分供暖环路。在每户分水器的进水管上，应设置水过滤器。

（16）室内热水供暖系统的设计应进行水力平衡计算，并应采取措施使设计工况下各并联环路之间（不包括公共段）的压力损失差额不大于 15%；在水力平衡计算时，要计算水冷却产生的附加压力，其值可取设计供、回水温度条件下附加压力值的 2/3。

（17）通风和空气调节系统设计应结合建筑设计，首先确定全年各季节的自然通风措施，并应做好室内气流组织，提高自然通风效率，减少机械通风和空调的使用时间。当在大部分时间内自然通风不能满足降温要求时，宜设置机械通风或空气调节系统，设置的机械通风或空气调节系统不应妨碍建筑的自然通风。

（18）当采用双向换气的新风系统时，宜设置新风热回收装置，并应具备旁通功能。新风系统设置具备旁通功能的热回收段时，应采用变频风机。

（19）新风热回收装置的选用及系统设计应满足下列要求：

1）根据卫生要求新风与排风不可直接接触的系统，应采用内部泄漏率小的回收装置；

2）可根据最小经济温差（焓差）控制热回收旁通阀；

3）应进行新风热回收装置的冬季防结露校核计算；

4）新风热回收系统应具备防冻保护功能。

四、给水排水和生活热水系统（★）

（一）给水排水

（1）设有供水可靠的市政或小区供水管网的建筑，应充分利用供水管网的水压直接供水。

（2）市政管网供水压力不能满足供水要求的多层、高层建筑的各类供水系统应竖向分区，且应符合下列规定：

1）各分区的最低卫生器具配水点的静水压力不宜大于 0.45MPa；

2）各加压供水分区宜分别设置加压泵，不宜采用减压阀分区；

3）分区内低层部分应设减压设施，保证用水点供水压力不大于 0.20MPa，且不应小于用水器具要求的最低压力。

（3）应结合市政条件、建筑物高度、安全供水、用水系统特点等因素，综合考虑选用合理的加压供水方式。

（4）应根据管网水力计算选择和配置供水加压泵，保证水泵工作时高效率运行。应选择具有随流量增大，扬程逐渐下降特性的供水加压泵。给水泵的效率不应低于国家现行标准规定的泵节能评价值。

（5）水泵房宜设置在建筑物或建筑小区的中心部位；条件许可时，水泵吸水水池（箱）宜减少与用水点的高差，尽量高位设置。

（6）地面以上的污、废水宜采用重力流直接排入室外管网。

（二）生活热水系统

（1）居住建筑的生活热水系统宜分散设置。当采用集中生活热水系统时，其热源应按下列原则选用：

1）应优先采用工业余热、废热、太阳能和地热；

2）除有其他用汽要求外，不应采用燃气或燃油锅炉制备蒸汽，通过热交换后作为生活热水的热源或辅助热源；

3）当有其他热源可利用时，不应采用直接电加热作为生活热水系统的主体热源。

（2）集中热水系统应在用水点处采用冷水、热水供水压力平衡和稳定的措施。

（3）采用户式燃气炉作为生活热水热源时，其热效率不应低于现行国家标准《家用燃气快速热水器和燃气采暖热水炉能效限定值及能效等级》GB 20665 中规定的 2 级能效要求。

（4）以燃气作为生活热水热源时，应采用燃气热水锅炉直接制备热水。

（5）以燃气作为生活热水热源时，其锅炉额定工况下热效率应符合规定。

（6）采用空气源热泵热水机组制备生活热水时，制热量大于 10kW 的热泵热水机在名义制热工况和规定条件下，性能系数（COP）不应低于表 5-5-5 的规定，并应有保证水质的有效措施。

热泵热水机性能系数（*COP*）（W/W）　　　　　　　　　表 5-5-5

制热量（kW）	热水机形式		普通型	低温型
H≥10	一次加热式		4.40	3.70
	循环加热	不提供水泵	4.40	3.70
		提供水泵	4.30	3.60

（7）集中热水供应系统的监测和控制应符合下列规定：

1）对系统热水耗量和系统总供热量值应进行监测；

2）对设备运行状态应进行检测及故障报警；

3）对每日用水量、供水温度应进行监测；

4）装机数量大于等于 3 台的工程，应采用机组群控方式。

（8）集中生活热水加热器的设计供水温度不应高于 60℃。

（9）生活热水水加热设备的选择和设计应符合下列规定：

1）被加热水侧阻力不宜大于 0.01MPa；

2）安全可靠、构造简单、操作维修方便；

3）热媒入口管应装自动温控装置。

（10）生活热水供回水管道、水加热器、贮水箱（罐）等均应保温。室外保温直埋管道不应埋设在冰冻线以上。

（11）当无条件采用工业余热、废热作为生活热水的热源时，住宅应根据当地太阳能资源设置太阳能热水系统并应符合下列规定：

1）对寒冷地区，12 层及其以下的住宅，所有用户均宜设置太阳能热水系统；12 层以上住宅，宜为其中 12 个楼层的用户设置太阳能热水系统；

2）当有其他热源条件可以利用时，太阳能热水系统不应直接采用电能作为辅助热源；当无其他热源条件而采用电能作为辅助热源时，不应采用集中辅助热源形式。

（12）集中生活热水系统应采用机械循环，保证干管、立管中的热水循环。集中生活热水系统热水表后或户内热水器不循环的热水供水支管，长度不宜超过 8m。

（13）有计量要求的水加热、换热站室，应安装计量装置。

例题 5-8（2018）：在严寒地区居住建筑保温设计中，南向窗墙面积比的最大限值为：

A. 0.40　　　　B. 0.45　　　　C. 0.50　　　　D. 0.55

【答案】D

【解析】根据《建筑节能与可再生能源利用通用规范》GB 55015—2021 表 C.0.1-4（见表 5-5-2）在严寒地区居住建筑保温设计中，南向窗墙面积比的最大限值为 0.55。

例题 5-9（2019）：下列关于严寒和寒冷地区楼梯间及外走廊的保温要求，叙述中错误的是：

A. 楼梯间及外走廊与室外连接的开口处应设置窗或门，且该窗或门应能密闭

B. 严寒 A 区和严寒 B 区的楼梯间宜采暖

C. 设置采暖的楼梯间的外墙和外窗应采取保温措施

D. 在一6.0℃以下地区，楼梯间应采暖，人口处应设置门斗等避风设施

【答案】D

【解析】《严寒和寒冷地区居住建筑节能设计标准》JGJ 26—2018 第 4.1.6 条规定，楼梯间及外走廊与室外连接的开口处应设置窗或门，且该窗和门应能密闭，门宜采用自动密闭措施。第 4.1.7 条规定，严寒 A、B 区的楼梯间宜供暖，设置供暖的楼梯间的外墙和外窗的热工性能应满足本标准要求。非供暖楼梯间的外墙和外窗宜采取保温措施。

第六节　夏热冬冷地区居住建筑节能设计

一、总则和术语（★）

（一）总则

（1）应贯彻国家有关节约能源、保护环境的法律、法规和政策，改善夏热冬冷地区居住建筑热环境，提高采暖和空调的能源利用效率。

（2）夏热冬冷地区居住建筑必须采取节能设计，在保证室内热环境的前提下，建筑热工和暖通空调设计应将采暖和空调能耗控制在规定的范围内。

（二）术语

（1）热惰性指标（D）：表征围护结构抵御温度波动和热流波动能力的无量纲指标，其值等于各构造层材料热阻与蓄热系数的乘积之和。

（2）典型气象年（TMY）：以近 10 年的月平均值为依据，从近 10 年的资料中选取一年各月接近 10 年的平均值作为典型气象年。由于选取的月平均值在不同的年份，资料不连续，还需要进行月间平滑处理。

（3）参照建筑：参照建筑是一栋符合节能标准要求的假想建筑。作为围护结构热工性能综合判断时，与设计建筑相对应的，计算全年采暖和空气调节能耗的比较对象。

二、室内热环境设计计算指标（★）

室内热环境质量的指标体系包括温度、湿度、风速、壁面温度等多项指标。本节只提及温度指标和换气指标，原因是：一方面，一般住宅极少配备集中空调系统，湿度、风速等参数实际上无法控制；另一方面，在室内热环境的诸多指标中，对人体的舒适度以及对供暖能耗影响最大的是温度指标，换气指标则是从人体卫生角度考虑的必不可少的指标。

（一）冬季供暖室内热环境设计计算指标

冬季供暖室内热环境设计计算指标应符合下列规定

（1）卧室、起居室室内设计温度应取 18℃；

（2）换气次数应取 1 次/h。

（二）夏季空调室内热环境设计计算指标

夏季空调室内热环境设计计算指标应符合下列规定：

(1) 卧室、起居室室内设计温度应取 26℃；

(2) 换气次数应取 1 次/h。

(三) 建筑和围护结构热工设计

(1) 建筑群的总体布置，单体建筑的平面、立面设计和门窗的设置应有利于自然通风。

(2) 建筑物宜朝向南北或接近朝向南北。

(3) 外窗可开启面积（含阳台门面积）不应小于外窗所在房间地面面积的 5%。多层住宅外窗宜采用平开窗。

(4) 建筑物 1~6 层的外窗及敞开式阳台门的气密性等级，不应低于国家相关标准中规定的 4 级；7 层及 7 层以上的外窗及敞开式阳台门的气密性等级，不应低于相关标准规定的 6 级。

(5) 当外窗采用凸窗时，应符合下列规定：

1) 凸窗的传热系数限值应比本标准表的相应值小 10%；

2) 计算窗墙面积比时，凸窗的面积按窗洞口面积计算；

3) 对凸窗不透明的上顶板、下底板和侧板，应进行保温处理，且板的传热系数不应低于外墙的传热系数的限值要求。

(6) 围护结构的外表面宜采用浅色饰面材料。平屋顶宜采取绿化、涂刷隔热涂料等隔热措施。

(7) 当采用分体式空气调节器（含风管机、多联机）时，室外机的安装位置应符合下列规定：

1) 应稳定牢固，不应存在安全隐患；

2) 室外机的换热器应通风良好，排出空气与吸入空气之间应避免气流短路；

3) 应便于室外机的维护；

4) 应尽量减小对周围环境的热影响和噪声影响。

(8) 设计建筑和参照建筑的供暖和空调年耗电量的计算应符合下列规定：

1) 整栋建筑每套住宅室内计算温度，冬季应全天为 18℃，夏季应全天为 26℃；

2) 供暖计算期应为当年 12 月 1 日至次年 2 月 28 日，空调计算期应为当年 6 月 15 日至 8 月 31 日；

3) 室外气象计算参数应采用典型气象年；

4) 供暖和空调时，换气次数应为 1.0 次/h；

5) 供暖、空调设备为家用空气源热泵空调器，制冷时额定能效比应取 2.3，供暖时额定能效比应取 1.9；

6) 室内得热平均强度应取 4.3W/m²。

例题 5-10（2018）： 夏热冬冷地区条式居住建筑的体形系数的最大限值为：

A. 0.20   B. 0.25   C. 0.30   D. 0.55

【答案】 D

【解析】《夏热冬冷地区居住建筑节能设计标准》JGJ 134—2010 第 4.0.3 条规定，夏热冬冷地区居住建筑的体形系数不应大于 0.55。

例题 5-11（2018）：《夏热冬冷地区居住建筑节能设计标准》JGJ 134—2010 对窗墙比有所限制，其主要原因是：

A. 窗缝容易产生空气渗透

B. 通过窗的传热量远大于通过同面积墙的传热量

C. 窗过大不安全

D. 窗过大，立面不易设计

【答案】B

【解析】鉴于窗户本身的构造特点，窗户的传热系数远高于墙体的传热系数，这使得通过窗户的传热量远大于通过同面积墙的传热量，限制窗墙面积比可控制墙体上窗户面积所占的比例，减少窗户面积可有效减少建筑物的总传热量，即窗墙比太大不利于降低采暖和空调能耗，同时窗墙比太大会影响建筑立面设计，提高建筑造价等。

例题 5-12（2008）：《夏热冬冷地区居住建筑节能设计标准》JGJ 134—2010 中，对东、西向窗户的热工性能要求比北向窗户的要求更严格，其原因是：

A. 东、西朝向风力影响最大   B. 东、西朝向太阳辐射最强

C. 东、西朝向窗户面积最小   D. 东、西朝向没有主要房间

【答案】B

【解析】根据《夏热冬冷地区居住建筑节能设计标准》JGJ 134—2010 条文说明第 4.0.5 条，条文中对东、西向窗墙面积比限制较严，因为夏季太阳辐射在东、西向最大。不同朝向墙面太阳辐射强度的峰值，以东、西向墙面为最大，西南（东南）向墙面次之，西北（东北）向又次之，南向墙更次之，北向墙为最小。因此，严格控制东、西向窗墙面积比限值是合理的，也符合这一地区居住建筑的实际情况和人们的生活习惯。

第七节　夏热冬暖地区居住建筑节能设计

一、总则和术语（★）

（一）总则

（1）夏热冬暖地区居住建筑的建筑热工、暖通空调和照明设计，必须采取节能措施，在保证室内热环境舒适的前提下，将建筑能耗控制在规定的范围内。

（2）建筑节能设计应符合安全可靠、经济合理和保护环境的要求，按照因地制宜的原则，使用适宜技术。

（二）术语

（1）外窗综合遮阳系数：用以评价窗本身和窗口的建筑外遮阳装置综合遮阳效果的系数，其值为窗本身的遮阳系数 SC 与窗口的建筑外遮阳系数 SD 的乘积。

（2）建筑外遮阳系数：在相同太阳辐射条件下，有建筑外遮阳的窗口（洞口）所受到的太

阳辐射照度的平均值与该窗口（洞口）没有建筑外遮阳时受到的太阳辐射照度的平均值之比。

（3）挑出系数：建筑外遮阳构件的挑出长度与窗高（宽）之比，挑出长度系指窗外表面距水平（垂直）建筑外遮阳构件端部的距离。

（4）单一朝向窗墙面积比：窗（含阳台门）洞口面积与房间立面单元面积（即房间层高与开间定位线围成的面积）的比值。

（5）平均窗墙面积比：建筑物地上居住部分外墙面上的窗及阳台门（含露台、晒台等出入口）的洞口总面积与建筑物地上居住部分外墙立面的总面积之比。

（6）房间窗地面积比：所在房间外墙面上的门窗洞口的总面积与房间地面面积之比。

（7）平均窗地面积比：建筑物地上居住部分外墙面上的门窗洞口的总面积与地上居住部分总建筑面积之比。

（8）对比评定法：将所设计建筑物的空调采暖能耗和相应参照建筑物的空调采暖能耗作对比，根据对比的结果来判定所设计的建筑物是否符合节能要求。

（9）参照建筑：采用对比评定法时作为比较对象的一栋符合节能标准要求的假想建筑。

二、室内热环境设计计算指标（★）

夏热冬暖地区划分为南、北两个气候区。北区内建筑节能设计应主要考虑夏季空调，兼顾冬季供暖。南区内建筑节能设计应考虑夏季空调，可不考虑冬季供暖。

（一）冬季采暖室内热环境设计计算指标

冬季采暖室内热环境设计计算指标应符合下列规定：

（1）卧室、起居室室内设计温度应取 16℃；

（2）换气次数取 1.0 次/h。

（二）夏季空调室内热环境设计计算指标

夏季空调室内热环境设计计算指标应符合下列规定：

（1）卧室、起居室室内设计温度应取 26℃；

（2）换气次数取 1.0 次/h。

（三）建筑和建筑热工节能设计

（1）建筑群的总体规划应有利于自然通风和减轻热岛效应。建筑的平面、立面设计应有利于自然通风。

（2）居住建筑的朝向宜采用南北向或接近南北向。

（3）北区内，单元式、通廊式住宅的体形系数不宜大于 0.35，塔式住宅的体形系数不宜大于 0.40。

（4）各朝向的单一朝向窗墙面积比，南、北向不应大于 0.40；东、西向不应大于 0.30。当设计建筑的外窗不符合上述规定时，其空调采暖年耗电指数（或耗电量）不应超过参照建筑的空调采暖年耗电指数（或耗电量）。

（5）建筑的卧室、书房、起居室等主要房间的房间窗地面积比不应小于 1/7。当房间窗地面积比小于 1/5 时，外窗玻璃的可见光透射比不应小于 0.40。

（6）居住建筑的天窗面积不应大于屋顶总面积的 4%，传热系数不应大于 4.0W/（m^2·K），遮阳系数不应大于 0.40。当设计建筑的天窗不符合上述规定时，其空调采暖年耗电指数（或耗电量）不应超过参照建筑的空调采暖年耗电指数（或耗电量）。

（7）居住建筑的东、西向外窗必须采取建筑外遮阳措施，建筑外遮阳系数 SD 不应大于0.8。

（8）外窗（包含阳台门）的通风开口面积不应小于房间地面面积的10%或外窗面积的45%。

（9）居住建筑应能自然通风，每户至少应有一个居住房间通风开口和通风路径的设计满足自然通风要求。

（10）居住建筑的屋顶和外墙宜采用下列隔热措施：

1）反射隔热外饰面；

2）屋顶内设置贴铝箔的封闭空气间层；

3）用含水多孔材料做屋面或外墙面的面层；

4）屋面蓄水；

5）屋面遮阳；

6）屋面种植；

7）东、西外墙采用花格构件或植物遮阳。

（11）建筑节能设计综合评价指标的计算条件应符合下列规定：

1）室内计算温度，冬季应取16℃，夏季应取26℃；

2）室外计算气象参数应采用当地典型气象年；

3）空调和采暖时，换气次数应取1.0次/h；

4）空调额定能效比应取3.0，采暖额定能效比应取1.7；

5）室内不应考虑照明得热和其他内部得热；

6）建筑面积应按墙体中轴线计算；计算体积时，墙仍按中轴线计算，楼层高度应按楼板面至楼板面计算；外表面积的计算应按墙体中轴线和楼板面计算。

实务提示：

活动的外遮阳设施，夏季能抵御阳光进入室内，而冬季能让阳光进入室内，通常采用可动的百叶窗。如在别墅或低层集合住宅的窗口上，欧美地区常用平开式百叶窗；在多层住宅上，澳洲、日本等地常用推拉式百叶窗。近年来，我国南方也逐渐开始引进和运用类似的遮阳方法，今后将在住宅中得到一定的普及。活动的外遮阳和固定的外遮阳一样，是把太阳直射辐射能挡在窗外，直接降低房间得热，从而降低夏季房间空调冷负荷的峰值。东、西朝向的外窗受到太阳直接辐射，太阳的高角度比较低，方位角正对窗口，因此东、西朝向外窗尤其要重视采用活动或固定外遮阳措施。

例题5-13（2018）：《夏热冬冷地区居住建筑节能设计标准》JGJ 134—2010 对建筑物东、西向的窗墙面积比的要求较北向严格的原因是：

A. 风力影响大   B. 太阳辐射强

C. 湿度不同   D. 需要保温

【答案】B

【解析】夏热冬冷地区夏季东西向的太阳辐射强，通过窗口的太阳辐射量大，由此造成的制冷能耗将比北向窗口由于室内外温差引起的传热能耗多，因此对东西向的窗墙面积比要求严格。该地区建筑物的朝向宜采用南北向或接近南北向，以便有效地利用冬季日照，同时在夏季也可以大量减少太阳辐射得热。

第八节 绿色建筑评价标准

一、总则和术语 (★)

(一) 总则

(1) 绿色建筑评价应遵循因地制宜的原则，结合建筑所在地域的气候、环境、资源、经济和文化等特点，对建筑全寿命期内的安全耐久、健康舒适、生活便利、资源节约、环境宜居等性能进行综合评价。

(2) 绿色建筑应结合地形地貌进行场地设计与建筑布局，且建筑布局应与场地的气候条件和地理环境相适应，并应对场地的风环境、光环境、热环境、声环境等加以组织和利用。

(二) 术语

(1) 绿色建筑：在全寿命期内，节约资源、保护环境、减少污染，为人们提供健康、适用、高效的使用空间，最大限度地实现人与自然和谐共生的高质量建筑。

(2) 绿色性能：涉及建筑安全耐久、健康舒适、生活便利、资源节约（节地、节能、节水、节材）和环境宜居等方面的综合性能。

(3) 全装修：在交付前，住宅建筑内部墙面、顶面、地面全部铺贴、粉刷完成，门窗、固定家具、设备管线、开关插座及厨房、卫生间固定设施安装到位；公共建筑公共区域的固定面全部铺贴、粉刷完成，水、暖、电、通风等基本设备全部安装到位。

(4) 热岛强度：城市内一个区域的气温与郊区气温的差别，用二者代表性测点气温的差值表示，是城市热岛效应的表征参数。

(5) 绿色建材：在全寿命期内可减少对资源的消耗、减轻对生态环境的影响，具有节能、减排、安全、健康、便利和可循环特征的建材产品。

二、基本规定 (★)

(一) 一般规定

(1) 绿色建筑评价应以单栋建筑或建筑群为评价对象。评价对象应落实并深化上位法定规划及相关专项规划提出的绿色发展要求；涉及系统性、整体性的指标，应基于建筑所属工程项目的总体进行评价。

(2) 绿色建筑评价应在建筑工程竣工后进行。在建筑工程施工图设计完成后，可进行预评价。

(3) 申请评价方应对参评建筑进行全寿命期技术和经济分析，选用适宜技术、设备和材料，对规划、设计、施工、运行阶段进行全过程控制，并应在评价时提交相应分析、测试报告和相关文件。申请评价方应对所提交资料的真实性和完整性负责。

(4) 评价机构应对申请评价方提交的分析、测试报告和相关文件进行审查，出具评价报告，确定等级。

（5）申请绿色金融服务的建筑项目，应对节能措施、节水措施、建筑能耗和碳排放等进行计算和说明，并应形成专项报告。

（二）评价与等级划分

（1）绿色建筑评价指标体系应由安全耐久、健康舒适、生活便利、资源节约、环境宜居 5 类指标组成，且每类指标均包括控制项和评分项；评价指标体系还统一设置加分项。

（2）控制项的评定结果应为达标或不达标；评分项和加分项的评定结果应为分值。

（3）对于多功能的综合性单体建筑，应按本标准全部评价条文逐条对适用的区域进行评价，确定各评价条文的得分。

（4）绿色建筑划分应为基本级、一星级、二星级、三星级 4 个等级。

（5）当满足全部控制项要求时，绿色建筑等级应为基本级。

实务提示：

建筑和建筑群的规划建设应符合法定详细规划，并应满足绿色生态城市发展规划、绿色建筑建设规划、海绵城市建设规划等相关专项规划提出的绿色发展控制要求，深化、细化技术措施。

建筑群是指位置毗邻、功能相同、权属相同、技术体系相同（相近）的两个及以上单体建筑组成的群体。常见的建筑群有住宅建筑群、办公建筑群。当对建筑群进行评价时，可先用本标准评分项和加分项对各单体建筑进行评价，得到各单体建筑的总得分，再按各单体建筑的建筑面积进行加权计算得到建筑群的总得分，最后按建筑群的总得分确定建筑群的绿色建筑等级。

建筑单体和建筑群均可以参评绿色建筑，临时建筑不得参评。单栋建筑应为完整的建筑，不得从中剔除部分区域。

绿色建筑的评价，首先应基于评价对象的性能要求。当需要对某工程项目中的单栋建筑或建筑群进行评价时，由于有些评价指标是针对该工程项目设定的，或该工程项目中其他建筑也采用了相同的技术方案，难以仅基于该单栋建筑进行评价，此时，应以该栋建筑所属工程项目的总体为基准进行评价。也就是说，评价内容涉及工程建设项目总体要求时（如容积率、绿地率、年径流总量控制率等控制指标），应依据该项目的整体控制指标，即所在地城乡规划行政主管部门核发的工程建设规划许可证及其设计条件提出的控制要求，进行评价。

例题 5-14： 下列指标中，不属于绿色建筑评价指标体系的是：

A. 安全耐久
B. 健康舒适
C. 废弃物与环境保护
D. 资源节约

【答案】C

【解析】《绿色建筑评价标准》GB/T 50378—2019 第 3.2.1 条规定，绿色建筑评价指标体系应由安全耐久、健康舒适、生活便利、资源节约、环境宜居 5 类指标组成，且每类指标均包括控制项和评分项；评价指标体系还统一设置加分项。

第九节　建筑节能与可再生能源利用

一、总则与基本规定（★）

（一）总则

（1）建筑设计中应执行国家有关节约能源、保护生态环境、应对气候变化的法律、法规，落实碳达峰、碳中和决策部署，提高能源资源利用效率，推动可再生能源利用，降低建筑碳排放，营造良好的建筑室内环境，满足经济社会高质量发展的需要。

（2）建筑节能应以保证生活和生产所必需的室内环境参数和使用功能为前提，遵循被动节能措施优先的原则。应充分利用天然采光、自然通风，改善围护结构保温隔热性能，提高建筑设备及系统的能源利用效率，降低建筑的用能需求。应充分利用可再生能源，降低建筑化石能源消耗量。

（二）基本规定

（1）新建居住建筑和公共建筑平均设计能耗水平应在 2016 年执行的节能设计标准的基础上分别降低 30% 和 20%。不同气候区平均节能率应符合下列规定：

1）严寒和寒冷地区居住建筑平均节能率应为 75%；

2）除严寒和寒冷地区外，其他气候区居住建筑平均节能率应为 65%；

3）公共建筑平均节能率应为 72%。

（2）供冷系统及非供暖房间的供热系统的管道均应进行保温设计。

（3）新建的居住和公共建筑碳排放强度应分别在 2016 年执行的节能设计标准的基础上平均降低 40%，碳排放强度平均降低 $7kg/（m^2 \cdot a）$ 以上。

（4）新建建筑群及建筑的总体规划应为可再生能源利用创造条件，并应有利于冬季增加日照和降低冷风对建筑影响，夏季增强自然通风和减轻热岛效应。

（5）新建、扩建和改建建筑以及既有建筑节能改造均应进行建筑节能设计。建设项目可行性研究报告、建设方案和初步设计文件应包含建筑能耗、可再生能源利用及建筑碳排放分析报告。施工图设计文件应明确建筑节能措施及可再生能源利用系统运营管理的技术要求。

（6）不同类型的建筑应按建筑分类分别满足相应性能要求。

（7）当工程设计变更时，建筑节能性能不得降低。

二、新建建筑节能设计（★）

（一）建筑和围护结构

（1）当公共建筑入口大堂采用全玻幕墙时，全玻幕墙中非中空玻璃的面积不应超过该建筑同一立面透光面积（门窗和玻璃幕墙）的 15%，且应按同一立面透光面积（含全玻幕墙面积）加权计算平均传热系数。

（2）外窗的通风开口面积应符合下列规定：

1）夏热冬暖、温和 B 区居住建筑外窗的通风开口面积不应小于房间地面面积的 10% 或外窗面积的 45%，夏热冬冷、温和 A 区居住建筑外窗的通风开口面积不应小于房间地面面积的 5%；

2) 公共建筑中主要功能房间的外窗（包括透光幕墙）应设置可开启窗扇或通风换气装置。

（3）建筑遮阳措施应符合下列规定：

1) 夏热冬暖、夏热冬冷地区，甲类公共建筑南、东、西向外窗和透光幕墙应采取遮阳措施；

2) 夏热冬暖地区，居住建筑的东、西向外窗的建筑遮阳系数不应大于0.8。

（4）居住建筑幕墙、外窗及敞开阳台的门在10Pa压差下，每小时每米缝隙的空气渗透量 q_1 不应大于 $1.5m^3$，每小时每平方米面积的空气渗透量 q_2 不应大于 $4.5m^3$。

（5）居住建筑外窗玻璃的可见光透射比不应小于0.40。

（6）居住建筑的主要使用房间(卧室、书房、起居室等)的房间窗地面积比不应小于1/7。

（7）外墙保温工程应采用预制构件、定型产品或成套技术，并应具备同一供应商提供配套的组成材料和型式检验报告。型式检验报告应包括配套组成材料的名称、生产单位、规格型号、主要性能参数。外保温系统型式检验报告还应包括耐候性和抗风压性能检验项目。

（8）电梯应具备节能运行功能。两台及以上电梯集中排列时，应设置群控措施。电梯应具备无外部召唤且轿厢内一段时间无预置指令时，自动转为节能运行模式的功能。自动扶梯、自动人行步道应具备空载时暂停或低速运转的功能。

（二）供暖、通风与空调

（1）除乙类公共建筑外，集中供暖和集中空调系统的施工图设计，必须对设置供暖、空调装置的每一个房间进行热负荷和逐项逐时冷负荷计算。

（2）对于严寒和寒冷地区居住建筑，只有当符合下列条件之一时，应允许采用电直接加热设备作为供暖热源：

1) 无城市或区域集中供热，采用燃气、煤、油等燃料受到环保或消防限制，且无法利用热泵供暖的建筑；

2) 利用可再生能源发电，其发电量能满足自身电加热用电量需求的建筑；

3) 利用蓄热式电热设备在夜间低谷电进行供暖或蓄热，且不在用电高峰和平段时间启用的建筑；

4) 电力供应充足，且当地电力政策鼓励用电供暖时。

（3）对于公共建筑，只有当符合下列条件之一时，应允许采用电直接加热设备作为供暖热源：

1) 无城市或区域集中供热，采用燃气、煤、油等燃料受到环保或消防限制，且无法利用热泵供暖的建筑；

2) 利用可再生能源发电，其发电量能满足自身电加热用电量需求的建筑；

3) 以供冷为主、供暖负荷非常小，且无法利用热泵或其他方式提供供暖热源的建筑；

4) 以供冷为主、供暖负荷小，无法利用热泵或其他方式提供供暖热源，但可以利用低谷电进行蓄热且电锅炉不在用电高峰和平段时间启用的空调系统；

5) 室内或工作区的温度控制精度小于0.5℃，或相对湿度控制精度小于5%的工艺空调系统；

6) 电力供应充足，且当地电力政策鼓励用电供暖时。

（4）只有当符合下列条件之一时，应允许采用电直接加热设备作为空气加湿热源：

1) 冬季无加湿用蒸汽源，且冬季室内相对湿度控制精度要求高的建筑；

2）利用可再生能源发电，且其发电量能满足自身加湿用电量需求的建筑；

3）电力供应充足，且电力需求侧管理鼓励用电时。

三、既有建筑节能改造设计（★★）

（一）一般规定

（1）民用建筑改造涉及节能要求时，应同期进行建筑节能改造。

（2）节能改造涉及抗震、结构、防火等安全时，节能改造前应进行安全性能评估。

（3）既有建筑节能改造应先进行节能诊断，根据节能诊断结果，制定节能改造方案。节能改造方案应明确节能指标及其检测与验收的方法。

（4）既有建筑节能改造设计应设置能量计量装置，并应满足节能验收的要求。

（二）围护结构

（1）外墙、屋面的节能诊断应包括下列内容：

1）严寒和寒冷地区，外墙、屋面的传热系数、热工缺陷及热桥部位内表面温度；

2）夏热冬冷和夏热冬暖地区，外墙、屋面隔热性能。

（2）建筑外窗、透光幕墙的节能诊断应包括下列内容：

1）严寒和寒冷地区，外窗、透光幕墙的传热系数；

2）外窗、透光幕墙的气密性；

3）除北向外，外窗、透光幕墙的太阳得热系数。

（3）外墙采用可粘结工艺的外保温改造方案时，其基墙墙面的性能应满足保温系统的要求。

（4）加装外遮阳时，应对原结构的安全性进行复核、验算。当结构安全不能满足要求时，应对其进行结构加固或采取其他遮阳措施。

（5）外围护结构进行节能改造时，应配套进行相关的防水、防护设计。

（三）建筑设备系统

（1）建筑设备系统节能诊断应包括下列内容：

1）能源消耗基本信息；

2）主要用能系统、设备能效及室内环境参数。

（2）当冷热源系统改造时，应根据系统原有的冷热源运行记录及围护结构改造情况进行系统冷热负荷计算，并应对整个制冷季、供暖季负荷进行分析。

（3）冷热源改造后应能满足原有输配系统和空调末端系统的设计要求。

（4）集中供暖系统热源节能改造设计应设置能根据室外温度变化自动调节供热量的装置。

（5）供暖空调系统末端节能改造设计应设置室温调控装置。

（6）当供暖空调系统冷源或管网或末端节能改造时，应对原有输配管网水力平衡状况及循环水泵、风机进行校核计算，当不满足规范的相关规定时，应进行相应改造。变流量系统的水泵、风机应设置变频措施。

（7）当更换生活热水供应系统的锅炉及加热设备时，更换后的设备应能根据设定温度自动调节燃料供给量，且能保证出水温度稳定。

（8）照明系统节能改造设计应在满足用电安全和功能要求的前提下进行；照明系统改造后，走廊、楼梯间、门厅、电梯厅及停车库等场所应能根据照明需求进行节能控制。

（9）建筑设备集中监测与控制系统节能改造设计，应满足设备和系统节能控制要求；

对建筑能源消耗状况、室内外环境参数、设备及系统的运行参数进行监测，并应具备显示、查询、报警和记录等功能。其存储介质和数据库应能记录连续一年以上的运行参数。

实务提示：

在实施碳达峰、碳中和国家战略的背景下，建筑作为主要的用能终端，其能源消耗占全社会能源消耗的20%左右，建筑能耗是造成温室气体排放的重要因素。

规划设计是建设过程最上游的环节，建筑节能必须从规划设计阶段考虑其合理性。建筑的规划设计是建筑节能设计的重要内容之一，它是从分析建筑所在地区的气候条件出发，将建筑设计与建筑微气候、建筑技术和能源的有效利用相结合的一种建筑设计方法。应分析建筑的总平面布置，建筑平、立、剖面形式，太阳辐射，自然通风等对建筑能耗的影响，即在冬季最大限度地利用日照，多获得热量，避开主导风向，减少建筑物外表面热损失；夏季和过渡季最大限度地减少得热并利用自然能来降温冷却，以达到节能的目的。

夏季和过渡季应强调具有良好的自然风环境，主要有两个目的：一是为了改善建筑室内热环境，提高热舒适标准，体现以人为本的设计思想；二是为了提高空调设备的效率。因为良好的通风和热岛强度的下降可以提高空调设备冷凝器的工作效率，有利于降低设备的运行能耗。在设计时应注重利用自然通风的布置形式，合理地确定房屋开口部分的面积与位置、门窗的装置与开启方法、通风的构造措施等，注重穿堂风的形成。

建筑的朝向、方位以及建筑总平面设计，应综合考虑社会历史文化、地形、城市规划、道路、环境等多方面因素，权衡分析各个因素之间的得失轻重，优化建筑的规划设计，采用本地区建筑最佳朝向或适宜的朝向，尽量避免东西向日晒。

例题5-15（2022）： 对于严寒和寒冷地区居住建筑，下列哪项条件不应采用电直接加热设备作为供暖热源？

A. 无城市或区域集中供热，采用燃气、煤、油等燃料受到环保或消防限制，且无法利用热泵供暖的建筑

B. 利用独立柴油机发电，其发电量能满足自身电加热用电量需求的建筑

C. 利用蓄热式电热设备在夜间低谷电进行供暖或蓄热，且不在用电高峰和平段时间启用的建筑

D. 电力供应充足，且当地电力政策鼓励用电供暖时

【答案】D

【解析】根据《建筑节能与可再生能源利用通用规范》GB 55015—2021第3.2.2条，对于严寒和寒冷地区居住建筑，只有当符合下列条件之一时，应允许采用电直接加热设备作为供暖热源：①无城市或区域集中供热，采用燃气、煤、油等燃料受到环保或消防限制，且无法利用热泵供暖的建筑。②利用可再生能源发电，其发电量能满足自身电加热用电量需求的建筑。③利用蓄热式电热设备在夜间低谷电进行供暖或蓄热，且不在用电高峰和平段时间启用的建筑。

第六章 建 筑 光 学

考试大纲对相关内容的要求：

理解天然采光和人工照明等光环境的基本原理和设计标准，掌握其常规设计方法。

将新大纲与 2002 年版考试大纲的内容进行对比可知，本章是新增加的内容，即全部为新增考点。从大纲要求可以看出，建筑光学主要分为采光和照明两部分，应试要点包括这两部分的：①基本原理，包括光的基本概念、视觉与光环境、采光和照明相关的基本概念和原理；②设计标准，包括《建筑采光设计标准》GB 50033—2013 和《建筑照明设计标准》GB 50034—2013 中的相关标准；③常规设计方法，包括采光设计和照明设计。

第一节　光和颜色的基本概念

一、光和人眼的基本知识（★★）

（一）光的基本特性

光是一种电磁波，传播辐射能。广义的光包括宇宙线、γ 射线、X 射线、紫外线、可见光、红外线雷达、短波、无线电等（图 6-1-1）。

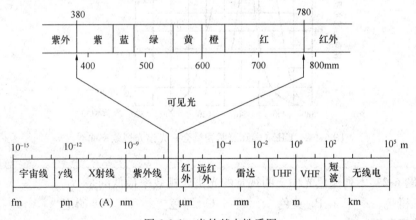

图 6-1-1　光的基本性质图

建筑物理中主要研究可见光，可见光的波长为 380～780nm（单位：纳米，1nm＝10^{-9}m）。不同波长的可见光呈现不同的颜色，紫色光波长最短，红色光波长最长。

建筑物理中使用的光通常为由不同波长混合而成复合光，其中，太阳光谱最全。

例题 6-1： 下列光谱辐射的波长最短的是：

A. 紫外线　　　　B. 可见光　　　　C. 红外线　　　　D. X 射线

【答案】 D

（二）人眼的明暗视觉和光谱光视效率

1. 明视觉和暗视觉

人眼的感光细胞分为锥状细胞和杆状细胞两种。在明视觉状态下（约 $1cd/m^2$ 以上的亮度水平），锥状细胞发挥主要作用，这时人眼对色觉和视觉较为敏锐，并且反应较迅速；而在暗视觉状态下（约在 $0.01cd/m^2$ 以下的亮度水平），杆状细胞发挥主要作用，虽然可以看到物体，但几乎不能识别颜色和细部，并且反应缓慢。

2. 颜色感觉和光谱光视效率

人眼对于不同波长的单色光感觉到的明亮程度（即敏感程度）是不一样的，可以用光谱光视效率曲线表示（图 6-1-2），从图中可知：

在明视觉状态下，人眼对 555nm 的黄绿光最敏感，对红色、蓝和蓝紫色最不敏感；

在暗视觉状态下，人眼对 507/510nm 的蓝绿光最敏感，对橙色、蓝紫色最不敏感。

在建筑光学中，主要研究人眼的明视觉特性。

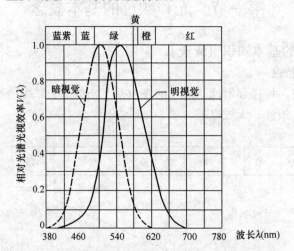

图 6-1-2　CIE（国际照明委员会）光谱光视效率曲线

例题 6-2：下列颜色光中，明视觉的光谱光视效率最低的是：

A. 橙色　　　　　B. 黄色　　　　　C. 绿色　　　　　D. 蓝色

【答案】D

【解析】明视觉下人眼对黄绿色光最敏感，而对红色光、蓝色光灵敏程度最差。

二、基本光度单位和应用（★★★）

（一）光通量

光通量是指标准人眼视觉特性评价的辐射通量的导出量，以符号 Φ 表示，单位：lm（流明）。光通量的计算公式（6-1-1）如下：

$$\Phi = K_m \sum \Phi_{e,\lambda} V(\lambda)$$ （6-1-1）

式中　$\Phi_{e,\lambda}$——波长 λ 为的单色辐射通量（W）；

　　$V(\lambda)$——CIE 光谱光视效率（无量纲）；

　　K_m——最大光谱光视效率，明视觉（即明亮环境中）时 $K_m = 683\text{lm/W}$。

根据公式，光通量与各种单色光的光谱光视效率、辐射通量两项因素有关。

实务提示：

　　在辐射通量相同时，不同光源的光通量可能相差较大。例如，40W 白炽灯的光通量为 350lm，而 40W 荧光灯的光通量为 2200lm，原因是后者的光谱光视效率更高。

在照明设计中，光通量表示光源发出光能大小的物理量，与光源本身有关，与被照面、人眼位置、视看角度等无关。

（二）发光强度（简称光强）

发光强度是指光源在指定方向上的单位立体角内发出的光通量，也就是说光源向空间某一方向辐射的光通密度。符号 I，单位：cd（坎德拉）。$1\text{cd} = 1\text{lm/sr}$（sr 为球面度）。光源在角 α 方向上的发光强度 I_α 为：

$$I_\alpha = \frac{\text{d}\Phi}{\text{d}\Omega} \qquad (6\text{-}1\text{-}2)$$

式中　Φ——光通量（lm）；

　　Ω——立体角（sr），$\Omega = A/r^2$，其中 A 为球面面积，r 为球体半径（图 6-1-3）。

发光强度表示光源或灯具发出的光通量在空间的分布密度。

在照明设计中，当一个光源（例如灯泡）增加了灯罩后，灯罩改变了光照方向，因而各方向的发光强度产生变化，但光源的总光通量不改变。

（三）照度

照度是指单位面积上接受的光通量，符号：E，单位：lx（勒克斯，$1\text{lx} = 1\text{lm/m}^2$），

$$E = \frac{\text{d}\Phi}{\text{d}A} \qquad (6\text{-}1\text{-}3)$$

式中　Φ——光通量（lm）；

　　A——被照面面积（m）。

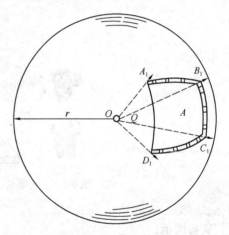

图 6-1-3　立体角的概念

照度是用来衡量工作面被照射的程度的物理量。自然界中，常见的环境照度值范围参考值如下：

（1）阴天中午室外照度为 8000～20000lx；

（2）晴天中午在阳光下的室外照度可高达 80000～120000lx；

（3）办公桌面 300～500lx。

在采光和照明设计中，工作面通常是指桌面、地面、黑板立面等位置。采光和照明规范中对不同房间工作面的照度标准值提出了具体限值要求。

（四）亮度

亮度指发光面或反光面的单位面积上的发光强度，符号 L_α，单位：cd/m²（坎德拉每

平方米）。当角 α 方向上射束截面 A 的发光强度 I_α 相等时，角 α 方向上的亮度 L_α 为：

$$L_\alpha = \frac{I_\alpha}{A \cdot \cos\alpha} \tag{6-1-4}$$

式中　I_α——发光体朝视线方向的发光强度（cd）；

$A \cdot \cos\alpha$——发光体在视线方向的投影面积（m^2）。

光通量、发光强度、照度、亮度的概念详见图 6-1-4；光通量、发光强度、照度、亮度的定义、符号、单位、公式汇总详见表 6-1-1。

光的基本度量的定义、符号、单位、公式　　　　　　　　　表 6-1-1

名称	定义	符号	单位	公式
光通量	光源发出光的总量	Φ	流明（lm）	$\Phi = K_m \sum \Phi_{i,\lambda} V(\lambda)$
发光强度	光源光通量在空间的分布密度	I_α	坎德拉（cd）	$I_\alpha = \dfrac{d\Phi}{d\Omega}$
照度	被照面接收的光通量	E	勒克斯（lx）	$E = \dfrac{d\Phi}{dA}$
亮度	光源或被照面的明亮程度	L_α	坎德拉每平方米（cd/m^2）	$L_\alpha = \dfrac{I_\alpha}{A \cdot \cos\alpha}$

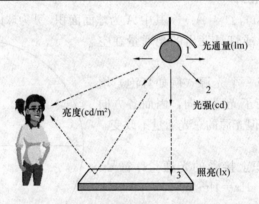

图 6-1-4　光通量、发光强度、照度、亮度的概念

实务提示：

光通量、发光强度、照度、亮度的图示理解：

（1）光源向外发出的，是光通量；

（2）光源发出的光经过灯罩，形成不同方向上的发光强度；

（3）光线照射到桌面上，桌面上形成不同的照度；

（4）光线照射或者经过桌面反射到人眼，人眼看到的明亮程度就是亮度。

例题 6-3：下列哪个光度量所对应的单位是错误的？

A. 光通量：lm　　　　　　　　B. 发光强度：cd

C. 照度：lx　　　　　　　　　 D. 亮度：$1m/m^2$

三、材料的光学特性（★★）

（一）光的反射、透射和吸收

光线入射到材料表面上，会发生反射、透射和吸收现象。入射光的总光通量等于反射光通量、透射光通量、吸收光通量之和，即：

$$\Phi = \Phi_\rho + \Phi_\tau + \Phi_a \tag{6-1-5}$$

式中　Φ_ρ——反射光通量（lm）；

　　　Φ_τ——透射光通量（lm）；

　　　Φ_a——吸收光通量（lm）。

反射、透射和吸收光通量与入射光通量之比，分别成为光反射比 ρ（反光系数）、光吸收比 α（吸收系数）、光透射比 τ（透光系数），即：

$$\rho = \frac{\Phi_\rho}{\Phi} \tag{6-1-6}$$

$$\alpha = \frac{\Phi_a}{\Phi} \tag{6-1-7}$$

$$\tau = \frac{\Phi_\tau}{\Phi} \tag{6-1-8}$$

光反射比、光吸收比、光透射比之和为1，即 $\rho + \alpha + \tau = 1$。

材料的反射和透射的光通量大小，取决于材料表面的光滑程度以及自身的材质。反射和透射又分为定向反（透）射、扩散反（透）射和混合反（透）射。

（二）定向反射和定向透射材料

1. 定向反射材料

（1）光学特性：定向反射也叫规则反射。可以在反射方向上清晰地看见反射的光源和物体影像。反射光线遵循反射定律，即入射角等于反射角，入射光线、反射光线和法线共面。

（2）典型材料：玻璃镜面、抛光金属等。

（3）亮度和发光强度：定向反射材料表面的亮度和发光强度，与光源的亮度和发光强度、材料的光反射比呈正比，即：

$$L_\rho = L \times \rho \text{ 和 } I_\rho = I \times \rho \tag{6-1-9}$$

式中　L_ρ——反射后的光源亮度（cd/m^2）；

　　　I_ρ——反射后的发光强度（cd）；

　　　ρ——材料的光反射比（无量纲）。

2. 定向透射材料

（1）光学特性：定向透射也叫规则透射。透过材料可以清晰地看见光源和外界物体影像。折射光线遵循折射定律，即光源或物体影像有微小的移位，但不变形。

(2) 典型材料：玻璃、有机玻璃等。

(3) 亮度和发光强度：定向透射材料表面的亮度、发光强度，与光源原有亮度或发光强度、材料的光透射比呈正比，即：

$$L_\tau = L \times \tau \text{ 和 } I_\tau = I \times \tau \tag{6-1-10}$$

式中 L_τ——透射后的光源亮度（cd/m^2）；

$\quad\quad I_\tau$——透射后的发光强度（cd）；

$\quad\quad \tau$——材料的光透射比（无量纲）。

（三）扩散反射和扩散透射材料

1. 扩散反射材料 （漫反射）

(1) 光学特性：扩散反射也叫均匀扩散反射、漫反射。可以将光线均匀地反射到各个方向，但看不见光源和物体的影像。

(2) 典型材料：氧化镁、石膏等，而大部分无光泽、粗糙的建筑材料，如粉刷、砖墙等都可近似地看成这类材料。

(3) 亮度和发光强度：扩散反射材料表面的亮度在各方向上相等，呈半圆形分布（如图 6-1-5 中实线所示）；而发光强度在法线方向上最大，其余方向遵循朗伯余弦定律，即呈圆形分布（如图 6-1-5 中虚线所示）。

2. 扩散透射材料 （漫透射）

(1) 光学特性：扩散透射也叫均匀扩散透射、漫透射。透过材料看不见光源和外界物体影像，只能看见材料的本色和亮度上的变化，常用于灯罩、发光顶棚，起到降低光源的亮度、减少眩光的作用。

(2) 典型材料：乳白玻璃、半透明塑料等。

(3) 亮度和发光强度：扩散透射材料表面的亮度和发光强度的分布分别呈半圆形和圆形（如图 6-1-6 中实线和虚线所示）。

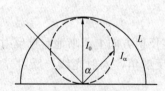

图 6-1-5　扩散反射材料的亮度和
发光强度分布
（I—发光强度；L—亮度）

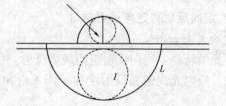

图 6-1-6　扩散透射材料的亮度和
发光强度分布
（I—发光强度；L—亮度）

（四）混合反射和混合透射材料

1. 混合反射材料

(1) 光学特性：混合反射也叫定向扩散反射，介于定向反射和扩散反射之间。可以在反射方向上看见光源和物体的模糊影像。

(2) 典型材料：光滑的纸、粗糙的金属表面、油漆表面等。

(3) 亮度和发光强度：混合反射材料表面的亮度和发光强度在反射方向上达到最大（图 6-1-7）。

2. 混合透射材料

（1）光学特性：混合透射也叫定向扩散透射，介于定向透射和扩散透射之间。透过材料可以看见模糊的光源和物体的影像，但影像不清晰。

（2）典型材料：磨砂玻璃等。

（3）亮度和发光强度：混合透射材料表面的亮度和发光强度在透射方向上达到最大（图 6-1-8）。

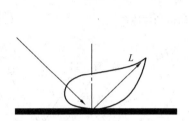 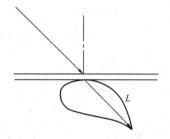

图 6-1-7　混合反射的亮度分布图　　　图 6-1-8　混合透射材料的亮度分布

实务提示：

不同材料的名称表示：

"定向"——看见清晰的影像——如镜面、玻璃；

"扩散"——看不见影像——石膏、乳白玻璃；

"混合"——"定向"和"扩散"混合——看见模糊的影像——光滑的纸、磨砂玻璃。

例题 6-4： 下列哪项是近似漫反射的材料？

A. 抛光金属表面　　　　　　　B. 光滑的纸

C. 粉刷的墙面　　　　　　　　D. 油漆表面

【答案】 C

【解析】 常见的漫反射材料有氧化镁、石膏、粉刷砖墙、绘图纸等，C 选项正确。A 选项属于定向反射材料，B 选项和 D 选项属于混合反射材料。

四、颜色的基本特性（★）

（一）颜色和颜色定量

1. 光源色和物体色

光源色：光源发出的光波的长短、强弱、比例、性质不同，形成的光色不同。光源色的三原色为红、绿、蓝，采用加色法。如图 6-1-9（a）所示。

物体色：光被物体反射后的颜色。物体色取决于光源的光谱组成和物体对光谱的反射或透射能力。物体的三原色为品红、黄、青（靛蓝），采用减色法。物体色三原色如图 6-1-9（b）所示，物体色减色原理如图 6-1-10 所示。

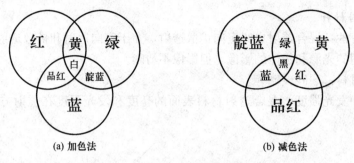

(a) 加色法　　　　　　　　　　　(b) 减色法

图 6-1-9　光源色和物体色的三原色

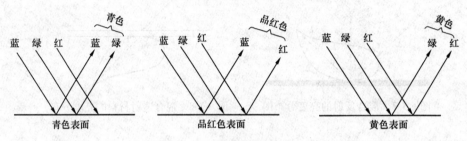

图 6-1-10　物体色减色混合原理

2. 颜色定量

(1) CIE 色度系统

CIE 色度系统是国际照明委员会（CIE）1931 年推荐的色度系统。它把所有颜色用 x，y 两个坐标表示在一张色度图上（图 6-1-11）。图上一点表示一种颜色。马蹄形曲线表示单一波长的光谱轨迹。

(2) 孟塞尔表色系统

孟塞尔（A. H. Munsell）表色系统是按颜色三个基本属性：色调 H、明度 V 和彩度 C 对颜色进行分类与标定的体系。如图 6-1-12 所示，水平圆环表示色调 H，中轴表示明度 V，水平距离表示彩度 C。

> **例题 6-5**：孟塞尔颜色体系有三个独立的主观属性，其中不包括：
> A. 色调　　　　　　　　　　　B. 色品
> C. 明度　　　　　　　　　　　D. 彩度
> 【答案】B
> 【解析】孟塞尔颜色体系的三属性为色调（色相）H（Hue），明度 V（Value），彩度（饱和度）C（Chroma）。

(二) 光源的色温和显色性

1. 光源的色温和相关色温

(1) 色温

黑体（或称完全辐射体，如太阳）在连续加热时会发光，光谱功率分布的最大值向短波方向移动，相应的光色将按照红→黄→白→蓝的顺序变化。人们用黑体加热到不同温度时的光色，来描述光源的光色。

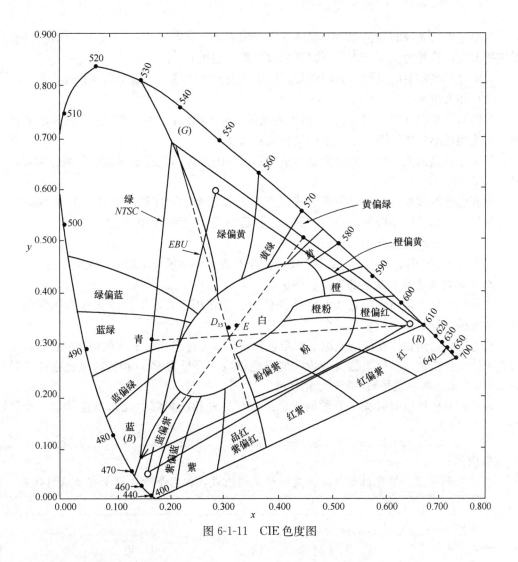

图 6-1-11　CIE 色度图

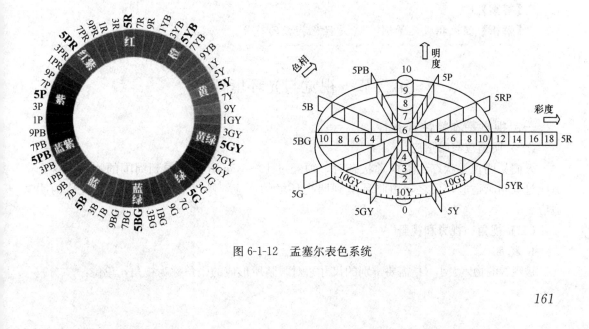

图 6-1-12　孟塞尔表色系统

色温是指当光源的颜色和一个黑体（完全辐射体）在某一温度下发出的光色相同时，黑体的温度，符号为 T_c，单位：K（开尔文，绝对温度）。

太阳光和热辐射电光源（如白炽灯）的黑体发光的原理，可以用色温描述；

（2）相关色温

气体放电光源（如荧光灯）、固体发光光源（如 LED 灯）的发光原理与热辐射光源不同，不能用色温描述，因此定义了相关色温的概念。

相关色温是指某一种光源的色品与某一温度下的黑体的色品最接近时的黑体温度，符号 8_{sp}，单位：K。

随着色温的增加，光色按照暖色光、白光、冷色光的顺序逐渐变化。通常 1000K 的光色呈红色，2000K 呈橙色，5500～6500K 接近白光，10500K 呈淡蓝色。

（3）常见光源色温或相关色温的示例

白炽灯：2700K、高压钠灯：2000K、中午日光：6500K、烛光：2400K。

2. 光源的显色性和显色指数

光源的显色性是指光对它所照物体颜色的影响作用，表示了光源显现物体颜色的特性，他的描述量是显色指数。

显色指数是指物体在待测光源下的颜色和它在参考标准光源下颜色相比的符合程度叫做光源的显色指数。显色指数又分为一般显色指数（符号为 R_a）和特殊显色指数（符号为 R_i，i 为某一颜色编号）；单位无量纲。

光源的显色性主要取决于光源的光谱组成。日光和白炽灯的光谱是连续谱，光谱较全，所以显色性较好。

实务提示：

光源的色温、显色性都取决于光源的光谱组成，但两个量之间没有必然的联系。

例题 6-6：显色指数的单位是：

A. %　　　　　B. 无量纲　　　　　C. R_a　　　　　D. 度

【答案】B

【解析】显色指数无量纲。R_a 是显色指数的符号。

第二节　视觉与光环境评价

一、视觉基本特性（★）

（一）明适应与暗适应

人们从明视觉状态到暗视觉状态时，须经过 10～35min 方能看到周围的物体，这个适应过程叫暗适应；反之，由暗环境到明亮环境的适应，则仅需约 2～3min，此称为明适应。

（二）视角、视力和视野

1. 视角

被观看的物体大小（指需要辨别的尺寸）对眼睛所形成的张角称为视角，单位：′（分），如图 6-2-1 所示。

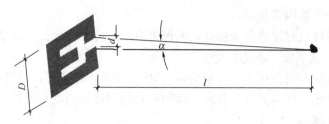

图 6-2-1 视角的定义

(α—视角 $\alpha = 3440 \cdot d/l$；d—需要辨别的尺寸；
D—物体总体尺寸；l—眼睛与物体的距离)

2. 视力

人眼辨认物体形状细部的能力称为视觉敏锐度，或称视力。视力是所观看的最小视角 α_{min} 的倒数，即视力 $= 1/\alpha_{min}$。在通用的国际眼科学会兰道尔环测量标准中，规定在 5m 视距上能识别 $1'$ 的开口时，视力为 1.0，识别 $2'$ 的开口时，视力为 0.5（视力表的原理）。

3. 视野

当人的头和眼睛不移动时，人眼可察看到的空间范围称为视野。人眼的水平面视野为 $180°$，垂直面为 $130°$，其中向上为 $60°$，向下为 $70°$。

如图 6-2-2 所示，黑色为被遮挡区域，斜线为单眼视看范围，图示正中心 $2°$ 范围内为中心视场，明视觉下具有最高的视觉敏锐度。中心视线往外 $30°$ 的视觉范围内，视物的清晰度比较好。

在建筑光学设计中应考虑人眼视野的影响，例如产生眩光的光源应布置在人眼的视野外，而博物馆展品应放在视觉清晰的区域。

（三）光量效应

人眼感到房间照度变化差值与照度水平之比称为光量效应。例如，照度为 10lx 的房间，增加 1lx 的照度就可感觉出来照度变了；而在照度为 100lx 的房间，则需增加 10lx 的照度，才能觉察出照度的变化。两者的比率都是 0.1。

图 6-2-2 人眼的视野范围

（四）可见度

1. 可见度的概念

可见度就是人眼辨认物体存在或形状的难易程度，用来定量表示人眼看物体的清晰程度。

在采光和照明设计中，应保障有充足的可见度，尤其对于学习、展示、精细工种等功能，需要保证人可以看清物体。

2. 可见度的影响因素

影响可见度的主要因素包括：

（1）照度或亮度：照度或亮度提高，看得更清楚，可见度更高。但是当物体亮度超过 16sb 时，人们就感到刺眼，不能坚持工作。

（2）被视物体的相对尺度大小（视角）：物体尺寸大，距离近，看得更清楚。

（3）被视物体的亮度与其背景亮度（或颜色）的对比：亮度对比越大，即亮度或颜色差异大时，可见度越高。

（4）观看时间：一定可见度下，亮度与观看时间的乘积为常数。亮度越高，所需观看时间越短，反之亮度越低，所需观看时间越长。因此，当亮度不足时，就需要增加观看时间，来提高可见度。

（5）防止眩光：详见下节内容。

（五）眩光

1. 眩光的产生

在视野范围内出现亮度极高的物体或亮度对比过大时，可引起人眼不舒适的感觉或造成视度下降，这种现象称为眩光。

按对视觉的影响程度，可分为失能眩光和不舒适眩光；按产生方式，分为直接眩光和反射眩光。

眩光光源或灯具的位置偏离视线的角度越大（图 6-2-3），造成眩光的可能性就越小，超过 60°后就无眩光作用发生。

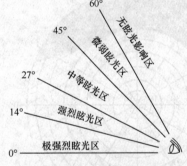

图 6-2-3　光源位置和眩光的产生

2. 防止眩光的方法

1）直接眩光的控制方法

（1）限制光源亮度；

（2）增加眩光源的背景亮度，减少二者之间的亮度对比（如黑板所在墙面上避免开窗、窗间墙用浅色材质）；

（3）减小眩光源对观察者眼睛形成的立体角（如设置遮阳、窗户微倾斜）；

（4）尽可能增大眩光源的仰角，眩光光源或灯具的位置偏离视线的角度越大，眩光越小，仰角超过 60°后就无眩光作用（如设置高侧窗）。

2）反射眩光的控制方法

（1）视觉作业的表面为无光泽表面（如黑板不宜采用光滑反射面、书籍用纸避免用高反射的纸）；

（2）视觉作业避开和远离照明光源同人眼形成的规则反射区域；

（3）使用发光表面面积大、亮度低的光源；

（4）使引起规则反射的光源形成的照度在总照度中所占的比例减少。

> **例题 6-7：** 可见度就是人眼辨认物体的难易程度，它不受下列哪个因素影响？
> A. 物体的亮度　　　　　　　　B. 物体的形状
> C. 物件的相对尺寸　　　　　　D. 识别时间

二、光环境质量的评价标准 (★)

（一）数量水平

《建筑采光设计标准》GB 50033—2013（本章简称《采光标准》）和《建筑照明设计标准》GB 50034—2013（本章简称《照明标准》）中，通常用工作面上的照度值来衡量工作区域的光环境数量水平。

根据不同的使用功能，所需的照度值大小不同，例如精细工种的操作面、老年人阅读、设计室、黑板等房间或位置要求较高，而走廊、卫生间等房间的要求较低。

（二）质量水平

在采光和照明设计标准中，影响光环境质量的相关因素有照度均匀度、眩光限制、光反射比等。

1. 良好的均匀度

采光和照明设计中均需要良好的照度均匀度。

（1）工作面的照度分布不均匀，容易使人眼疲乏，视觉功能下降；

（2）工作面和背景之间亮度反差过大，也容易造成人眼的不适；

（3）两个空间之间的亮度反差过大，人眼从明亮空间到暗空间时需要较长的适应时间。

2. 限制眩光

眩光会造成人眼极大的不适，在采光和照明设计中应尽量避免眩光。可以采用避免光源或阳光直射到人眼、控制视觉背景的亮度、控制反射面的角度等方式，具体方法详见后文采光设计和照明设计。

3. 合理的光反射比

房间内各个表面应具有合理的光反射比，从而使房间内的光环境均匀、光线的方向合理。通常各表面的光反射比由上向下逐渐降低。

照明设计中，光源的色温、显色性等性能也与光环境质量有关。

第三节　天然光环境和采光

一、天然光概况和采光系数 (★★)

（一）天然光特性

天然光也叫光气候，是指由太阳直射光、天空扩散光和地面反射光形成的天然光平均状况。不同天气的天然光组成及其影响因素也不同。

（1）晴天：天空无云或很少云，由直射阳光和天空扩散光组成。

（2）多云天：也是由直射阳光和天空扩散光两部分组成，但比例和晴天不同，照度和亮度分布极不稳定。

（3）阴天：天空云量很多或全云，受到太阳高度角、云状、地面反射能力、大气透明度等因素影响。

国际照明委员会（CIE）对全云天空（也称全阴天空）的定义是：当天空全部被云遮挡，看不清太阳的位置。采光设计中假设天空为 CIE 全云天空，计算起来比较简单。

CIE 全云天空，亮度在同一高度的不同方位上是相同的（图 6-3-1），与地平面夹角为 θ 的任一点的亮度 L_θ 为：

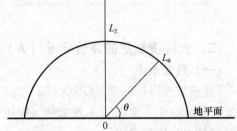

图 6-3-1　全云天空亮度分布示意图

$$L_\theta = \frac{1 + 2\sin\theta}{3} L_Z \qquad (6\text{-}3\text{-}1)$$

式中　L_Z——天顶亮度（cd/m²），是地平面处亮度的 3 倍；

　　　θ——与地平面的夹角（°），天顶处的 $\theta = 90°$，地平面处的 $\theta = 0°$。

CIE 全云天空下，地平面的照度 $E_地$（lx）为：

$$E_地 = \frac{7}{9} \cdot \pi \cdot L_Z \qquad (6\text{-}3\text{-}2)$$

式中　$E_地$——地面照度（lx）；

　　　L_Z——天顶亮度（cd/m²）。

（二）采光系数

采光系数是指在室内参考平面上的一点，由直接或间接地接收来自假定和已知天空亮度分布的天空漫射光而产生的照度，与同一时刻该天空半球在室外无遮挡水平面上产生的天空漫射光照度之比。采光系数的符号是 C，用％表示，计算公式为：

$$C = \frac{E_n}{E_w} \cdot 100\% \qquad (6\text{-}3\text{-}3)$$

式中　E_n——全云天空照射下，室内给定平面上某一点由天空漫射光所产生的照度（lx）；

　　　E_w——全云天空照射下，与室内给定平面上某一点同一时间、同一地点，在室外无遮挡水平面上由天空漫射光所产生的室外照度（lx）。

实务提示：

采光系数的概念可以理解为在一个特定位置下，假设有房间和假设没房间的天然光照度之间的比值，用来衡量房间窗户采光量的大小。

例如，有房间状态下，光透过窗户照到桌面的照度是 300lx，而去掉房间由室外天空漫射光直接照到桌面的照度是 15000lx，则桌面的采光系数是 300/15000＝2％。

例题 6-8：我国采光系数计算采用的天空模型是：

A. 晴天　　　　　　　　　　　　B. 全云天空

C. 多云　　　　　　　　　　　　D. 雨天

【答案】 B

【解析】 采光设计中采用的是 CIE 全云天空，采光系数计算中采用的是全云天空下的天空漫射光的照度。

(三) 我国光气候分区

光气候分区指的是依据全国年平均总照度值分布进行的分区，分为Ⅰ～Ⅴ类共五个分区。Ⅰ类光气候区的日照最强，在青藏高原地区；Ⅴ类光气候区的日照最弱，在四川盆地一带。

各个光气候区的室外天然光照度和典型地区、典型城市见表6-3-1。

我国光气候分区的典型地区和城市　　　　　　　　　　　表6-3-1

光气候分区	室外天然光设计照度值 E_s (lx)	典型地区	典型城市
Ⅰ类	18000	青藏高原、云南局部	拉萨
Ⅱ类	16500	内蒙古西北部、新疆南部、甘肃北部、宁夏、陕西北部	呼和浩特、西宁、昆明
Ⅲ类	15000	新疆北部、内蒙古东部、辽宁、吉林西南、京津冀大部分地区、山西和陕西中部、河南北部、甘肃南部，以及海南岛	北京、沈阳、西安、郑州、海口
Ⅳ类	13500	黑龙江、吉林东北部、河北北侧、山东大部分地区、长江中下游平原、广东、广西、福建以及台湾大部分地区	上海、济南、合肥、武汉、广州、南宁、台北
Ⅴ类	12000	四川盆地、贵州北部、湖南西部	重庆、成都、贵阳

《采光标准》中各分区的室外天然光设计照度 E_s 和光气候系数 K 见表6-3-2。

光气候系数和室外天然光照度设计值　　　　　　　　　　表6-3-2

光气候分区	Ⅰ类	Ⅱ类	Ⅲ类	Ⅳ类	Ⅴ类
光气候系数 K	0.85	0.90	1.00	1.10	1.20
室外天然光设计照度 E_s	18000	16500	15000	13500	12000

注：1. 室外天然光设计照度 E_s 指室内全部利用天然光时的室外天然光最低照度；光气候系数 K 指根据光气候特点，按年平均总照度值确定的分区系数。
　　2. 各分区的 $K \times E_s = 15000$（常数）。

《采光标准》中各个房间的采光系数都是按照Ⅲ类区的光照条件（即室外照度15000lx）考虑的，所以其他光气候区的采光系数设计标准值需要乘以 K 值。

> **实务提示：**
>
> 如果要取得同样的照度值，Ⅰ类光气候区开窗面积最小，Ⅴ类光气候区开窗面积最大。
>
> 例如，北京在Ⅲ类区，K 值为1.0，上海在Ⅳ类区，K 值为1.1。采光系数相同的条件下，上海的开窗面积比北京的开窗面积需增加10%，重庆（Ⅴ类区）需增加20%。

> **例题6-9：**我国光气候分区的主要依据是：
>
> A. 太阳高度角　　　　　　　　B. 经纬度
>
> C. 室外天然光年平均总照度　　D. 室外日照时间的年平均值
>
> 【答案】C
>
> 【解析】光气候分区指的是依据全国年平均总照度值分布进行的分区。

二、采光设计（★★★）

（一）采光设计概述

根据《采光标准》的要求，采光设计分为两个阶段，并具有不同的计算精度和方法：

1. 方案设计阶段——估算

根据房间功能和面积，根据窗地面积比估算开窗面积。可以采用《采光标准》中提供的窗地面积比（A_c/A_d）和采光有效进深（b/h_s）值进行估算。

2. 技术设计阶段——详细验算

根据房间的开窗、窗外光环境、内表面材料等因素，计算出房间内的采光系数，并复核是否达到《采光标准》中的采光系数要求，调整开窗情况直至达标。

（二）房间的采光等级

现行《建筑环境通用规范》GB 55016—2021（本章简称《环境通用规范》）和《采光标准》对不同建筑的各个场所进行了采光等级的分级，分为Ⅰ~Ⅴ共五个等级，Ⅰ级照度要求高，Ⅴ级照度要求低（表6-3-3）。

各类房间的采光等级　　　　　　　　　　　　　　　表 6-3-3

采光等级	典型房间	
	民用建筑	工业建筑
Ⅰ	—	特精密机电产品加工、装配、检验，工艺品雕刻，刺绣，绘画
Ⅱ	设计室、绘图室	精密机电产品、通信、网络、视听设备、电子元器件、抛光、复材加工、纺织品精纺、服装裁剪、精密理化实验室、计量室、测量室、主控制室、印刷、药品制剂等
Ⅲ	普通教室、专用教室、实验室、阶梯教室、教师办公室；诊室、药房、治疗室、化验室；办公室、会议室；阅览室、开架书库；文物修复室*、标本制作室*、书画装裱室；展厅（单层及顶层）；进站厅、候机（车）厅	机电产品加工，机库，一般控制室，木工，电镀，油漆，铸工，理化实验室，造纸，石化产品后处理，冶金产品冷轧、热轧、拉丝、粗炼等
Ⅳ	卧室、起居室、厨房；一般病房、医生办公室（护士室）、候诊室、挂号处、综合大厅；复印室、档案室；目录室；大堂、客房、餐厅、健身房；陈列室、展厅、门厅；登录厅、连接通道；出站厅、连接通道、自动扶梯；体育馆场地、观众入口大厅、休息厅、运动员休息室、治疗室、贵宾室、裁判用房	焊接、钣金、冲压剪切、锻工、热处理；食品、烟酒加工和包装、饮料、日用化工产品、金属冶炼、水泥加工与包装、配变电所、橡胶加工、皮革加工、精细库房等
Ⅴ	卫生间、过道、楼梯间、餐厅、书库、库房、站台、浴室	发电厂、压缩机房、风机房、锅炉房、泵房、动力站房；（氧气瓶库、汽车库、大中件贮存库）一般库房；煤的加工、运输、选煤配料间、原料间；玻璃退火、熔制等

注：* 表示该房间的采光不足部分应补充人工照明，照明标准值为750lx。

采光系数标准值根据建筑物的使用功能不同而有所变化，如居住建筑、办公建筑、学校建筑、图书馆建筑、旅馆建筑、医院建筑和工业建筑等都具有不同的采光系数标准值。

场所使用功能要求越高，说明视觉作业需要识别对象的尺寸就越小，即工作越精细，需要的照度越高。

（三）窗地面积比的估算

在建筑方案设计时，对Ⅲ类光气候区，窗地面积比和采光有效进深的限值如表 6-3-4 所示，其他气候区的窗地面积比乘以相应的光气候系数 K。

窗地面积比和采光有效进深　　　　　　表 6-3-4

采光等级	侧面采光		顶部采光
	窗地面积比 (A_c/A_d)	采光有效进深 (b/h_s)	窗地面积比 (A_c/A_d)
Ⅰ	1/3	1.8	1/6
Ⅱ	1/4	2.0	1/8
Ⅲ	1/5	2.5	1/10
Ⅳ	1/6	3.0	1/13
Ⅴ	1/10	4.0	1/23

注：1. 表中符号 A_c 是窗洞口面积，A_d 是地面面积，b 是房间的进深，h_s 是参考平面至窗上沿高度。

2. 窗地面积比计算条件：窗的总透射比 τ 取 0.6；室内各表面材料反射比的加权平均值：Ⅰ～Ⅲ级取 $\rho_j = 0.5$；Ⅳ级取 $\rho_j = 0.4$；Ⅴ级取 $\rho_j = 0.3$。

3. 顶部采光指平天窗采光，锯齿形天窗和矩形天窗可分别按平天窗的 1.5 倍和 2 倍窗地面积比进行估算。

（四）采光标准值及其影响因素

1. 采光标准值

现行《环境通用规范》《采光标准》中给出了采光标准值，包括采光系数标准值和室内天然光照度标准值（表 6-3-5）。

各采光等级参考平面上的采光标准值　　　　　表 6-3-5

采光等级	侧面采光		顶部采光	
	采光系数标准值 （%）	室内天然光照度标准值 （lx）	采光系数标准值 （%）	室内天然光照度标准值 （lx）
Ⅰ	5	750	5	750
Ⅱ	4	600	3	450
Ⅲ	3	450	2	300
Ⅳ	2	300	1	150
Ⅴ	1	150	0.5	75

注：1. 工业建筑参考平面取距地面 1m，民用建筑取距地面 0.75m，公用场所取地面。

2. 表中所列采光系数标准值适用于我国Ⅲ类光气候区，采光系数标准值是按室外设计照度值 15000lx 制定的。

3. 采光标准的上限值不宜高于上一采光等级的级差，采光系数值不宜高于 7%。

随着采光等级的提高，侧面采光和顶部采光的采光系数标准值越来越接近，这种现象叫作趋于一致现象。

按照《环境通用规范》和《采光标准》中的强制性条文要求，对天然采光需求较高的场所，应符合下列规定：

（1）住宅建筑的卧室、起居室（厅）、厨房应有直接采光。

（2）卧室、起居室和一般病房的采光等级不应低于Ⅳ级的要求，即侧面采光系数不应低于2%，室内天然光照度不应低于300lx。

（3）普通教室的采光等级不应低于Ⅲ级的要求，即侧面采光系数不应低于3%，室内天然光照度不应低于450lx。

例题 6-10： 下列采光房间中，采光系数标准值最大的是：

A. 办公室
B. 设计室
C. 会议室
D. 专业教室

【答案】 B

【解析】 根据《采光标准》中相关要求，设计室的采光等级为Ⅱ级，侧面采光系数不低于4%，照度不应低于600lx。办公室、会议室、专业教室均为Ⅲ级，侧面采光系数不低于3%，照度不应低于450lx。故B选项正确。

2. 采光系数值的影响因素

采光设计时，应按照《采光标准》进行采光计算，分为侧面采光、顶部采光和光导管三种方式。

（1）侧面采光

在典型条件下的采光系数平均值 C_{av} 的计算公式见式 6-3-4，示意见图 6-3-2。

$$C_{av} = \frac{A_c \tau \theta}{A_c (1 - \rho_j^2)} \qquad (6\text{-}3\text{-}4)$$

$$\tau = \tau_0 \cdot \tau_c \cdot \tau_w \qquad (6\text{-}3\text{-}5)$$

式中　τ——窗的总透射比（无量纲）；

　　　A_c——窗洞口面积（m^2）；

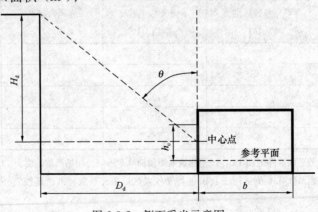

图 6-3-2　侧面采光示意图

ρ_j——室内各表面反射比的加权平均值（无量纲），根据式（6-3-6）计算，其中 ρ_i 和 A_i 分别为顶棚、墙面、地面和玻璃窗的反射比及其对应的表面面积；

$$\rho_j = \frac{\sum \rho_i A_i}{\sum A_i} = \frac{\sum \rho_i A_i}{A_z} \qquad (6\text{-}3\text{-}6)$$

A_z——室内表面总面积（m^2）；

θ——从窗中心点计算的垂直可见天空的角度值（°），根据下式计算，其中 D_d 为窗对面遮挡物与窗的距离（m），H_d 为窗对面遮挡物距窗中心的平均高度（m），如图 6-3-2 所示。当无室外遮挡时，θ 为 90°；

$$\theta = \arctan\left(\frac{D_d}{H_d}\right) \qquad (6\text{-}3\text{-}7)$$

τ_0——采光材料的透射比（无量纲）；

τ_c——窗结构的挡光折减系数（无量纲）；

τ_w——窗玻璃的污染折减系数（无量纲）。

根据公式，侧面采光的采光系数平均值 C_{av} 的影响因素有：

（1）窗的总透射比 τ（与材料透射比、窗结构的遮挡、窗玻璃的污染程度有关）；

（2）窗洞口面积 A_c；

（3）室外遮挡（遮挡少则 θ 值大）；

（4）室内各表面反射比按面积的加权平均值 ρ_j；

（5）室内表面总面积 A_z。

（2）顶部采光

顶部采光的采光系数平均值 C_{av} 的影响因素有：窗的总透射比 τ、利用系数 CU、窗地面积比 A_c/A_d 有关，其中利用系数可在标准中根据室空间比、顶棚和墙面反射比查表获得。

（3）导光管系统采光

导光管系统采光设计时，用天然光照度计算，与导光管的数量、漫射器的设计输出光通量、利用系数、维护系数成正比，与房间的长度、进深成反比。

例题 6-11： 关于侧面采光系数平均值计算式中，与下列参数无直接关系的是：

A. 窗洞口面积　　　　　　　　B. 室内表面总面积

C. 窗的总透射比　　　　　　　D. 窗地面积比

【答案】D

【解析】根据侧窗采光的计算公式，平均采光系数与窗的总透射比、窗洞口面积、室内各表面反射比及其面积、室外遮挡情况有关，与窗地面积比无关。窗地面积比仅用于设计前期估算，与采光系数计算无关。

（五）采光质量要求

1. 采光均匀度

采光均匀度是指采光系数最低值与采光系数平均值之比。

（1）顶部采光时，Ⅰ～Ⅳ级采光等级的采光均匀度不宜小于 0.7。为保证采光均匀度的要求，相邻两天窗中线间的距离不宜大于参考平面至天窗下沿高度的 1.5 倍。

(2) 普通教室侧面采光的采光均匀度不应低于 0.5。

2. 减少窗眩光

采光设计时，应采取下列减小窗的不舒适眩光的措施：

(1) 作业区应减少或避免直射阳光；

(2) 工作人员的视觉背景不宜为窗口；

(3) 可采用室内外遮挡设施；

(4) 窗结构的内表面或窗周围的内墙面，宜采用浅色饰面。

采光质量要求较高的场所，需要计算不舒适眩光指数 DGI，该值越小，眩光越不明显。

长时间工作或停留的场所应设置防止产生直接眩光、反射眩光、映像和光幕反射等现象的措施。

3. 其他要求

(1) 室内各表面的光反射比由上向下逐渐降低，详见本章第二节。

(2) 采光设计时，应注意光的方向性，应避免对工作产生遮挡和不利的阴影。

(3) 需补充人工照明的场所，照明光源宜选择接近天然光色温的光源。

(4) 需识别颜色的场所，应采用不改变天然光光色的采光材料。

(5) 对光有特殊要求的场所，如博物馆中对光敏感的展区的天然采光设计，宜消除紫外辐射、限制天然光照度值和减少曝光时间。陈列室不应有直射阳光进入。

(6) 当选用导光管采光系统进行采光设计时，采光系统应有合理的光分布。

(7) 主要功能房间采光窗的颜色透射指数不应低于 80。

三、采光窗（★★★）

(一) 窗的功能

采光设计的核心是窗的设计，需要有充分的照度，无眩光，与外界有视线交流。同时，窗也具有自然通风、泄爆等功能，还需要与经济性、装饰性相结合，在建筑设计时应综合考虑。

(二) 各类采光窗的采光特点

采光窗按照位置可以分为侧窗、天窗。

1. 侧窗

侧窗指窗位于侧墙上，通过侧面采光。按照房间和窗的位置，可分为单侧窗、双侧窗和高侧窗。

(1) 各类侧窗的采光特性

1) 单侧窗

单侧窗指房间一侧墙面开窗，开窗高度一般位于墙面中心。单侧窗照度分布如图 6-3-3 (a) 所示。

单侧窗的主要优点：构造简单、布置方便、造价低廉，光线方向性明确，有利于形成阴影。通过侧窗可以看到室外景观，视线沟通好。

单侧窗的主要缺点：采光照度随房间进深增大而迅速降低，近窗处照度高，内墙处照度低，照度分布不均匀。

2）双侧窗

双侧窗指房间相对的两面侧墙开窗。双侧窗照度分布如图 6-3-3（b）所示。

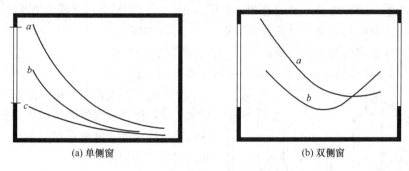

图 6-3-3　不同天空时单侧窗和双侧窗的照度分布对比

（a—晴天左侧朝阳，b—阴天，c—晴天右侧朝阳）

与单侧窗相比，双侧窗的照射进深增加了一倍，总照度增加，照度均匀度有一定提高。

3）高侧窗

高侧窗指房间一侧墙上部开窗，一般位于人眼视线高度以上。

与单侧窗相比，高侧窗可以提高内墙处的照度，降低靠窗处的照度，照度均匀度得到改善，但总照度值下降（图 6-3-4）。由于高侧窗不容易被家具遮挡，并且有利于防止眩光，多用于仓库和博览建筑。

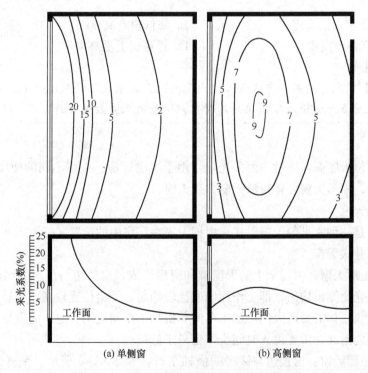

图 6-3-4　单侧窗和高侧窗照度分布对比图

（2）不同形状侧窗的采光特性

当窗口面积、窗底标高相同时，正方形、竖长方形、横长方形的侧窗的采光特性有：

1）采光量（指室内各点照度总和）相同：正方形＞竖长方形＞横长方形；

2）进深方向的均匀度：竖长方形＞正方形＞横长方形；

3）沿宽度方向的均匀度：横长方形＞正方形＞竖长方形。

横长方形窗和竖长方形窗的光线分布情况参见图6-3-5。

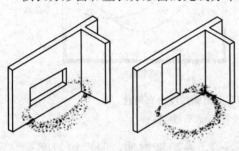

图6-3-5　不同形状的侧窗的光线分布对比图

竖向的均匀度还与窗的高度有关，当侧窗形状不变，提高侧窗的距地高度时，可适当提高内墙处的照度，降低近窗处照度，改善竖向方向的采光均匀度。

横向的均匀度与窗间墙的宽度有关，窗间墙越宽，横向的采光均匀度越差。

（3）提高侧窗采光效率和均匀度的方法

1）采光效率：在北方地区，外墙一般都较厚，挡光严重，可将内侧墙做成喇叭口，加大进光量；

2）采光均匀度：采用乳白玻璃、玻璃砖等扩散透光材料；采用水平反光板，避免近处眩光，提高深处照度；采用双层窗间加百叶，提高顶棚和深处亮度。

例题6-12：建筑物侧面采光时，以下哪个措施能够最有效地提高室内深处的照度？

　　A. 降低窗上沿高度　　　　　　B. 降低窗台高度

　　C. 提高窗台高度　　　　　　　D. 提高窗上沿高度

【答案】 D

【解析】 采光窗越高，光线进入室内深处越多，室内深处照度越大。提高窗上沿高度，能让更多光线进入室内深处，对室内深处的采光效果最好。

---

2. 天窗

天窗指窗位于屋面，通过顶面采光，常用于单层厂房。按照不同的使用要求和形状，分为矩形天窗、梯形天窗、锯齿形天窗、平天窗。

（1）矩形天窗

矩形天窗是一种常见的天窗形式。根据天窗在厂房中的位置又分为纵向矩形天窗、横向矩形天窗和井式天窗。

1）纵向矩形天窗：由屋架上的天窗架和窗扇组成，窗长边与厂房的纵轴平行。一般矩形天窗。采光比侧窗均匀，即工作面照度比较均匀，天窗位置较高，不易形成眩光，在大量的工业建筑，如需要通风的热加工车间和机加工车间应用普遍。为避免直射阳光，天窗的玻璃宜朝向南北，阳光射入时间少，也易于遮挡。

2）横向矩形天窗：窗长边与厂房的横轴平行，如图6-3-6所示。采光效果与纵向矩形天窗相近，采光均匀性好，但横向天窗的造价更低，省去了天窗架，能够降低建筑高度。设计中通常使横向天窗的玻璃朝向南北方向。

　　3）井式天窗：局部屋面下凹形成天井，并在天井立面上开窗，如图6-3-7所示。井式天窗的采光系数较小，主要用于通风兼采光的情况，适用于热处理车间。

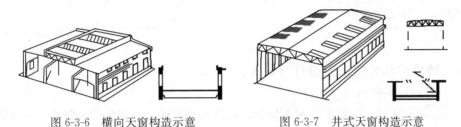

图6-3-6　横向天窗构造示意　　　　　图6-3-7　井式天窗构造示意

　　（2）梯形天窗

　　梯形天窗是在矩形天窗的造型基础上，两侧玻璃向内侧倾斜形成梯形剖面。

　　梯形天窗的采光量比矩形天窗提高约60%，但均匀度变差。由于构造复杂，玻璃易积尘，阳光易射入室内，应慎重选用。

　　（3）锯齿形天窗

　　锯齿形天窗为单面顶部采光。这种天窗有倾斜的顶棚作反射面，增加了反射光的分量，比单侧高窗分布更均匀。采光效率比矩形天窗提高约15%～20%。

　　锯齿形天窗的窗口一般朝北，以防止直射阳光进入室内，从而不影响室内温度和湿度的调节，光线均匀，方向性强。

　　锯齿形天窗在纺织厂大量使用，轻工业厂房、超级市场、体育馆也常采用。

　　（4）平天窗

　　平天窗在屋面直接开洞，在水平面上采光，其特点是采光效率高，是矩形天窗的2～3倍。平天窗的布置灵活，采光均匀度较好，不需要天窗架，能降低建筑高度，大面积车间和中庭常使用平天窗。设计时应注意采取防止污染、防止眩光和防止结露的措施。

　　纵向矩形天窗、横向矩形天窗、锯齿形、平天窗的室内照度分布如图6-3-8所示。

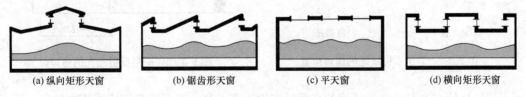

(a) 纵向矩形天窗　　(b) 锯齿形天窗　　(c) 平天窗　　(d) 横向矩形天窗

图6-3-8　四种天窗的照度分布示意图

　　例题6-13：关于采光天窗的说法，以下哪个正确？
　　A. 横向天窗采光量与矩形天窗差不多

B. 梯形天窗采光均匀度比矩形天窗好

C. 锯齿形天窗采光效率比矩形天窗低

D. 平天窗采光效率和矩形天窗差不多

【答案】A

【解析】平天窗和锯齿形天窗的采光效率均比矩形天窗高，其中平天窗的采光效率是矩形天窗的 2~3 倍。梯形天窗的采光均匀度不如相同条件下的矩形天窗，因此，B、C、D 选项均被排除。横向天窗与矩形天窗（此处指纵向矩形天窗）的采光原理相近、性能相近，故选 A。

四、博物馆和教室采光设计（★★）

（一）博物馆采光设计

博物馆的光环境不仅要使参观者清楚、舒适地看到展品、避免产生眩光，还要兼顾展品的保护，应注意以下几个方面。

（1）适宜的照度和照度分布：展厅、陈列室的侧面采光系数不应低于 2%。展品、展出墙面上不出现明显的明暗差别。

（2）避免直接眩光：避免在观看展品时，明亮的窗口应处在视野范围内，从参观者的眼睛到画框边缘和窗口边缘的夹角应大于 14°（图 6-3-9）。

（3）避免一、二次反射眩光（映像）：控制光源位置，将窗口提高或将画面稍微倾斜，可避免一次眩光。控制对面高侧窗的中心和画面中心连线和水平线的夹角大于 50°。二次眩光是由亮度高于展品的观众或其他物体造成，可通过调整人或物体与展品的位置来避免，或使展品表面亮度高于室内一般照度（图 6-3-10）。

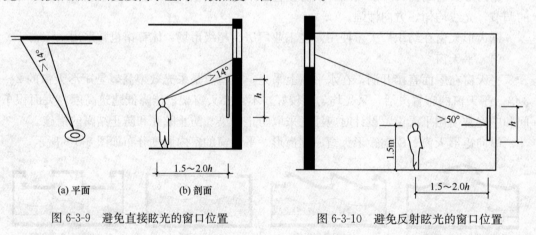

图 6-3-9　避免直接眩光的窗口位置　　　图 6-3-10　避免反射眩光的窗口位置

（4）环境亮度和彩度：环境的亮度、彩度不宜过高，墙面的色调应采用中性色，其反射比取 0.3 左右。

（5）光敏感材质的保护：对于光敏材质的展品，如水彩、印刷品、纸张等，不宜照度过高，并避免阳光直射；对光不敏感的陈列室和展厅，如无特殊要求，应根据展品特性和使用要求优先采用天然采光。

（6）采光口位置：采光口应尽量避开展出墙面，以增加展出用面积。例如，当展品悬挂在墙面时设置高侧窗、顶窗。

（二）学校教室采光设计

学校教室的光环境应保证学生能够看得清楚、舒适，不宜产生视觉疲劳，应注意以下几个方面：

（1）合理的照度：满足采光标准要求，保证必要的采光系数（不低于Ⅲ级的采光标准值，侧面采光的采光系数 3.0%，照度 450lx，窗地比 1/5）。

（2）均匀的照度分布：教室多采用单侧采光，照度的均匀度较差，可以通过提高窗上沿高度来增加房间深处的照度，或者设置侧高窗。黑板附近应适当提高照度。

（3）对光线方向和阴影的要求：光线方向最好从左侧上方射来。双侧采光应分清主次，避免在立体物件上产生两个相近浓度的阴影，导致视觉误差。

（4）避免眩光：最易产生眩光的是窗口，依靠建筑朝向的选择和设置遮阳措施等来解决。避免光线以大角度入射到黑板上。

（5）窗的采光及其改善措施：对于侧窗采光，可以通过设置横档增加深处照度，使用扩散光玻璃、指向性玻璃增加深处照度，采用侧高窗采光等方法改善采光的均匀度；对于天窗采用，可以通过设扩散光顶棚改善均匀度、避免眩光。对于美术教室，可以通过北向单侧窗采光，保证有稳定的光照条件。

五、采光节能（★）

根据《采光标准》，采光节能的要求和措施有：

（1）建筑采光设计时，应根据地区光气候特点，采取有效措施，综合考虑充分利用天然光，节约能源。

（2）采光材料应符合下列规定：

1）采光设计时应综合考虑采光和热工的要求，按不同地区选择光热比合适的材料；

2）导光管集光器材料的透射比不应低于 0.85，漫射器材料的透射比不应低于 0.8，导光管材料的反射比不应低于 0.95。

（3）采光装置应符合下列规定：

1）采光窗的透光折减系数 T_r 应大于 0.45；

2）导光管采光系统在漫射光条件下的系统效率应大于 0.5；

3）大跨度或大进深的建筑宜采用顶部采光或导光管系统采光；

4）在地下空间，无外窗及有条件的场所，可采用导光管采光系统；

5）侧面采光时，可加设反光板、棱镜玻璃或导光管系统，改善进深较大区域的采光。

（4）采用遮阳设施时，宜采用外遮阳或可调节的遮阳设施。

（5）采光与照明控制应符合下列规定：

1）对于有天然采光的场所，宜采用与采光相关联的照明控制系统；

2）控制系统应根据室外天然光照度变化调节人工照明，调节后的天然采光和人工照明的总照度不应低于各采光等级所规定的室内天然光照度值。

（6）光导管：

光导管也称导光管采光系统，是一套采集天然光并经管道传输到室内，进行天然光照明的采光系统。

光导管的基本原理是：通过采光罩采集室外自然光并导入系统内重新分配，再经过导光管传输后，由底部的漫射装置把自然光照射到需要光线的地方。光导管主要由采光装置、导光装置、漫射装置以及附加的调光器组成（图 6-3-11）。

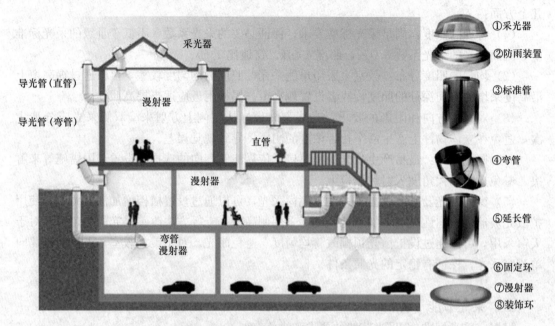

图 6-3-11　导光管的构造及应用示意图

导光管系统可以利用太阳光进行室内照明而不需要用电，属于节能措施。

（7）室内天然光的调节：

1）控制日光的进入，在窗口遮阳、采光和视觉的通透性三方面取得最佳的平衡。

2）尽量多利用自然光，采用大窗户、通透的空间设计，保证充分的光照条件。对于远离窗户、阳光不能直接射入的地方，加装光反射板，让阳光照进远离窗户的空间。

3）设计采用导光板，将屋面自然光线折射引入房间深处，在靠近外墙的强光区处设遮阳百叶，以获得整体均匀舒适的自然光照，并减少人工照明的消耗。例如，在建筑的入口大堂区域设置光反射板（图 6-3-12）。

图 6-3-12　某大厅的光反射板示意图

第四节　人工光环境和照明

一、光源的种类和特性（★★）

（一）光源的种类

建筑照明中的光源一般采用电光源。按照光源的发光原理，可以分为热辐射光源、固体发光光源和气体放电光源（图 6-4-1）。

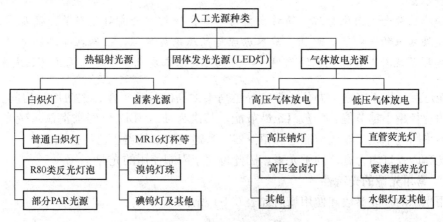

图 6-4-1　人工光源种类

1. 热辐射光源

任何物体的温度高于绝对温度零度时，就会向四周空间发射辐射能。温度越高，可见光在总辐射中所占比例越大，利用这种发热发光原理的光源就叫作热辐射光源。

典型光源有白炽灯、卤钨灯。

```
实务提示：
    爱迪生发明的灯泡就是白炽灯，是利用高温钨丝发热发光。在高温状态下的钨
丝很容易蒸发，比如生活中用久的白炽灯泡表面会发黑。为了提高灯泡的寿命，在
灯管内填充卤族元素（如碘、溴），高温环境下可以形成卤素循环，减少钨丝的蒸发
和灯泡的污染，从而使灯泡的寿命、发光效率、光色得到改善。
```

白炽灯和卤钨灯在发光的同时也大量发热，因此发光效率较低，属于淘汰中的灯具。仅用于一些特殊要求的场合，例如瞬时启动、连续调光、防电磁干扰、开关频繁、无频闪，或对装饰有特殊要求、发光兼顾发热的场合。

2. 固体发光光源

固体发光光源（LED）的基本工作原理是一个电光转换过程。通过不同材料和掺入不同杂质的半导体 PN 结，可以辐射出不同颜色的光：红光、绿光、黄光、橙光和蓝光等。光色纯，亮度大，单一颜色的辐射光谱窄，寿命长，是一种新型节能灯。

典型光源有发光二极管（LED 灯）。

LED 灯存在蓝光，蓝光对人眼可能造成一定程度的伤害，长期工作或停留的房间或场所，应该控制 LED 灯的色温不宜高于 4000K。

3. 气体放电光源

由气体、金属蒸气或几种气体与金属蒸气的混合放电而发光的光源叫作气体放电光源。例如，荧光灯是由放电产生的紫外辐射激发荧光粉层而发光的放电灯。根据荧光物质的不同配合比，发出的光谱成分也不同。紧凑型（节能型）荧光灯采用三基色荧光粉，也叫三基色荧光灯。

典型光源有荧光灯、荧光高压汞灯、金属卤化物灯、高压钠灯、低压钠灯。

> **实务提示：**
>
> 注意区分金属卤化物灯（简称金卤灯）和卤钨灯。金卤灯是在荧光高压汞灯基础上发展起来的一种节能灯具。基本原理与高压汞灯类似，区别在于添加的金属卤化物起到了改善光效和光色的作用。而卤钨灯的基本发光原理还是钨丝发热发光。

荧光灯广泛用于家庭、办公、教室等层高不太高的日常工作、生活用的房间。通常，荧光灯的管径越小越节能，一般 T5 最节能，其次为 T8，T12 已经被淘汰。荧光灯配套的镇流器采用电子镇流器或节能电感镇流器，普通电感镇流器也已经被淘汰。

荧光高压汞灯内含有毒的汞元素，因此也属于限制使用的光源。

（二）常用光源的光特性

常用光源的性能参数和使用场所如表 6-4-1 所示。

各类光源的主要技术参数表
表 6-4-1

光源类别		光效 (lm/W)	显色指数 R_a	平均寿命 ($\times 10^3$ h)	适用场所	
普通照明用白炽灯		8～11	～99	1	住宅、饭店、陈列室、应急照明	防电磁干扰、频繁开关、连续调光，限制使用
卤素灯		13～20	～99	2	陈列室、商店、工厂、车站、大面积投光照明	
三基色荧光灯	直管 T8/T5	65～105	80～85	12～20	工厂、办公室、医院、商店、美术馆、饭店、公共场所	普通家用，节能管径越小越节能
	CFL	40～70	80	8～10		
金卤灯		60～95	65～95	8～10	广场、机场、港口、码头、体育场、工厂	大空间、高照度
陶瓷金卤灯		65～110	80～85	10～15		
高压钠灯		80～140	23～25	24～32	路灯、广场、街道、码头、工厂、车站	黄绿光
低压钠灯		100～175	—	3	雾灯、航海灯、街道、高速公路、胡同	透雾能力强，室内极少使用
荧光高压汞灯		25～55	35～40	8～10	广场、街道、工厂、码头、工地、车站等	蓝绿色光，限制使用
LED灯		70～120	60～90	25～50	室内照明、显示屏	新型推广，高效节能

注：1. 表中光效指光源发出的光通量与它消耗的功率之比，也叫发光效率。
　　2. 表中参数为大致范围，仅供参考和综合性能对比。
　　3. LED灯的光效是整灯光效，即包含了灯具的效率。

白炽灯、卤钨灯、荧光灯、金属卤化物灯、高压汞灯、高压钠灯、低压钠灯的性能对比：

（1）显色性：白炽灯、卤钨灯＞金卤灯＞荧光灯＞高压汞灯、高压钠灯＞低压钠灯；

（2）光效：低压钠灯＞高压钠灯、金卤灯＞荧光灯＞高压汞灯＞卤钨灯＞白炽灯；

（3）寿命：高压钠灯＞金卤灯＞高压汞灯＞荧光灯＞低压钠灯＞卤钨灯＞白炽灯。

例题 6-14：关于有高显色要求的高度较高工业车间照明节能光源的选用，正确的是：

A. 荧光灯　　　　B. 金属卤化物灯　C. 高压钠灯　　　　D. 荧光高压汞灯

【答案】B

【解析】荧光灯显色性较好，但不适用于高度较高的工业厂房；高压钠灯、高压汞灯显色性不佳。金属卤化物灯适用于高度较高的厂房，同时显色性能较好，故选B。

二、照明灯具（★★）

（一）灯具的光特性

灯具又称照明器，是能发光、透光、分配和改变光源光分布的器具，是光源、灯罩及其附件的总称。灯具的光特性包括配光曲线、遮光角和灯具的效率。

1. 灯具的配光曲线

配光曲线是按光源发出的光通量为 1000lm，以极坐标的形式将灯具在各个方向上的发光强度绘制在平面图上的闭合曲线（图 6-4-2）。

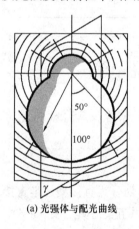
(a) 光强体与配光曲线

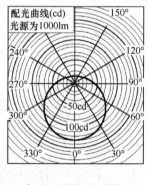
(b) 扁圆吸顶灯外形及其光分布

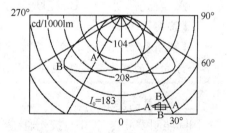
(c) 不同方向上的配光曲线（截面A和截面B）

图 6-4-2　灯具的配光曲线

2. 灯具的遮光角

遮光角又称保护角，是指光源发光体最外沿一点和灯具出光口边沿的连线与通过光源光中心的水平线之间的夹角（γ）（图 6-4-3，表 6-4-2）。截光角与遮光角互余。

普通灯泡的遮光角取灯丝的外沿，遮光角 γ 的计算公式如下：

$$\tan\gamma = \frac{2h}{D+d} \tag{6-4-1}$$

式中　h——灯丝到灯罩下沿的高度（m）；

d——灯丝宽度（m）；

D——灯罩宽度（m）。

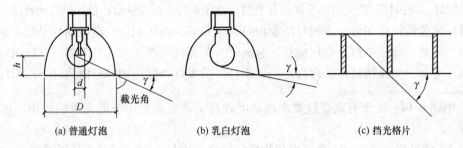

(a) 普通灯泡	(b) 乳白灯泡	(c) 挡光格片

图 6-4-3　灯具的遮光角

遮光角的大小要满足限制眩光的要求，遮光角越大，光收拢越多，光束越窄，防眩光效果越好。一般室内照明灯具至少为 10°～15°的遮光角；照明质量要求高的时候，遮光角为 30～45°，但加大遮光角会降低灯具效率，这两方面要权衡考虑。

直接型灯具的遮光角　　　　　　　　　　　　　　　表 6-4-2

光源平均亮度（×10³cd/m²）	遮光角（°）
1～20	10
20～50	15
50～500	20
≥500	30

例题 6-15：用来描述灯具配光曲线在空间中分布的物理量是：

A. 发光强度　　　　B. 亮度　　　　C. 照度　　　　D. 光通量

【答案】A

【解析】配光曲线是按光源发出的光通量为 1000lm，以极坐标的形式将灯具在各个方向上的发光强度绘制在平面图上的闭合曲线。

（二）灯具的类型

国际照明委员会（CIE）按光通在空间上、下半球的分布把灯具划分为直接型、半直接型、漫射型（也叫均匀扩散型、直接—间接型）、半间接型、间接型共五类灯具（表 6-4-3）。

五种灯具类型　　　　　　　　　　　　　　　表 6-4-3

灯具类别		直接型	半直接型	漫射型（直接—间接型）	半间接型	间接型
光强分布						
光通分配（%）	上	0～10	10～40	40～60	60～90	90～100
	下	100～90	90～60	60～40	40～10	10～0

直接型灯具的优点在于灯具效率高，室内表面的反射比对照度影响小，设备投资少，维护使用费少；缺点为顶棚暗，易眩光，光线方向性强，阴影浓重。

间接型灯具的优点在于室内亮度分布均匀，光线柔和，基本无阴影；缺点为效率低、光通利用率低，设备投资多，维护费用高。常用作为医院、餐厅和一些公共建筑的照明。

半直接型、漫射型、半间接型的性能介于两者之间。

例题 6-16： 办公空间中，当工作面上照度相同时，采用以下哪种类型灯具最不节能？

A. 间接型灯具   B. 半直接型灯具

C. 漫射型灯具   D. 直接型灯具

【答案】A

【解析】间接型灯具有 90%～100% 的光通量射向上方，向下方辐射的只有不到 10%，大部分光靠反射，光通量利用率低，因此最不节能。

三、照明设计 (★★★)

(一) 照明的种类

照明的种类可以分为正常照明、应急照明（包括备用照明、安全照明、疏散照明）、值班照明、警卫照明、障碍照明。各类照明的设置要求如下：

（1）室内工作及相关辅助场所，均应设置正常照明。

（2）工作场所下列情况应设置应急照明：

1）正常照明因故障熄灭后，需确保正常工作或活动继续进行的场所，应设置备用照明；

2）正常照明因故障熄灭后，需确保处于潜在危险之中的人员安全的场所，应设置安全照明；

3）正常照明因故障熄灭后，需确保人员安全疏散的出口和通道，应设置疏散照明。

（3）需要夜间值守或巡视的场所应设置值班照明。

（4）需要警戒的场所，应根据警戒范围的要求设置警卫照明。

（5）在危及航行安全的建筑物、构筑物上，应根据航行要求设置障碍照明。

例题 6-17： 下列确定照明种类的说法，错误的是：

A. 工作场所均应设置正常照明

B. 工作场所均应设置值班照明

C. 工作场所视不同要求设置应急照明

D. 有警戒任务的场所应设置警卫照明

【答案】B

【解析】工作场所应设置正常照明，不需要应急照明。需要夜间值守或巡视的场所应设置值班照明，如门卫室。

(二) 工作照明的方式

工作照明的方式可以分为一般照明、分区一般照明、局部照明、混合照明。

(1) 一般照明：用于对光的投射方向没有特殊要求的房间，如候车（机、船）室；工作面上没有特别需要提高照度的工作点，如教室、办公室；工作地点很密或不固定的场所，如超级市场营业厅、企库等；层高较低（4.5m以下）的工业车间等（图6-4-4）。

(2) 分区一般照明：用于同一房间照度水平不一样的一般照明，如车间的工作区、过道、半成品区；开敞式办公室的办公区和休息区等（图6-4-5）。

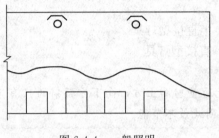

图 6-4-4　一般照明

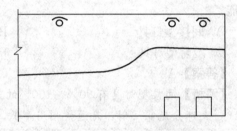

图 6-4-5　分区一般照明

(3) 局部照明：用于照度要求高和对光线方向性有特殊要求的作业；但局部照明使工作点与周围环境形成极大的亮度差。除宾馆客房外，局部照明不单独使用（图6-4-6）。

(4) 混合照明：既设有一般照明，又设有满足工作点的高照度和光方向要求的照明，适用于工业建筑和照度要求较高的民用建筑，如阅览室、车库等。在高照度时，这种照明最经济（图6-4-7）。

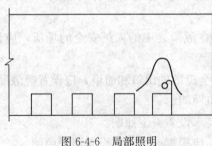

图 6-4-6　局部照明

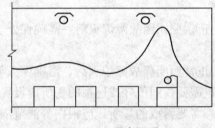

图 6-4-7　混合照明

(5) 重点照明：为提高指定区域或目标的照度，使其比周围区域突出的照明。

例题 6-18： 办公室中有休息区时，整个场所最好采用以下哪种照明方式？

A. 混合照明　　　　　　　　　　B. 一般照明

C. 分区一般照明　　　　　　　　D. 局部照明

【答案】C

【解析】分区一般照明用于车间的工作区、过道、半成品区，开敞式办公室的办公区和休息区等。办公区和休息区的照度水平不一样，因此采用分区一般照明方式。

（三）照明标准值

《照明标准》中的照明标准值包括：照度标准值、照度均匀度 U_0、统一眩光值 UGR / 眩光值 GR、显色性 R_a 等几个指标。

1. 照度的标准值

（1）照度标准值的概念和分级

照度标准值是指工作或生活场所作业面或参考平面（又叫工作面），如地面（走廊、厕所等公共空间）、0.75m 高的水平面（教室、办公室等民用建筑的主要房间）或指定表面上的维持平均照度值（在照明装置必须进行维护时，在规定表面上的平均照度）。

照度标准值分级（lx）：0.5、1、2、3、5、10、15、20、30、50、75、100、150、200、300、500、750、1000、1500、2000、3000、5000。

（2）维持平均照度值

维持平均照度值＝初始设计照度值×维护系数 K

维护系数（K）指照明装置在使用一定周期后，在规定表面上的平均照度或平均亮度与该装置在相同条件下新装时在同一表面上所得到的平均照度或平均亮度之比。

室内清洁环境（如卧室、办公、教室等）的维护系数 K 值取 0.8；一般污染的候梯厅、候机室、机械加工/装配车间、农贸市场取 0.70；污染严重的厨房、车间取 0.6。

室内外灯具每年至少擦洗 2 次，室内污染严重的场所每年至少擦洗 3 次。

（3）照度标准值的提高或降低

1）在《照明标准》中照度标准值提高一级的情况：① 视觉要求高的精细作业场所，眼睛至识别对象的距离大于 500mm；② 连续长时间紧张的视觉作业，对视觉器官有不良影响；③ 识别移动对象，要求识别时间短促而辨认困难；④ 视觉作业对操作安全有重要影响；⑤ 识别对象与背景辨认困难；⑥ 作业精度要求高，且产生差错会造成很大损失；⑦ 视觉能力显著低于正常能力；⑧ 建筑等级和功能要求高。

2）在《照明标准》中照度标准值降低一级的情况：① 进行很短时间的作业；② 作用精度或速度无关紧要；③ 建筑等级和功能要求较低。

2. 照度均匀度

照度均匀度（U_0）是指规定表面上的最小照度与平均照度之比，一般取 0.4～0.7。

3. 统一眩光值/眩光值

统一眩光值和眩光值都是不舒适眩光的评价量，值越大说明眩光越严重。

统一眩光值（UGR）用于公共建筑和工业建筑常用房间或场所的不舒适眩光评价，UGR 值分为最大允许值为 19（临界值）、22（刚刚不舒适）、25（不舒适）。UGR 值的影响因素包括背景亮度、灯具对人眼的立体角、灯具在人眼方向的亮度、单独灯具的位置指数。

眩光值（GR）用于体育场馆的不舒适眩光评价。GR 值的影响因素包括灯具发出的光直接射向眼睛所产生的光幕亮度、由环境引起直接入射到眼睛的光所产生的光幕亮度、观察者眼睛上的照度。

4. 各类房间的照明标准值

《照明标准》中对住宅建筑、公共建筑、工业建筑和通用房间或场所的照明标准值进行限制。

各类建筑典型房间的照明标准值见表6-4-4。

各类建筑的照明标准值

表 6-4-4

房间或场所		参考平面及其高度	照度标准值 （lx）	统一眩光值 UGR	均匀度 U_0	一般显色指数 R_a
起居室	一般活动	0.75m 水平面	100	—	—	80
	书写、阅读		300 *			
卧室	一般活动	0.75m 水平面	75	—	—	80
	窗台、阅读		150 *			
普通办公室、会议室、阅览室、诊室		0.75m 水平面	300	19	0.60	80
视频会议室		0.75m 水平面	750	19	0.60	80
设计室		实际工作面	500	19	0.60	80
老年阅览室		0.75m 水平面	500	19	0.70	80
手术室		0.75m 水平面	750	19	0.70	90
病房		地面	100	19	—	80
酒店中餐厅		0.75m 水平面	200	22	0.60	80
酒店西餐厅		0.75m 水平面	150	—	0.60	80
普通门厅		地面	100	—	0.40	60
普通走廊、楼梯间		地面	50	25	0.40	60

注：表中 * 指混合照明照度。完整的表格详见《照明标准》。

《环境通用规范》中要求，对于光环境要求较高的场所，照度水平应符合下列规定：

（1）连续长时间视觉作业的场所，其照度均匀度不应低于0.6；

（2）教室书写板板面平均照度不应低于500lx，照度均匀度不应低于0.8；

（3）手术室照度不应低于750lx，照度均匀度不应低于0.7；

（4）对光特别敏感的展品展厅的照度不应大于50lx，年曝光量不应大于50klx·h；对光敏感的展品展厅的照度不应大于150lx，年曝光量不应大于360klx·h。

> **例题 6-19**：下列场所中照度要求最高的是：
> A. 老年人阅览室　　　　　　B. 普通办公室
> C. 病房　　　　　　　　　　D. 教室
>
> 【答案】A
>
> 【解析】根据《照明标准》的规定，其他居住建筑中的老年人起居室（书写、阅读）、图书馆建筑的老年阅读室的照度标准值为500lx（0.75m 水平面上）；办公建筑中普通办公室、教育建筑中教室的照度标准值为300lx（0.75m 水平面上）；医疗建筑中病房的照度标准值为100lx（地面）。

（四）照明质量

照明质量的影响因素有照度均匀度、眩光、光源的色温和显色性、室内表面反射比。

1. 照度均匀度

各类建筑典型房间应符合前文所述照度均匀度 U_0 限值。

此外，作业面周围到背景区域的照度应形成由亮到暗的平缓过渡，避免强烈的照度差造成眩光或人眼的不适：

（1）作业面邻近周围 0.5m 范围左右的照度比作业面照度低一个等级，作业面照度≤200lx 时，邻近周围照度与作业面照度相同。

（2）作业面背景区域一般照明的照度不宜低于作业面邻近周围照度的 1/3。

具体要求见表 6-4-5。

作业面邻近周围照度要求   表 6-4-5

作业面照度（lx）	作业面邻近周围照度（lx）
≥750	500
500	300
300	200
≤200	与作业面照度相同

2. 眩光

各类建筑典型房间应符合前文所述统一眩光值 UGR 或眩光值 GR 限值的要求。

对于照明设计中的眩光，可以分为直接眩光、反射眩光、光幕反射等。

（1）直接眩光

直接眩光是由灯具光线直接照射到人眼引起的，直接眩光的控制方法有：

1）限制灯具在直接眩光区的亮度值，达到限制直接眩光的目的；

2）限制灯具的最小遮光角，也可通过增大眩光源的仰角（即提高灯的悬挂高度）限制直接眩光。

实务提示：

教室照明的布灯时将灯管垂直于黑板面，就是为了减少灯具投射到学生眼睛内的光线，避免直接眩光。

（2）反射眩光和光幕反射

反射眩光是由灯具的光线照射到物体的反射光引起的人眼的不适，而光幕反射是指在视觉作业上规则反射与漫反射重叠出现，降低了作业与背景之间的亮度对比，致使部分或全部地看不清它的细节的现象。

防止或减少反射眩光和光幕反射应采用下列措施：

1）应将灯具安装在不易形成眩光的区域内；

2）可采用低光泽度的表面装饰材料；

3）应限制灯具出光口表面发光亮度；

4）墙面的平均照度不宜低于 50lx，顶棚的平均照度不宜低于 30lx。

3. 光源的色温和显色性

室内照明的光源颜色应与使用场所相对应。例如，客房、卧室、病房、酒吧适合选择暖色光，而热加工车间、高照度场所适宜选择冷色光；一般的办公、工作场所适合采用中间色温的光源，详见表6-4-6。

光源色表特征及适用场所 表6-4-6

相关色温（K）	色表特征	适用场所
<3300	暖	客房、卧室、病房、酒吧
3300～5300	中间	办公室、教室、阅览室、商场、诊室、检验室、实验室、控制室、机加工车间、仪表装配
>5300	冷	热加工车间、高照度场所

各类建筑典型房间的光源的显色性应符合显色指数 R_a 限值（见表6-4-4）。

4. 室内表面反射比

室内表面反射比有助于房间照度均匀和提高光效，详见表6-4-7。

合理的光反射比 表6-4-7

表面名称	反射比
屋顶	0.6～0.9
墙面	0.3～0.8
桌面、工作台面、设备表面	0.2～0.6
地面	0.1～0.5

例题6-20：室内人工照明场所中，以下哪种措施不能有效降低直射眩光？

A. 降低光源表面亮度　　　　　　B. 加大灯具的遮光角

C. 减小光源发光面积　　　　　　D. 增加灯具的背景亮度

【答案】 C

【解析】 按照直接眩光的控制方法，限制光源亮度、增加眩光源的背景亮度均对降低直接眩光有利，因此 A、D 选项正确；灯具的遮光角越大，光束越窄，防眩光效果越好，B 选项正确。C 选项的措施表达不完整，应该减小光源对人眼形成的立体角。

（五）照明设备的选择

按照《照明标准》的要求，照明光源的选择应满足下列要求。

（1）灯具安装高度较低的房间宜采用细管直管形三基色荧光灯。

（2）商店营业厅的一般照明宜采用细管直管形三基色荧光灯、小功率陶瓷金属卤化物灯；重点照明宜采用小功率陶瓷金属卤化物灯、发光二极管灯。

（3）灯具安装高度较高的场所，应按使用要求，采用金属卤化物灯、高压钠灯或高频大功率细管直管荧光灯。

（4）旅馆建筑的客房宜采用发光二极管灯或紧凑型荧光灯。

（5）照明设计不应采用普通照明白炽灯，对电磁干扰有严格要求，且其他光源无法满足的特殊场所除外。

（6）应急照明应选用能快速点亮的光源。

（7）照明设计应根据识别颜色要求和场所特点，选用相应显色指数的光源。

（8）长期工作或停留的房间或场所，照明光源的显色指数（R_a）不应小于 80。在灯具安装高度大于 8m 的工业建筑场所，R_a 可低于 80，但必须能够辨别安全色。

（9）选用同类光源的色容差不应大于 5 SDCM。

（10）当选用发光二极管灯光源时，长期工作或停留的房间或场所，色温不宜高于 4000K；特殊显色指数 R_9 应大于零。

例题 6-21： 关于光源选择的说法，以下选项中错误的是：

A. 长时间工作的室内办公场所选用一般显色指数不低于 80 的光源

B. 选用同类光源的色容差不大于 5 SDCM

C. 对电磁干扰有严格要求的场所不应采用普通照明用白炽灯

D. 应急照明选用快速点亮的光源

【答案】C

【解析】按照《照明标准》第 3.2.2 条，照明设计不应采用普通照明白炽灯，对电磁干扰有严格要求，且其他光源无法满足的特殊场所除外。

四、照明节能（★★）

照明节能属于建筑节能及环境节能的重要的组成部分之一，照明节能范畴包括照明光源的优化、照度分布的设计及照明时间的控制，以达到照明的有效利用率最大化的目的。

（一）照明功率密度

照明功率密度值指单元单位面积上照明安装功率（包括光源、镇流器或变压器），简称 LPD，单位：W/m^2。照明功率密度值是一个重要的节能指标。

《建筑节能与可再生能源利用通用规范》GB 55015—2021 中对居住建筑、办公建筑及办公场所、商店建筑、旅馆建筑、医疗建筑、教育建筑、会展建筑、交通建筑、金融建筑、工业建筑非爆炸危险场所、公共和工业建筑非爆炸危险场所的通用房间或场所的照明功率密度提出要求，详见表 6-4-8。

各类建筑的照明标准值和照明功率密度值　　　　　　　　　　　表 6-4-8

房间或场所		照度标准值（lx）	照明功率密度（W/m^2）
全装修居住建筑	起居室	100	≤5.0（每户）
	卧室	75	
	餐厅	150	
办公建筑	普通办公室、会议室	300	≤8.0
	高档办公室、设计室	500	≤13.5
学校建筑	教室、阅览室、实验室	300	≤8.0
	美术教室、计算机教室、电子阅览室	500	≤13.5
商店建筑	一般商店营业厅	300	≤9.0
	高档商店营业厅	500	≤14.5
旅馆建筑	客房	75~150（分区域）	≤6.0
	中餐厅	200	≤8.0
	多功能厅	300	≤12.0

房间或场所		照度标准值（lx）	照明功率密度（W/m²）
医疗建筑	治疗室、诊室、护士站	300	≤8.0
	化验室、药房	500	≤13.5
	病房	200	≤5.5
通用房间	普通走廊	50	≤2.0
	高档走廊	100	≤3.5

注：1. 完整的表格详见《建筑节能与可再生能源利用通用规范》GB 55015—2021。
　　2. 装饰性灯具总功率的 50% 计入照明功率密度值计算。

实务提示：

　　了解照明功率密度值不仅与房间的照度值有关，还与房间内的照明情况有关，如果用于装饰、展示的照明灯具较多，则照明功率密度值较大。

　　例题 6-22： 下列哪种房间的照明功率密度值最大？
　　A. 普通办公室　　　　　　　B. 一般商店营业厅
　　C. 学校教室　　　　　　　　D. 旅馆多功能厅
　　【答案】 D
　　【解析】 根据《建筑节能与可再生能源利用通用规范》GB 55015—2021 中的要求，四种房间的照度标准值均为 300lx。但普通办公室、学校教室的照明功率密度值 ≤8.0W/m²；一般商店营业厅的照明功率密度值 ≤9.0W/m²；旅馆多功能厅的照明功率密度值 ≤12.0W/m²。

（二）照明节能措施

照明节能的一般措施有光源和灯具的选择、合理的照明方式及灯具的控制等几个方面，具体包括：

（1）选择光效高、寿命长的光源。

（2）选择配光合理的灯具，在不产生眩光的前提下，尽量利用光源的直射光。

（3）气体放电灯选用配套的电子镇流器或节能电感镇流器。

（4）根据视觉作业要求，确定合理的照度标准值，并选用合适的照明方式。

（5）室内反射面采用浅色装饰，提高光反射比。

（6）大面积使用普通镇流器的气体放电灯的场所，宜在灯具附近单独装设补偿电容器，使功率因数提高至 0.85 以上，并减少气体放电灯产生的高次谐波对电网的污染。

（7）室内照明线路宜适当细分，分区设置开关、分区控制灯具，例如沿外侧窗的灯具可单独控制，在自然光充足的时候可以关闭。

（8）对于室外、走廊、楼梯间等人员短暂停留的场所，应采用具有节能控制措施的灯具，避免长明灯。

（9）当有条件时，宜利用各种导光和反光装置将天然光引入室内进行照明。宜利用太阳能作为照明能源。

在全文强制性规范《建筑节能与可再生能源利用通用规范》GB 55015—2021 中，对照明节能措施有如下补充要求：

（1）建筑的走廊、楼梯间、门厅、电梯厅及停车库照明应能够根据照明需求进行节能控制；大型公共建筑的公用照明区域应采取分区、分组及调节照度的节能控制措施。

（2）有天然采光的场所，其照明应根据采光状况和建筑使用条件采取分区、分组、按照度或按时段调节的节能控制措施。

（3）旅馆的每间（套）客房应设置总电源节能控制措施。

（4）建筑景观照明应设置平时、一般节日及重大节日多种控制模式。

例题 6-23：以下选项中不属于室内照明节能措施的是：

A. 办公楼或商场按租户设置电能表

B. 采光区域的照明控制独立于其他区域的照明控制

C. 合理地控制照明功率密度

D. 选用间接照明灯具提高空间亮度

【答案】D

【解析】间接型灯具上半球的光通占到 $90\%\sim100\%$，光线通过吊顶反射到工作面上，利用率低，并不利于节能。

第七章 建 筑 声 学

考试大纲对相关内容的要求：

理解建筑声学的基本原理；掌握建筑隔声与吸声材料和构造的选用原则；了解城市环境噪声与建筑室内噪声允许标准。

将新大纲与 2002 年版考试大纲的内容进行对比可知，本章是新增加的内容，即全部为新增考点。建筑声学的主要内容包括三个部分：①声学的基本原理，包括建筑声学的基础知识、室内声学原理；②声学材料和构造的应用原则，包括吸声的相关概念和吸声材料及构造的特点及应用原则、隔声的计量和隔声材料及构造的特点及应用原则；③现行噪声标准，包括常用的噪声评价量、城市声环境标准、室内噪声允许标准。

第一节 建 筑 声 学 基 础

一、声音的基本性质（★★）

（一）声音的概念

1. 什么是声音

声音是由物体的振动通过"弹性"介质中传播并能被人或动物听觉器官所感知的波动现象。发出振动的物体叫声源。声波振动方向与波的传播方向一致，属于纵波。

声音的传播需要介质，这个介质可以是空气、水、固体。在真空中，声音不能传播。声音在不同的介质中的传播速度也是不同的，物体越密实，声音传播就越快。因此声音在固体中传播最快，其次为液体，空气中最慢。

实务提示：

（1）声音的本质是振动传播，而不是介质的传播，例如声音在空气中传播，但不会引起空气的流动。

（2）介质的"弹性"体现在微观分子之间，而不是指介质本身有弹性、可压缩，例如钢、石材等固体虽然是硬质，但仍然可传播声音。

（3）声音的传播与温度有关，温度越高，分子运动越活跃，声音的传播速度越快。

在 15℃（或称常温）常压下，声音在空气中的传播速度为 340m/s。声音在不同温度、不同介质中的传播速度见表 7-1-1 所示。

声音在不同介质和不同温度下的传播速度（m/s）　　　　表 7-1-1

介质及温度	传播速度	介质及温度	传播速度
空气（15℃）	340	海水（25℃）	1531
空气（25℃）	346	铜（棒）	3750

介质及温度	传播速度	介质及温度	传播速度
软木（25℃）	500	大理石	3810
煤油（25℃）	1324	铝（棒）	5000
蒸馏水（25℃）	1497	铁（棒）	5200

2. 声音的频率和波长

声速与波长、频率的关系式为：

$$c = \lambda \cdot f \tag{7-1-1}$$

$$c = \frac{\lambda}{T} \tag{7-1-2}$$

式中　λ——波长（m），指声波在传播途径上，两个相邻同相位质点间的距离；

　　　f——频率（Hz，赫兹），是指单位时间内声源完成全振动的次数，即1s内振动的次数，人耳能听到的频率范围是从 20～20000Hz；

　　　T——周期（s），指声源完成一次振动所经历的时间。周期与频率互为倒数，即 $T = 1/f$。

在常温常压下，声速是个常数，因此波长、频率之间呈反比关系。声波的频率越高，声波越短；频率越短，波长越长。

3. 倍频程和1/3倍频程

建筑声学中，将可听频率范围的声音分段分割成一个一个的频率段，以中心频率作为某频段的名称。常见的频带划分方式有倍频程和 1/3 倍频程，各频带的中心频率如图 7-1-1 所示。

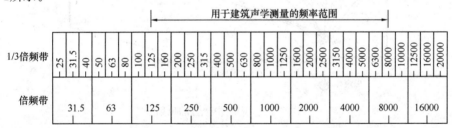

图 7-1-1　倍频程和 1/3 倍频程的中心频率

实务提示：

之所以被叫作倍频程，是因为各频带的中心频率之间呈2倍（即翻倍）的关系，而 1/3 倍频程呈 $2^{1/3}$ 倍的关系。倍频程和 1/3 倍频程的频带范围是相同的，但是 1/3 倍频程划分得更细。

通常把小于 500Hz 的频段称为低频段；把 500～1000Hz 的频段称为中频段；把大于 1000Hz 的频段称为高频段。

例题 7-1：关于空气中的声波的说法，错误的是：

A. 发声体产生的振动在空气中的传播

B. 空气中声波的传播不发生质量的传递

C. 空气中声波的传播实质上是能量在空气中的传递

D. 空气质点沿传播方向一直移动

【答案】D

【解析】声体产生的振动在介质中的传播叫作声波。声波借助各种介质向四面八方传播的是振动，但是空气分子本身没有移动。

(二) 声音的反射、绕射、折射

1. 反射

声波在同一均匀介质中呈直线传播，类似于光线，可以用声线表示。声波在传播过程中，当遇到一块其尺度比波长大得多的障板时会发生反射，遵循反射定律（即声波的入射角等于反射角）。

当板面为凸曲面，则反射声向外发散；当板面为凹曲面时，反射声向内侧汇聚，形成声聚焦（图 7-1-2）。声聚焦导致声场不均匀，是声缺陷的一种。

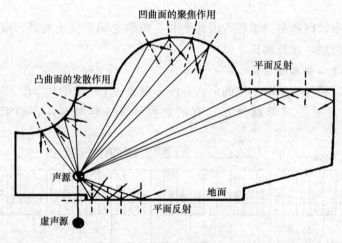

图 7-1-2　房间中声音的反射

2. 绕射 （衍射）

声波的绕射也叫衍射。声波在传播过程中遇到与波长相近或更小尺寸的构件时，会改变原来的传播方向（图 7-1-3），体现为以下三种情况：

（1）通过障板上的小孔或窄缝时，通过孔洞的声波会改变传播方向，呈半球状或半圆柱状向外扩散传播，如图 7-1-3 （a） 和 （b） 所示。

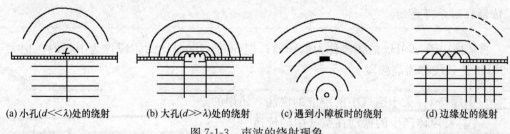

(a) 小孔($d \ll \lambda$)处的绕射　　(b) 大孔($d \gg \lambda$)处的绕射　　(c) 遇到小障板时的绕射　　(d) 边缘处的绕射

图 7-1-3　声波的绕射现象

（2）遇到比其波长小得多的坚实障板时，会改变方向，绕过障板向后传播，一定距离之后障板对于声波的遮挡效果消失，如图 7-1-3（c）所示。

（3）声音绕过障壁边缘时，会产生向内侧倾斜，进入声影区的现象，如图 7-1-3（d）所示。

由于频率越低，波长越长，因此低频声比高频声更容易发生绕射现象。例如，交通噪声中的低频成分较多，而低频的绕射现象明显，声屏障对于低频声的遮挡作用不如高频声明显，超过一定距离之后仍能听到一部分低频声。

实务提示：

光波也有衍射现象，但因为光波的波长很短，所以一般情况下无法察觉到光波的衍射。而声波（特别是低频声）的波长较长，波长与建筑构件的尺寸相当，更容易发生衍射。

---

3. 折射

声音在匀质介质中是沿直线传播的，但在实际中，介质（如空气）的密度、微观粒子的运动特性有可能发生变化，导致声音的传播发生改变。声波在传播过程中由于介质温度等的改变引起声速的变化，就是声波的折射。

例如，晚上声音传播的距离要比白天远，是因为白天声音在传播的过程中，遇到了上升的热空气，把声音快速折射到了空中，从而减少地面声能；晚上冷空气下降，声音会沿着地表慢慢地传播，不容易发生折射，因此传得更远。

例题 7-2： 声波在传播途径中遇到比其波长小的障碍物时，将会产生下列哪种现象？

　　A. 折射　　　　 B. 反射　　　　 C. 绕射　　　　 D. 透射

【答案】C

【解析】声波在遇到比起波长小的坚实障板时，会改变方向，发生绕射现象。

（三）声音的反射、透射和吸收

当声波从空气中入射到某一材质表面时，就会发生反射、透射和吸收（图 7-1-4）。入射声能 E_0 就等于反射声能、吸收声能和透射声能之和。

$$E_0 = E_\gamma + E_\tau + E_\alpha \qquad (7\text{-}1\text{-}3)$$

式中　E_γ——反射声能（J）；

　　　E_τ——透射声能（J）；

　　　E_α——吸收声能（J）。

相应的反射系数 γ、透射系数比 τ 和吸收系数 α 的定义为：

$$\gamma = \frac{E_\gamma}{E_0} \qquad (7\text{-}1\text{-}4)$$

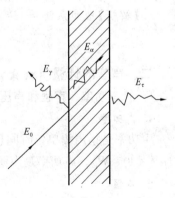

图 7-1-4　声音的反射、
透射和吸收

$$\tau = \frac{E_\tau}{E_0} \tag{7-1-5}$$

$$\alpha = 1 - \gamma = 1 - \frac{E_\gamma}{E_0} \tag{7-1-6}$$

吸声系数与反射系数之和为 1，即 $\alpha + \gamma = 1$。

实务提示：
　　应注意区分吸声系数与其他系数定义的差别。

　　吸声系数高说明材料的吸声性能好，工程上通常把 $\alpha > 0.20$ 的材料叫作吸声材料；而透声系数高说明材料的隔声性能差，透声系数越大，隔声量越小。

　　此外应注意，声音在空气传播过程中，由于空气分子的黏滞性、热量传递耗能以及分子弛豫现象耗能，也会产生一定程度的吸收现象，在一些分析计算当中应予以考虑，例如混响时间的计算中应考虑空气吸收对中高频混响的影响。

　　例题 7-3： 如果入射到建筑材料的声能为 1.0J，被材料反射的声能为 0.4J，透过材料的声能为 0.5J，在材料内部损耗掉的声能为 0.1J，则图中材料的吸声系数为：

A. 0.6　　　　　B. 0.5　　　　　C. 0.4　　　　　D. 0.1

【答案】 A
　　【解析】 吸声系数 ＝（透射声能＋吸收声能）/ 总入射声能，即 $(0.1 + 0.5)/1 = 0.6$。

二、声音的计量（★★★）

（一）声功率、声强和声压

1. 声功率

声功率是指声源单位时间内向外辐射的能量，符号为 W，单位：W（瓦）或者 μW（$1\mu W = 10^{-6} W$）。声功率是声源本身的一种重要特性。

2. 声强

声强是指单位时间内，在垂直于声波传播方向的单位面积上所通过的声能，符号为 I，单位：W/m^2。

　　在自由声场，点声源呈球面向外传播，声强 I 与声功率成正比，与距离的平方呈反比（图 7-1-5），遵循平方反比定律：

$$I = \frac{W}{4\pi r^2} \qquad (7\text{-}1\text{-}7)$$

式中　W——声源的声功率（W）；

　　　r——某点与声源的距离（m）。

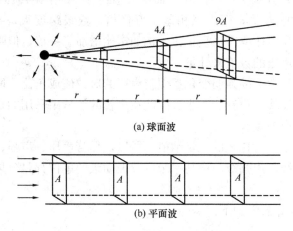

图 7-1-5　声能通过的面积与距离的关系

在自由声场，面声源呈平面向外传播，声强不随距离改变。

3. 声压

声压是指在某一瞬时介质中的压强相对于无声波时静压强的改变量，符号为 P，单位：N/m² 或 Pa（帕斯卡），1N/m²＝1Pa。

任一点的声压都随时间变化，某段时间内瞬时声压的均方根值称为有效声压。

声压和声强之间的计算公式为：

$$I = \frac{p^2}{\rho_0 c} \qquad (7\text{-}1\text{-}8)$$

式中　p——有效声压（N/m²）；

　　　ρ_0——空气密度（kg/m³），一般取 1.225 kg/m³；

　　　c——空气中的声速（m/s），常温常压下取 340m/s。

根据上式，声压的平方与声强呈正比。

4. 声能密度

声能密度是指单位体积内声能的强度，符号为 D，单位：J/m² 或 W·s/m²。

$$D = \frac{I}{c} \qquad (7\text{-}1\text{-}9)$$

式中　I——声压（N/m²）；

　　　c——空气中的声速（m/s），常温常压下取 340m/s。

例题 7-4：下列名词中，表示声源发声能力的是：

A. 声压　　　　　B. 声功率　　　　　C. 声强　　　　　D. 声能密度

【答案】B

【解析】声功率是指声源在单位时间向外辐射的声能。

（二）声级的概念及计算

1. 听觉与声压、声强的关系

在正常的人耳听觉范围内，声压和声强的变化范围非常大。正常人耳可识别的最小声压是 $2\times10^{-5}\,\mathrm{N/m^2}$，声强为 $10^{-12}\,\mathrm{W/m^2}$，而使人感到疼痛的上限声压为 $20\,\mathrm{N/m^2}$，声强为 $1\,\mathrm{W/m^2}$，声压相差 100 万倍，而声强相差 1 万亿倍，数级跨度大，不容易理解。另外，人耳听觉的强弱也不与声压或声强呈正比，例如声能增加了一倍，但听力感觉并不是响一倍，因此很难直接用声压的数值来计量。

经研究，人耳的听觉上的强弱变化近似与声压的对数值成正比，取对数值后也将数值范围压缩，更有利于反映出声音的大小。因此在声音的计量中采用的是"级"的概念，如声功率级、声压级、声强级等。

注意"级"是一个相对比较的无量纲值，所以，尽管声压、声强、声功率和振动各自的单位不同，但声压级、声强级、声功率级以及振动级的单位都是分贝。

2. 声功率级

声功率级 L_W 的计算公式如下：

$$L_W = 10\lg\frac{W}{W_0} \tag{7-1-10}$$

式中　W_0——基准声功率（W），取 $10^{-12}\,\mathrm{W}$，即 $1\mathrm{pW}\,(\mathrm{N/m^2})$。

3. 声强级

声强级 L_I 的计算公式如下：

$$L_I = 10\lg\frac{I}{I_0} \tag{7-1-11}$$

式中　I_0——基准声强（$\mathrm{W/m^2}$），取 $10^{-12}\,\mathrm{W/m^2}$，为人耳可听的最小声强值。

4. 声压级

声压级 L_p 的计算公式如下：

$$L_p = 20\lg\frac{p}{p_0} \tag{7-1-12}$$

式中　p_0——基准声压（$\mathrm{N/m^2}$），取 $2\times10^{-12}\,\mathrm{N/m^2}$，为人耳可听的最小声压值。

根据计算公式，人耳刚刚能听到的最弱声音的声压级为 0dB（所以声压级通常大于 0），人耳可忍受的最大声压级为 120dB。

实务提示：

在计算声级时，声功率、声强、声压都先除以一个基准值，获得一个大于 1 的比值后再进行对数计算，因此在人耳可听范围内，声级的数值均大于 0。

根据计算公式，声压每增加 1 倍，声压级就增加 6dB，具体计算过程如下：

$$L_p = 20\lg\frac{p_2}{p_0} = 20\lg\frac{2p_1}{p_0} = 6 + 20\lg\frac{p_1}{p_0}$$

声压增加 10 倍，声压级增加 20dB，具体计算过程如下：

$$L_p = 20\lg\frac{p_2}{p_0} = 20\lg\frac{10p_1}{p_0} = 20 + 20\lg\frac{p_1}{p_0}$$

同理可求得，声功率、声强每增加 1 倍，声功率级、声强级增加 3dB。

实务提示：

本节内容涉及对数计算，需要熟悉常用的对数计算公式和对数值：

常用公式：lgA+lgB=lg(AB)

lgA−lgB=lg(A/B)

lgA^n=$n$lgA

常用对数值：lg1=0，lg2=0.3，lg3=0.48，lg5=0.7，lg10=1，lg100=2

例题 7-5：有两个声音，第一个声音的声压级为 80dB，第二个声音的声压级为 60dB，则第一个声音的声压是第二个声音的：

A. 10 倍   B. 20 倍   C. 30 倍   D. 40 倍

【答案】A

【解析】根据声压级计算公式，当两个声音的声压相差 10 倍时，声压级相差 20× lg10=20×1=20dB。

5. 声压级的叠加

当某个点接收到了两个或者多个声音时，总声压级并不是简单地把各个声音的声压级的分贝值直接相加，因为在这个点上相加的实际上是多个声音的声强，而总声压值 P 等于各个声压的算数平方根，即：

$$P = \sqrt{p_1^2 + p_2^2 + L + p_n^2} \tag{7-1-13}$$

因此，多个声压级的叠加计算过程是：

(1) 根据声压级公式，将各个声音的声压级换算成声压；

(2) 求出各点的声压的均方根值，即总声压值；

(3) 再根据声压级公式，将总声压值换算为总声压级。

当两个声源的声压级 p 相等时，叠加后的总声压级 L_p' 增加 3dB，计算过程为：

$$L_p' = 20\lg\frac{\sqrt{2}p}{p_0} = 20\lg\frac{p}{p_0} + 10\lg2 = 20\lg\frac{p}{p_0} + 3 = L_p + 3$$

当 n 个声源的声压级 p 相等时，叠加后的总声压级 L_{np} 的计算公式为：

$$L_{np} = 20\lg\frac{\sqrt{n}p}{p_0} = 20\lg\frac{p}{p_0} + 10\lg n \tag{7-1-14}$$

当两个声源的声压级 p 不相等时，总声压级的叠加规律为：

(1) 当两个声音相差>10dB 时，叠加后的总声压级＝较大声音的声压级，例如 70dB 和 90dB 叠加后为 90dB；

(2) 当两个声音相差 1~9dB 时，叠加后的总声压级＝较大声音的声压级＋1~2dB，差值越小，增加的声压级越高，但不超过 3。

实务提示：

当遇到多个声压级的叠加计算时，可以先尝试进行多轮的两两叠加。例如，四个声压级叠加时，可先进行第一轮两两叠加，求出两个声压级，再将这两个计算结果进行第二轮两两叠加，获得最终的总声压级。

例题 7-6：两台相同的机器，每台单独工作时在某位置上的声压级均为 93dB，则两台一起工作时该位置的声压级是：

A. 93dB   B. 95dB

C. 96dB   D. 186dB

【答案】C

【解析】两个相同的声压级叠加后加 3dB，即 93＋3＝96。

三、人耳的听觉特性（★）

（一）人耳频率响应与等响曲线

人耳对声音的响度感觉，与声音的频率和强度有关。对于强度一定的纯音，人耳对于中高频声更敏感，而对于低频声不敏感。

经过对大量听力良好的人的研究，获得了人耳的纯音等响度曲线图（如图 7-1-6 所示）。图中的曲线称为等响曲线，即曲线上每个点的响度都是相同的。表示人们响度级感觉的量称为方（Phon），其数值与等响曲线上 1000Hz 纯音的 dB 数相同。例如，图 7-1-6 中绘制了 10 方等响曲线到 120 方等响曲线。

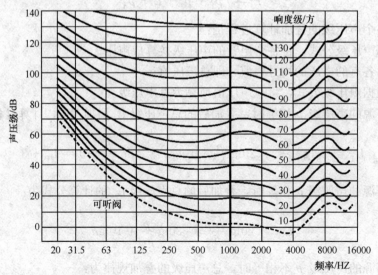

图 7-1-6　纯音的等响度级曲线

从图中可以看出，曲线在 2000～4000Hz 的位置下凹比较明显，说明要达到相同的响度，2000～4000Hz 所需的声压级最小，此处人耳最敏感。

例题 7-7：下列不同频率的声音，声压级均为 70dB，听起来最响的是：

A. 4000Hz　　　B. 1000Hz　　　C. 200Hz　　　D. 50Hz

【答案】A

【解析】参考纯音等响度级曲线，人耳对 2000～4000Hz 的声音最为敏感，反之，对低频声最不敏感。在声压级相同的情况下，2000～4000Hz 听起来最响。

（二）计权网络和 A 声级

声音一般由各种频率的声音复合而成，测量时通过设备获得的是倍频程或者 1/3 倍频程上的声压级，是一组数据，不方便使用，因此需要一种将频谱值转化为单一值的方法。人们采用计权网络法来获得单一噪声值，计权网络有 A、B、C、D 四种（详见图 7-1-7 所示），其中应用最广泛的是 A 计权网络。

A 计权网络是参考 40 方等响线，反映了人耳对不同频率声音的响应。如图 7-1-7 所示，A 计权网络对 500Hz 以下的声音有较大的衰减，而对 2000～4000Hz 的声音有一定加强，正是模拟了人耳对低频声不敏感、对中高频声敏感的特性。

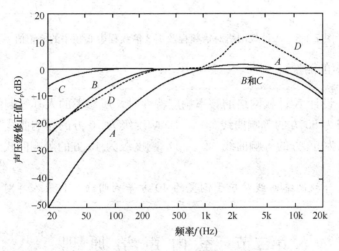

图 7-1-7　A、B、C、D 计权网络

用 A 计权网络修正后获得的声压级称为 A 声级，记作 L_A。计算 A 声级时，先对各频带上的声级进行修正（修正值参见图 7-1-8），然后再将修正后的声压级值进行叠加计算成单一值，计算过程见表 7-1-2。

A 声级计算示例　　　　　　　　　　　　　　　　表 7-1-2

倍频带中心频率	125	250	500	1000	2000	4000
测得的分频声压级（dB）	58	60	65	69	66	58
A 计权修正值（dB）	−16	−9	−3	−0	+1	+1
修正后的声压级（dB）	42	51	62	69	67	59
A 计权噪声值（dB）	72					

其他三种计权网络，B 计权网络参考 70 方等响曲线，其低频衰减比 A 声级小；C 计权网络参考 85 方等响曲线，在整个可听范围内衰减小，可以代表总声压级；D 计权网络

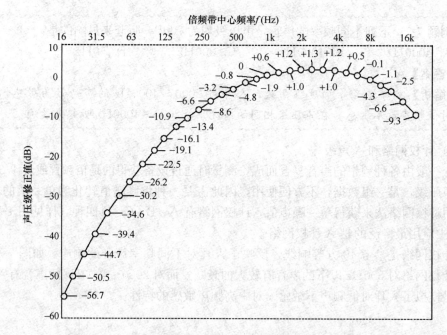

图 7-1-8　A 计权网络对倍频程及 1/3 倍频程中心频率的修正值

主要用于航空噪声的测量。

例题 7-8：设计 A 计权网络的频率响应特性时，所参考的人耳等响曲线为：

A. 响度级为 85 方的等响曲线　　　　　B. 响度级为 70 方的等响曲线

C. 响度级为 55 方的等响曲线　　　　　D. 响度级为 40 方的等响曲线

【答案】D

【解析】A 计权网络曲线对应于倒置的 40 方等响曲线，代表人耳对响度的感觉。

第二节　室内声学原理

一、声音的衰减 (★)

(一) 点声源的衰减规律

当声源的尺寸远小于声波的波长或传播距离时可以将声源看作点声源，比如单台设

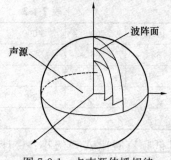

图 7-2-1　点声源传播规律

备、说话的人。点声源在自由声场中，点声源发出的声音呈球面向外传播（图 7-2-1），声强 $I = W/4\pi r^2$，空间中某点的声压级计算公式为：

$$L_p = L_W - 10\lg 4\pi r^2$$
$$= L_W - 10\lg 4\pi - 10\lg r^2 \qquad (7\text{-}2\text{-}1)$$
$$= L_W - 11 - 20\lg r$$

式中　L_W——点声源的声功率级（dB）；

　　　r——某点与声源点的距离（m）。

假设在距离 r_1 处的声压级为 L_{p1}，若距离 $r_2 = nr_1$，则 r_2 处的声压级 L_{p2} 为：

$$L_{p2} = L_{p1} - 20\lg \frac{r_2}{r_1} = L_{p1} - 20\lg n \qquad (7\text{-}2\text{-}2)$$

根据上式可知点声源的衰减规律：接收点与声源的距离每增加 1 倍，接收点处的声压级降低 6dB。

随着声音向外传播，声压级逐渐减小，但声音衰减的快慢是不同的。声音在靠近声源处衰减得较快，但随着距离的增加，声音衰减的速度越来越慢。例如，声音从距声源 1m 处到 2m 处时，相差仅 1m 衰减 6dB；当声音从距声源 10m 处到 20m 处，相差 10m 衰减 6dB，衰减速度下降；而当声音从距声源 100m 处到 200m 处，相差 100m 仍然衰减 6dB，几乎不衰减。

（二）线声源的衰减规律

当声源由许多点声源组成线状分布时可将声源看作线声源（图 7-2-2），比如车水马龙的公路、高速铁路等。在自由声场中，线声源发出的声音呈圆柱面向外传播，声强 $I = W/2\pi r$，空间中某点的声压级计算公式为：

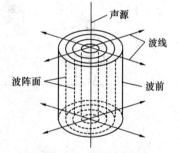

$$L_p = L_W - 10\lg 2\pi r$$
$$= L_W - 10\lg 2\pi - 10\lg r \qquad (7\text{-}2\text{-}3)$$
$$= L_W - 8 - 10\lg r$$

图 7-2-2　线声源传播规律

式中　L_W——线声源的声功率级（dB）；
　　　r——某点与声源点的距离（m）。

假设在距离 r_1 处的声压级为 L_{p1}，若距离 $r_2 = nr_1$，则 r_2 处的声压级 L_{p2} 为：

$$L_{p2} = L_{p1} - 10\lg \frac{r_2}{r_1} = L_{p1} - 10\lg n \qquad (7\text{-}2\text{-}4)$$

根据上式可知线声源的衰减规律：与声源的距离每增加 1 倍，声压级降低 3dB。

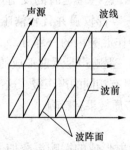

图 7-2-3　面声源传播
规律

（三）面声源的衰减规律

当声源为一个具有辐射声能本领的平面，且平面上辐射的声能处处相等时，可将声源看作面声源（图 7-2-3）。面声源的声波呈平面向外传播，随着距离增加不产生衰减。

实际上，在自然界中不存在不衰减的声源，因此面声源只是一种理想状态下的声源。例如，当噪声设备的体积很大，接收点距离设备很近时，可将声源看作面声源，此时声音几乎不衰减，但随着接收点距离声源越来越远，当距离远大于声源尺寸时，就可将声源看作点声源，符合点声源的衰减规律。

例题 7-9：在开阔的混凝土平面上有一声源向空中发出球面声波，声波从声源传播 4m 后，声压级为 65dB，声波再传播 4m 后，声压级是：

A. 65dB　　　　　B. 62dB　　　　　C. 59dB　　　　　D. 66dB

二、室内声场和声压级计算（★★）

（一）室内声场

在日常生活中，人们可以发现在房间内说话或唱歌，停止发声后仍然有声音在房间中回荡，音量也比在室外说话时更大一点，这是由于声音在房间内表面之间的多次反射，改变了声场的特性（图7-2-4）。

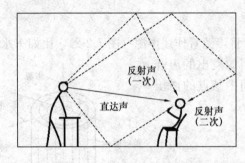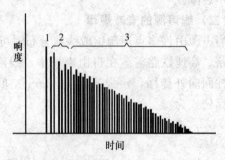

图7-2-4　室内声音的传播示意图

（1—直达声；2—近次反射声；3—混响声）

声音在室外传播时没有声反射，按照自由场向外传播并衰减。而在室内声场中，某一点接收到的声音可分为直达声、近次反射声和混响声三部分组成。

（1）直达声是指由声源直接到接收点的声音。直达声声音大小与距离有关，距离声源越远，直达声越小，而与房间的反射面无关。直达声的方向源于声源。室内声场的直达声一般符合点声源的衰减规律。

（2）近次反射声是指直达声到达之后在50ms内到达的反射声。这些短延时的反射声一般经过室内表面的一次、二次或者少数三次反射后到达接收点，声音较强并且较清晰，对于提高音质效果有很大的作用，但在室内声压级计算时，可以看作混响声的一部分。

（3）混响声是指在近次反射声之后陆续到达的多次反射声的统称。混响声是反射形成的，弥散于房间各处，方向没有规律，可以认为房间中所有位置的混响声具有相同的声压级。这部分声音持续的时间较长，难于辨认声音的方向和内容，其衰减速率对音质效果有影响。

（二）室内声压级计算

房间内某一点的收到的声音，是由声源发出的直达声和多次反射形成的混响声叠加而成。直达声符合声音的衰减规律，与声源的指向性、接收点与声源的距离等因素有关；而混响声与房间的大小、表面材料的吸声性能等因素有关。

实务提示：

在音质设计中，近次反射声非常重要，需要单独考虑；而在室内声压级计算中，仅关注接收到的声压级的大小，无需考虑听清的问题，近次反射声可作为混响声一并考虑。

已知一个声源在室内连续发声，当声场稳定时，室内某一点处的稳态声压级 L_p 为：

$$L_p = L_W + 10\lg\left(\frac{Q}{4\pi r^2} + \frac{4}{R}\right) \tag{7-2-5}$$

式中　L_W——点声源的声功率级（dB）；

　　　Q——声源的指向性因数，与声源位置和声源发散情况有关（表7-2-1）；

　　　r——某点与声源点的距离（m）；

　　　R——房间常数（m²），与室内平均吸声系数 $\bar{\alpha}$、室内总表面积 S 有关，公式为：

$$R = \frac{S \cdot \bar{\alpha}}{1 - \bar{\alpha}} \tag{7-2-6}$$

计算公式中，第一项 $Q/4\pi r^2$ 是直达声，第二项 $4/R$ 是混响声，总声压级为这两项之和。

指向性因数取值　　　　　　　　　　　　　　　　　　　表 7-2-1

点声源		指向性因数	点声源		指向性因数
A	整个自由空间	$Q=1$	C	$\frac{1}{4}$ 自由空间	$Q=4$
B	半个自由空间	$Q=2$	D	$\frac{1}{8}$ 自由空间	$Q=8$

（三）混响半径

根据室内声压级计算公式，在距离声源较近的位置，直达声占主要成分，但随着距离的增加，直达声越来越弱，混响声逐渐加强，超过一定距离后就以混响声为主。

混响声能密度和直达声能密度相等之处，距离声源的距离叫作混响半径，或临界半径，符号为 r_0。

$$\frac{Q}{4\pi r^2} = \frac{4}{R} \tag{7-2-7}$$

$$r_0 = 0.14\sqrt{Q \cdot R} \tag{7-2-8}$$

在混响半径以内，直达声大于混响声；在混响半径以外，直达声小于混响声。

注意混响半径是房间的属性，与房间吸声情况有关，而与声源无关。当房间内平均吸声系数 $\bar{\alpha}$ 越大，房间常数 R 值越大，混响半径越大；反之，平均吸声系数 $\bar{\alpha}$ 越小，R 值越小，混响半径越小。

在进行吸声降噪处理时，混响半径可以用于判断吸声处理的有效区域。对于混响半径以内的区域，主要是直达声，设置吸声材料无法有效地降低声压级；而在混响半径以外的区域，主要是混响声，房间表面加装吸声材料后可以大大降低混响声，降噪效果比较明显。如果混响半径已经超过了房间的尺寸，吸声处理没有明显的吸声降噪效果。

例题 7-10：房间内有一声源连续稳定地发出声音，与房间内的混响声有关的因素是：

A. 声源的指向性因数　　　　　B. 离开声源的距离

C. 室内平均吸声系数　　　　　D. 声音的速度

三、混响时间（★★★）

（一）混响时间的定义

室内声场达到稳态后，声源停止发声，室内声压级将按线性规律衰减（图 7-2-5），平均声能密度衰减到原来的百万分之一，即声压级衰减 60dB 所经历的时间叫作混响时间，符号为 RT 或 T_{60}，单位：s。

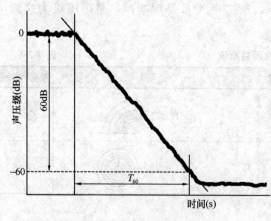

图 7-2-5　声压级衰减曲线

混响时间是音质设计中的一个重要评价指标，定量地衡量某一空间内混响的过程。混响过程长，有利于音质的丰满感，但如果衰减过程太长，当发出多个音节时，前一个音节的衰减将掩盖后一个音节的，从而影响听音的清晰度。混响过程短，虽然有利于听音的清晰度，但声音显得干涩，并且强度变弱使听音变得吃力。因此在音质设计时混响时间需要恰到好处。对于音乐厅、剧场、报告厅、电影院、录音棚等不同形式的演出或录音、放音的场所，都有较严格的混响时间要求。

（二）混响时间的计算

假设房间的声场为充分的扩散声场，常用的混响时间计算公式有赛宾公式、伊林公式和伊林-特努生公式。

1. 赛宾（Sabine）公式

$$T_{60} = \frac{0.161 \cdot V}{S \cdot \bar{\alpha}} (\bar{\alpha} < 0.2) \tag{7-2-9}$$

式中　V——房间体积（m³）；

　　　S——房间总内表面积（m²）；

　　　$\bar{\alpha}$——房间平均吸声系数（无量纲），计算方法如下：

$$\bar{\alpha} = \frac{\alpha_1 S_1 + \alpha_2 S_2 + \cdots + \alpha_n S_n}{S_1 + S_2 + \cdots + S_n} \tag{7-2-10}$$

式中　α_1，$\alpha_2 \cdots \alpha_n$——不同材料的吸声系数（无量纲）；

　　　S_1，$S_2 \cdots S_n$——室内不同材料的表面积（m²）。

赛宾公式适用于室内吸声较少（即 $\bar{\alpha} < 0.2$）的情况，如果房间内吸声较多，则应采用伊林公式或伊林－特努生公式。

2. 伊林（Eyring）公式

$$T_{60} = \frac{0.161 \cdot V}{-S \cdot \ln(1-\bar{\alpha})} \qquad (7\text{-}2\text{-}11)$$

式中　V——房间体积（m^3）；

S——房间总内表面积（m^2）；

$\bar{\alpha}$——房间平均吸声系数（无量纲）。

> **实务提示：**
> 式中 ln 表示以自然常数 e 为底的对数。

3. 伊林-特努生（Eyring-Knudsen）公式

$$T_{60} = \frac{0.161 \cdot V}{-S \cdot \ln(1-\bar{\alpha}) + 4mV} \qquad (7\text{-}2\text{-}12)$$

式中　$4m$——空气吸收系数（m^3），考虑了空气对 2000Hz 以上的高频声音的吸收作用，取值见表 7-2-2。对其余频段，该值为 0。

空气吸收系数 4m 值（室内温度 20℃）　　　　　　　　　表 7-2-2

频率（Hz）	2000	4000
空气相对湿度 50%	0.010	0.024
空气相对湿度 60%	0.009	0.022

例题 7-11： 房间中一声源稳定，此时房间中央的声压级大小为 90dB，当声源停止发声 0.5s 后声压级降为 70dB，则该房间的混响时间是：

　　A. 0.5s　　　　　B. 1.0s　　　　　C. 1.5s　　　　　D. 2.0s

【答案】 C

【解析】 混响时间指声音衰减 60dB 所经历的时间。声压级从 90dB 下降到 70dB，衰减 20dB 经历了 0.5s，可推算出衰减 60dB 需要 0.5×3＝1.5s。故 C 选项正确。

第三节　吸声材料与构造

一、吸声材料概述（★）

（一）吸声材料及构造的分类

根据吸声原理的不同，吸声材料及构造可分为三大类，第一类为多孔吸声材料，包括纤维材料、颗粒材料及泡沫材料；第二类为共振吸声构造，包括单个共振器（亥姆霍兹共振器）、穿孔板共振吸声构造、薄板共振吸声构造、薄膜共振吸声构造；第三类为特殊吸声构造，包括空间吸声体、吸声尖劈等。

（二）吸声材料的吸声参数

1. 吸声系数

吸声系数 α 是评定材料吸声作用的主要指标，吸声系数越大，吸声能力越强。吸声系数 $\alpha = 1 - \gamma$（反射系数），所以 α 应该是一个小于 1 的数。通常，材料在不同的频段上的吸声系数是不同的，如图 7-3-1 所示，有些材料吸收中、高频声音，有些材料则吸收低频声音。

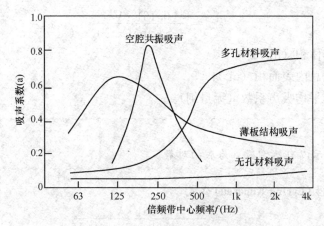

图 7-3-1 不同材料或构造吸声的频率特性

2. 降噪系数

工程中，经常使用降噪系数。降噪系数（NRC）是指在 250Hz、500Hz、1000Hz、2000Hz 测得的吸声系数的算数平均值。

3. 吸声量

吸声量又称等效吸声面积，一个表面的吸声量 A 等于材料的面积 S 乘以材料的吸声系数 α，单位是 m^2。它反映了一种材料或者一个物体（如座椅、空间吸声体）总体的吸收声能的大小。在进行混响时间、室内声压级等参数计算时，也经常使用到吸声量 A 值。表 7-3-1 中是三种情况的吸声量计算示例。

吸声量计算示例   表 7-3-1

情况（材质）	开窗	5cm 玻璃棉	25cm 砖墙
图示	100cm × 100cm		
吸声系数 α	1.0	0.8	0.02
材料面积 S（m^2）	$100m^2$	$100m^2$	$100m^2$
吸声量 $A = \alpha S$	$100m^2$	$80m^2$	$2m$

例题 7-12：降噪系数的具体倍频带为：

A. 125～4000Hz   B. 125～2000Hz

C. 250～4000Hz   D. 250～2000Hz

【答案】D

【解析】降噪系数（NRC）是指在 250Hz、500Hz、1000Hz、2000Hz 测得的吸声系数的平均值。

二、多孔吸声材料（★★★）

（1）多孔吸声材料的类型：包括有机纤维材料、麻棉毛毡、无机纤维材料、玻璃棉、岩棉、矿棉、脲醛泡沫塑料、氨基甲酸酯泡沫塑料等。

（2）吸声原理：当声波入射到材料内部，由于空气的黏滞阻力，空气与小孔的摩擦使一部分声能转化为热能而被吸收。

（3）构造特征：材料内部应有大量的微孔和间隙，而且这些微孔应尽可能细小并在材料内部是均匀分布的。材料内部的微孔应该是互相贯通的而不是密闭的，单独的气泡和密闭间隙不起吸声作用。微孔向外敞开，使声波易于进入微孔内。

实务提示：

海绵、加气混凝土、聚氯乙烯和聚苯乙烯泡沫塑料的内部气泡是单个闭合的，因此不属于吸声材料，可以作为保温材料；拉毛水泥虽然表面凹凸不平，但是没有孔隙，不属于吸声材料，另外其表面的凹凸变化很微小，也不能起到有效的扩散作用。

（4）吸声特性：主要吸收高频声。影响吸声性能的因素主要是材料的流阻、孔隙、构造因素、厚度、容重、背后条件、透声罩面材料等。比如，厚度增加、后面留空气层可以提高中、低频吸声特性；罩面材料需要采用金属网、窗纱、透声织物、极薄的塑料膜、穿孔板（穿孔率＞20％）等透声材料才不会影响吸声效果。

例题 7-13： 多孔吸声材料具有良好的吸声性能的原因是：

A. 表面粗糙　　　　　　　　　B. 内部有大量封闭孔洞

C. 容重小　　　　　　　　　　D. 具有大量内外连通的微小空隙和孔洞

【答案】 D

【解析】 多孔吸声材料具有内外连通的小孔，其吸声机理特征是良好的通气性。由于空气的黏滞阻力，使空气与孔壁产生摩擦，导致声能转化为热能被消耗。

三、共振吸声构造（★★）

（一）亥姆霍兹共振器

（1）构造特征：有一定体积的空腔，通过一定深度的小孔与声场连通，如图 7-3-2 所示。

（2）吸声原理：当外界入射声波频率 f 和系统固有频率 f_0 相等时，孔颈中的空气柱就由于共振而产生剧烈振动；在振动中，因空气柱和孔颈侧壁产生摩擦而消耗声能。

（3）吸声频率：存在一个吸声共振峰，即共振频率附近吸声量最大。共振频率 f_0 与颈口面积、空腔容积、孔颈深度以及开口末端修正量（与开孔形状有关）有关。

（二）穿孔板共振吸声构造

（1）构造特征：有一定厚度的穿孔板（板材可以为胶合板、石棉水泥板、石膏板、硬质纤维板、金属板等），板后留有封闭

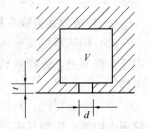

图 7-3-2　亥姆霍兹共振器
构造示例

（t—孔颈深度；d——孔径）

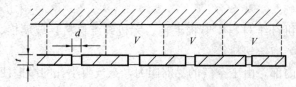

图 7-3-3　穿孔板共振吸声构造示例

（t—板厚；d—孔径；V—单位体积，与板后空腔厚度有关）

空腔，如图 7-3-3 所示。穿孔板的穿孔率一般为4%～16%。

（2）吸声原理：穿孔板吸声构造相当于许多并列的亥姆霍兹共振器，利用孔颈内的空气柱与孔颈侧壁产生摩擦而消耗声能。需要注意的是，共振耗能的是空气而不是板面，吸声效果只与孔径、孔深、孔口形状、穿孔率、空腔厚度等因素有关，与板的材质无关。

（3）吸声特性：在吸声共振频率附近的吸收量最大，一般吸收中频声。板后放多孔吸声材料能吸收中、高频声，并且可以使共振频率向低频转移。若板后有大空腔（如吊顶），可以增加低频声吸收。吸声系数 α 值变化较大，范围为 0.3～0.9。

> **实务提示：**
>
> 孔径<1mm 的穿孔板属于微穿孔板，有独特的吸声性能；穿孔率>20% 的穿孔板视为透声材料，作为多孔吸声材料的罩面层，而不属于穿孔板共振吸声构造。

> **例题 7-14：** 下列哪项不是影响穿孔板吸声结构吸声特性的重要因素？
> A. 穿孔板的厚度　　　　　　　B. 穿孔板的穿孔率
> C. 穿孔板的面密度　　　　　　D. 穿孔板后的空气层厚度
> 【答案】C
> 【解析】穿孔板吸声构造共振频率与穿孔率、板后空气层厚度、板厚有关，但与板面密度无关。
>
> **例题 7-15：** 对于穿孔板吸声结构，孔板背后的空腔中填充多孔吸声材料的作用是：
> A. 提高共振频率　　　　　　　B. 提高整个吸声频率范围内的吸声系数
> C. 降低高频吸声系数　　　　　D. 降低共振时的吸声系数
> 【答案】B
> 【解析】穿孔板存在吸声共振频率，在共振频率附近吸收量最大，一般吸收中频声。板后放多孔吸声材料能吸收中、高频声，且共振频率向低频转移。

（三）薄板共振吸声构造

（1）构造特征及吸声原理：把胶合板、硬质纤维板、石膏板、石棉水泥板等板材周边固定在框架上，连同板后的封闭空气层构成振动系统，振动时板变形并与龙骨摩擦消耗声能。

（2）吸声特性：共振频率一般在 80～300Hz，其吸声系数约为 0.2～0.5，一般为低频吸声构造。影响其吸声性能的主要因素有薄板的单位面积质量、背后空气层厚度、板后龙骨构造及板的安装方式（或者结构的刚度）。

穿孔板共振吸声构造的吸声原理与亥姆霍兹共振器一样，振动耗能的是空气，因此板面不参与振动。而薄板、薄膜吸声构造中振动耗能的是板（或膜），所以薄板的质量、薄膜的弹性会影响吸声特性。

例题 7-16：薄板吸声构造的共振频率一般在下列哪个频段？

A. 高频段 B. 中频段 C. 低频段 D. 全频段

【答案】C

【解析】薄板吸声构造的共振频率一般在低频段。

（四）薄膜共振吸声构造

（1）构造特征及吸声原理：皮革、人造革、塑料薄膜等材料，具有不透气、柔软、受张拉时有弹性等特性，可与背后的空气层形成共振系统，通过薄膜共振吸收声能。

（2）吸声特性：共振频率通常在 $200\sim1000\mathrm{Hz}$ 范围，共振频率附近的吸声效率最大，最大吸声系数为 $0.3\sim0.4$，为中频吸声构造。

四、其他吸声构造（★）

（一）微穿孔吸声构造

（1）构造特征及吸声原理：由孔径 $<1\mathrm{mm}$ 的金属板加封闭空腔组成，由于孔径很小，比常规穿孔板的声阻大得多，利用空气质点运动在孔中的摩擦吸收声能，无须另加多孔材料。

（2）吸声特性：微孔板对低、中、高频有较高的吸声系数，可达到 $0.4\sim0.7$。板孔的大小和间距决定最大吸声系数，板的构造和板后空气厚度决定吸声的频率范围。

（二）特殊吸声构造

1. 空间吸声体

将吸声材料作成空间的立方体，如平板形、球形、圆锥形、棱锥形或柱形，使其多面吸收声波，在投影面积相同的情况下，相当于增加了有效的吸声面积和边缘效应，再加上声波的衍射作用，大大提高了实际的吸声效果，其高频吸声系数可达 1.0 以上。在实际使用时，可根据不同的使用地点和要求，如体育场馆、中庭等设计各种形式的从顶棚吊挂下来的吸声体。

2. 吸声尖劈

吸声尖劈是消声室常用的强吸声构造，通常为楔形的吸声体，外包玻璃布，内部填满玻璃棉毡，利用形状和多孔吸声材料吸声。吸声尖劈在很宽的频率范围内都有很高的吸声系数，但低频区的吸声系数较低，如图 7-3-4 曲线所示。吸声系数 $\alpha>0.99$ 的最低

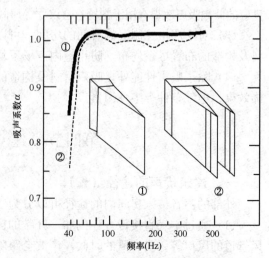

图 7-3-4　吸声尖劈构造及吸声频率特性

频率称为截止频率，截止频率与尖劈的长度有关，尖劈越长，截止频率越低。

3. 帘幕

帘幕是具有通气性能的纺织品，具有多孔材料的吸声特性，由于较薄，本身作为吸声材料使用是得不到大的吸声效果的。如果将它作为帘幕，打多层褶，并离开墙面或窗洞一定距离安装，就像多孔材料的背后设置了空气层，在中、高频具有一定的吸声效果。当它离墙面 1/4 波长的奇数倍距离悬挂时，就可获得相应频率的高吸声量。例如在剧院的舞台区域，帘幕的吸声作用较大，不能被忽略。

4. 人、家具和洞口

房间里的各种开口（例如风口、出挑较深的楼座下方、舞台开口等）也具有吸声的效果。当洞口外没有任何反射面，朝向自由声场时，洞口的吸声系数 $\alpha=1$；当洞口外是走廊、房间等非自由场，则 $\alpha<1$；舞台开口的吸声系数约为 $0.3\sim0.5$。

房间内的人和家具（尤其表面为软包材料时）也属于吸声体，例如剧院的座椅、穿冬装的人，在中、高频具有较强的吸声效果。可以按照单体吸声量乘以数量统计，或者按照单位面积的吸声系数乘以面积，计算出总体的吸声量。

（三）吸声材料及构造的应用

1. 吸声材料及构造的用途

吸声材料及构造是声学设计中应用最广泛的一类材料，可以用于控制混响时间，吸声降噪等，主要方面如下：

（1）吸声材料可以吸收房间中的混响声，达到吸声降噪的效果；

（2）房间内设置吸声材料，可以降低房间的混响时间，提高清晰度；

（3）复合隔声构造（如轻质隔墙、金属屋面）、消声器中的多孔吸声材料，可以提高构件的隔声、消声效果。

2. 吸声材料及构造的选用原则

（1）吸声材料应有足够的吸声系数。《民用建筑隔声设计规范》GB 50118—2010（本章简称《隔声规范》）中，一般走廊吊顶的降噪系数 $NRC>0.40$。

（2）吸声材料及构造的吸声系数应考虑频率特性。用于设备机房的吸声材料及构造，应有良好的低频吸声效果；用于剧场、会议厅等房间的吸声材料及构造，应具有宽频吸声效果。

（3）对于严格控制混响时间的房间，可以采用多种吸声材料及构造搭配使用，吸声材料及构造的布置尽量均布，防止室内声场不均匀。

（4）除了吸声性能外，吸声材料及构造的选择还应考虑防火、防潮、耐久、经济、装饰效果、施工条件等多种因素。

第四节 建 筑 隔 声

一、建筑传声的途径（★）

外部的声音传入房间内的途径可以分为三种：

（1）通过空气直接传入：例如，开敞的窗口，墙体、楼板上未封严的缝隙和洞口、通风管道的风口等。当有风的时候，声波会跟随流动的气体传播得更明显［图 7-4-1 (a) 窗口传声］。

（2）透过围护结构传播：当外部声音较高时，可以透过房间的围护结构传声，例如透过墙体、关闭的门窗听见隔壁的声音。围护结构的透声过程，是由隔壁房间的声源发出声波，声波辐射到周围壁面上引起壁面振动，然后由壁面的振动（是一种不易察觉振感的微小振动）辐射出声音，所以发声体是整个壁面［图7-4-1（a）围护结构传声］。

（3）固体撞击和振动沿围护结构传播并引发声：例如，可以听见楼上的脚步声。固体撞击和振动传声是由振动源引起周围壁面的振动辐射出声音，特点是在振动源一侧声音很小，但在接收室辐射出声音比较大，而且房间不一定相邻［图7-4-1（b）］。

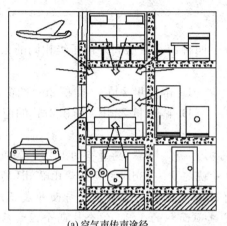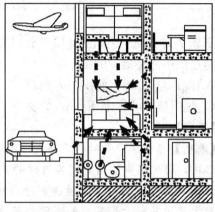

(a) 空气声传声途径　　　　　　　　　　(b) 固体声传声途径

图 7-4-1　空气声和固体声的传播途径

现行《隔声规范》包括了照空气声隔声、撞击声隔声两类指标。

实务提示：

如果没有特别说明，"隔声量"一词通常是指空气声隔声量。

二、空气声隔声量（★★）

（一）空气声隔声量

建筑物理中，用隔声量 R 来表示构件对空气声的隔绝能力：

$$R = 10\lg\frac{1}{\tau} \text{ 或 } \tau = 10^{-\frac{R}{10}} \tag{7-4-1}$$

式中　τ——透声系数（无量纲），指透射声能与总的入射声能之比。

隔声量 R 和透射系数 τ 之间的关系如下：

（1）隔声量 R 越大，透射系数 τ 越小，透射声能越少，构件的空气声隔声能力越好。

当透射声能是入射声能的 1% 时，透射系数 $\tau=0.01$，隔声量 $R=10\lg$（1/0.01）$=20$dB；

当透射声能是入射声能的 1‰ 时，透射系数 $\tau=0.001$，隔声量 $R=10\lg$（1/0.001）$=30$dB。

（2）透射系数 τ 每增加一倍，隔声量 R 下降 3dB。

例如，透射系数 $\tau=0.01$，隔声量 $R=10\lg$（1/0.01）$=20$dB；

增加一倍 $\tau'=0.02$，隔声量 $R'=10\lg\ (1/0.02)\ =17\text{dB}$，降低 3dB；

再增加一倍 $\tau''=0.04$，隔声量 $R''=10\lg\ (1/0.04)\ =14\text{dB}$，降低 6dB。

（3）透射系数 τ 恒小于 1，隔声量 R 恒大于 0。

实务提示：

隔声与吸声是完全不同的概念，好的吸声材料不一定是好的隔声材料。例如，玻璃棉的吸声系数高，但隔声性能不行，因为材料内有大量连通的小孔，声音很容易透过。

例题 7-17： 在一房间的外墙上分别装以下四种窗，在房间外声压级相同的条件下，透过的声能量最少的是：

A. 隔声量 20dB、面积 1m^2 的窗　　　　B. 隔声量 20dB、面积 2m^2 的窗

C. 隔声量 23dB、面积 3m^2 的窗　　　　D. 隔声量 23dB、面积 4m^2 的窗

【答案】A

【解析】 根据隔声量的计算公式，透过的能量减少 1 倍（为原来的 1/2），隔声量增加 3dB，因此隔声量越大，其透过的声能量就越小。23dB 的隔声量比 20dB 的隔声量在面积相同的情况下能量透射量减少了 1 倍。透射的能量多少与面积成正比，面积越大透过的能量越多，A 选项面积为 C 选项面积的 1/3。综合这两个因素后选 A。

（二）空气声隔声单值评价量和频谱修正量

1. 空气声隔声单值评价量

空气声隔声单值评价量分为两种：计权隔声量和计权标准化声压级差。计权隔声量 R_w 是实验室测量值（理想状态），计权标准化声压级差 $D_{nT,w}$ 是现场测量值（实际状态）。其中，计权隔声量 R_w 常用于建筑设计阶段。

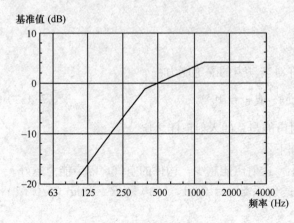

图 7-4-2　空气声隔声基准曲线

在实验室或现场测量时，获得建筑构件的隔声量一般是分频值（按倍频程或 1/3 倍频程），而不是单值，需要通过一种计权的方法转化为单值。在《建筑隔声评价标准》GB/T 50121—2005（本章简称《隔声标准》）中有相关的方法和步骤，大致可以概括为：

计权隔声量 R_w 和计权标准化声压级差 $D_{nT,w}$ 的做法是将构件 100~3150Hz 十六个 1/3 倍频程隔声特性曲线绘制在坐标纸上，和基准曲线（图 7-4-2）比较，满足特定的要求后，以 500Hz 频率的隔声量作为该墙体的单值评价量（即计权隔声量 R_w）。

注意，计权隔声量 R_w 是在实验室测得的结果，通常指楼板、隔墙、门窗等构件（如分户墙、分户楼板）；计权标准化声压级差 $D_{nT,w}$ 指现场测试结果，通常指房间之间（如卧室与邻户房间之间）。

> **实务提示：**
>
> 计权隔声量和 A 声级的概念类似，都是采用计权方法将噪声或隔声量的分频值转化为单值。撞击声隔声量也有类似的转化方法。

2. 频谱修正量

计权隔声量的计算方法中，没有区分出低频隔声和高频隔声性能的不同，因此规范中增加了频谱修正量的概念。频谱修正量是因隔声频谱不同以及声源、空间的噪声频谱不同，所需加到空气声隔声单值评价量上的修正值。

当声源空间的噪声呈粉红噪声频率特性时，计算得到的频谱修正量是粉红噪声频谱修正量 C，适用于普通房间；当声源空间的噪声呈交通噪声频率特性时，计算得到的频谱修正量是交通噪声频谱修正量 C_{tr}，适用于临街、邻机房等低频噪声高的房间。

在《隔声规范》中，所有房间的隔声量指标都需要加频谱修正量，两种修正量都为负值。

> **实务提示：**
>
> 在《隔声标准》中，采用的是空气声隔声单值评价量（R_w 及 $D_{nT,w}$）＋频谱修正量（C 及 C_{tr}），根据不同的使用环境，两两组合。例如，对于"临街的外窗"，"外窗"属于建筑构件，临街有低频交通噪声，因此其隔声量标准是 $R_w+C_{tr}>\times\times$ dB；对于"卧室与邻户房间之间"，属于房间之间，需现场测量，邻户之间不属于低频噪声高的环境，因此其隔声量标准是 $D_{nT,w}+C\geqslant\times\times$ dB。

> **例题 7-18：**当噪声源以低中频成分为主时，评价建筑构件的空气声隔声性能的参数，正确的是？
>
> A. 计权隔声量＋粉红噪声频谱修正量
>
> B. 计权隔声量＋交通噪声频谱修正量
>
> C. 计权标准化声压级差＋粉红噪声频谱修正量
>
> D. 计权标准化声压级差＋交通噪声频谱修正量
>
> **【答案】** B
>
> **【解析】** 建筑构件的隔声量采用计权隔声量，房间之间的隔声采用计权标准化声压级差；低中频噪声采用交通噪声频谱修正量，中高频噪声采用粉红噪声频谱修正量。

三、空气声隔声构造（★★★）

在声源与接收者之间设置构件，阻挡声能在空气中传播，是建筑环境噪声控制的一项措施。构件的设置部位，可以在声源附近、接收者周围或在噪声传播的途径上。体现在建筑中，主要要求围护结构如墙、楼板、门窗等具有一定的隔声能力，目的是保证室内环境的安静。

(一) 匀质密实隔声墙

1. 单层匀质密实隔声墙

(1) 一般隔声性能

单层钢筋混凝土、加气混凝土砌块或墙板、各类砖和砌块砌筑的墙体、楼板都可以看作单层匀质密实墙体或楼板。

从理论上研究单层匀质密实墙的隔声性能是相当复杂和困难的（图7-4-3），不仅与入射声的频率有关，还与墙的单位面积质量、刚度、材料内阻尼以及墙的边界条件等有关。其中比较突出的是两个规律是质量定律和吻合效应。

(2) 质量定律

当忽略墙体的刚度、阻尼和边界条件，假设墙体无限大时，当声波无规入射时，隔声量为：

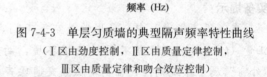

图 7-4-3　单层匀质墙的典型隔声频率特性曲线
（Ⅰ区由劲度控制，Ⅱ区由质量定律控制，
Ⅲ区由质量定律和吻合效应控制）

$$R = 20 \lg m + 20 \lg f - 48$$
$$= 20 \lg (m \cdot f) - 48 \quad (7\text{-}4\text{-}2)$$

式中　m——墙体单位面积质量（kg/m²）；

　　　f——入射声的频率（Hz）。

从上式可看出，墙体质量增大时，隔声量也随之加大，当墙体质量增加一倍，隔声量增加 6dB。同样，频率增加一倍，隔声量也增加 6dB。

典型算例：

若 100mm 厚墙体，单位面积质量是 200kg/m²，入射声频率为 50Hz 时，隔声量为 20lg（50×200）－48＝32dB。

1) 增加单位面积质量：墙体加厚到 200mm，单位面积质量是 400kg/m²，隔声量为 20lg（50×400）－48＝38dB，增加了 6dB；

2) 提高入射声频率：入射声频率提高到 100Hz，隔声量为 20lg（100×200）－48＝38dB，增加了 6dB。

3) 两者同时提高：墙体加厚到 200mm，单位面积质量是 400kg/m²，入射声频率提高到 100Hz，隔声量为 20lg（100×400）－48＝44dB，增加了 12dB。

(3) 吻合定律

单层匀质密实墙都是有一定刚度的弹性板，在被声波激发后，会产生受迫弯曲振动。如果板在斜入射声波激发下产生的受迫弯曲波的传播速度等于板固有的自由弯曲波传播速度，则称为发生了"吻合"（图7-4-4）。吻合效应发生时，大量入射声能透射到另一边，大幅降低板的隔声性能。发生吻合效应的这个频率就叫作"吻合临界频率"，隔声性能在吻合临界频率的附近形成低谷，称为"吻合谷"。

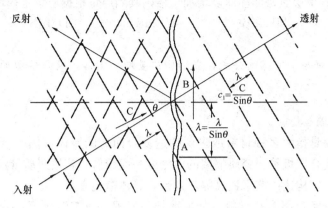

图 7-4-4　吻合效应的原理

吻合效应与材料密度、构件厚度、材料的弹性模量有关。通常用硬而厚的板或软而薄的板，尽量使吻合效应的频率控制在 $100\sim2500\,Hz$ 之外。

2. 双层匀质密实墙体

双层匀质密实墙体的隔声性能，不仅和两道墙本身的隔声性能有关，还与空气间层、双层吻合效应等有关。

（1）空气间层

双层墙提高隔声量的主要原因是空气间层的附加隔声量，而附加隔声量与空气间层的厚度、双道墙体之间的连接有关。

1）空气间层的厚度。随着空气间层厚度的增加，附加隔声量逐渐增加，但超过一定厚度之后，增加的幅度逐渐减小并趋于稳定，如图 7-4-5 所示。

2）双道墙体之间的连接。建筑构造上，为了保证双层墙的稳固，双层墙体之间每隔一段距离会设置搭接件，当搭接件的刚度较大时，就会形成刚性连接。

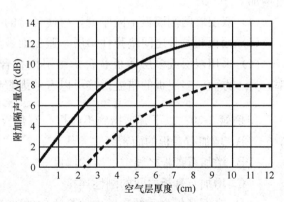

图 7-4-5　空气间层的附加隔声量
（实线为双层墙体完全分开的情况，
虚线为刚性连接不多的情况）

又或者，施工中的碎砖、砂浆会掉落在双层墙空腔中，也会形成刚性连接。这些刚性连接可以传播振动，使声音透过，形成"声桥"。如果刚性连接过多，甚至可以抵消掉空气间层的附加隔声量。

（2）双层吻合效应

双层墙中也会出现吻合效应，当两道墙体的重量、厚度都相等时，两道墙体的吻合临界频率也相同，吻合谷重叠，会使墙体隔声量大幅下降。

如果两道墙的厚度不一样，或者材料密度不同，则吻合临界频率就可以错开，从而避免这种现象的发生。

例题 7-19：单层质密墙体厚度增加 1 倍则其隔声量根据质量定律增加：

A. 6dB   B. 4dB   C. 2dB   D. 1dB

【答案】A

【解析】根据质量定律的公式，当墙体质量增加 1 倍，或频率增加 1 倍，隔声量增加 6dB。

（二）轻质隔墙

轻质隔墙主要是指由多种材料或多层构造复合而成的墙体，例如轻钢龙骨石膏板隔墙、加气混凝土复合墙板等。轻质隔墙的面密度一般较低，若按照质量定律，其隔声性能很差，必须通过一定构造措施来提高隔声效果，具体措施有：

（1）将多层密实板用多孔材料（如玻璃棉、岩棉、泡沫塑料等）分隔，做成夹层结构，隔声量比重量相同的单层墙提高很多。

（2）使板材的吻合临界频率在 100～2500Hz 范围之外。采用软而薄的多层板提高吻合频率，错开主要频率。例如，25mm 厚纸面石膏板的吻合临界频率约为 1250Hz，若分成两层 12mm 厚的板叠合起来，吻合临界频率约为 2600Hz。

（3）将轻型板材墙做成分离式双层墙，若空气间层≥75mm 且双层墙体之间无刚性连接时，隔声量可提高 8～10dB；若空气间层填充松散材料（如玻璃棉、岩棉），隔声量能再增加 2～8dB。

（4）双层墙两侧墙板不同厚度，可使各自的吻合临界频率不同，避免吻合谷重叠。

（5）面板和龙骨之间垫弹性垫层，避免面板与龙骨的刚性连接，较少声桥。

（6）采用双层或多层薄板叠合。多层板叠合一方面可以提高吻合频率，错开主要频率；另一方面，多层板的错缝拼接可以有效地避免板缝漏声。

例题 7-20：以下哪项措施不能提高石膏板轻钢龙骨隔墙的隔声能力？

A. 增加石膏板的面密度

B. 增加石膏板之间空气层的厚度

C. 增加石膏板之间的刚性连接

D. 在石膏板之间的空腔内填充松软的吸声材料

【答案】C

【解析】石膏板之间的刚性连接可以传播振动，形成声桥，降低墙体的隔声能力。其余三项均为增加隔声量的措施。

（三）隔声门窗

1. 隔声门

隔声门是用来隔离噪声影响的装置。一方面，演播室、音乐厅、剧场、办公室、会议室、病房等需要保持相对安静的声环境，与外界之间需要设隔声门；另一方面，空调机房、发电机房、风机房、锅炉房、冷冻机房等往往有较高噪声，为了防止这些噪声对外界产生影响，也需要采用隔离噪声的隔声门。

隔声门由门扇和门框组成，影响门隔声性能的主要因素有：

（1）门扇的隔声性能：门扇分为木制和钢制两种，一般采用多层复合结构来提高隔声量。如果采用金属薄板时，一般配有有阻尼层，板面内部填充岩棉或玻璃棉。

（2）门缝的严密程度：隔声门通常要求具有比普通门更好的密封性，门扇和门框尺寸配套，并用弹性密封条、弹性压条装在门框或门下口。

隔声门的隔声量可以达到 30～40dB，当隔声量要求更高时，则需要设置双道门。

《隔声规范》规定"住宅建筑"中"户（套）门"的计权隔声量＋粉红噪声频谱修正量 $R_w+C\geqslant 25dB$。

2. 隔声窗

隔声窗一般用来隔绝室外噪声对室内的影响，或者隔绝使用房间之间的噪声。

影响窗隔声性能的主要因素有：

（1）玻璃的隔声性能：窗扇本身的隔声性能主要取决于玻璃，与窗框基本无关。常采用双层或多层的中空玻璃、真空玻璃、夹胶玻璃、聚酯玻璃。当采用双层玻璃时，两层玻璃厚度应不相同，避免出现吻合效应。

（2）缝隙的密封：缝隙漏声在中、高频声段比较明显，应该将玻璃与窗扇外框之间、窗扇与窗框之间用弹性密封条、玻璃胶等材料封严。

（3）双层窗的空气层的作用隔声量，随空气厚度增加而增加。

常用窗的隔声量大约在 20～40dB，相比其他构件隔声量较低，因此隔声要求较高的房间应尽量减小开窗面积或不开窗。40dB 以上的特殊隔声窗需要多层窗，并在两窗之间的内墙面布置吸声材料，两层玻璃间不平行。

《隔声规范》规定"住宅建筑"中"交通干线两侧卧室、起居室的窗"采用计权隔声量＋交通噪声频谱修正量 $R_w+C_{tr}\geqslant 30dB$ 的窗，"其他窗"采用计权隔声量＋交通噪声频谱修正量 $R_w+C_{tr}\geqslant 25dB$ 的窗。

3. 声闸

声闸实际上是一个具有隔声、吸声作用的小房间，用于隔绝两侧房间之间的相互干扰，常用于电影院、剧场、音乐厅的观众厅出入口。由于这些空间人流量大、隔声量要求高，一道隔声门很难满足隔声要求，通常需要设置声闸。

声闸内的所有出入口都采用隔声门，声闸的墙面、吊顶均作强吸声处理。当声闸较大时，两侧隔声门尽量错开布置，错开的斜角越大，整体隔声量越大。

例题 7-21：声闸的内表面应：

A. 抹灰　　　　B. 贴墙纸　　　　C. 贴瓷砖　　　　D. 贴吸声材料

【答案】D

【解析】提高门的隔声能力的措施主要有设置声闸，声闸的内表面应作强吸声处理。声闸内表面的吸声量越大，隔声效果越好，所以应该贴吸声材料。

（四）组合构件隔声量

房间的围护结构往往由多种构件组成，像带有门窗的墙、带有天窗的屋面板，需要按照组合隔声量考虑。

组合构件总的声透射量等于各个构件的声透射量之和。总透射量除以构件总面积，就得到平均透射系数。平均透射系数可以求出组合隔声量值：

$$\overline{R} = 10\lg\frac{1}{\tau} \tag{7-4-3}$$

式中　$\overline{\tau}$——房间平均透射系数（无量纲），计算方法如下：

$$\overline{\tau} = \frac{S_1\tau_1 + S_2\tau_2 + \cdots + S_n\tau_n}{S_1 + S_2 + \cdots + S_n} \tag{7-4-4}$$

式中　τ_1，$\tau_2\cdots\tau_n$——不同构件的透射系数（无量纲）；

　　　S_1，$S_2\cdots S_n$——不同构件的面积（m^2）。

组合隔声量往往由声透射量 $S\cdot\tau$ 最大的构件决定，当某一构件的透声比其他构件大得多，其他构件可忽略。因此，组合构件的设计通常采用"等透射量"原则，即使门、窗、墙的声透射量 $S\cdot\tau$ 相等或相近。通常门窗的面积大致为墙面积的 1/5～1/10，按照"等透射量"原则推算，墙体隔声量只要比门窗高出 10dB 左右即可。

实务提示：

组合构件产生透声时，声音会从隔声量最低的构件中大量透过，此时，提高其他构件的隔声量作用不大，而应该改善隔声量最低的构件，这也就是等透射量的设计原则。

例题 7-22： 组合墙（即带有门或窗的隔墙）中，墙的隔声量应比门或窗的隔声量高多少才能有效隔声？

A. 3dB　　　　B. 6dB　　　　C. 8dB　　　　D. 10dB

【答案】 D

【解析】 门窗是隔声的薄弱环节，组合墙的隔声设计通常采用"等透射量"原理。建筑工程中，通常门的面积大致为墙面积的 1/5～1/10，墙的隔声量只要比门或窗高出 10dB 即可。

四、撞击声隔声量及隔声构造（★★）

（一）撞击声隔声量及其评价量

撞击声是由上层房间中人们行走、拖动家具、物体碰撞等引起楼板的固体振动所辐射的噪声。撞击声隔声的评价量是规范化撞击声级 L_{pn}。

规范化撞击声级 L_{pn} 是用一个标准打击器敲打楼板，在楼板下面的房间内测出 100～3150Hz 范围内 1/3 倍频程的声压级 L_{pl}，再减去一个房间吸声量的修正值获得，计算公式如下：

$$L_{pn} = L_{pi} - 10\lg\frac{A_0}{A} \tag{7-4-5}$$

式中　L_{pi}——在楼板下的房间测出的平均声压级（dB）；

　　　A——接收室中的吸声量（m^2）；

　　　A_0——标准条件下的吸声量，规定为 $10m^2$。

规范化撞击声级 L_{pn} 越大，表示楼板隔绝撞击声的性能越差，反之，隔声性能越好。

与空气声计权隔声量 R_w 类似，规范化撞击声级 L_{pn} 也需要转化为单一指标。在《隔声标准》中有相关的方法和步骤：从 100～3150Hz 十六个隔声特性曲线绘制在坐标纸上，并和参考曲线比较，满足特定的要求后，以 500Hz 频率的隔声量作为该楼板的单值评价量。

另外，撞击声指标也包括实验室和现场测量两种。其中，计权规范化撞击声压级 $L_{n,w}$ 为实验室测量，用于楼板构件；计权标准化撞击声压级 $L'_{nT,w}$ 为现场测量，用于房间之间。

> **实务提示：**
>
> 注意区分：空气声隔声量越大越好，而撞击声隔声量越小越好。

> **例题 7-23：** 以下为不同住宅楼楼板的规范化撞击声压级值，哪种隔声效果最好？
> A. 甲住宅 65dB   B. 乙住宅 60dB
> C. 丙住宅 55dB   D. 丁住宅 50dB
> **【答案】** D
> **【解析】** 计权规范化撞击声压级 $L_{n,w}$ 越小，标准越高，隔声效果越好。

（二）撞击声隔声构造

根据一些实测经验，厚度为 120～150mm 的光裸混凝土楼板的计权标准化撞击声级通常在 80dB 以上，若要达到《隔声规范》中要求的≤75dB，需要采取撞击声隔声措施。

撞击声声压级决定于楼板的弹性模量、密度、厚度等因素。一般情况下，建筑楼板的密度、厚度的变化量不大，且改善效果不明显。

实际工程中，主要依靠增加弹性面层或弹性垫层来改善楼板的弹性模量，通过弹性材料减弱楼板受到的撞击，或者在楼板下方做隔声吊顶，隔绝楼板发出的声音。常用的撞击声隔声构造包括弹性面层、浮筑楼板、房中房和弹性隔声吊顶等。

楼板厚度增加 1 倍，撞击声可降低 10dB。靠增加厚度来提高撞击声隔声量，对楼板厚度要求很大，改善效果也不明显。

> **实务提示：**
>
> 增加厚度可以少量地提高楼板的撞击声隔声量，但改善效果并不明显。根据实测经验，撞击声若要降低 10dB，楼板厚度需要增加约 1 倍，这对结构、造价等各方面的影响都比较大，可实施性差。

1. 弹性面层

楼板面层采用弹性材料，可以有效地降低撞击声。例如，在地面上铺地毯、木地板、橡胶板、地漆布、塑料地面、软木地面等，这种做法对降低中、高频声的效果最显著，低频声效果略差。

这类材料比较松软，踩上去脚感不好，地毯类的材料也不易清洗，对于一些办公室等公共空间，可以采用浮筑地面构造。

2. 浮筑楼板

浮筑楼板就是在钢筋混凝土楼板上铺一层弹性垫层，然后再铺上层面板，面板与下层楼板、四周墙体之间脱开，"漂浮"在楼板上。浮筑楼板的隔声性能与弹性垫层、面层的隔声能力有关。典型浮筑楼板构造示意可参见图7-4-6。

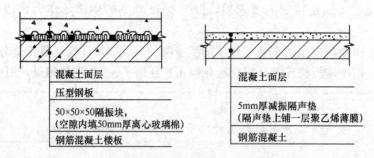

图7-4-6　浮筑楼板构造示意图

弹性垫层可以采用橡胶隔振块、隔振垫、容重高的玻璃棉或岩棉、隔声砂浆，若要求较高时可以设置弹簧隔振器。面层材料采用硬质材料（如混凝土、地砖、石材等）或者弹性材料（如木地板、地毯等），若面层为弹性材料可进一步提高隔声性能，但要根据房间的实际使用需求选择。面层材料如果为混凝土板时，板面需要有一定厚度和强度，避免变形开裂。一般情况下，浮筑楼板的计权规范化撞击声压级 $L_{n,w}$ 可以达到 65dB 以下，其中弹性较好的构造可以达到 45dB 以下。

3. 房中房

房中房是一种空气声隔声、撞击声隔声的综合隔声构造，相当于在浮筑楼板上盖的小房间。房中房的墙体是树立在浮筑楼板上的，顶板采用弹性吊挂的方式，使内侧的小房间与外侧的墙体、楼板脱开或者采用弹性连接，内外墙体之间设有空气间层。房中房构造如图 7-4-7 所示。

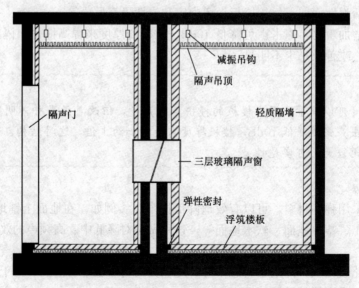

图7-4-7　房中房构造示意图

"房中房"构造的空气声标准计权隔声量可以达到 70dB 以上，撞击声标准计权隔声量可低于 35dB。一般用于录音棚、演播厅、测听室等隔声要求非常高的房间。

4. 弹性隔声吊顶

在楼板下方设置弹性隔声吊顶也可以减弱撞击声的影响，如图 7-4-8 所示构造。但应注意，其隔声原理与前三种方法不一样。前三种是通过减少撞击引起的振动减少传声，而隔声吊顶是通过隔绝空气声来减少撞击声的影响，对楼板的空气声隔声和撞击声隔声都有改善效果。

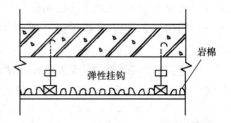

图 7-4-8 弹性隔声吊顶构造示意图

构造上，吊顶需要采用弹性挂件，面板需要有一定的重量，通常≥25kg/m²，避免楼板振动沿着吊筋传到面板引起二次结构噪声。吊顶内铺上玻璃棉等吸声材料可以吸收楼板辐射的声能，也有利于隔绝撞击声。

例题 7-24：关于楼板撞击声的隔声，下列哪种措施的隔声效果最差？

A. 采用浮筑楼板　　　　　　　　B. 楼板上铺设地毯

C. 楼板下设置隔声吊顶　　　　　D. 增加楼板的厚度

【答案】D

【解析】A、B、C 选项的构造为设置弹性材料层或者增加空气声隔声层，起到了良好的隔绝撞击声或者隔绝由撞击声引起的空气声的效果，只有 D 选项加厚楼板的撞击声隔声效果最差。楼板撞击声的产生原因是振动，加厚刚性楼板对于减小振动的收效甚微。

五、设备隔振

（一）振动与固体传声

建筑设备的振动沿着建筑构件向外传播，不仅可以产生人体可感知的振动，造成振动的干扰，也可能导致建筑构件产生二次结构噪声，需要采取隔振措施。

隔振方式可以分为积极隔振和消极隔振（也叫主动隔振和被动隔振），如图 7-4-9 所

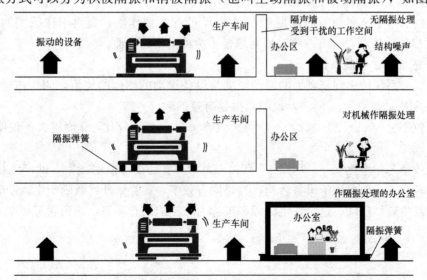

图 7-4-9 积极隔振与消极隔振原理示意图

示。积极隔振是对振动源进行隔振处理，比如设备的隔振器、地铁铁轨加隔振；消极隔振是对使用房间、精密仪器等进行被动隔振处理，如"房中房"构造、精密仪器设备基础隔振。

在建筑中，振动的传播方式是沿着墙体、楼板向周围四散传播，传播的途径多、影响范围广，因此，一般情况下，对设备振动源采取隔振措施会更经济、更合理。

> **实务提示：**
> 根据一些工程经验，振动对周围房间的影响是不规律的，并不一定离得越近影响越大，例如，首层设备机房的振动，有可能影响到三楼的某个房间，而二楼的振动或噪声反而不明显，这与结构自身的特性和室内装修情况有关。

（二）隔振的基本原理

转动的设备产生有规律的振动，振动通过设备基础向周围的建筑构件传递。

隔振（也称减振）就是在振源与基础之间安装具有一定弹性的材料或构造，使振源与基础之间的刚性连接转变为弹性连接，以此来减弱振动沿固体介质的传播，隔离或减少振动能量的传递，达到减振降噪的目的。

1. 振动的计算模型假设

在隔振计算中，是将隔振器假设为一个有阻尼的单自由度隔振系统，如图7-4-10所示。一个质量为 m 的物体以恒定的频率振动，振动作用在刚度为 K、阻尼系数为 C 的隔振器上，可以通过计算公式求解出地面获得振动的大小，就是隔振计算的基本过程。

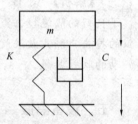

图7-4-10 有阻尼的单自由度隔振系统原理图

在隔振设计中，通常认为设备的振动频率是不变的，设备的振动频率与设备的转速有关（频率＝转速/60，转速单位为 r/min）。

K 值和 C 值分别代表了隔振器的两种不同的特性，一个是完全弹性的，一个是带有黏性阻尼的。对于金属弹簧的隔振器，刚度 K 值起主要作用，而对于橡胶类的隔振器，阻尼系数 C 值比较高，也有一些隔振器综合了两种材质的特性。

2. 传递系数 T 和隔振效率 η

通过隔振系统传递到基础上的振动幅度与设备振动的幅度的比值，叫作传递系数 T。$T>1$，说明振动被放大；$T<1$，说明隔振是有效的。

隔振效率 $\eta=(1-T)\times100\%$，隔振效率 η 是一个百分比，η 值越大，说明隔振效果越好。

隔振效率与频率比 f/f_0 和阻尼 C 有关。其中，f 是设备振动频率，即产生振动的设备振动的频率，一般取决于设备转速；f_0 是固有频率，在受到外界激励产生运动时，将按特定频率发生自然振动，这个特定的频率被称为结构的固有频率，达到固有频率时，系统振动被放大。

3. 隔振曲线及其规律

根据不同频率比 f/f_0 和不同阻尼 C 下的传递系数 T，绘制出振动曲线（图7-4-11），从曲线中可以看出隔振效率的规律：

（1）当频率比 $f/f_0=1$ 时，系统处于的共振状态，若阻尼比 $C=0$（即不设阻尼），则振动将被无限放大；

（2）当频率比 $f/f_0 < \sqrt{2}$ 时，传递系数 $T>1$，振动被放大，隔振系统不但不隔振，反而放大振动效果；

（3）当频率比 $f/f_0 = \sqrt{2}$ 时，传递系数 $T=1$，振动既不被放大，也不被缩小；

（4）当频率比 $f/f_0 > \sqrt{2}$ 时，传递系数 $T<1$，振动被缩小，隔振系统有效；

（5）当频率比 $f/f_0 \gg \sqrt{2}$ 时，频率比 f/f_0 值越大，传递系数越小，隔振效率越高，工程中一般频率比取 $5 \sim 10$ 以上。

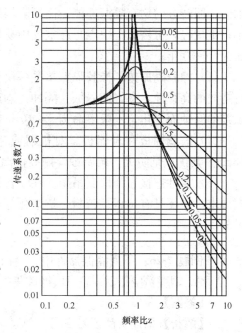

图7-4-11 隔振曲线

实务提示：

在实际工程中，设备的振动频率 f（或转速）是根据设备用途和功能确定的，因此一般通过降低隔振器的固有频率实现隔振，固有频率 f_0 越低，隔振效率越高。

例题 7-25： 下列哪项措施可有效提高设备的减振效果？

A. 使隔振系统的固有频率远小于设备的振动频率

B. 使隔振系统的固有频率接近设备的振动频率

C. 增加隔振器的阻尼

D. 增加隔振器的刚度

【答案】A

【解析】隔振器固有频率 f_0 越低，频率比 f/f_0 就越高，隔振效果越好。

（三）隔振元件

常见的隔振元件包括金属弹簧隔振器、橡胶隔振器、橡胶隔振垫、玻璃棉/岩棉板以及一些弹性的连接件等。

（1）金属弹簧隔振器。常用作隔振设备的减振支撑，有时用于浮筑楼板中。优点是价格便宜，性能稳定，耐高低温、耐油、耐腐蚀、耐老化，寿命长。可预压也可做成悬吊型使用。缺点是阻尼性能差，高频隔振效果差。在高频振动中，弹簧逐渐呈刚性，弹性变差，隔振效果变差，被称为"高频失效"。

（2）橡胶隔振器。将橡胶固化，剪切成形，可做成各式各样的橡胶隔振器。优点是在轴向、回转方向均有隔振性能，高频隔振效果好，安装方便，容易与金属牢固粘结，体积小，重量轻，价格低；缺点是在空气中易老化，特别是在阳光直射下会加速老化，一般寿命为5～10年。

（3）橡胶隔振垫。橡胶隔振垫是一块橡胶板，可大面积垫在振动设备与基础之间，具有持久的高弹性，良好的隔振、隔冲、隔声性能；缺点是容易受温度、油质、日光及化学试剂的腐蚀而老化，一般寿命为5～10年。

（4）玻璃棉板和岩棉板。对机器或建筑物基础都能起减振作用。最佳厚度为10～15cm。其优点是防火，耐腐蚀、耐高低温；缺点是受潮后变形。

（5）柔性连接、弹性支吊架。在设备的接口处使用柔性连接。柔性连接不但要满足减振要求，还要具有抗压、密封、抗老化等相关特性。设备的水管、风管均采用弹性支架、吊架。

例题7-26：下列隔振器件中，会出现"高频失效"现象的是：

A. 钢弹簧隔振器　　　B. 橡胶隔振器　　　C. 橡胶隔振垫　　　D. 玻璃棉板

【答案】 A

【解析】 钢弹簧隔振器在高频振动中，弹簧逐渐呈刚性，弹性变差，隔振效果变差，会出现高频失效现象。

第五节　城市声环境和室内噪声标准

一、噪声的评价量（★）

影响人们正常的生产、生活，造成人的注意力不集中、烦恼甚至损伤的各种声音，都被认为是噪声。在各类规范、标准中，噪声的评价量主要包括A声级L_A、等效连续A声级L_{Aeq}、昼/夜等效声级L_d/L_n、累计分布声级L_N和NR噪声评价曲线。

（一）A声级L_A

A声级目前是适用最为广泛的评价方法，A声级可以通过声级计直接测量获得。

声级计是将40方等响曲线的反曲线组成的计权网络设置在声级计内，使声级计将测量的分频值换算成A计权的加权单值，单位是dB（A）。

A声级反映了人耳对不同频率声音响度的计权，即A声级数值越高，说明声音越响。《隔声规范》中采用A声级作为室内允许噪声级的评价量。

稳态噪声的声压级不随时间变化，可以直接测量A声级来评价。但如果是非稳态噪声，则需使用等效连续A声级作为评价量。

（二）等效连续A声级L_{Aeq}

等效连续A声级，也可称为"等效声级"，符号为L_{Aeq}或L_{eq}或$L_{Aeq,T}$（其中，T表示持续时间）。

等效声级是将一段时间内的声能平均，然后再取对数换算成A声级，相当于A声级的一种"能量平均值"（注意，计算方法上并不是简单的数值相加取平均）。

等效声级在稳态、非稳态噪声中都可以应用，因此广泛应用于各种环境的噪声评价。

（三）昼间／夜间等效声级 L_d ／L_n

根据人的作息习惯不同，室内外声环境评价中是按照昼、夜分别进行的。

在《声环境质量标准》GB 3096—2008 中，昼间时段（6：00 至 22：00 之间）测得的等效连续 A 声级称为昼间等效声级，用 L_d 表示；夜间时段（22：00 至次日 6：00 之间）测得的等效连续 A 声级称为昼间等效声级，用 L_n 表示。两种声级的单位都是 dB（A）。

（四）累计分布声级 L_N

累计分布声级用声级出现的累计概率表示随时间起伏的随机噪声的大小，比如交通噪声可以用 L_{eq}，还可用累计分布声级 L_N。

累计分布声级 L_N 表示测量的时间内有百分之 N 的时间噪声超过 L_N 声级。例如，N＝10 时，L_{10}＝70dB，表示测量过程中有 10％的时间，测得的声压级超过了 70dB。通常在噪声评价中多用 L_{10}、L_{50}、L_{90}。L_{10} 表示噪声起伏的峰值，L_{50} 表示中值，L_{90} 表示背景噪声。其单位都是 dB（A）。

> **实务提示：**
>
> 注意夜间等效声级的 L_n 和累计分布声级 L_N 中的"n/N"值意义不同，夜间等效声级的 L_n 中的 n 指"night"夜间；累积分布声级 L_N 中的"N"值是一个数字，表示超越概率。

（五）NR 噪声评价曲线

与 A 声级的概念不同，NR 噪声评价曲线是一种直接评价分频噪声值的方法，即用一组曲线直接评价测得的分频噪声值。当各个倍频程（或 1/3 倍频程）的声压级都不超过某一道曲线时，就称为满足这道曲线所对应的 NR 值。

例如，某台设备开启时的噪声频率特性，当每个频带的声压级都不超过 NR-30 曲线时，才能称达到 NR-30 噪声评价曲线。只要有一个频带超过，就不能称为达到 NR-30 噪声评价曲线，需要继续和其他噪声值更高的曲线比对，比如 NR-35 或 NR-40，直至全部频段都满足要求。

NR 噪声评价曲线分布在 31.5～8000Hz 的 9 个倍频程上，每一条曲线上倍频程中心频率 1000Hz 对应的声压级值称为噪声评价数 N。N 值越高，代表这条曲线上的噪声值越大（图 7-5-1）。

类似的曲线还有 NC 噪声评价曲线，常用于美国；而 NR 值出现在国际标准化组织 ISO 的规范中，常用于中国、欧洲等国家和地区。

与 A 声级的评价方式相比，NR 噪声评价曲线在各个频段有明确的噪声限值，而低频段的噪声要求尤其严格，常用于音乐厅、剧场、录音棚等防噪声要求高的场合。

> **实务提示：**
>
> A 声级和噪声评价曲线都是评价噪声级的。A 声级是先将分频值转化成单值，再进行评价。但经过折算后，无法判断噪声频谱的分布是否合理。而噪声评价曲线有明确的频谱要求。

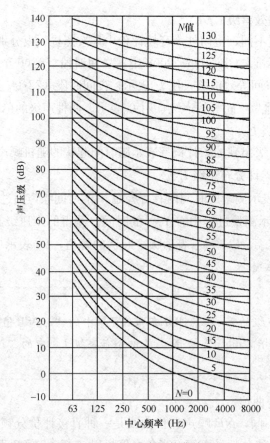

图 7-5-1　NR 噪声评价曲线图

二、室外环境噪声标准（★）

（一）声环境功能区及其噪声限值

对于城市区域内的声环境基本状况和分区，应遵守《声环境质量标准》GB 3096—2008 的要求（表 7-5-1）。

各类声环境功能区环境噪声限值 $[L_{Aeq}dB（A）]$　　　　表 7-5-1

声环境功能区类别		适用区域	昼间 (6：00～22：00)	夜间 (22：00～6：00)
0		康复疗养区等特别需要安静的区域	50	40
1		居民住宅、医疗卫生、文化教育、科研设计、行政办公为主要功能，需要保持安静的区域	55	45
2		商业金融、集市贸易为主要功能，或者居住、商业、工业混杂，需要维护住宅安静的区域	60	50
3		工业生产、仓储物流为主要功能，需要防止工业噪声对周围环境产生严重影响的区域	65	55
4	4a	高速公路、一级公路、二级公路、城市快速路、城市主干路、城市次干路、城市轨道交通（地面段）、内河航道两侧区域	70	55
	4b	铁路干线两侧区域	70	60

注：1. 本表的数值和《工业企业厂界噪声排放标准》GB 12348—2008 相同。测量点选在工业企业厂界外 1.0m，高度 1.2m 以上；当厂界有围墙且周围有受影响的噪声敏感建筑物时，测点应选在厂界外 1m，高于围墙 0.5m 以上的位置。
2. 夜间偶发噪声的最大声级超过限值的幅度不得高于 15dB(A)。

(二) 厂界噪声排放限值

建设项目投入使用后，厂界噪声排放不能超过所在声环境功能区的环境噪声限值。例如，某 KTV 位于 2 类声功能区，那么它传到厂界的噪声排放限值为昼间 60dB（A）、夜间 50dB（A），如果噪声超标将构成扰民，居民可以向当地环保部门投诉。

我国颁布了两本噪声排放的现行规范，分别是《工业企业厂界环境噪声排放标准》GB 12348—2008（本章简称《工业企业排放标准》）和《社会生活环境噪声排放标准》GB 22337—2008（本章简称《社会生活排放标准》）。

《工业企业排放标准》规定了工业企业和固定设备厂界环境噪声排放限值及其测量方法。机关、事业单位、团体等对外环境排放噪声的单位也按该标准执行。

《社会生活排放标准》规定了法律对社会生活噪声污染源达标排放义务的规定，对营业性文化娱乐场所和商业经营活动中可能产生环境噪声污染的设备、设施规定了边界噪声排放限值和测量方法。

厂界指由法律文书（如土地使用证、房产证、租赁合同等）中确定的业主所拥有使用权（或所有权）的场所或建筑物边界。各种产生噪声的固定设备的厂界为其实际占地的边界。对于建设项目，厂界一般指用地红线。

三、室内噪声和隔声标准 (★★)

(一) 室内噪声标准

《环境通用规范》中的室内噪声限值要求，分为外部噪声源传至室内的噪声限值和内部设备传至室内的噪声限值，具体限值见表 7-5-2。

建筑物外部噪声源传播至主要功能房间室内的噪声限值 　　　　　表 7-5-2

房间的使用功能	噪声限值（等效声级 $L_{Aeq,T}$）（dB）	
	昼间	夜间
睡眠	40	30
日常生活	40	
阅读、自学、思考	35	
教学、医疗、办公、会议	40	

注：1. 当建筑位于 2 类、3 类、4 类声环境功能区时，噪声限值可放宽 5dB。

2. 夜间噪声限值应为夜间 8h 连续测得的等效声级 $L_{Aeq,8h}$。

3. 当 1h 等效声级 $L_{Aeq,1h}$ 能代表整个时段噪声水平时，测量时段可为 1h。

噪声限值应为关闭门窗状态下的限值。昼间时段应为 6:00～22:00 时，夜间时段应为 22:00～次日 6:00 时。当昼间、夜间的划分当地另有规定时，应按其规定。

建筑物内部建筑设备传播至主要功能房间室内的噪声限值应符合表 7-5-3 的规定。

建筑物内部建筑设备传播至主要功能房间室内的噪声限值 　　　　　表 7-5-3

房间的使用功能	噪声限值（等效声级 $L_{Aeq,T}$）（dB）
睡眠	33
日常生活	40
阅读、自学、思考	40
教学、医疗、办公、会议	45
人员密集的公共空间	55

此外，振动可能引起二次结构噪声，对室内声环境也有一定的影响，规范中也提出了房间的 Z 振级限值（表 7-5-4）。

主要功能房间室内的 Z 振级限值 表 7-5-4

房间的使用功能	Z 振级 VL_z（dB）	
	昼间	夜间
睡眠	78	75
日常生活	78	

（二）隔声设计标准

建筑的隔声设计参考《隔声规范》中的隔声量要求。

《隔声规范》中对住宅、学校、医院、旅馆、办公、商业六类建筑提出要求。其中，住宅、医院、办公、商业划分为"高要求"和"低限"两档；旅馆按照星级划分为"特级"（对应五星级酒店）、"一级"（对应三、四星级酒店）、"二级"三档；学校只设一档标准。

1. 空气声隔声标准

根据设计规范，建筑构件和房间之间的空气声隔声量标准值有如下规律：

（1）墙体、楼板的空气声隔声量范围通常在 40～55dB 之间，各档之间相差 5dB。

（2）房间噪声限值高，则墙体、楼板的隔声量低，反之则隔声量高。

（3）同一房间的"高要求"和"低限"之间相差 5dB，旅馆的"特级""一级""二级"之间各自相差 5dB；

（4）同一房间，与产生噪声的房间之间的分隔构件的隔声标准采用交通噪声频谱修正量 C_{tr}，但限值不发生改变。

（5）门窗隔声不分档，仅考虑使用位置，通常门的隔声量在 $R_w+C \geqslant 20 \sim 25$dB，外窗的隔声量在 $R_w+C_{tr} \geqslant 25 \sim 30$dB 范围。

（6）同一房间、同一位置的房间之间的计权标准化声压级差 $D_{nT,w}$ 限值与构件的计权隔声量 R_w 限值的数值相等，但要求不同（R_w 值是大于，$D_{nT,w}$ 值是大于等于）。

民用建筑构件各部位的空气声隔声标准见表 7-5-5。

民用建筑构件各部位的空气声隔声标准 表 7-5-5

建筑类别	隔墙和楼板部位	空气声隔声单值评价量＋频谱修正量（dB）	
		高要求标准	低限标准
住宅	分户墙、分户楼板	$R_w+C>50$	$R_w+C>45$
	分隔住宅和非居住用途空间的楼板	—	$R_w+C_{tr}>51$
	卧室、起居室（厅）与邻户房间之间	$D_{nT,w}+C \geqslant 50$	$D_{nT,w}+C \geqslant 45$
	住宅和非居住用途空间分隔楼板上下的房间之间	—	$D_{nT,w}+C_{tr} \geqslant 51$
	相邻两户的卫生间之间	$D_{nT,w}+C \geqslant 45$	—
	户内卧室墙	$R_w+C \geqslant 35$	

建筑类别	隔墙和楼板部位	空气声隔声单值评价量＋频谱修正量（dB）		
		高要求标准	低限标准	
住宅	户内其他分室墙	$R_w+C\geqslant30$		
	户（套）门	$R_w+C\geqslant25$		
学校	语言教室、阅览室的隔墙与楼板	$R_w+C>50$		
	普通教室与各种产生噪声的房间之间的隔墙、楼板	$R_w+C>50$		
	普通教室之间的隔墙与楼板	$R_w+C>45$		
	音乐教室、琴房之间的隔墙与楼板	$R_w+C>45$		
	产生噪声房间的门	$R_w+C_{tr}\geqslant25$		
	其他门	$R_w+C\geqslant20$		
医院	病房与产生噪声的房间之间的隔墙、楼板	$R_w+C_{tr}>55$	$R_w+C_{tr}>50$	
	手术室与产生噪声的房间之间的隔墙、楼板	$R_w+C_{tr}>50$	$R_w+C_{tr}>45$	
	病房之间及病房、手术室与普通房间之间的隔墙、楼板	$R_w+C>50$	$R_w+C>45$	
	诊室之间的隔墙、楼板	$R_w+C>45$	$R_w+C>40$	
	门（除听力测试室）	$R_w+C\geqslant20$		
办公	办公室、会议室与产生噪声的房间之间的隔墙、楼板	$R_w+C_{tr}>50$	$R_w+C_{tr}>45$	
	办公室、会议室与普通房间之间的隔墙、楼板	$R_w+C>50$	$R_w+C>45$	
	门	$R_w+C\geqslant20$		
商业	健身中心、娱乐场所等与噪声敏感房间之间的隔墙、楼板	$R_w+C>60$	$R_w+C>55$	
	购物中心、餐厅、会展中心等与噪声敏感房间之间的隔墙、楼板	$R_w+C>50$	$R_w+C>45$	
旅馆		特级	一级	二级
	客房之间的隔墙、楼板	$R_w+C>50$	$R_w+C>45$	$R_w+C>40$
	客房与走廊之间的隔墙	$R_w+C>45$	$R_w+C>45$	$R_w+C>40$
	客房外墙（含窗）	$R_w+C_{tr}>40$	$R_w+C_{tr}>35$	$R_w+C_{tr}>30$
	客房外窗	$R_w+C_{tr}\geqslant35$	$R_w+C_{tr}\geqslant30$	$R_w+C_{tr}\geqslant25$
	客房门	$R_w+C\geqslant30$	$R_w+C\geqslant25$	$R_w+C\geqslant20$

注：1. 本表摘自《隔声规范》，完整内容见规范原文。
2. 房间之间的计权标准化声压级差 $D_{nT,w}$ 限值与计权隔声量 R_w 限值一致，除了住宅建筑作为示例保留，其余建筑房间之间的隔声量均见规范原文。
3. 除了旅馆外，其余建筑的外墙、外窗隔声量取值相同，参见表7-5-6。

民用建筑外墙、外窗的空气声隔声标准见表7-5-6。

民用建筑外墙、外窗的空气声隔声标准　　　　　表 7-5-6

建筑类别	隔墙和楼板部位	空气声隔声单值评价量＋频谱修正量（dB）	
		高要求标准	低限标准
住宅、学校、 医院、办公	外墙	$R_w + C_{tr} \geqslant 45$	
	交通干道两侧的卧室、起居室（厅）的窗	$R_w + C_{tr} \geqslant 30$	
	其他窗	$R_w + C_{tr} \geqslant 25$	

2. 撞击声隔声标准

根据设计规范，楼板撞击声隔声量标准值有如下规律：

（1）楼板撞击声隔声量分为两档，通常10dB一个档，"高要求"为65dB，"低限"为75dB（商业、医院听力测试室例外）。

（2）撞击声隔声构件一般指使用房间与上层房间之间的楼板，除弹性隔声吊顶外，实际需要采取隔振措施的房间是上层的房间，而非本房间。如果上层为不上人屋面，则无需作撞击声隔声处理。

（3）商业建筑是为了避免本房间（如健身中心、娱乐场所）发出的撞击声对下层房间的影响，"高要求" $\leqslant$ 45dB，"低限" $\leqslant$ 50dB。

（4）同一房间、同一位置的房间之间的计权标准化撞击声压级 $L'_{nT,w}$（现场测量）限值与构件的计权规范化撞击声压级 $L_{n,w}$（实验室测量）限值的数值相等，但要求不同（$L_{n,w}$ 值是小于，$L'_{nT,w}$ 值是小于等于）。

民用建筑楼板的撞击声隔声标准见表7-5-7。

民用建筑楼板的撞击声隔声标准　　　　　表 7-5-7

建筑类别	隔墙和楼板部位	空气声隔声单值评价量＋频谱修正量（dB）		
		高要求标准	低限标准	
住宅	卧室、起居室（厅）的分户楼板	$L_{n,w} < 65$（实验室） $L'_{nT,w} \leqslant 65$（现场）	$L_{n,w} < 75$（实验室） $L'_{nT,w} \leqslant 75$（现场）	
学校	语言教室、阅览室与上层房间之间的楼板	$L_{n,w} < 65$，$L'_{nT,w} \leqslant 65$		
	普通教室、实验室、计算机房与上层产生噪声的房间之间的楼板			
	琴房、音乐教室之间的楼板			
	普通教室之间的楼板	$L_{n,w} < 75$，$L'_{nT,w} \leqslant 75$		
医院	病房、手术室与上层房间之间的楼板	$L_{n,w} < 65$（实验室） $L'_{nT,w} \leqslant 65$（现场）	$L_{n,w} < 75$（实验室） $L'_{nT,w} \leqslant 75$（现场）	
办公	办公室、会议室顶部的楼板			
商业	健身中心、娱乐场所等与噪声敏感房间之间的楼板	$L_{n,w} < 45$（实验室） $L'_{nT,w} \leqslant 45$（现场）	$L_{n,w} < 50$（实验室） $L'_{nT,w} \leqslant 50$（现场）	
旅馆	客房与上层房间之间的楼板	特级	一级	二级
		$L_{n,w} < 55$ $L'_{nT,w} \leqslant 55$	$L_{n,w} < 65$ $L'_{nT,w} \leqslant 65$	$L_{n,w} < 75$ $L'_{nT,w} \leqslant 75$

注：表中 $L_{n,w}$ 为计权规范化撞击声压级，实验室测量，$L'_{nT,w}$ 为计权标准化撞击声压级，现场测量值。

例题 7-27：旅馆中同等级的各类房间如按允许噪声级别由大至小排列，下列哪组正确？

A. 客房、会议室、办公室、餐厅　　B. 客房、办公室、会议室、餐厅

C. 餐厅、会议室、客房、办公室　　D. 餐厅、办公室、会议室、客房

【答案】D

【解析】参考《隔声规范》中特级旅馆的各类房间允许噪声级为：餐厅≤45dB，办公室、会议室≤40dB，客房昼间≤35dB、夜间≤30dB。

第八章 建筑给水排水

考试大纲对相关内容的要求：

了解冷水储存、加压及分配，热水加热方式及供应系统，以及太阳能生活热水系统的设计原理。

了解排水、透气、雨水、中水等系统设计及消防给水与自动喷水灭火系统设计；了解建筑节水、雨水控制与利用的基本知识。

将新大纲与2002年版考试大纲的内容进行对比："了解在中小型建筑中给水储存，加压及分配；热水及饮水供应；消防给水与自动灭火系统；排水系统、通气管及小型污水处理等。"可以看出：①增加了太阳能生活热水系统的应用知识；②增加了建筑节水的要求；③增加"雨水控制与利用"部分内容，使考试内容与国家节能减排、能源可持续利用等政策紧密结合。

第一节 建筑给水供应系统

建筑给水排水的设计原则是使设计符合安全、卫生、适用、经济等基本要求，应在满足使用要求的同时为施工安装、操作管理、维修检测以及安全保护等提供便利条件。

建筑给水系统的任务是将来自城镇供水管网（或自备水源）的水输送到室内的各种配水龙头、生产机组和消防设备等用水点，并满足各用水点对水质、水量、水压的要求。

一、常用术语（★★★）

（1）生活饮用水：水质符合国家生活饮用水卫生标准的用于日常饮用、洗涤等生活用水。

（2）生活杂用水：用于冲厕、车辆冲洗、城市绿化、道路清扫、消防、建筑施工等非饮用再生水。

（3）二次供水：当民用与工业建筑生活饮用水对水压、水量的要求超出城镇公共供水或自建设施供水管网能力时，通过储存、加压等设施经管道供给用户或自用的供水方式。

（4）回流污染：由背压回流或虹吸回流对生活给水系统造成的污染。

（5）虹吸回流：给水管道内负压引起卫生器具、受水容器中的水或液体混合物倒流入生活给水系统的回流现象。

> **例题 8-1：** 下列卫生器具或场所用水，哪一项不应使用生活杂用水？
> A. 冲洗便器　　　　 B. 浇洒道路　　　　 C. 绿化灌溉　　　　 D. 洗衣机
> 【答案】D

二、建筑给水系统的组成和分类（★★）

（一）建筑给水系统的组成

建筑内部给水与小区给水系统是以建筑给水系统引入管上的阀门井或水表井为界的。典型的建筑内部给水系统由下列几部分组成。

（1）水源：来自市政给水管网或自备水源等。

（2）管网：建筑内给水管网由水平或垂直干管、立管、横支管，以及介于建筑小区给水管网和建筑内部管网之间的引入管等组成。

（3）水表节点：在引入管段上装设的水表及前后设置的阀门、泄水阀等装置的总称。

（4）给水附件：给水管网中的阀门、止回阀、减压阀及各式配水龙头等。

（5）升压和贮水设备：在室外给水管网提供的压力不足或建筑内对安全供水、水压稳定有一定要求时，需设置各种附属设备，如水箱、水泵、气压装置、水池等升压加贮水设备。

（6）室内消防给水设备：按建筑物的防火要求，需要设置消防给水系统时，一般设置消火栓、水泵接合器、自动喷水灭火设施等。

（7）其他设备：当建筑物水源水质达不到使用要求时，或所在地水质不符合建筑物的使用要求（如高级宾馆、涉外建筑等），需设置给水深度处理构筑物和设备，有的还设有污水回用设备。

例题 8-2：下列选项中，属于传统水源的是：

A. 地下水 　　　B. 雨水 　　　C. 海水 　　　D. 再生水

【答案】A

【解析】传统水源一般指地表水如江河和地下水。非传统水源是指不同于传统地表供水和地下供水的水源，包括再生水、雨水、海水等。

（二）生活给水分类

生活给水按使用目的分类，如下：

（1）生活给水系统：供民用建筑和工业建筑内的饮用、烹调、盥洗、洗涤、淋浴等生活用水，其水质应符合现行国家标准《生活饮用水卫生标准》GB 5749。

（2）生产给水系统：生产设备的冷却、原料和产品的洗涤、锅炉给水及某些工业的原料用水等。生产用水对水质、水量、水压以及安全等方面的要求因工艺不同差异很大。

（3）消防给水系统：供给消防设施的给水系统，包括消火栓系统、自动喷水灭火系统、水幕系统、水喷雾灭火系统、高压细水雾系统等。用于灭火和控火，即扑灭火灾和控制火灾蔓延。对水质要求不高，但需足够的水量和水压。

以上三种系统可独立设置也可组合设置，如生活＋生产、生活＋消防、生产＋消防、生活＋生产＋消防等。

高层建筑的室内消防给水系统应与生活、生产给水系统分开，独立设置。

水量较大的设备如冷却设备、泳池等，应尽量采用循环或重复利用系统。

（三）防水质污染的措施（★★）

1. 保证饮用水不被污染

为保证饮用水不被污染，严禁生活杂用水等可能对生活饮用水产生污染的水体进行相连接：

（1）城镇给水管道严禁与自备水源的供水管道直接连接；

（2）中水、回用雨水等非生活饮用水管道严禁与生活饮用水管道连接；

（3）生活饮用水不得因管道内产生虹吸、背压回流而受污染（由于给水管道内负压引起卫生器具或受水容器中的水或液体混合物倒流入生活给水系统的现象）（图 8-1-1）；

（4）卫生器具和用水设备、构筑物等的生活饮用水管配水件出水口不得被任何液体或杂质所淹没（图 8-1-2）；

（5）在非饮用水管道上安装水嘴或取水短管时，应采取防止误饮误用的措施。

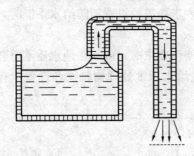
图 8-1-1　背压回流污染管道

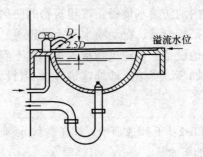
图 8-1-2　洗脸盆水龙头出水口

2. 倒流防止器、真空破坏器的设置

（1）从生活饮用水管道上直接供下列用水管道时，应在用水管道的下列部位设置倒流防止器：

1）从城镇给水管网的不同管段接出两路及两路以上至小区或建筑物，且与城镇给水管形成连通管网的引入管上；

2）从城镇生活给水管网直接抽水的生活供水加压设备进水；

3）利用城镇给水管网直接连接且小区引入管无防回流设施时，向气压水罐、热水锅炉热水机组、水加热器等有压容器或密闭容器注水的进水。

（2）从小区或建筑物内的生活饮用水管道上直接接出下列用水管道时，应在用水管道上设置真空破坏器等防回流污染设施：

1）当游泳池、水上游乐池、按摩池、水景池、循环冷却水集水池等的充水或补水管道出口与溢流水位之间应设有空气间隙，且空气间隙小于出口管径 2.5 倍时，在其充

（补）水管上；

    2）不含有化学药剂的绿地喷灌系统，当喷头为地下式或自动升降式时，在其管道起端；

    3）消防（软管）卷盘、轻便消防水龙；

    4）出口接软管的冲洗水嘴（阀）、补水水嘴与给水管道连接处。

例题 8-3： 下列用水管道中，可以与生活用水管道连接的是：

A. 中水管道   B. 杂用水管道

C. 回用雨水管道   D. 消防给水管道

【答案】 D

【解析】《建筑给水排水设计标准》GB 50015—2019 第 2.1.2 条，生活杂用水即用于冲厕、洗车、浇洒道路、浇灌绿化、补充空调循环用水及景观水体等的非生活饮用水。第 3.1.3 条，中水、回用雨水等非生活饮用水管道严禁与生活饮用水管道连接。第 3.1.8 条，从小区或建筑物内的生活饮用水管道系统上接下列用水管道或设备时，应设置倒流防止器：①单独接出消防用水管道时，在消防用水管道的起端；②从生活用水与消防用水合用贮水池中抽水的消防水泵出水管上。

三、建筑给水方式（★）

建筑给水方式指建筑给水系统的组成、给水系统布置过程中可供借鉴的供水方法和模式。典型的给水方式如下：

（一）直接供水方式

当室外给水管网提供的水压、水量和水质都满足建筑给水要求时，可直接利用外部给水管网水压向建筑内各用水点供水。供水较可靠，系统简单，投资少，安装维修简单，节约能源，无二次污染，但是外管网停水时内部立即停水。适用于单层、多层建筑。见图 8-1-3。

（二）间接供水方式

1. 单设水箱的供水方式

当室外管网提供的水压在大部分时间内能满足要求，仅在用水高峰时间出现水压不足，以及建筑内要求水压稳定时，可利用设置的高位水箱，利用室外给水管网提供的水压，有剩余时向高位

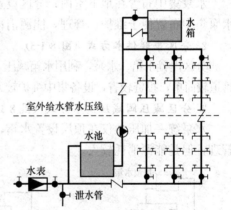

图 8-1-3 下层市政直接供水，
上层间接供水（水泵水池加压供水）

水箱补水（一般在夜间）；当室外管网提供的水压不足时（一般在白天），水箱出水，以达到调节水压和水量的目的（图 8-1-3）。

2. 设水泵和水箱的供水方式

下层利用外网水压直接供水，上层利用水泵提升，采用水箱供水，停水停电时上层仍可延时供水，供水较可靠。但是安装维护较麻烦，投资较大，水泵振动时有噪声干扰。见图 8-1-3。

3. 单设水泵的供水方式

利用水泵升压向用户供水。适用于室外给水管网供水压力经常不足的建筑（按地方自

来水公司要求设置）。

4. 气压供水方式

利用密闭贮罐内空气的可压缩性实现升压供水压力经常不足、室内用水不均匀且不适合设置高位水箱的建筑供水的方式。气压罐可根据需要放置在高处或低处。适用于室外给水管网。

5. 叠压供水方式

设有叠压供水设备，利用室外管网供水余压直接抽水增压的方式。适用于室外供水管网流量满足要求，但压力不足且设备运行后对其他用户不产生影响的建筑。

> **实务提示：**
>
> 为了节约能源，应充分利用市政压力，即经计算后市政压力能满足的楼层均应利用市政压力。叠压给水方式由于没有存储水箱，在加压供水系统中，占用房间面积最小，且没有二次污染的风险。但是，应用中需要征求当地自来水公司等相关部门的许可。

（三）分区供水方式

对于多层建筑或高层建筑，城市给水管网水压往往只能满足建筑下部几层的供水需求，为了有效地利用室外管网的水压，建筑物常被分成上、下两个供水分区。下区直接在市政管网提供的压力下给水，上区则由水泵和其他设备联合组成的给水系统给水。

1. 分区并联供水方式（图 8-1-4）

水泵集中布置在地下室内；分区设置高位水箱，各区独立运行互不干扰，供水可靠。水泵集中布置便于维护、管理，能源消耗小，但是管路多、投资大。

2. 分区串联供水方式（图 8-1-5）

分区设置水箱、水泵，利用水箱减压，自下区水箱抽水供上区用水。供水较可靠，设备与管道较简单，投资较省，设备集中维护较方便；但是上区供水量受下区限制，能源消耗较大。

3. 分区减压阀减压供水方式（图 8-1-6）

水泵统一加压，仅在顶层设置水箱，设备管道少、投资省，设备布置集中，便于维护管理，但是能源消耗较大。

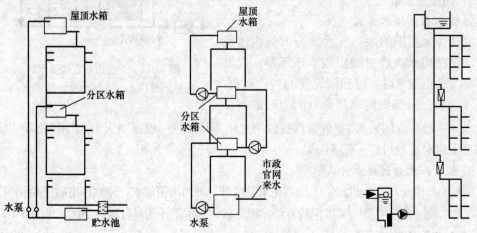

图 8-1-4　分区并联供水方式　　图 8-1-5　分区串联供水方式　　图 8-1-6　分区减压阀减压供水方式

例题 8-4（2021）：关于小区给水泵站设置的影响因素，错误的是：

A. 小区的规模
B. 建筑物的功能
C. 建筑高度
D. 当地供水部门的要求

【答案】B

【解析】《建筑给水排水设计标准》GB 50015—2019 第 3.13.3 条，小区的加压给水系统，应根据小区的规模、建筑高度、建筑物的分布和物业管理等因素确定加压站的数量、规模和水压。二次供水加压设施服务半径应符合当地供水主管部门的要求，并不宜大于 500m，且不宜穿越市政道路。

四、管材、附件和水表（★★）

1. 管道材料

建筑内给水管道的材料常采用非金属管材、金属管材和复合管材。

（1）小区室外埋地给水管道采用的管材应耐腐蚀并能承受荷载。可采用塑料管、有衬里的铸铁管、经可靠防腐处理的钢管等。

（2）室内给水管材应耐腐蚀并方便连接。可采用不锈钢管、铜管、塑料给水管、金属塑料复合管及经防腐处理的钢管。高层建筑给水立管不宜采用塑料管。

2. 附件

给水管道的附件分为配水附件、控制附件两大类。配水附件如装在卫生器具及用水点的各式水嘴，用以调节和分配水流。控制附件用来调节水量、水压，判断水流，改变水流方向，如闸阀、止回阀、浮球阀等。

（1）管道过滤器设置：减压阀、持压泄压阀、倒流防止器、自动水位控制阀、温度调节阀等阀件前应设；水加热器的进水管上，换热装置的循环冷却水进水管上宜设。过滤器的滤网应采用耐腐蚀材料，滤网网孔尺寸应按使用要求确定。

（2）安全阀阀前、阀后不得设置阀门。

（3）给水管道阀门材质应根据耐腐蚀、管径压力等级、使用温度等因素确定，可采用全铜、全不锈钢、铁壳铜芯和全塑阀门等，阀门的公称压力不得小于管材及管件的公称压力。

3. 水表

水表是测量水流量的仪表，大多是水的累计流量测量，一般分为容积式水表和速度式水表两类。

水表应装设在观察方便、不冻结、不被任何液体及杂质所淹没和不易受损处。

实务提示：

给水系统采用的管材及附件都应耐腐蚀，并达到《生活饮用水卫生标准》GB 5749 的要求，给水系统渗漏往往发生在接头及阀门的位置，选好阀门的材质至关重要。

例题 8-5（2012）：给水管道上阀门的选用要求，以下哪项错误？

A. 耐腐蚀 　　　　　　　　　　　　 B. 经久耐用

C. 阀门承压大于或等于所在管道压力 　 D. 镀铜铁杆铁芯阀门

【答案】D

【解析】《建筑给水排水设计标准》GB 50015—219 第 3.5.3 条规定，给水管道阀门材质应根据耐腐蚀、管径压力等级、使用温度等因素确定，可采用全铜、全不锈钢、铁壳铜芯和全塑阀门等，阀门的公称压力不得小于管材及管件的公称压力。

五、建筑给水管道的布置和敷设（★★★）

进行建筑给水管道布置和敷设前，必须先了解建筑物的建筑和结构设计情况、使用功能和室内其他建筑设备设计的整体布置方案和要求，然后综合考虑本系统、室内外消防给水系统、热水供应系统和排水系统的布置。

（一）给水管道布置和敷设的技术要求

（1）满足最佳水利条件。

（2）保证供水安全可靠。

（3）防止水质二次污染。

（4）确保建筑物和构筑物使用功能。

（5）满足安装、检修要求，少占建筑物空间。

（二）给水管道的敷设方式

各种给水系统按横向配水干管的敷设位置可以布置成下行上给式、上行下给式、环状中分式等方式。

1. 下行上给式

横向配水干管敷设在底层，埋设在地沟或地下室顶棚下，适用于居住楼、公共建筑和工业建筑。利用外网水压直接供水的系统多采用这种方式（图 8-1-7）。

2. 上行下给式

横向配水干管敷设在顶层顶棚下或吊顶内，也可敷设在屋顶上或高层建筑设备层内。设有高位水箱的居住楼、公共建筑或地下管线较多的工业厂房，多采用这种方式（图 8-1-7）。

3. 环状中分式

横向配水干管或配水立管互相连接，组成水平及竖向环状

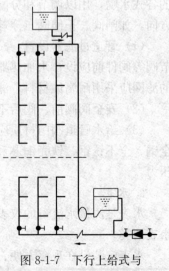

图 8-1-7　下行上给式与
上行下给式

网管。高层建筑、大型公共建筑、要求不间断
供水的建筑多采用这种方式（图 8-1-8）。

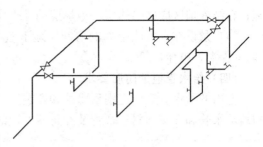

图 8-1-8　环状中分式

（三）给水管道的安装要求

给水管道一般宜明装，如建筑或生产工
艺有特殊要求时可暗装。

1. 给水管暗装时

横管应敷设在地下管沟、设备层及顶棚
内，不得敷设在建筑物结构层内。立管敷设
在公用的管道井内，如不可能，可敷设在竖
向管槽内，支管宜埋在墙槽内；在管道上的阀门处应留有检修门，并保证检修方便；通行
管沟应设置出入口。

2. 给水管道与其他管道同沟时

给水管应在排水管上面、热水管下面；给水管不得与输送易燃、可燃、有害液体或气
体的管道同沟。

3. 给水管埋地敷设时

管顶最小覆土深度不得小于土壤冰冻线以下 0.15m；地下室的地面下不得埋设给水管
道，应设专用的管沟；管道不得穿越设备基础，应避开可能受重物压坏处。

4. 水管敷设的注意事项

（1）不得穿越变配电房、电梯机房、通信机房、大中型计算机房、计算机网络中心、
音像库房等遇水会损坏设备或引发事故的房间；

（2）不得在生产设备、配电柜上方通过；

（3）不得妨碍生产操作、交通运输和建筑物的使用；

（4）不得布置在遇水会引起燃烧、爆炸的原料、产品和设备的上面；

（5）不得敷设在烟道、风道、电梯井、排水沟内；

（6）不得穿过大便槽和小便槽，不宜穿越橱窗、壁柜。

5. 塑料管道布置和敷设原则

（1）塑料给水管道在室内宜暗设；明设时立管应布置在不易受撞击处，当不能避免
时，应在管外加保护措施；

（2）塑料给水管不得布置在灶台上边缘；明设的塑料给水立管距灶台边缘不得小于
0.4m，距燃气热水器边缘不宜小于 0.2m；当不能满足上述要求时，应采取保护措施（金
属罩等）；

（3）塑料给水管不得与水加热器或热水炉直接连接，应有不小于 0.4m 的金属管段
过渡。

6. 管道布置的特殊做法

管道穿越下列部位或接管时，应设置防水套管：

（1）穿越地下室或地下构筑物的外墙处；穿越屋面处；穿越钢筋混凝土水池（箱）的
壁板或底板连接管道时。

（2）明设的给水立管穿越楼板时，应采取防水措施。

（3）在室外明设的给水管道，应避免受阳光直接照射，塑料给水管还应有有效保护措

施；在结冻地区应做绝热层，绝热层的外壳应密封防渗。

（4）敷设在有可能结冻的房间、地下室及管井、管沟等处的给水管道应有防冻措施（防冻保温、电伴热等）。

（四）给水管道的防腐要求

室内的给水管道应选用耐腐蚀和安装连接方便可靠的管材，可采用不锈钢管、铜管、塑料给水管和金属塑料复合管及经防腐处理的钢管。高层建筑给水立管不宜采用塑料管。

> **实务提示：**
>
> 给水管道的敷设，无论明装、暗装都需要有检修空间，并且不能够直接埋在结构墙体、结构柱及结构板内。

> **例题 8-6（2021）**：关于室内生活给水管道敷设的规定，正确的是：
> A. 给水管道可以从生产设备上穿过
> B. 给水管道可以敷设在排水的沟壁上
> C. 给水管道可以从储藏室穿过
> D. 给水管道可以在风道中敷设
> **【答案】**C
> **【解析】**《建筑给水排水设计标准》GB 50015—2019 第 3.6.2 条第 2 款，室内给水管道布置应符合下列规定：不得在生产设备、配电柜上方通过（A 选项错误）。第 3.6.5 条，给水管道不得敷设在烟道、风道、电梯井、排水沟内（B、D 选项错误）。C 选项正确。

六、管道井和技术层（★★）

现代建筑对建筑设备的要求越来越高，而各种管道的布置与敷设、设备的位置在很大程度上依赖建筑设计。建筑构造和功能确定以后，给水排水的方案已基本确定。特别是在高层建筑中，管道井、技术夹层的位置和数量，水泵房的位置是需要各专业设计人员综合考虑的。应尽可能在确定建筑方案时引起足够的重视。处理时应注意以下几点：

（1）管道井应适当分散设置，主管道井上下直通设置。

（2）主管道井避开中心区，避免管道过于集中。

（3）管道井应靠近建筑边墙设置。

（4）管道井的设置要求协调各专业关系。

（5）管道井尺寸应根据管道数量、管径、间距、排列方式、维修条件，结合建筑平面和结构形式等确定。

（6）需进人维修管道的管井，维修人员的工作通道净宽度不宜小于 0.6m。

（7）管道井应每层设外开检修门。

（8）管道井的井壁和检修门的耐火极限和管道井的竖向防火隔断应符合现行国家标准《建筑设计防火规范》GB 50016 的规定。

例题 8-7（2017）：下列管道井的设计中，错误的是：

A. 每层设检修门

B. 管道井的尺寸应根据管道数量、管径大小、排列方式等确定

C. 需进人维修的管道井，应考虑工作通道

D. 检修门内开

【答案】D

【解析】《建筑给水排水设计标准》GB 50015—2019 第 3.6.14 条，管道井尺寸应根据管道数量、管径、间距、排列方式、维修条件，结合建筑平面和结构形式等确定（B 选项正确）。需进人维修管道的管井，维修人员的工作通道净宽度不宜小于 0.6m（C 选项正确）。管道井应每层设外开检修门（A 选项正确，D 选项错误）。

七、水泵、贮水池和吸水井（★★★）

建筑给水系统的任务是将来自城镇供水管网（或自备水源）的水输送到室内的各种配水龙头、生产机组和消防设备等用水点，并满足各用水点对水质、水量、水压的要求。城市管网供水压力是有限度的，一般情况下可满足 5 层或 6 层住宅楼生活用水水压要求，但夏季用水高峰时会有所下降，为满足建筑物（特别是高层建筑）所要求的水量、水压，建筑给水系统需要贮水和加压。

（一）水泵

1. 水泵选择

（1）泵房建筑的耐火等级应为一、二级。

（2）泵房应有充足的光线和良好的通风，并保证在冬季设备不发生冻结。泵房净高，当采用固定吊钩或移动支架时，不小于 3.0m；当采用固定吊车时，应保证吊起物底部与越过的物体顶部之间有 0.5m 以上的净距。

（3）选泵时，应采用低噪声水泵，在有防振或安静要求房间的上下和毗邻的房间内不得设置水泵。水泵基础应设隔振装置，吸水管和出水管上应设隔振减噪声装置，管道支架、管道穿墙及穿楼板处应采取防固体传声措施，必要时可在泵房建筑上采取隔声吸声措施。

（4）泵房内应有地面排水措施，地面坡向排水沟，排水沟坡向集水坑。

（5）泵房大门应保证能使搬运的水泵机件进入，且应比最大件宽 0.5m。

（6）泵房供暖温度一般为 16℃，无人值班时采用 5℃。每小时换气次数不少于 6 次。

（7）水泵应采用自灌式充水，出水管上装阀门、止回阀和压力表，每台水泵宜设置单独的吸水管，吸水管上应设过滤器及阀门。

2. 水泵装置

水泵机组布置电机容量大于55kW时，水泵基础间的净距不得小于1.2m；电机容量在55~20kW之间时，水泵基础间的净距不得小于0.8m；电机容量小于20kW、水泵吸水管直径小于100mm时，泵组一侧与泵房墙面之间可不留通道。两台相同泵组可共用一个基础，该共用基础侧边之间及距墙面间应有不小于0.7m的通道。泵房的人行通道不得小于1.2m。配电柜前应有1.5m的通道。

（二）贮水池

1. 贮水池的有效容积

（1）贮水池有效容积应该大于或等于生活用水调节水量、消防贮水量（一般情况火灾延续时间为2h，特殊时达3~6h，自动喷洒系统为1h）和安全贮水量之和减去火灾延续时间内城市给水管网的补水量。

（2）生活用水调节量应按流入量和供出量的变化曲线经计算确定，资料不足时可按最高日用水量的15%~20%确定；消防储备水量按防火规范规定执行；生产事故备用水量按工艺要求确定；安全贮水量应根据城镇供水制度、供水可靠程度及小区对供水的保证要求确定。

2. 贮水池设置条件

（1）当水源不可靠或只能定时供水。

（2）只有一根供水管而小区或建筑物又不能停水。

（3）外部给水管网提供的给水流量小于居住小区或建筑物所需要的设计流量。

（4）外部给水管网压力低，需用水泵加压供水又不允许直接从外部给水管网抽水时。

（5）当外部给水管网虽然压力低但供水流量较大，满足供给小区或建筑物的设计流量时，可以只设吸水井。

（6）当生产、生活用水量达到最大时，市政给水管网或引入管不能满足室内外消防用水时，应设消防水池。

3. 贮水池设置要求

（1）生活贮水池位置应远离卫生环境不良的房间，防止生活饮用水被污染；水池进出水管应布置在相对位置，并应采取防止短路的措施。

（2）消防水池的总蓄水有效容积大于500m³时，宜设两个能独立使用的消防水池，并应设置满足最低有效水位的连通管；但当有效容积大于1000m³时，应设置能独立使用的两座消防水池，每座消防水池应设置独立的出水管，并应设置满足最低有效水位的连通管。

（3）供单体建筑的生活饮用水池应与其他用水的水池分开设置。生活用水、消防用水合用的贮水池应采取消防用水不被挪作其他用途的措施。

（4）高层民用建筑高压消防给水系统的高位消防水池总有效容积大于200m³时，宜设置蓄水有效容积相等且可独立使用的两格；但当建筑高度大于100m时应设置独立的两座，且每座应有一条独立的出水管向系统供水；高位消防水池设置在建筑物内时，应采用耐火极限不低于 2.00h 的隔墙和 1.50h 的楼板与其他部位隔开，并应设甲级防火门且与建筑构件应连接牢固。

（5）贮水池应设通气管；溢水管管径宜比进水管大一号；泄水管管径应根据泄空时间和泄水受体排泄能力确定。

（6）穿过水池池壁、池底的各种管道均应设置带防水翼环的刚性或柔性防水管套。

（7）材料一般为钢筋混凝土、玻璃钢、钢板等，防水内衬、防腐涂料必须无毒无害，不影响水质，外墙不能作为池壁。

> **实务提示：**
>
> 类似于贮水池这种储存生活饮用水的大型构筑物，一旦发生污染，影响范围巨大，故设置位置应妥善选择，避免任何污染的可能性。

（三）水箱（★★★）

1. 设置水箱的条件

（1）城市给水管网的压力满足不了供水要求的高层建筑。

（2）高层民用建筑、总建筑面积大于 1 万 m^2 层数超过 2 层的公共建筑和其他重要建筑，必须设置高位消防水箱。

（3）高层建筑生活消防给水竖向分区的要设水箱。

（4）多层建筑因城市自来水周期性压力不足，采用屋顶调节水箱供水的。

总之室内给水系统中需要增压、稳压、减压或需要贮存一定水量的应设置水箱。

2. 水箱容积的确定

室内生活低位水箱有效容积宜按建筑物最高日用水量的 20%～25% 确定。由城市管网夜间直接进水的高位水箱的生活用水调节容积宜按用水人数和最高日生活用水定额确定。

3. 水箱设置要点

（1）高位水箱的设置高度应按最不利配水点所需的水压经计算确定，消防水箱的设置高度应按现行建筑防火规范有关规定确定，高层建筑屋顶水箱一般宜设在顶层。水箱应设在便于维修、光线通风良好，且不易结冻的地方。

（2）水箱一般由钢板、钢筋混凝土、玻璃钢等材料制成，但内衬及防腐涂料必须无毒无害，不得影响水质，并经卫生防疫部门认可。

（3）水箱应设有进水管、出水管、溢水管、泄水管、通气管和水位信号装置等，为了保证水质不受污染，生活饮用水箱的进水管口的最低点高出溢流边缘的空气间隙应等于进水管管径，但最小不应小于 25mm，最大可不大于 150mm。溢流管、泄水管必须经过断流水箱及水封才能接入排水系统。溢流管宜比进水管大一号。

4. 水箱的布置要求

水箱与水箱之间、水箱与墙面之间净距不宜小于 0.7m，安装有管道的侧面与墙面净距不宜小于 1.0m，水箱顶与建筑结构最低点的净距不得小于 0.6m，水箱周围应有不小于 0.7m 的检修通道。水箱间要留有设置饮用水消毒设备、消火栓及自动喷水灭火系统的加压稳压泵以及楼门表的位置。

北方地区设置水箱时，要考虑防冻要求，有人员值班的还需要考虑值班室温度。南方地区不考虑防冻要求的，也应尽量避免高位水箱裸露在室外，并做好卫生防疫措施。

（四）泵房（★★★）

1. 设置位置

民用建筑物内设置的生活给水泵房不应毗邻居住用房或在其上层或下层，水泵机组宜设在水池（箱）的侧面、下方，其运行噪声应符合现行国家标准《民用建筑隔声设计规范》GB 50118 的规定。

2. 建筑物内的给水泵房

建筑物内的给水泵房，应采用下列减振防噪措施：

（1）应选用低噪声水泵机组；

（2）吸水管和出水管上应设置减振装置；

（3）水泵机组的基础应设置减振装置；

（4）管道支架、吊架和管道穿墙、楼板处，应采取防止固体传声的措施；

（5）必要时，泵房的墙壁和顶棚应进行隔声吸声处理。

例题 8-8（2018）： 下列关于建筑物内给水泵房采取的减振防噪措施，错误的是：

A. 管道支架采用隔振支架

B. 减少墙面开窗面积

C. 利用楼面作为水泵机组的基础

D. 水泵吸水管和出水管上均设置橡胶软接头

【答案】C

【解析】《建筑给水排水设计标准》GB 50015—2019 第 3.9.10 条，建筑物内的给水泵房，应采用下列减振防噪措施：应选用低噪声水泵机组；吸水管和出水管上应设置减振装置（D 选项正确）；水泵机组的基础应设置减振装置（C 选项错误）；管道支架、吊架和管道穿墙、楼板处，应采取防止固体传声措施（A 选项正确）。减少墙面开窗有可以减振防噪，B 选项正确。本题选 C。

八、建筑给水管道的设计流量（★★★）

（一）水量组成

小区给水设计用水量，应根据下列用水量确定：

（1）居民生活用水量；

（2）公共建筑用水量；

（3）绿化用水量；

（4）水景、娱乐设施用水量；

（5）道路、广场用水量；

（6）公用设施用水量；

（7）未预见用水量及管网漏失水量（非常重要的一项，通常设计的时候取（1）～（6）项总和的 $10\%\sim15\%$）；

（8）消防用水量（消防用水量仅用于校核管网计算，不计入正常用水量）。

（二）用水定额

（1）住宅生活用水定额及小时变化系数，可根据住宅类别、建筑标准、卫生器具设置标准等因素确定，单位：L/人·d❶。

（2）公共建筑的生活用水定额及小时变化系数，可根据卫生器具完善程度、区域条件和使用要求等因素确定，单位：L/人·d 或者 L/顾客·次❷。

（3）绿化浇灌用水定额应根据气候条件、植物种类、土壤理化性状、浇灌方式和管理制度等因素综合确定。

（4）小区道路、广场的浇洒最高日用水定额可按浇洒面积计算。

（5）游泳池、水上游乐池和水景用水量计算。

（6）民用建筑空调循环冷却水系统的补充水量，应根据气候条件、冷却塔形式、浓缩倍数等因素确定。

（7）汽车冲洗用水定额，应根据采用的冲洗方式，以及车辆用途、道路路面等级和沾污程度等确定（表 8-1-1）。单位：L/辆·次。

汽车冲洗用水定额　　　　　　　　　　表 8-1-1

冲洗方式	高压水枪冲洗	循环用水冲洗补水	抹车、微水冲洗	蒸汽冲洗
轿车	40～60	20～30	10～15	3～5
公共汽车载重汽车	80～120	40～60	15～30	—

注：当汽车冲洗设备用水定额有特殊要求时，其值应按产品要求确定。

例题 8-9： 关于小区给水设计用水量的确定，下列用水量不计入正常用水量的是：

A. 绿化用水量　　　　　　　　B. 消防用水量

C. 管网漏失水量　　　　　　　D. 道路浇洒用水量

【答案】B

【解析】消防用水不计入正常用水量，仅用于校核管网（校核流量、流速、管径等）。

---

❶ 当地主管部门对住宅生活用水定额有具体规定时，应按当地规定执行。别墅生活用水定额中含庭院绿化用水和汽车抹车用水，不含游泳池补充水。

❷ 1）中等院校、兵营等宿舍设置公用卫生间和盥洗室，当用水时段集中时，最高日小时变化系数宜取高值；其他类型宿舍设置公用卫生间和盥洗室时，最高日小时变化系数宜取低值。

2）除注明（商场）外，均不含员工生活用水，员工最高日用水定额为每人每班 40～60L，平均日用水定额为每人每班 30～45L。

3）大型超市的生鲜食品区按菜市场用水。

4）医疗建筑用水中已含医疗用水。

5）空调用水应另计。

6）旅馆、医院等不含专业洗衣房用水。

第二节 建筑热水供应系统

一、热水供应系统的分类、组成（★）

（一）热水系统分类

1. 按热水系统供应范围分

（1）局部热水供应系统：供给单栋别墅，住宅的单个住户，公共建筑的单个卫生间、单个厨房、单个餐厅或淋浴间等用房热水的系统。适用于热水用水量小且分散的建筑。

（2）集中热水供应系统：供给一幢（不含单幢别墅）、数幢建筑或供给多功能单栋建筑中一个、多个功能部门所需热水的系统。供给热水用水量大、用水点多且较集中的建筑，如旅馆。

（3）区域热水供应系统：供给建筑甚多且较集中的城镇如住宅区和大型工业企业等所需热水的系统。水在热电厂、区域性锅炉房或区域性热交换站加热，通过室外热水管网将热水输送到城镇各建筑物中。

> **实务提示：**
>
> 集中热水供应系统和区域热水供应系统，都需要设置换热机房、循环管道及循环水泵，增加一次投资以及运营维护的费用。

2. 按热水管网循环方式分

（1）不循环热水供应系统：管道短小的小型热水系统，适用于连续供水或定时集中用水系统。其特点为管路简单，工程投资省，不需热水循环泵，使用时先放掉系统中的冷水，浪费用水（图 8-2-1）。

（2）半循环热水供应系统：分干管循环、立管循环两种情况。其中干管循环适用于层数不超过 5 层（含 5 层）的建筑，及对水温要求不太严格的对象（图 8-2-2）。

（3）全循环热水供应系统：适用于对热水供应要求高的建筑物，如宾馆、医院等建筑。可随时迅速获得热水，使用方便；工程投资大，环路多，需调节平衡各环路阻力损失，需设循环泵（图 8-2-3）。

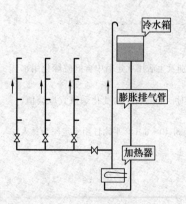

图 8-2-1 不循环热水供应系统

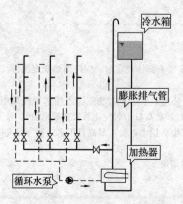

图 8-2-2 半循环热水供应系统

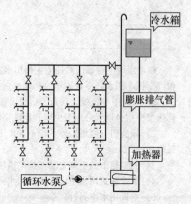

图 8-2-3 全循环热水供应系统

3. 按热水循环水泵运行方式分

（1）全日循环热水供应系统：需全天供应热水的建筑如宾馆、医院等，在热水供应时间内，热水管网中任何时刻都保持着循环流量。循环水泵整日工作。

（2）定时循环热水供应系统：适用于每天定时供应热水的建筑，每天在热水供应前，将管网中冷却了的水强制循环一定时间，在热水供应时间内根据使用热水的繁忙程度，循环水泵间断工作。

4. 按是否与大气相通方式分

（1）开式热水系统：在所有配水点关闭后，系统内的水仍与大气相通。在管网顶部设有高位冷水箱和膨胀管或高位开式加热水箱，系统内的水压仅取决于水箱的设置高度，水压稳定，供水可靠（图8-2-4）。

（2）闭式热水系统：在所有配水点关闭后，整个系统与大气隔绝，形成密闭系统。采用设有安全阀的承压水加热器，设置压力膨胀罐。管路简单，水质不受外界污染，但水压稳定性差（图8-2-5）。

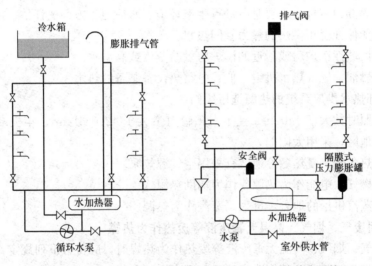

图 8-2-4　开式热水系统　　　　图 8-2-5　闭式热水系统

实务提示：

　　由于节能要求，不循环供水系统应用很少，但其优点是管线少，也不需要循环泵房等。有些项目由于确实没有设置循环管道及热水循环机房的空间，采用不循环热水系统时，整个系统管道都设置保温层及电伴热维护管道温度，以起到不浪费水资源的目的。

（二）热水系统组成

（1）热媒系统（第一循环系统）：由热源、水加热器和热媒管网组成。

（2）热水供水系统（第二循环系统）：由热水配水管网和回水管网组成。

（3）附件：蒸汽、热水的控制附件及管道的连接附件，如温度自动调节器、疏水器、减压阀、安全阀、自动排气阀、膨胀罐、管道伸缩器、闸阀、水嘴等。

二、热水系统热源选择（★★★）

热水供应系统的选择，应根据使用要求、耗热量及用水点分布情况，结合热源条件确定。

（一）集中热水供应系统热源选用原则

（1）采用具有稳定、可靠的余热、废热、地热；当以地热为热源时，应按地热水的水温、水质和水压，采取相应的技术措施，满足使用要求。

（2）当日照时数大于 1400h/a 且年太阳辐射量大于 4200MJ/m² 、年极端最低气温不低于－45℃的地区，采用太阳能。

（3）在夏热冬暖、夏热冬冷地区采用空气源热泵。

（4）在地下水源充沛、水文地质条件适宜，并能保证回灌的地区，采用地下水源热泵。

（5）在沿江、沿海、沿湖、地表水源充足、水文地质条件适宜，以及有条件利用城市污水、再生水的地区，采用地表水源热泵；当采用地下水源和地表水源时，应经当地水务、交通航运等部门审批，必要时应进行生态环境、水质卫生方面的评估。

（6）采用能保证全年供热的热力管网热水。

（7）采用区域性锅炉房或附近的锅炉房供给蒸汽或高温水。

（8）采用燃油、燃气热水机组、低谷电蓄热设备制备的热水。

（二）局部热水供应系统的热源选用原则

（1）当日照时数大于 1400h/a 且年太阳辐射量大于 4200MJ/m² 、年极端最低气温不低于－45℃的地区，采用太阳能。

（2）在夏热冬暖、夏热冬冷地区宜采用空气源热泵。

（3）采用燃气、电能作为热源或作为辅助热源。

（4）在有蒸汽供给的地方，可采用蒸汽作为热源。

（三）采用废气、烟气、高温无毒废液等废热作为热媒

当采用废气、烟气、高温无毒废液等废热作为热媒时，应符合下列规定：

（1）加热设备应防腐，其构造应便于清理水垢和杂物。

（2）应采取措施防止热媒管道渗漏而污染水质。

（3）应采取措施消除废气压力波动或除油。

例题 8-10（2013）： 热水系统的选择与以下哪项无关？

A. 耗热量　　　　　B. 用水点分布　　　　　C. 热源条件　　　　　D. 气候

【答案】 D

【解析】 热水供应系统的选择，应根据使用要求、耗热量及用水点分布情况，结合热源条件确定。

例题 8-11（2021）： 集中热水供应应优先采用的是：

A. 太阳能　　　　　　　　　　　　B. 合适的废水、废热、地热

C. 空气能热水器　　　　　　　　　D. 燃气热水器

三、太阳能热水系统 (★★★)

(一) 太阳能热水系统常识

(1) 公共建筑宜采用集中集热、集中供热太阳能热水系统（图 8-2-6）。

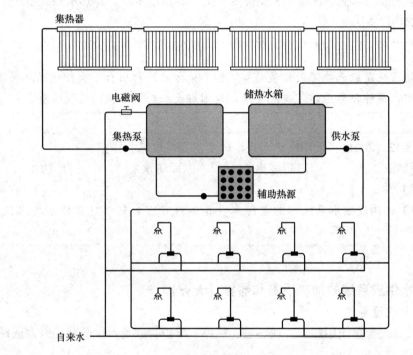

图 8-2-6 集中太阳能热水系统

(2) 住宅类建筑宜采用集中集热、分散供热太阳能热水系统或分散集热、分散供热太阳能热水系统。

(3) 太阳能集热系统宜按分栋建筑设置。

(4) 按介质的使用情况分为直接太阳能热水系统、间接太阳能热水系统。

(5) 按集热器的承压情况分为闭式太阳能集热系统、开式太阳能集热系统。

(6) 热水供水系统可不设循环管道。

(二) 太阳能集热系统安全措施

太阳能集热系统应设防过热、防爆、防冰冻、防倒热循环及防雷击等安全设施，并应符合下列规定：

(1) 太阳能集热系统应设放气阀、泄水阀、集热介质充装系统。

(2) 闭式太阳能热水系统应设安全阀、膨胀罐、空气散热器等防过热、防爆的安全设施。

（3）严寒和寒冷地区的太阳能集热系统应采用集热系统倒循环、添加防冻液等防冻措施；集中集热、分散供热的间接太阳能热水系统应设置电磁阀等防倒热循环阀件。

（三）太阳能热水系统辅助热源及加热设施

太阳能热水系统应设辅助热源及加热设施，并应符合下列规定：

（1）辅助热源宜因地制宜选择，分散集热、分散供热太阳能热水系统和集中集热、分散供热太阳能热水系统宜采用燃气、电；集中集热、集中供热太阳能热水系统宜采用城市热力管网、燃气、燃油、热泵等。

（2）辅助热源的供热量宜按无太阳能时计算。

（3）辅助热源的水加热设备应根据热源种类及其供水水质、冷热水系统型式采用直接加热或间接加热设备。

实务提示：

太阳能系统是绿色能源的发展趋势，很多地方政府都出台了太阳能的相关要求，实际工作中，应综合考虑建筑美观要求，规划好太阳能集热板的设置位置。

例题 8-12（2021）：太阳能热水系统，不需要采取哪些措施？
A. 防结露　　　　　B. 防过热　　　　　C. 防水　　　　　D. 防雷
【答案】C
【解析】太阳能热水系统不需要防水，具体内容可参见《建筑给水排水设计标准》GB 50015—2019 第 6.6.5 条。

四、热水供应系统的加热设备和器材（★★）

（一）水加热设备

水加热设备应根据使用特点、耗热量、热源、维护管理及卫生防菌等因素选择，并应符合下列规定：

（1）热效率高，换热效果好，节能，节省设备用房。

（2）生活热水侧阻力损失小，有利于整个系统冷、热水压力的平衡。

（3）设备应留有人孔等方便维护检修的装置，并应按要求标准配置控温、泄压等安全阀件。

（二）水加热设备机房

水加热设备机房的设置宜符合下列规定：

（1）宜与给水加压泵房相近设置。

（2）宜靠近耗热量最大或设有集中热水供应的最高建筑。

（3）宜位于系统的中部。

（4）集中热水供应系统当设有专用热源站时，水加热设备机房与热源站宜相邻设置。

（三）热水箱的安全措施

（1）热水箱应加盖，并应设溢流管、泄水管和引出室外的通气管。热水箱溢流水位超出冷水补水箱的水位高度应按热水膨胀量计算。泄水管、溢流管不得与排水管道直接连接。

（2）水加热设备和贮热设备罐体，应根据水质情况及使用要求采用耐腐蚀材料制作或在钢制罐体内表面衬不锈钢、铜等防腐面层。

（四）加热方式

加热方式主要根据使用特点、耗热量、热源情况、燃料种类等确定，主要有两类：直接加热和间接加热。常用加热方式有下面几种：

（1）热水锅炉直接加热。

（2）燃气加热器加热（煤气热水器、燃气壁挂炉）。

（3）电加热器加热（电热水器）。

（4）太阳能热水器加热。

（5）汽水混合加热。

（6）（半）容积式换热器间接加热（废热、余热、市政热力等）。

（7）快速加热器间接加热。

（8）容积式换热器与快速加热器串联加热。

（五）热水系统设置的具体要求

（1）建筑物内集中热水供应系统的热水循环管道宜采用同程布置，当采用同程布置困难时，应采取保证干管和立管循环效果的措施。各环路阻力损失应相接近，防止循环短路。

（2）老年人照料设施、安定医院、幼儿园、监狱等建筑中为特殊人群提供沐浴热水的设施，应有防烫伤措施。

（3）燃气热水器、电热水器必须带有保证使用安全的装置。严禁在浴室内安装直接排气式燃气热水器等在使用空间内积聚有害气体的加热设备。

实务提示：

建筑以及配套设备都是为人服务的，在设计时要考虑建筑及设备的使用群体的特点，采取相应的防护措施，以达到使用者安全舒适的目的。

例题 8-13（2018）：下列热水箱的配件设置，错误的是：

A. 设置引出室外的通气管

B. 设置检修人孔并加盖

C. 设置泄水管并与排水管道直接连接

D. 设置泄水管并与排水管道间接连接

【答案】 C

【解析】《建筑给水排水设计标准》GB 50015—2019 第 6.5.14 条，热水箱应加盖，并应设溢流管、泄水管和引出室外的通气管（A 选项正确）。热水箱溢流水位超出冷水补水箱的水位高度应按热水膨胀量计算。泄水管、溢流管不得与排水管道直接连接（C 选项错误，D 选项正确）。

五、热水管道的布置与敷设 (★★★)

(1) 热水系统采用的管材和管件，应符合国家现行标准的有关规定。

管道的工作压力和工作温度不得大于现行国家标准规定的许用工作压力和工作温度。

(2) 热水管道应选用耐腐蚀和安装连接方便可靠的管材，可采用薄壁不锈钢管、薄壁铜管、塑料热水管、复合热水管等。当采用塑料热水管或塑料和金属复合热水管材时，应符合下列规定：

1) 管道的工作压力应按相应温度下的许用工作压力选择；

2) 设备机房内的管道不应采用塑料热水管；

3) 热水管道系统应采取补偿管道热胀冷缩的措施；

4) 配水干管和立管最高点应设置排气装置，系统最低点应设置泄水装置。

实务提示：

热水管道最大的特点就是温度高，在敷设的时候要注意设置防烫伤的措施，比如给管道做保温等。另外，由于热胀冷缩的原因，不同材质的管道承载热水后，其变形膨胀的情况也不一样，设计时，应根据不同材质计算管道的膨胀量，采取膨胀措施，如设置伸缩节等。

例题 8-14 (2021)： 关于热水管道的敷设要求，正确的是：

A. 配水干管和立管最高点应设泄水装置

B. 热水机房管道应优先选用塑料热管

C. 系统最低点应设置放气措施

D. 应采取补偿管道热胀冷缩的措施

【答案】 D

【解析】《建筑给水排水设计标准》GB 50015—2019 第 6.8.2 条第 2 款，设备机房内的管道不应采用塑料热水管（B 选项错误）。第 6.8.3 条，热水管道系统应采取补偿管道热胀冷缩的措施（D 选项正确）。第 6.8.4 条，配水干管和立管最高点应设置排气装置。系统最低点应设置泄水装置（A、C 选项错误）。

六、水质、水温及热水用水量定额 (★★)

(一) 水质

(1) 生活热水的原水水质应符合现行国家标准《生活饮用水卫生标准》GB 5749 的规定，生活热水的水质应符合现行行业标准《生活热水水质标准》CJ/T 521 的规定。

(2) 集中热水供应系统的原水的防垢、防腐处理，应根据水质、水量、水温、水加热设备的构造、使用要求等因素经技术经济比较（工程上常用电子水处理仪、除氧装置等进行水质软化处理）。

(二) 定额

热水用水定额应根据卫生器具完善程度和地区条件确定（热水用水定额根据 60℃ 热水水温计算，用水定额已经包含在给水用水定额里）。

（三）水温

集中热水供应系统的水加热设备出水温度应根据原水水质、使用要求、系统大小及消毒设施灭菌效果等确定，并符合：

（1）水加热设备最高出水温度应小于或等于 70℃。

（2）系统不设灭菌消毒设施时，医院、疗养所等建筑的水加热设备出水温度应为 60～65℃，其他建筑水加热设备出水温度应为 55～60℃。

（3）配水点水温不应低于 45℃。

（四）卫生器具的使用水温（表 8-2-1）

卫生器具的使用水温 表 8-2-1

卫生器具	使用场所	温度
洗脸盆、盥洗槽水	住宅、旅馆、别墅、宾馆、酒店式公寓、宿舍、招待所、餐饮、幼儿园、工业企业生活间（脸）	30℃
洗脸盆	公共浴室、理发室、美容院、剧场（演员用）	35℃
洗手盆	医院、疗养院、办公、（实验室 30℃）	35℃
淋浴器	幼儿园、托儿所	35℃
	其他所有建筑	37～40℃
浴盆	除托儿所幼儿园（35℃）其他	40℃

实务提示：

热水系统末端出水水温低于 45℃ 时，热水系统中的细菌总数和异养菌高于现行国家标准《生活饮用水卫生标准》GB 5749 规定的指标。灭致病菌的设施有：①紫外光催化二氧化钛（AOT）消毒装置；②银离子消毒器。灭致病菌的措施有：系统内热水定期升温灭菌。

例题 8-15（2013）：关于热水使用水温标准，以下错误的是：

A. 实验室洗脸盆 50℃　　　　　　B. 幼儿园洗涤盆 50℃

C. 医院洗手盆 35℃　　　　　　　D. 医院浴盆 37℃

【答案】 D

【解析】 查阅本教材表 8-2-1 可知，D 选项正确。其他详细要求可参考《建筑给水排水设计标准》GB 50015—2019 第 6.2.1 条。

第三节　饮用水供应

一、饮用水设计水量、用水定额（★）

（1）建筑中除了生活用水，还包括饮用水，如：饮水机饮用水、管道直饮水。

（2）饮用水的水量和用水定额应根据建筑物的性质和地区的条件来确定。

（3）最高日管道直饮水定额也可根据用户要求确定。

二、管道直饮水系统的设置要求（★★）

（1）应对原水进行深度净化处理，水质应符合现行行业标准《饮用净水水质标准》CJ 94 的规定。

（2）管道直饮水系统必须独立设置。

（3）管道直饮水应设循环管道，其供、回水管网应同程布置，当不能满足前述条件时，应采取保证循环效果的措施。循环管网内水的停留时间不应超过 12h。从立管接至配水龙头的支管管段长度不宜大于 3m。

（4）办公楼等公共建筑每层自设终端净水处理设备时，可不设循环管道。

实务提示：

　　直饮水一般均以市政给水为原水，经过深度处理方法制备而成，其水质应符合现行行业标准《饮用净水水质标准》CJ 94 的规定。管道直饮水系统水量小、水质要求高且其价格比一般生活给水贵得多，为了尽量避免直饮水的浪费，直饮水不能采用一般额定流量的水嘴，而宜采用额定流量为 0.04L/s 左右的专用水嘴。

例题 8-16（2019）：下列关于管道直饮水系统设计要求，错误的是：

A. 管道直饮水系统必须独立设置

B. 应设循环管道

C. 供水、回水管网应同程布置

D. 循环管网内水的停留时间不应超过 24h

【答案】D

【解析】《建筑给水排水设计标准》GB 50015—2019 第 6.9.3 条第 1、6 款，管道直饮水系统应符合下列规定：管道直饮水系统必须独立设置（A 选项正确）。管道直饮水应设循环管道（B 选项正确），其供、回水管网应同程布置（C 选项正确），当不能满足时，应采取保证循环效果的措施。循环管网内水的停留时间不应超过 12h（D 选项错误）。

三、开水供应的要求（★★）

（1）开水计算温度应按 100℃计算。

（2）当开水炉（器）需设置通气管时，其通气管应引至室外，配水水嘴宜为旋塞。

（3）开水器应装设温度计和水位计，开水锅炉应装设温度计，必要时还应装设沸水笛或安全阀。

四、开水间、饮水供应点的设置要求（★★）

（1）不得设在易污染的地点，对于经常产生有害气体或粉尘的车间，应设在不受污染的生活间或小室内。

（2）位置应便于取用、检修和清扫，并应保证良好的通风和照明。

（3）开水间、饮水处理间应设给水管、排污排水用地漏。给水管管径可按设计小时饮水量计算。开水器、开水炉的排污、排水管道应采用金属排水管或耐热塑料排水管。

> **例题 8-17（2017）：** 关于建筑内开水间设计，错误的是：
> A. 应设给水管　　　　　　　　　B. 应设排污排水管
> C. 排水管道应采用金属排水管　　D. 排水管道应采用普通塑料管
> **【答案】** D
> **【解析】**《建筑给水排水设计标准》GB 50015—2019 第 6.9.10 条，开水间、饮水处理间应设给水管、排污排水用地漏（A、B 选项正确）。给水管管径可按设计小时饮水量计算。开水器、开水炉排污、排水管道应采用金属排水管或耐热塑料排水管（C 选项正确，D 选项错误）。

第四节　建筑排水系统

一、建筑排水系统的分类和组成

（一）排水系统一般规定（★★★）

（1）室内生活排水管道系统的设备选择、管材配件连接和布置不得造成泄漏、冒泡、返溢，不得污染室内空气、食物、原料等。

（2）室内生活排水管道应以良好水力条件连接（线最短、转弯最少），应按重力流直接排至室外；当不能自流排水或发生倒灌时，应采用机械提升。

（3）污水经处理站进行处理，达到《污水综合排放标准》GB 8978 的标准后方能接入市政污水管道。

（二）建筑排水分类

建筑排水分为生活排水、工业废水排水、消防排水、雨水排水。小区生活排水与雨水排水系统应采用分流制。

（三）生活污水与生活废水分流

下列情况宜采用生活污水与生活废水分流的排水系统：

（1）当政府有关部门要求污水、废水分流且生活污水需经化粪池处理后才能排入城镇排水管道时。

（2）生活废水需回收利用时。

（3）建筑物的使用性质对卫生标准要求较高。

（4）生活废水量较大且环卫部门要求生活污水需经化粪池处理后才能排入城镇排水管道。

（5）消防排水、生活水池（箱）排水、游泳池放空排水、空调冷凝排水、室内水景排水、无洗车的车库和无机修的机房地面排水等宜与生活废水分流，单独设置废水管道排入室外雨水管道。

（6）下列建筑排水应单独排水至水处理或回收构筑物：

1）职工食堂、营业餐厅的厨房含有油脂的废水；

2）洗车冲洗水；

3）含有致病菌、放射性元素等超过排放标准的医疗、科研机构的污水；

4）水温超过 40℃ 的锅炉排污水；

5）用作中水水源的生活排水；

6）实验室有害有毒废水。

实务提示：

自动洗车台的冲洗水中含大量泥沙，必须经过沉淀处理后排放或循环利用。目前小区埋地排水管普遍采用 PVC-U、HDPE 埋地塑料管，其长期耐温可达 40℃。

例题 8-18（2019）： 下列哪一类建筑排水不需要单独收集处理？

A. 生活废水　　　　　　　　　B. 机械自动洗车台冲洗水

C. 实验室有毒有害废水　　　　D. 营业餐厅厨房含油脂的洗涤废水

【答案】 A

【解析】《建筑给水排水设计标准》GB 50015—2019 第 4.2.4 条，下列建筑排水应单独排水至水处理或回收构筑物：职工食堂、营业餐厅的厨房含有油脂的废水；洗车冲洗水；含有致病菌、放射性元素等超过排放标准的医疗、科研机构的污水；水温超过 40℃ 的锅炉排污水；用作中水水源的生活排水；实验室有害有毒废水。故 A 选项正确。

二、卫生器具及存水弯（★★★）

1. 地漏

地漏应设置在有设备和地面排水的下列场所：

（1）卫生间、盥洗室、淋浴间、开水间；

（2）在洗衣机、直饮水设备、开水器等设备的附近；

（3）食堂、餐饮业厨房间。

2. 存水弯

下列设施与生活污水管道或其他可能产生有害气体的排水管道连接时，必须在排水口以下设存水弯（图 8-4-1）：

（1）构造内无存水弯的卫生器具或无水封的地漏；

（2）其他设备的排水口或排水沟的排水口。

3. 公共场所卫生间的卫生器具

公共场所卫生间的卫生器具设置应符合下列规定：

（1）洗手盆应采用感应式水嘴或延时自闭式水嘴等限流节水装置；

（2）小便器应采用感应式或延时自闭式冲洗阀；

（3）坐式大便器宜采用设有大、小便分档的冲洗水箱，蹲式大便器应采用感应式冲洗阀、延时自闭式冲洗阀等。

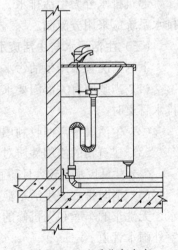

图 8-4-1　洗手盆存水弯

4. 特别注意

（1）水封装置的水封深度不得小于50mm，严禁采用活动机械活瓣替代水封，严禁采用钟式结构地漏。

（2）医疗卫生机构内门诊、病房、化验室、试验室等不在同一房间内的卫生器具不得共用存水弯。

（3）大便器的选用应根据使用对象、设置场所、建筑标准等因素确定，且均应选用节水型大便器。坐便器自带存水弯。

（4）卫生器具排水管段上不得重复设置水封。

> **实务提示：**
>
> 水封深度不得小于50mm的规定是依据国际上对污水、废水、通气的重力排水管道系统（DWV）排水管内压力波动不至于把存水弯水封破坏的要求。在工程中以活动的机械活瓣替代水封是十分危险的做法，一是活动的机械活瓣寿命短，二是排水中杂物易卡堵。

> **例题8-19（2018）：** 下列关于排水系统水封设置的说法，错误的是：
>
> A. 存水弯的水封深度不得小于50mm
> B. 可以采用活动机械密封代替水封
> C. 卫生器具排水管段上不得重复设置水封
> D. 水封装置能隔断排水管道内的有害气体窜入室内
>
> **【答案】** B
>
> **【解析】** 《建筑给水排水设计标准》GB 50015—2019第2.1.49条，水封即器具或管段内有一定高度的水柱，防止排水管系统中气体窜入室内（D选项正确）。第4.3.11条，水封装置的水封深度不得小于50mm（A选项正确），严禁采用活动机械活瓣替代水封（B选项错误），严禁采用钟式结构地漏。第4.3.13条，卫生器具排水管段上不得重复设置水封（C选项正确）。

三、排水管道的布置和敷设（★★★）

1. 室内排水管道布置应符合的规定

（1）自卫生器具排至室外检查井的距离应最短，管道转弯应最少；

（2）排水立管宜靠近排水量最大或水质最差的排水点；

（3）排水管道不得敷设在食品和贵重商品仓库、通风小室、电气机房和电梯机房内；

（4）排水管道不得穿过变形缝、烟道和风道；当排水管道必须穿过变形缝时，应采取相应技术措施；

（5）排水埋地管道不得布置在可能受重物压坏处或穿越生产设备基础；

（6）排水管、通气管不得穿越住户客厅、餐厅，排水立管不宜靠近与卧室相邻的内墙；

（7）排水管道不宜穿越橱窗、壁柜，不得穿越贮藏室；

（8）排水管道不应布置在易受机械撞击处；当不能避免时，应采取保护措施；

（9）塑料排水管不应布置在热源附近；当不能避免，并导致管道表面受热温度大于60℃时，应采取隔热措施；塑料排水立管与家用灶具边净距不得小于0.4m；

（10）当排水管道外表面可能结露时，应根据建筑物性质和使用要求，采取防结露措施。

（11）占地面积小，系统合理，总管线短，工程造价低。

2. 排水管道不得穿越的场所

（1）卧室、客房、病房和宿舍等人员居住的房间；

（2）生活饮用水池（箱）上方；

（3）遇水会引起燃烧、爆炸的原料、产品和设备的上面；

（4）食堂厨房和饮食业厨房的主副食操作、烹调和备餐的上方；

（5）住宅厨房间的废水不得与卫生间的污水合用一根立管。

3. 特别注意

（1）住宅厨房间的废水不得与卫生间的污水合用一根立管；

（2）室内生活废水排水沟与室外生活污水管道连接处，应设水封装置。

4. 排水管道的敷设应便于施工、维护

（1）管道宜在地下或楼板垫层中埋设，或在地面上、楼板下明设；

（2）当建筑有要求时，可在管槽、管道井、管窿、管沟或吊顶、架空层内暗设，但应便于安装和检修；

（3）在气温较高、全年不结冻的地区，管道可沿建筑物外墙敷设；

（4）管道不应敷设在楼层结构层或结构柱内。

5. 间接排水的方式

下列构筑物和设备的排水管与生活排水管道系统应采取间接排水的方式：

（1）生活饮用水贮水箱（池）的泄水管和溢流管；

（2）开水器、热水器排水；

（3）医疗灭菌消毒设备的排水；

（4）蒸发式冷却器、空调设备冷凝水的排水；

（5）贮存食品或饮料的冷藏库房的地面排水和冷风机溶霜水盘的排水。

6. 室内生活废水排放

室内生活废水排水沟与室外生活污水管道连接处，应设水封装置。室内生活废水在下列情况下，宜采用有盖的排水沟排除：

（1）废水中含有大量悬浮物或沉淀物需经常冲洗；

（2）设备排水支管很多，用管道连接有困难；

（3）备排水点的位置不固定；

（4）地面需要经常冲洗。

7. 排水立管最低横支管的垂直距离

室内排水立管最低排水横支管与立管连接处距排水立管管底垂直距离不得小于表8-4-1的规定。

室内排水立管最低排水横支管与立管连接处距排水立管管底垂直距离　　表 8-4-1

立管连接卫生器具的层数	垂直距离	
	仅设伸顶通气	设通气立管
≤4	0.45	按配件最小安装尺寸确定
5～6	0.75	
7～12	1.20	
13～19	底层单独排出	0.75
≥20		1.20

实务提示：

排水横管可能渗漏和受厨房湿热空气影响，管外表易结露滴水，造成污染食品的安全卫生事故。因此，在设计方案阶段就应该与建筑专业协调，避免上层用水器具、设备机房布置在厨房间的主副食操作、烹调、备餐的上方。

例题 8-20（2012）：关于排水管的敷设，以下哪项是错误的？

A. 不得穿越卧室　　　　　　　　　B. 可设于卧室的墙内

C. 不宜穿越橱窗、壁柜　　　　　　D. 不得穿越住宅客厅、餐厅

【答案】B

【解析】《建筑给水排水设计标准》GB 50015—2019 第 4.4.2 条，排水管道不得穿越下列场所：卧室、客房、病房和宿舍等人员居住的房间；生活饮用水池（箱）上方；遇水会引起燃烧、爆炸的原料、产品和设备的上面；食堂厨房和饮食业厨房的主副食操作、烹调和备餐的上方。故 B 选项错误。

四、排水管道的计算

（一）不同卫生器具排水的流量、当量和排水管管径（表 8-4-2）

不同卫生器具排水的流量、当量和排水管管径　　表 8-4-2

序号	卫生器具名称		排水流量（L/s）	当量	排水管管径（mm）
1	洗脸盆		0.25	0.75	32～50
2	浴盆		1.00	3.00	50
3	淋浴器		0.15	0.45	50
4	大便器	冲洗水箱	1.50	4.50	100
		自闭式冲洗阀	1.20	3.60	100
5	医用倒便器		1.50	4.50	100
6	小便器	自闭式冲洗阀	0.10	0.30	40～50
		感应式冲洗阀	0.10	0.30	40～50

（二）排水管的设计秒流量计算方式

（1）住宅、宿舍（居室内设卫生间）、旅馆、宾馆、酒店式公寓、医院、疗养院、幼

儿园、养老院、办公楼、商场、图书馆、书店、客运中心、航站楼、会展中心、中小学教学楼、食堂或营业餐厅等建筑生活排水管道设计秒流量，按卫生器具排水当量总数算；

（2）宿舍（设公用盥洗卫生间）、工业企业生活间、公共浴室、洗衣房、职工食堂或营业餐厅的厨房、实验室、影剧院、体育场（馆）等建筑的生活排水管道设计秒流量，按卫生器具的同时排水百分数算。

（三）排水系统的一些知识

（1）住宅和公共建筑生活排水小时变化系数应与其相应生活给水的小时变化系数相同。

（2）小区生活排水的最大时排水量，应按生活给水的、最大时流量的 85%～95% 确定。

（3）不同排水管材的最小排水坡度和最大设计充满度不同。

（4）大便器排水管最小管径不得小于 100mm。

（5）建筑物内排出管最小管径不得小于 50mm。

（6）多层住宅厨房间的立管管径不宜小于 75mm。

（7）公共浴池的泄水管不宜小于 100mm。

（8）当公共食堂厨房内的污水采用管道排除时，其管径应比计算管径大一级，且干管管径不得小于 100mm，支管管径不得小于 75mm。

（9）医疗机构污物洗涤盆（池）和污水盆（池）的排水管管径不得小于 75mm。

（10）小便槽或连接 3 个及 3 个以上的小便器，其污水支管管径不宜小于 75mm。

（11）公共浴池的泄水管不宜小于 100mm。

五、管材、附件（★）

（一）排水管材的选择

排水管材选择应符合下列规定：

（1）室内生活排水管道应采用建筑排水塑料管材、柔性接口机制排水铸铁管及相应管件；通气管材宜与排水管管材一致。

（2）当连续排水温度大于 40℃时，应采用金属排水管或耐热塑料排水管。

（3）压力排水管道可采用耐压塑料管、金属管或钢塑复合管。

（二）排水附件

（1）检查口：带有可开启检查盖的配件，装设在排水立管上，做检查和清通之用。

（2）清扫口：排水横管上用于清通排水管的配件。

六、排水管道的通气系统（★★★）

（一）通气管的主要作用

（1）排出有毒有害气体，增大排水能力。

（2）引进新鲜空气，防止管道腐蚀。

（3）减小压力波动，防止水封破坏。

（4）减小排水系统的噪声。

（二）通气管的类型

普通伸顶通气管、专用通气管、环形通气管、器具通气管、副通气管、自循环通气管等（图 8-4-2）。

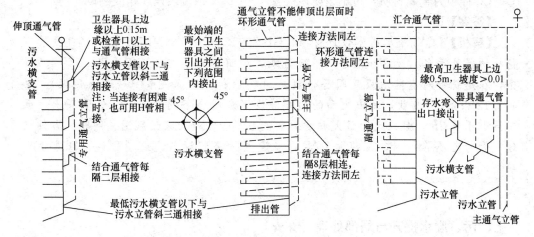

图 8-4-2　排水系统通气管

（三）通气管的设置要求

（1）生活排水管道系统应根据排水系统的类型，管道布置、长度，卫生器设置数量等因素设置通气管。当底层生活排水管道单独排出且符合下列条件时，可不设通气管：

1）住宅排水管以户排出时。

2）公共建筑无通气的底层生活排水支管单独排出的最大卫生器具数量符合相关规定时。

（2）通气立管不得接纳器具污水、废水和雨水，不得与风道和烟道连接。

（3）高出屋面的通气管设置应符合下列规定：

1）通气管高出屋面不得小于 0.3m，且应大于最大积雪厚度，通气管顶端应装设风帽或网罩；

2）在通气管口周围 4m 以内有门窗时，通气管口应高出窗顶 0.6m 或引向无门窗一侧；

3）在经常有人停留的平屋面上，通气管口应高出屋面 2m，当屋面通气管有碍于人们活动时，通气管可以采取侧墙等非伸顶透气；

4）通气管口不宜设在建筑物挑出部分的下面；

5）在全年不结冻的地区，可在室外设吸气阀替代伸顶通气管，吸气阀设在屋面隐蔽处；

6）当伸顶通气管为金属管材时，应根据防雷要求设置防雷装置。

实务提示：

经常有人停留的平屋面，一般指公共建筑的屋顶花园、屋顶操场等，这些地方需要开阔的场地、清新的空气。

例题 8-21（2021）：关于通气管的设置，正确的是：

A. 可与卫生间风道连接　　　　　　B. 建筑内可用吸气阀代替通气管

C. 伸顶为金属材质，可不设防雷装置　　D. 顶端装设风帽或网罩

【答案】D

【解析】《建筑给水排水设计标准》GB 50015—2019 第 4.7.6 条，通气立管不得接纳器具污水、废水和雨水，不得与风道和烟道连接（A 选项错误）。第 4.7.8 条，在建筑物内不得用吸气阀替代器具通气管和环形通气管（B 选项错误）。第 4.7.12 条第 1、6 款，高出屋面的通气管设置应符合下列规定：通气管高出屋面不得小于 0.3m，且应大于最大积雪厚度，通气管顶端应装设风帽或网罩；当伸顶通气管为金属管材时，应根据防雷要求设置防雷装置（C 选项错误，D 选项正确）。

七、污、废水提升与局部处理（★★）

建筑物室内地面低于室外地面时，应设置污水集水池、污水泵或成品污水提升装置。

当生活污水集水池设置在室内地下室时，池盖应密封，且应设置在独立设备间内并设通风、通气管道系统。成品污水提升装置可设置在卫生间或敞开空间内，地面宜考虑排水措施。

1. 地下停车库的污水排放

地下停车库的污水排放应符合下列规定：

（1）车库应按停车层设置地面排水系统，地面冲洗污水宜排入小区雨水系统。

（2）车库内如设有洗车站时应单独设集水井和污水泵，洗车水应排入小区生活污水系统。

2. 生活污水集水池设计

生活污水集水池设计应符合下列规定：

（1）集水池有效容积不宜小于最大一台污水泵 5min 的出水量，且污水泵每小时启动次数不宜超过 6 次；成品污水提升装置的污水泵每小时启动次数应满足其产品技术要求。

（2）集水池除满足有效容积外，还应满足水泵设置、水位控制器、格栅等安装、检查要求。

（3）集水池设计最低水位，应满足水泵吸水要求。

（4）集水坑应设检修盖板。

（5）集水池底宜有不小于 0.05 坡度坡向泵位；集水坑的深度及平面尺寸，应按水泵类型而定。

（6）污水集水池宜设置池底冲洗管。

（7）集水池应设置水位指示装置，必要时应设置超警戒水位报警装置，并将信号引至物业管理中心。

例题 8-22（2017）：关于地下室中卫生器具、脸盆的排水管装置，正确的是：

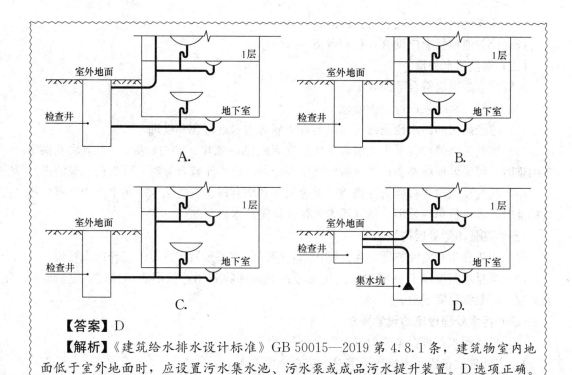

【答案】D

【解析】《建筑给水排水设计标准》GB 50015—2019 第 4.8.1 条，建筑物室内地面低于室外地面时，应设置污水集水池、污水泵或成品污水提升装置。D 选项正确。

八、小型生活污水处理（★）

（一）化粪池

化粪池是利用沉淀和厌氧发酵原理，去除生活污水中悬浮性有机物的处理设施。

1. 化粪池的设置

化粪池的设置应符合下列规定：

（1）化粪池宜设置在接户管的下游端，便于机动车清掏的位置。

（2）化粪池池外壁距建筑物外墙不宜小于 5m，并不得影响建筑物基础。

（3）化粪池应设通气管，通气管排出口设置位置应满足安全、环保要求。

（4）化粪池与地下取水构筑物的净距不得小于 30m。

2. 化粪池的构造

化粪池的构造应符合下列规定：

（1）化粪池的长度与深度、宽度的比例应按污水中悬浮物的沉降条件和积存数量，经水力计算确定；深度（水面至池底）不得小于 1.30m，宽度不得小于 0.75m，长度不得小于 1.00m，圆形化粪池直径不得小于 1.00m。

（2）双格化粪池第一格的容量宜为计算总容量的 75%；三格化粪池第一格的容量宜为总容量的 60%，第二格和第三格各宜为总容量的 20%。

（3）化粪池格与格、池与连接井之间应设通气孔洞。

（4）化粪池进水口、出水口应设置连接井与进水管、出水管相接。

（5）化粪池进水管口应设导流装置，出水口处及格与格之间应设拦截污泥浮渣的设施。

（6）化粪池池壁和池底应防止渗漏。

（7）化粪池顶板上应设有人孔和盖板。

（二）医院污水处理

医院污水处理应符合下列规定：

（1）医院污水必须进行消毒处理。

（2）感染病房的污水经消毒后可以与普通病房污水进行合并处理。

（3）医院污水消毒宜采用氯消毒（成品次氯酸钠、氯片、漂白粉等），当运输或供应有困难时，可采取现场制备；当有特殊要求并经经济技术比较合理时，可采用臭氧消毒。

（4）医院建筑内含有放射性物质、重金属及其他有毒、有害物质的污水，当不符合排放标准时，需进行单独处理，达标后方可排入医院污水处理站。

（三）其他小型处理构筑物

（1）职工食堂和营业餐厅的含油脂污水，应经除油装置后方许排入室外污水管道。

（2）当排水温度高于40℃时，应优先考虑热量回收利用，当不能回收时，应采取降温措施。一般宜设降温池。

（四）污水处理设施的设置要求

（1）生活污水处理设施的设置应符合下列规定：

1）当处理站布置在建筑地下室时，应有专用隔间；

2）设置生活污水处理设施的房间或地下室应有良好的通风系统；

3）生活污水处理间应设置除臭装置，其排放口位置应避免对周围人、畜、植物造成危害和影响。

（2）生活污水处理构筑物机械运行噪声不得超过现行国家标准《声环境质量标准》GB 3096 的规定。对建筑物内运行噪声较大的机械应设独立隔间。

（3）小区生活污水处理设施的设置应符合下列规定：

1）宜靠近接入市政管道的排放点；

2）建筑小区处理站的位置宜在常年最小频率的上风向，且应用绿化带与建筑隔开；

3）处理站宜设在绿地、停车坪及室外空地的地下。

实务提示：

以地下水为水源的一般是远离城市的厂矿企业、农村、村镇，不在城市生活饮用水管网供水范围，且渗水厕所、渗水坑、粪坑、垃圾堆和废渣堆等普遍存在。化粪池一般采用砖或混凝土模块砌筑，水泥砂浆抹面，防渗性差，对于地下水取水构筑物而言也属于污染源。

第五节 雨 水 系 统

一、建筑雨水系统的划分和选择（★）

（一）雨水系统的一般规定

（1）屋面雨水排水系统应迅速、及时地将屋面雨水排至室外地面或雨水控制利用设施和管道系统。

（2）应根据建筑物性质、屋面特点等，合理确定系统形式，在设计重现期内不得造成屋面积水、泛溢，不得造成厂房、库房地面积水。

（3）小区雨水排水系统应与生活污水系统分流。雨水回用时，应设置独立的雨水收集管道系统。

（4）小区在总体地面高程设计时，宜利用地形高程使雨水自流排水；同时应采取防止滑坡、水土流失、地（路）面结冻等地质灾害发生的技术措施。

（二）雨水排水系统分类

按建筑内是否有雨水管道可分为外排水系统和内排水系统。

1. 外排水系统

（1）檐沟外排水：由檐沟和水落管（立管）组成，适用于一般居住建筑、屋面面积比较小的公共建筑和单跨工业建筑。

（2）天沟外排水：天沟外排水系统由天沟、雨水斗和排水立管组成，一般用于低层建筑及大面积厂房，以及室内不允许设置雨水管道的情况。

为防止沉降缝、伸缩缝处漏水，一般以建筑物伸缩缝、沉降缝、变形缝为分水线，在分水线两侧分别设置天沟。

2. 内排水系统

屋面雨水内排水系统由雨水斗、连接管、悬吊管、立管、排出管、埋地干管和检查井组成，可以分为不同的类型。

（1）根据雨水排水系统是否与大气相通，内排水系统可分为：

1）密闭系统：室内雨水管道系统中无开口。不会引起水患，不允许接入生产废水。

2）敞开系统：室内设置敞开埋地雨水管和检查井或设置排水明渠。一般除排有管起端的一两个检查井外可以排入生产废水。一般用于有特殊要求的大面积厂房。

（2）根据每根立管连接的雨水斗的个数，可以分为：

1）单斗系统：一根悬吊管连接一个雨水斗。

2）多斗系统：一根悬吊管连接两个以上雨水斗；数量最多不超过4个。

（3）按雨水管道中水流的设计流态可分为：

1）压力流（虹吸）雨水系统：充满雨水。

2）重力半有压流雨水系统：气水混合。

3）重力无压流雨水系统：雨水通过自由堰流入管道，在重力作用下附壁流动。

实务提示：

当设计种植屋面和蓄水屋面的雨水排水时，设计人员应配合建筑或景观专业，将屋面荷载提供给结构专业，避免超载影响屋面结构的安全，应按相关规范执行。由于满管压力流雨水系统悬吊管坡度几乎为0，在风沙大、粉尘大的地区，一般为降雨量小的西北地区，容易造成雨水管道淤堵现象，该地区的屋面排水不宜采用满管压力流雨水系统。

二、雨水量（★）

1. 建筑屋面设计雨水流量应计算

$$q_y = (q_j \cdot \psi \cdot F_w)/10000 \tag{8-5-1}$$

式中　q_y——设计雨水流量，L/s；

　　　q_j——设计暴雨强度，L/(s·hm²)；

　　　ψ——径流系数；

　　　F_w——汇水面积，m²。

2. 汇水面积的计算

（1）雨水汇水面积应按地面、屋面水平投影面积计算。

（2）高出裙房屋面的毗邻侧墙，应附加其最大受雨面正投影的1/2计算。

（3）窗井、贴近高层建筑外墙的地下汽车库出入口坡道应附加其高出部分侧墙面积的1/2。

> **实务提示：**
>
> 　　风力吹动会造成侧墙兜水，因此，将此类侧墙面积的1/2纳入其下方屋面（地面）排水的汇水面积。

三、建筑物雨水系统设计（★★★）

1. 溢流设施排水能力

建筑的雨水排水管道工程与溢流设施的排水能力应根据建筑物的重要程度、屋面特征等按下列规定确定：

（1）一般建筑的总排水能力不应小于10a重现期的雨水量。

（2）重要公共建筑、高层建筑的总排水能力不应小于50a重现期的雨水量。

（3）当屋面无外檐天沟或无直接散水条件且采用溢流管道系统时，总排水能力不应小于100a重现期的雨水量。

2. 溢流设施

建筑屋面雨水排水工程应设置溢流孔口或溢流管系等溢流设施，且溢流排水不得危害建筑设施和行人安全。下列情况下可不设溢流设施：

（1）外檐天沟排水、可直接散水的屋面雨水排水。

（2）民用建筑雨水管道单斗内排水系统、重力流多斗内排水系统按重现期 P 大于或等于100a设计时。

3. 屋面雨水排水管道系统设计流态

屋面雨水排水管道系统设计流态应符合下列规定：

（1）檐沟外排水宜按重力流系统设计。

（2）高层建筑屋面雨水排水宜按重力流系统设计。

（3）长天沟外排水宜按满管压力流设计。

4. 阳台、露台雨水系统的设置

（1）高层建筑阳台、露台雨水系统应单独设置。

（2）多层建筑阳台、露台雨水宜单独设置。

（3）阳台雨水的立管可设置在阳台内部。

（4）当住宅阳台、露台雨水排入室外地面或雨水控制利用设施时，雨落水管应采取断接方式；当阳台、露台雨水排入小区污水管道时，应设水封井。

（5）当屋面雨落水管雨水间接排水且阳台排水有防返溢的技术措施时，阳台雨水可接入屋面雨落水管。

（6）当生活阳台设有生活排水设备及地漏时，应设专用排水立管接入污水排水系统，可不另设阳台雨水排水地漏。

5. 建筑内雨水管道的设置

（1）裙房屋面的雨水应单独排放，不得汇入高层建筑屋面排水管道系统。

（2）建筑物内设置的雨水管道系统应密闭。

（3）居住建筑设置雨水内排水系统时，除敞开式阳台外应设在公共部位的管道井内。

（4）建筑屋面各汇水范围内，雨水排水立管不宜少于2根。

6. 雨水斗的布置

（1）屋面排水系统应设置雨水斗。不同排水特征的屋面雨水系统应选用相应的雨水斗。

（2）雨水斗数量应按屋面总的雨水流量和每个雨水斗的设计排水负荷确定，且宜均匀布置。

（3）当屋面雨水管道按满管压力流排水设计时，同一系统的雨水斗宜在同一水平面上。

7. 天沟的布置

（1）天沟、檐沟排水不得流经变形缝（沉降缝、伸缩缝）和防火墙。

（2）天沟一般以建筑物伸缩缝、沉降缝、变形缝为分水线，在分水线两侧分别设置。

（3）天沟宽度不宜小于300mm，并应满足雨水斗安装要求，坡度不宜小于0.003。

8. 《住宅设计规范》 GB 50096—2011 中相关规定

第8.1.7条，下列设施不应设置在住宅套内，应设置在共用空间内：

公共功能的管道，包括：给水总立管、消防立管、雨水立管、采暖（空调）供回水总立管、配电和弱电干线（管）等，设置在开敞式阳台的雨水立管除外。

9. 雨水排水管材选用应符合的规定

（1）重力流雨水排水系统当采用外排水时，可选用建筑排水塑料管；当采用内排水雨水系统时，宜采用承压塑料管、金属管或涂塑钢管等管材。

（2）满管压力流雨水排水系统宜采用承压塑料管、金属管、涂塑钢管、内壁较光滑的带内衬的承压排水铸铁管等，用于满管压力流排水的塑料管，其管材抗负压力应大于80kPa。

（3）小区雨水排水系统宜选用埋地塑料管和塑料雨水排水检查井。

实务提示：

生活阳台是指厨房外侧的阳台，亦称工作阳台、北阳台，因其面积小且飘入阳台雨水量也小。当生活阳台设有生活排水设备及地漏时，雨水可排入生活排水地漏中，不必另设雨水排水立管。生活排水设施主要是指洗衣机或洗涤盆通过地漏排水。

当住宅阳台设有生活排水设备时，其洗涤废水中含有洗涤剂，排入雨水系统后污染雨水排放的水体，应纳入污水系统进污水处理厂处理。

例题 8-23（2019）：下列关于建筑雨水排水工程的设计，错误的是：

A. 建筑物雨水管道单独设置

B. 建筑屋面雨水排水工程设置溢流设施

C. 建筑屋面各汇水范围内的雨水排水立管宜设 1 根

D. 下沉式广场地面排水设置雨水集水池和排水泵排水

【答案】C

【解析】《建筑给水排水设计标准》GB 50015—2019 第 5.2.11 条，建筑屋面雨水排水工程应设置溢流孔口或溢流管系等溢流设施，且溢流排水不得危害建筑设施和行人安全（B 选项正确）。第 5.2.24 条第 1、2 款，高层建筑阳台、露台雨水系统应单独设置；多层建筑阳台、露台雨水宜单独设置（A 选项正确）。第 5.2.27 条，建筑屋面各汇水范围内，雨水排水立管不宜少于 2 根（C 选项错误）。第 5.3.18 条，与建筑连通的下沉式广场地面排水当无法重力排水时，应设置雨水集水池和排水泵提升排至室外雨水检查井（D 选项正确）。

四、室外或小区雨水系统设计（★★）

小区雨水排放应遵循源头减排的原则，宜利用地形高程采取有组织地表排水方式。

1. 小区雨水管道布置应符合的规定

（1）宜沿道路和建筑物的周边平行布置，且在人行道、车行道或绿化带下。

（2）雨水管道与其他管道及乔木之间最小净距，应符合相关规定。

（3）管道与道路交叉时，宜垂直于道路中心线。

（4）干管应靠近主要排水建筑物，并应布置在连接支管较多的路边侧。

（5）与建筑连通的下沉式广场地面排水当无法重力排水时，应设置雨水集水池和排水泵提升排至室外雨水检查井。

2. 小区雨水管道最小埋地敷设深度

小区雨水管道最小埋地敷设深度应根据道路的行车等级、管材受压强度、地基承载力等因素经计算确定，并应符合下列规定：

（1）小区干道和小区组团道路下的管道，其覆土深度不宜小于 0.70m。

（2）当冬季管道内不会贮留水时，雨水管道可埋设在冰冻层内。

3. 小区雨水口的布置

（1）小区雨水排水口应设置在雨水控制利用设施末端。雨水口的布置应根据地形、土质特征、建筑物位置设置。下列部位宜布置：道路交汇处和路面最低点；地下坡道入口处（结合排水沟）。

（2）小区雨水口不宜布置在建筑主入口。雨水口宜布置在：道路交会和路面最低点、建筑物单元出入口与道路交界处、建筑物雨水管在室外地坪上的排出口附近、小区空地和绿地的低洼点、地下坡道入口处。

4. 宜设置排水沟的场所

（1）室外广场、停车场、下沉式广场。

（2）道路坡度改变处。

（3）水景池周边、超高层建筑周边。

（4）采用管道敷设时覆土深度不能满足要求的区域。

（5）有条件时宜采用成品线性排水沟。

（6）土壤等具备入渗条件时宜采用渗水沟等。

实务提示：

寒冷地区，冬季下雪，埋地雨水管道为空管，只有在冬春转换季节气温在0℃以上时才会出现融雪水，此时结冻土也逐渐消融解冻，不存在雨水管道结冻损害或塞流。当雨水管道埋设在冰冻层内时，应注意采用耐冻的管材及连接方式。

例题8-24（2021）： 小区雨水口不宜布置在：

A. 建筑主入口   B. 道路低点

C. 地下坡道出入口   D. 道路交汇处

【答案】A

【解析】《建筑给水排水设计标准》GB 50015—2019 第5.3.3条，小区必须设雨水管网时，雨水口的布置应根据地形、土质特征、建筑物位置设置。下列部位宜布置雨水口：道路交汇处和路面最低点；地下坡道入口处。

五、建筑与小区雨水利用（★★★）

雨水存储与回用的一般规定：

（1）雨水收集回用系统应优先收集屋面雨水，不宜收集机动车道路等污染严重的下垫面上的雨水。

（2）雨水收集回用系统的雨水储存设施应采用景观水体、旱塘、湿塘、蓄水池、蓄水罐等。景观水体、湿塘应优先用作雨水储存。

实务提示：

小区中雨水利用设施、景观水池、绿化和雨水泵站等计划建造设施的调蓄雨水量的潜力应充分发挥。建造下凹式绿地，设置植草沟、渗透池等，人行道、停车场、广场和小区道路等可采用渗透性路面，促进雨水下渗。在上述降低综合径流系数的措施无条件实施时，才应建造雨水调蓄池。调蓄池的目的为削减雨水洪峰。

例题8-25（2021）： 下列不属于雨水储存设施的是：

A. 小区水景   B. 雨水口   C. 草塘   D. 储水罐

【答案】B

【解析】根据《建筑与小区雨水控制及利用工程技术规范》GB 50400—2016 第 7.1.2 条，雨水收集回用系统的雨水储存设施应采用景观水体、旱塘、湿塘、蓄水池、蓄水罐等。景观水体、湿塘应优先用作雨水储存。《建筑给水排水设计标准》GB 50015—2019 第 2.1.84 条，雨水口为将地面雨水导入雨水管渠的带格栅的集水口。B 选项符合不属于雨水储存设施。

第六节 中 水 系 统

一、一般规定（★）

建筑中水回用系统是将建筑内的生活废（污）水进行收集和处理后供给其他用途的给水系统。中水是各种排水经处理后，达到规定的水质标准，可在生活、市政、环境等范围内利用的非饮用水。

1. 中水设置场所

（1）建筑面积大于 2 万 m^2 的宾馆、饭店、公寓和高级住宅等。

（2）建筑面积大于 3 万 m^2 的机关单位、科研单位、大专院校和大型文体建筑等。

（3）建筑面积大于 5 万 m^2 的集中建筑区（院校、机关单位）、居住小区。

2. 建筑物中水原水可选择的种类和顺序

（1）卫生间、公共浴室的盆浴和淋浴等的排水；

（2）盥洗排水；

（3）空调循环冷却水系统排水；

（4）冷凝水；

（5）游泳池排水；

（6）洗衣排水；

（7）厨房排水；

（8）冲厕排水。

二、中水水源及其水量水质（★）

中水可用于城市杂用水，景观用水，供暖、空调系统补充水，冷却、洗涤、锅炉补给，食用作物、蔬菜浇灌用水等。中水用于多种用途时，应按不同用途水质标准进行分质处理；当中水同时用于多种用途时，其水质应按最高水质标准确定。

中水用作建筑杂用水和城市杂用水，如冲厕、道路清扫、消防、绿化、车辆冲洗、建筑施工等，其水质应符合现行国家标准《城市污水再生利用 城市杂用水水质》GB/T 18920 的规定。

中水用于建筑小区景观环境用水时，其水质应符合现行国家标准《城市污水再生利用 景观环境用水水质》GB/T 18921 的规定。

三、处理工艺流程及设施

中水处理工艺：当以优质杂排水（住宅内的洗浴废水）为水源时宜采用以生物处理为

主的工艺流程，在有可供利用的土地和适宜的场地条件时，也可以采用生物处理与生态处理相结合或者以生态处理为主的工艺流程（图 8-6-1）。

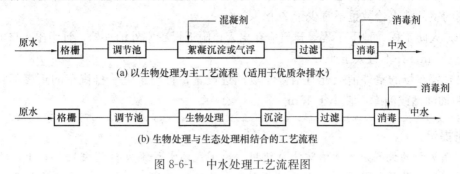

(a) 以生物处理为主工艺流程（适用于优质杂排水）

(b) 生物处理与生态处理相结合的工艺流程

图 8-6-1　中水处理工艺流程图

第七节　消防给水和灭火设施

一、室外消防（★★）

1. 市政消防给水设计流量

（1）市政消防给水设计流量，应根据当地火灾统计资料、火灾扑救用水量统计资料、灭火用水量保证率、建筑的组成和市政给水管网运行合理性等因素综合分析计算确定。

（2）城镇市政消防给水设计流量，应按同一时间内的火灾起数和一起火灾灭火设计流量经计算确定。同一时间内的火灾起数和一起火灾灭火设计流量不应小于《消防给水及消火栓系统技术规范》GB 50974—2014 表 3.2.2 的规定。

（3）工业园区、商务区、居住区等市政消防给水设计流量，宜根据其规划区域的规模和同一时间的火灾起数，以及规划中的各类建筑室内外同时作用的水灭火系统设计流量之和经计算分析确定。

2. 市政消火栓

（1）市政消火栓宜采用地上式室外消火栓；在严寒、寒冷等冬季结冰地区宜采用干式地上式室外消火栓，严寒地区宜增置消防水鹤。

（2）市政消火栓宜在道路的一侧设置，并宜靠近十字路口，但当市政道路宽度超过60m 时，应在道路的两侧交叉错落设置市政消火栓。

（3）市政消火栓的保护半径不应超过 150m，间距不应大于 120m。

（4）市政消火栓应布置在消防车易于接近的人行道和绿地等地点，且不应妨碍交通，并应符合下列规定：

1）市政消火栓距路边不宜小于 0.5m，并不应大于 2.0m；

2）市政消火栓距建筑外墙或外墙边缘不宜小于 5.0m；

3）市政消火栓应避免设置在机械易撞击的地点，确有困难时，应采取防撞措施。

（5）市政桥桥头和城市交通隧道出入口等市政公用设施处，应设置市政消火栓。

（6）地下式市政消火栓应有明显的永久性标志。

3. 室外消火栓

（1）建筑室外消火栓的数量应根据室外消火栓设计流量和保护半径经计算确定，保护半径不应大于150m。

（2）室外消火栓宜沿建筑周围均匀布置，且不宜集中布置在建筑一侧；建筑消防扑救面一侧的室外消火栓数量不宜少于2个。

（3）人防工程、地下工程等建筑应在出入口附近设置室外消火栓，且距出入口的距离不宜小于5m，并不宜大于40m。

（4）停车场的室外消火栓宜沿停车场周边设置，且与最近一排汽车的距离不宜小于7m，距加油站或油库不宜小于15m。

实务提示：

消火栓的设置应方便消防队员使用，地下式消火栓因室外消火栓井口小，特别是冬季消防队员着装较厚，下井操作困难，而且地下消火栓锈蚀严重，要打开很费力，因此规范推荐采用地上式室外消火栓，在严寒和寒冷地区采用干式地上式室外消火栓。我国严寒地区开发了消防水鹤，目前在黑龙江、辽宁、吉林和内蒙古等省市自治区推广使用，消防水鹤设置在地面上，产品类似于火车加水器，便于操作，供水量大。

例题 8-26（2012）：室外消火栓设置间距不应大于以下哪个数据？
A. 120m   B. 150m
C. 180m   D. 200m
【答案】B
【解析】《消防给水及消火栓系统技术规范》GB 50974—2014 第 7.3.2 条规定，建筑室外消火栓的数量应根据室外消火栓设计流量和保护半径经计算确定，保护半径不应大于150m，每个室外消火栓的出流量宜按10~15L/s计算。

二、消火栓给水系统（★★）

室内消火栓的选型应根据使用者、火灾危险性、火灾类型和不同灭火功能等因素综合确定。

1. 应设置室内消火栓系统的建筑或场所

（1）建筑占地面积大于300m²的厂房和仓库。

（2）高层公共建筑和建筑高度大于21m的住宅建筑❶。

（3）体积大于5000m³的车站、码头、机场的候车（船、机）建筑、展览建筑、商店建筑、旅馆建筑、医疗建筑、老年人照料设施和图书馆建筑等单、多层建筑。

（4）特等、甲等剧场，超过800个座位的其他等级的剧场和电影院等以及超过1200个座位的礼堂、体育馆等单、多层建筑。

（5）建筑高度大于15m或体积大于10000m³的办公建筑、教学建筑和其他单、多层民用建筑。

---

❶ 建筑高度不大于27m的住宅建筑，设置室内消火栓系统确有困难时，可只设置干式消防竖管和不带消火栓箱的DN65的室内消火栓。

2. 可不设置室内消火栓系统的建筑或场所

下列建筑或场所，可不设置室内消火栓系统，但宜设置消防软管卷盘或轻便消防水龙：

（1）耐火等级为一、二级且可燃物较少的单、多层丁、戊类厂房（仓库）。

（2）耐火等级为三、四级且建筑体积不大于 3000m³ 的丁类厂房；耐火等级为三、四级且建筑体积不大于 5000m³ 的戊类厂房（仓库）。

（3）粮食仓库、金库、远离城镇且无人值班的独立建筑。

（4）存有与水接触能引起燃烧爆炸的物品的建筑。

（5）室内无生产、生活给水管道，室外消防用水取自储水池且建筑体积不大于 5000m³ 的其他建筑。

符合下列条件之一的汽车库、修车库、停车场，可不设置消防给水系统：

（1）耐火等级为一、二级且停车数量不大于 5 辆的汽车库。

（2）耐火等级为一、二级的Ⅳ类修车库。

（3）停车数量不大于 5 辆的停车场。

3. 其他说明

（1）应采用 DN65 室内消火栓，并可与消防软管卷盘或轻便水龙设置在同一箱体内。

（2）设置室内消火栓的建筑，包括设备层在内的各层均应设置消火栓。

（3）消防电梯前室应设置室内消火栓，并应计入消火栓使用数量。

（4）建筑室内消火栓栓口的安装高度应便于消防水龙带的连接和使用，其距地面高度宜为 1.1m；其出水方向应便于消防水带的敷设，并宜与设置消火栓的墙面成 90°或向下。

（5）多层和高层建筑应在其屋顶设置，严寒、寒冷等冬季结冰地区可设置在顶层出口处或水箱间内等便于操作和防冻的位置。

（6）室内消火栓宜按直线距离计算其布置间距。

（7）消防软管卷盘和轻便水龙的用水量可不计入消防用水总量。

实务提示：

室内 DN65 消火栓设置在楼梯间或楼梯间休息平台，目的是保护消防员。火灾时楼梯间是半室外安全空间，消防员在此接消防水龙带和水枪的时候是安全的。另外在楼梯间设置消火栓位置不变，便于消防员在发生火灾时迅速找到。国际上大部分国家允许室内消火栓设置在楼梯间或楼梯间休息平台。

例题 8-27（2018）： 下列建筑物及场所可不设置消防给水系统的是：

A. 耐火等级为二级的Ⅳ级修车库

B. 停车数量为 6 辆的停车场

C. 停车数量为 7 辆且耐火等级为一级的汽车库

D. 停车数量为 8 辆且耐火等级为二级的汽车库

【答案】A

【解析】《汽车库、修车库、停车场设计防火规范》GB 50067—2014 第 7.1.2 条，符合下列条件之一的汽车库、修车库、停车场，可不设置消防给水系统：耐火等级为一、二级且停车数量不大于 5 辆的汽车库（C、D 选项错误）；耐火等级为一、二级的Ⅳ类修车库（A 选项正确）；停车数量不大于 5 辆的停车场（B 选项错误）。

三、自动喷水灭火系统

自动喷水灭火系统包含：自动喷水、水喷雾、七氟丙烷、二氧化碳、泡沫、干粉、细水雾、固定水炮灭火系统等及其他自动灭火装置。

(一)《自动喷水灭火系统设计规范》GB 50084—2017 一般规定

(1) 第 1.0.1 条，为了保卫社会主义建设和公民生命财产的安全，贯彻"预防为主，防消结合"的方针，合理设计自动喷水灭火系统，减少火灾危害，特制定本规范。

(2) 第 1.0.2 条，自动喷水灭火系统设计，应根据建筑物、构筑物的功能，火灾危险性以及当地气候条件等特点，合理选择喷水灭火系统类型，做到保障安全、经济合理、技术先进。

(3) 第 1.0.3 条，本规范适用于建筑物、构筑物中设置的自动喷水灭火系统。本规范不适用于火药、炸药、弹药、火工品工厂、核电站及飞机库等特殊功能建筑中自动喷水灭火系统的设计。

(4) 第 1.0.4 条，自动喷水灭火系统的设计，除执行本规范的规定外，尚应符合国家现行的有关设计标准和规范的要求。

(5) 设置场所的火灾危险等级应划分为轻危险级、中危险级（Ⅰ级、Ⅱ级）、严重危险级（Ⅰ级、Ⅱ级）和仓库危险级（Ⅰ级、Ⅱ级、Ⅲ级）。

(二) 自动喷水灭火系统供水一般规定

(1) 系统用水应无污染、无腐蚀、无悬浮物。可由市政或企业的生产、消防给水管道供给，也可由消防水池或天然水源供给，并应确保持续喷水时间内的用水量。

(2) 与生活用水合用的消防水箱和消防水池，其储水的水质应符合饮用水标准。

(3) 严寒与寒冷地区，对系统中遭受冰冻影响的部分，应采取防冻措施。

(4) 当自动喷水灭火系统中设有 2 个及以上报警阀组时，报警阀组前应设环状供水管道。环状供水管道上设置的控制阀应采用信号阀；当不采用信号阀时，应设锁定阀位的锁具。

(三) 自动喷水灭火系统分类

根据喷头的开闭形式，分为闭式系统和开式系统。常用的闭式系统分为湿式系统、干式系统、预作用系统；常用的开式系统分为雨淋系统、水幕系统。

(1) 湿式系统：准工作状态时配水管道内充满用于启动系统的有压水的闭式系统。

(2) 干式系统：准工作状态时配水管道内充满用于启动系统的有压气体的闭式系统。火灾时：喷头开启、排气、充水、灭火。适用于温度低于 4℃ 或高于 70℃ 的建筑物。

(3) 预作用系统：准工作状态时配水管道内不充水，发生火灾时由火灾自动报警系统、充气管道上的压力开关联锁控制预作用装置和启动消防水泵，向配水管道供水的闭式系统。适用于对建筑装饰要求高，要求灭火及时的建筑。

（4）雨淋系统：由开式洒水喷头、雨淋报警阀组等组成，发生火灾时由火灾自动报警系统或传动管控制，自动开启雨淋报警阀组和启动消防水泵，用于灭火的开式系统。适用于火势蔓延快、要求迅速用水控火、灭火的场所。

（5）水幕系统：由开式洒水喷头或水幕喷头、雨淋报警阀组或感温雨淋报警阀等组成，用于防火分隔或防护冷却的开式系统。如防火卷帘、舞台口、门窗洞口、工艺流程要求不允许设防火墙等部位。

实务提示：

近年来，自动喷水灭火系统在我国消防界及建筑防火设计领域中的可信赖程度不断提高。尽管如此，该系统在我国的应用范围仍与发达国家存在明显差距。是否需要设置自动喷水灭火系统，决定性的因素是火灾危险性和自动扑救初期火灾的必要性，而不是建筑规模。因此，大力提倡和推广应用自动喷水灭火系统是很有必要的。

例题 8-28（2021）： 下列不属于自动喷水灭火系统分类保护标准范围的是：

A. 轻度危险　　　　　　　　　　B. 中度危险

C. 严重危险　　　　　　　　　　D. 仓库严重危险

【答案】 D

【解析】 《自动喷水灭火系统设计规范》GB 50084—2017 第 3.0.1 条，设置场所的火灾危险等级应划分为轻危险级、中危险级（Ⅰ级、Ⅱ级）、严重危险级（Ⅰ级、Ⅱ级）和仓库危险级（Ⅰ级、Ⅱ级、Ⅲ级）。

四、消防给水（★★）

（一）消防水源

（1）在城乡规划区域范围内，市政消防给水应与市政给水管网同步规划、设计与实施。

（2）消防水源水质应满足水灭火设施的功能要求。

（3）消防水源应符合下列规定：

1）市政给水、消防水池、天然水源等可作为消防水源，并宜采用市政给水；

2）雨水清水池、中水清水池、水景和游泳池可作为备用消防水源。

（二）市政给水

当市政给水管网连续供水时，消防给水系统可采用市政给水管网直接供水。

（1）市政给水厂应至少两条输水干管向市政给水管网输水。

（2）市政给水管网应为环状管网。

（3）应至少有两条不同的市政给水干管上不少于两条引入管向消防给水系统供水。

（三）消防水池

消防水池的总蓄水有效容积大于 500m³ 时，宜设两格能独立使用的消防水池；当大于

1000m³时，<u>应设能独立使用的两座消防水池</u>。符合下列规定之一时，应设置消防水池：

（1）当生产、生活用水量达到最大时，市政给水管网或入户引入管不能满足室内、室外消防给水设计流量。

（2）当采用一路消防供水或只有一条入户引入管，且室外消火栓设计流量大于20L/s或建筑高度大于50m时。

（3）市政消防给水设计流量小于建筑室内外消防给水设计流量。

（四）天然水源及其他

（1）井水等地下水源可作为消防水源；江、河、湖、海、水库等天然水源作消防水源时应计算枯水流量保证率。

（2）当室外消防水源采用天然水源时，应采取防止冰凌、漂浮物、悬浮物等物质堵塞消防水泵的技术措施，并应采取确保安全取水的措施。

（3）设有消防车取水口的水源，应设置消防车到达取水口的消防车道和消防车回车场或回车道。

（五）消防设施

消防设施包括消防水泵、高位消防水箱、消防水泵接合器、消防水泵房等。

1. 消防水泵

（1）性能应满足消防给水系统所需流量和压力的要求。

（2）当采用电动机驱动的消防水泵时，应选择电动机干式安装的消防水泵。

（3）消防水泵应采取自灌式吸水。

（4）外壳宜为球墨铸铁，叶轮宜为青铜或不锈钢。

2. 高位消防水箱

（1）高位消防水箱的设置位置应高于其所服务的水灭火设施。

（2）高位消防水箱间应通风良好，不应结冰，当必须设置在严寒、寒冷等冬季结冰地区的非供暖房间时，应采取防冻措施，环境温度或水温不应低于5℃。

3. 消防水泵接合器

（1）下列建筑的室内消火栓给水系统应设置消防水泵接合器：

1）高层民用建筑；

2）设有消防给水的住宅、超过5层的其他多层民用建筑；

3）超过2层或建筑面积大于10000m²的地下或半地下建筑（室）、室内消火栓设计流量大于10L/s平战结合的人防工程；

4）高层工业建筑和超过4层的多层工业建筑；

5）城市交通隧道。

（2）自动喷水灭火系统、水喷雾灭火系统、泡沫灭火系统和固定消防炮灭火系统等水灭火系统，均应设置消防水泵接合器。

4. 消防水泵房

（1）独立建造的消防水泵房耐火等级不应低于二级。

（2）附设在建筑物内的消防水泵房，不应设置在地下三层及以下，或室内地面与室外出入口地坪高差大于10m的地下楼层。

（3）附设在建筑物内的消防水泵房，应采用耐火极限不低于2.00h的隔墙和1.50h的楼板与其他部位隔开，其疏散门应直通安全出口，且开向疏散走道的门应采用甲级防火门。

> **实务提示：**
> 　　消防水泵是消防给水系统的心脏。在火灾延续时间内人员和水泵机组都需要坚持工作。因此，独立设置的消防水泵房的耐火等级不应低于二级；设在高层建筑物内的消防水泵房层应用耐火极限不低于 2.00h 的隔墙和 1.50h 的楼板与其他部位隔开。为保证在火灾延续时间内人员的进出安全，消防水泵的正常运行，对消防水泵房的出口作了规定。

> **例题 8-29（2021）**：消防水泵房应满足以下规定：
> A. 冬季结冰地区采暖温度不应低于 16℃
> B. 建筑物内的消防水泵房可以设置在地下三层
> C. 单独建造时，耐火等级不低于一级
> D. 水泵房设置防水淹的措施
> 【答案】D
> 【解析】《建筑设计防火规范》GB 50016—2014（2018 年版）第 8.1.6 条，消防水泵房的设置应符合下列规定：单独建造的消防水泵房，其耐火等级不应低于二级（C 选项错误）；附设在建筑内的消防水泵房，不应设置在地下三层及以下或室内地面与室外出入口地坪高差大于 10m 的地下楼层（B 选项错误）；疏散门应直通室外或安全出口。第 8.1.8 条，消防水泵房和消防控制室应采取防水淹的技术措施（D 选项正确）。《消防给水及消火栓系统技术规范》GB 50974—2014 第 5.2.5 条，高位消防水箱间应通风良好，不应结冰，当必须设置在严寒、寒冷等冬季结冰地区的非采暖房间时，应采取防冻措施，环境温度或水温不应低于 5℃（A 选项错误）。

五、消防排水（★★★）

下列建筑物和场所内应采取消防排水措施：①消防水泵房；②设有消防给水系统的地下室；③消防电梯的井底；④仓库。

> **实务提示：**
> 　　火灾一发生消防电梯就自动降到首层，是为消防员提供快速到达着火地点而设置的消防捷运设施。灭火过程中有大量的水流出。在起火楼层控制水的流量和流向并使梯井不进水是不可能的。因此，在消防电梯井底设排水口非常必要。

> **例题 8-30（2021）**：需要设置消防排水的是：
> A. 仓库　　　　　　　　　　　B. 生活水泵房
> C. 扶梯底部　　　　　　　　　D. 地下车库入口
> 【答案】A

六、灭火器的设置要求（★★）

（1）高层住宅建筑的公共部位和公共建筑内应设置灭火器，其他住宅建筑的公共部位宜设置灭火器。

（2）厂房、仓库、储罐（区）和堆场，应设置灭火器。

（3）灭火器应设置在位置明显和便于取用的地点，且不得影响安全疏散。

（4）在同一灭火器配置场所，当选用两种或两种以上类型灭火器时，应采用灭火剂相容的灭火器。

（5）一个计算单元内配置的灭火器数量不得少于 2 具。

实务提示：

灭火器应设置在不易被货物或家具堵塞、平时经常有人路过、明显易见、便于取用的位置，且不得影响安全疏散。对于必须设置灭火器而又难以做到明显易见的特殊场所，例如，在有隔墙或屏风即存在视线障碍的大型房间内，应设置醒目的标识指示灭火器的设置位置。

例题 8-31（2017）：可不设置灭火器的部位是：

A. 多层住宅的公共部位　　　　　　B. 公共建筑的公共部位

C. 乙类厂房内　　　　　　　　　　D. 高层住宅户内

【答案】D

【解析】《建筑设计防火规范》GB 50016—2014（2018 年版）第 8.1.10 条，高层住宅建筑的公共部位和公共建筑内应设置灭火器，其他住宅建筑的公共部位宜设置灭火器。厂房、仓库、储罐（区）和堆场，应设置灭火器。

七、消防控制室的设置要点（★★）

设置火灾自动报警系统和需要联动控制消防设备的建筑（群）应设置消防控制室。消防控制室的设置应符合下列规定：

（1）单独建造的消防控制室，其耐火等级不应低于二级。

（2）附设在建筑内的消防控制室，宜设置在建筑内首层或地下一层，并宜布置在靠外墙部位。

（3）不应设置在电磁场干扰较强及其他可能影响消防控制设备正常工作的房间附近。

（4）疏散门应直通室外或安全出口。

（5）消防控制室内的设备构成及其对建筑消防设施的控制与显示功能以及向远程监控系统传输相关信息的功能，应符合现行国家标准《火灾自动报警系统设计规范》GB

50116 和《消防控制室通用技术要求》GB 25506 的规定。

（6）消防水泵房和消防控制室应采取防水淹的技术措施。

> **实务提示：**
>
> 在实际火灾中，有不少消防水泵房和消防控制室因被淹或进水而无法使用，严重影响自动消防设施的灭火、控火效果，影响灭火救援行动。因此，既要合理确定这些房间的布置楼层和位置，也要采取门槛、排水措施等方法防止灭火或自动喷水等灭火设施动作后，水积聚而致消防控制设备或消防水泵、消防电源与配电装置等被淹。

> **例题 8-32（2019）：** 下列消防控制室的位置选择要求，错误的是：
>
> A. 当设在首层时，应有直通室外的安全出口
>
> B. 应设在交通方便和消防人员容易找到并可接近的部位
>
> C. 不应与防灾监控、广播等用房相邻近
>
> D. 应设在发生火灾时不易延燃的部位
>
> **【答案】** C
>
> **【解析】**《建筑设计防火规范》GB 50016—2014（2018 年版）第 8.1.7 条第 3 款，不应设置在电磁场干扰较强及其他可能影响消防控制设备正常工作的房间附近。

第八节　小区室外管道和管道抗震

一、小区室外管道敷设

小区市政给水排水管网的组成有给水、中水、雨水、废水、污水、室外消防给水。

1. 小区室外管道敷设（★★）

（1）小区的室外给水系统的水量应满足小区内全部用水的要求。

（2）小区的室外给水管道宜沿住宅区内道路平行于建筑物布置，宜敷设在人行道、慢车道或绿地下。管道外壁距建筑物外墙的净距不宜小于 1m，且不得影响建筑物的基础。

（3）室外给水管道与污水管道交叉时，给水管道应敷设在污水管道上面，且接口不应重叠。当给水管道敷设在下面时，应设置钢套管，钢套管的两端应采用防水材料封闭。

（4）室外给水管道的覆土深度，应根据土壤冰冻深度、车辆荷载、管道材质及管道交叉等因素确定。管顶最小覆土深度不得小于土壤冰冻线以下 0.15m，行车道下的管线覆土深度不宜小于 0.70m。

2. 小区室外管道管材

（1）小区室外埋地给水管道管材，应具有耐腐蚀和能承受相应地面荷载的能力，可采用塑料给水管、有衬里的铸铁给水管、经可靠防腐处理的钢管等管材。

（2）小区室外排水（雨、污水）管道，应优先选用埋地排水塑料管。

实务提示:

居住小区室外管线要进行管线综合设计,管线与管线之间、管线与建筑物或乔木之间的最小水平净距,以及管线交叉敷设时的最小垂直净距,应符合相关要求。当小区内的道路宽度小,管线在道路下排列困难时,可将部分管线移至绿地内。

例题 8-33(2013): 小区室外排水管道应优先采用:

A. 埋地排水塑料管   B. 铸铁管

C. 复合管   D. 镀锌钢管

【答案】 A

【解析】《建筑给水排水设计标准》GB 50015—2019 第 3.13.22 条,小区室外埋地给水管道管材,应具有耐腐蚀和能承受相应地面荷载的能力,可采用塑料给水管、有衬里的铸铁给水管、经可靠防腐处理的钢管等管材。第 4.10.8 条,小区室外生活排水管道系统,宜采用埋地排水塑料管和塑料污水排水检查井。故 A 选项符合题意。

二、管道抗震设计(★★)

1. 总则

(1)适用于抗震设防烈度大于 9 度或有特殊要求的建筑机电工程抗震设计;

(2)建筑机电工程设施抗震设计应达到下列要求:

1)当遭受低于本地区抗震设防烈度的多遇地震影响时,机电工程设施一般不受损坏或不需修理可继续运行;

2)当遭受相当于本地区抗震设防烈度的地震影响时,机电工程设施可能损坏经一般修理或不需修理仍可继续运行;

3)当遭受高于本地区抗震设防烈度的罕遇地震影响时,机电工程设施不至于严重损坏,危及生命。

2. 抗震设计中给水排水管道的选用

(1)生活给水管、热水管的选用应符合下列规定:

1)8 度及 8 度以下地区的多层建筑应按现行国家标准《建筑给水排水设计标准》GB 50015 规定的材质选用;

2)高层建筑及 9 度地区建筑的干管、立管应采用铜管、不锈钢管、金属复合管等强度高且具有较好延性的管道,连接方式可采用管件连接或焊接。

(2)高层建筑及 9 度地区建筑的入户管阀门之后应设软接头。

(3)消防给水管、气体灭火输送管道的管材和连接方式应根据系统工作压力,按国家现行标准中有关消防的规定选用。

(4)重力流排水的污、废水管的选用应符合下列规定:

1)8 度及 8 度以下地区的多层建筑应按现行国家标准《建筑给水排水设计标准》GB 50015 规定的管材选用;

2）高层建筑及9度地区建筑宜采用柔性接口的机制排水铸铁管。

实务提示：

在设防烈度地震下需要连续工作的建筑机电工程设施包括应急配电系统、消防报警及控制系统、防排烟系统、消防灭火系统、通信系统等。在地震时造成破坏的原因主要是：①电梯配重脱离导轨；②支架间相对位移导致管道接头损坏；③后浇基础与主体结构连接不牢或固定螺栓强度不足造成设备移位或从支架上脱落；④悬挂构件强度不足导致电气灯具坠落；⑤不必要的隔振装置，加大了设备的振动或发生共振，反而降低了抗震性能等。

例题8-34（2021）：关于给水排水管道的建筑机电抗震设计的说法，正确的是：

A. 高层建筑及9度地区建筑的干管、立管应采用塑料管

B. 高层建筑及9度地区建筑的入户管阀门之后应设软接头

C. 高层建筑及9度地区建筑宜采用塑料排水管道

D. 7度地区的建筑机电工程可不进行抗震设计

【答案】B

【解析】《建筑机电工程抗震支架设计规范》GB 50981—2014 第1.0.4条，抗震设防烈度为6度及6度以上地区的建筑机电工程必须进行抗震设计（D选项错误）。第4.1.1条第1、2、4款，高层建筑及9度地区建筑的干管、立管应采用铜管、不锈钢管、金属复合管等强度高且具有较好延性的管道，连接方式可采用管件连接或焊接（A选项错误）；高层建筑及9度地区建筑的入户管阀门之后应设软接头（B选项正确）；高层建筑及9度地区建筑宜采用柔性接口的机制排水铸铁管（C选项错误）。

第九章　暖通空调与动力专业

考试大纲对相关内容的要求：

了解建筑供暖热源、热媒及系统，通风及防排烟系统，空调冷热源、水系统和风系统，可再生能源应用知识；掌握暖通空调设备、机房对土建的要求；了解燃气的供应及安全应用。

了解建筑设计与暖通、空调系统运行节能的关系；了解暖通空调的节能技术；了解环境健康卫生对暖通空调系统的要求。

将新大纲与2002年版考试大纲的内容进行对比："了解中小型建筑中采暖各种方式和分户计量系统，及其所使用的热源、热媒，了解通风防排烟、空调基本知识以及风机房、制冷机房、锅炉房主要设备和土建关系，了解建筑节能基本知识，了解燃气供应系统。"可以看出：① 增加了可再生能源的应用知识；② 增加了环境健康卫生对暖通空调系统的要求；③调整"建筑节能"部分内容，重点强调并细分了"建筑设计与暖通空调系统运行节能的关系"及"暖通空调系统的节能技术"的要求，使考试内容与国家节能减排政策紧密结合。

第一节　供　　暖

一、供暖的概念及供暖方式（★★）

1. 供暖的概念

供暖即向建筑物供给热量、保持室内一定温度。

2. 室内设计温度

严寒和寒冷地区主要房间应采用18~24℃；夏热冬冷地区主要房间宜采用16~22℃；设置值班供暖房间不应低于5℃。

> **实务提示：**
>
> "供暖室内设计温度"是指设计时选用的计算温度，也是实际供暖时必须达到的室内温度，与"供暖室外设计温度"一起用来计算供暖负荷，并根据供暖负荷选择供暖设备。而运行时实际的室内温度是可调的，可通过开关户内管道上的阀门实现用户不同的使用要求。

3. 常用供暖方式

按散热设备散热方式不同，可分为以下几类：

（1）散热器供暖：主要通过自然对流的传热方式向室内供热，温度场分布特点为上高下低（图9-1-1、图9-1-2）。

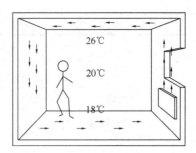

图 9-1-1　散热器　　　　　　　　图 9-1-2　散热器供暖温度场分布

（2）低温热水辐射供暖：是通过提升围护结构内表面温度，形成热辐射面，主要以辐射的传热方式向室内供热。地面辐射供暖温度场分布特点为下高上低（图 9-1-3、图 9-1-4）。辐射面可以是地面、顶棚或墙面；工作媒介为热水，如热水地面辐射供暖、热水吊顶辐射板、毛细管网辐射供暖（供冷）。

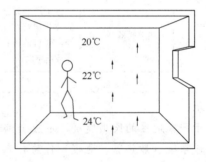

图 9-1-3　热水地面辐射供暖盘管　　　图 9-1-4　地面辐射供暖温度场分布

（3）燃气红外线辐射供暖：是指利用可燃的气体，通过发生器进行燃烧产生各种波长的红外线进行辐射供暖。

（4）热风供暖：即用热空气作媒质的对流供暖方式。热风供暖主要有集中送热风、暖风机、热空气幕等形式。

（5）电供暖：以电力为能源，利用电缆、电热膜、碳纤维等通电后发热的特性，达到供暖目的。

4. 供暖方式的适用性

各种末端供暖方式使用媒介及适用建筑范围见表 9-1-1。

供暖末端适用范围　　　　　　　　**9-1-1**

序号	形式	适用范围	工作媒介	备注
1	散热器	民用建筑及工业建筑	热水、蒸汽、电	高大空间供暖不宜单独采用

序号	形式		适用范围	工作媒介	备注
2	辐射供暖	热水地面辐射供暖	民用建筑（住宅内应用较多；严寒寒冷地区门厅、大堂等高大空间宜设）	热水	热舒适度高，卫生条件好；室内设计温度可比对流供暖降低2℃，节能
3		吊顶辐射板	工业建筑	热水、蒸汽	
4		毛细管网辐射供冷供热	民用建筑	冷热水	供暖时地面敷设，供冷供热时顶面敷设
5		发热电缆、电热膜、碳纤维供暖	民用建筑及工业建筑	电	允许使用电直接加热作为供暖热源时可使用
6		燃气辐射供暖	对室内高大空间和室外局部供暖	燃气	辐射器安装高度不应低于3m
7	热风	集中热风	民用建筑及工业建筑中耗热量大的建筑物，间歇使用的房间和有防火、防爆要求的车间	热水、蒸汽	如食堂、餐厅、商场、展厅、体育场馆等
8		暖风机			噪声要求高场所不宜使用
9		热空气幕	位于严寒地区、寒冷地区的公共建筑和工业建筑，对经常开启的外门，且不设门斗或前室时	热水、蒸汽、电	减少或隔绝外界气流侵入，降低建筑供暖能耗

实务提示：

对于严寒地区的民用建筑，不应全部采用空调热风进行冬季供暖，要设置热水集中供暖系统（散热器、地暖）作为补充，主要考虑夜间防冻，全部热风运行费用过高。

例题 9-1：寒冷地区净高为 8m 的办公建筑大堂，最适合采用哪种末端散热设备？

A. 对流型散热器　　　　　　　B. 低温热水地板辐射供暖
C. 电散热器　　　　　　　　　D. 暖风机

【答案】B

【解析】散热器主要以对流的方式散热，温度场为上面温度高，下面温度低，对高大空间来说无效热损失大、舒适度低；而地板辐射供暖主要通过辐射直接为活动区人员供热，供热效率及热舒适度高。

二、集中供暖系统热源、热媒（★★★）

集中供暖系统由热源（热媒制备）、输热管道（热媒输送）及散热设备（热媒利用）三个主要部分组成。热媒循环于三个环节中，热源将热媒加热，热媒通过热网输送到散热设备，在散热设备内散热并降温，然后再通过热网输送到热源加热，循环往复，达到供暖要求。集中供暖系统原理见图 9-1-5。

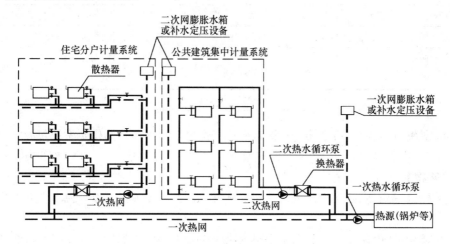

图 9-1-5　集中供暖原理图

1. 集中供暖热源

常用的集中供暖热源形式有热电厂、区域锅炉房、个体锅炉房、核能、地热、工业余热和太阳能等，最广泛应用的市政热网热源形式是热电厂和区域锅炉房。

（1）热电厂及区域锅炉房：供热水（蒸汽）温度一般为 110～130℃，一般不直接送入末端散热设备，通过热力站换取低温热水用来供暖。主要对若干建筑群、生活小区、开发区等供热。

（2）个体锅炉房：热水为低温热水，一般不超过 85℃。主要为一个或几个建筑供热。

（3）热源的选择原则：供暖热源的选择应符合以下顺序：

1）可供利用的废热、工业余热。

2）技术经济合理时，可再生能源（浅层地能、太阳能、风能）。

3）不具备以上 2 条，优先选用城市或区域热网。

4）不具备以上 3 条，燃气锅炉。

5）不具备以上 4 条，燃煤、燃油锅炉。

> **实务提示：**
> 　　由于可再生能源的利用受诸多条件限制，如风冷热泵低温时制热效率下降等因素，目前我国严寒、寒冷地区利用最多的供暖热源形式仍为市政热网。

2. 集中供暖热媒

（1）热媒的种类：集中供热系统热媒主要为热水和蒸汽。热水分为高温热水（温度>100℃）和低温热水（温度≤100℃，一般 85℃ 及以下）；蒸汽分为高压蒸汽（压力>70kPa）和低压蒸汽（压力≤70kPa）。

（2）热媒的选择：民用建筑应采用热水作为热媒；工业建筑当厂区只有供暖用热或以供暖用热为主时，应采用热水作热媒；当厂区供热以工艺用蒸汽为主时，生产厂房、仓库、公用辅助建筑物可采用蒸汽作热媒，生活、行政辅助建筑物应采用热水作热媒。热水参数的选用见表 9-1-2。

热水供水温度及温差选用   表 9-1-2

供暖方式	允许采用	适宜采用	供回水温差
散热器供暖	不超过 85℃热水	供回水温度宜采用 75/50℃	不宜小于 20℃
低温热水地面辐射供暖	不超过 60℃热水	供水温度宜采用 35～45℃	宜小于或等于 10℃；不宜小于 5℃

例题 9-2：哈尔滨市某住宅小区，应优先选择下列哪项作为供暖系统热源？

A. 蓄热电锅炉　　　　B. 空气源热泵　　　　C. 燃气锅炉　　　　D. 城市热网

【答案】D

【解析】严寒地区空气源热泵供热效率较低，虽属可再生能源，但不优先选用。

例题 9-3：民用建筑散热器集中热水供暖系统的供回水温度，宜采用下列哪组？

A. 95℃/70℃　　　　　　　　　　　B. 0.4MPa 蒸汽

C. 60℃/50℃　　　　　　　　　　　D. 75℃/50℃

【答案】D

【解析】民用建筑不应采用蒸汽作热媒，B 选项错误。散热器热水供暖，供水温度不宜超过 85℃，供回水温差不宜小于 20℃，最适宜的温度为 75℃/50℃。

三、集中供暖管道（★★）

1. 集中供暖热网

由一处热源向多处热力站或多处建筑物供热时，敷设于室外的管网叫热网。热电厂、区域锅炉房等热源生产的高温热媒经热力站换取低温热水再用来供暖，这时输送高温热水（蒸汽）的热网叫一次热网，输送低温热水的热网叫二次热网。

2. 传统室内热水供暖系统分类

室内热水供暖系统按输送动力不同、管路敷设方式不同等方面进行分类，见表 9-1-3。

室内热水供暖系统形式分类   表 9-1-3

分类原则		室内热水供暖系统形式	备注
按输送动力	自然循环	靠水的密度差进行循环的系统	不消耗电能（如土暖气）
	机械循环	靠机械（水泵）力进行循环的系统	集中供暖系统普遍采用
按供回水方式	单管系统	热水经供水管顺序流过多组散热器，并顺序地在各散热器中冷却的系统（图 9-1-6）	无需分户计量或采用非户用热表法计量的建筑
	双管系统	热水经供水管平行地分配给多组散热器，回水自每个散热器直接沿回水管流回热源的系统（图 9-1-7、图 9-1-8）	
按管道敷设方式	垂直式	散热器在供回水管之间垂直连接的系统（图 9-1-6、图 9-1-7）	
	水平式	散热器在供回水管之间水平连接的系统（图 9-1-8）	

分类原则	室内热水供暖系统形式		备注
按各环路总长度	同程式	从热入口开始到热出口结束，通过各立管总长度都相同［图 9-1-6(a)］	管道用量大，各立管间易于平衡
	异程式	从热入口开始到热出口结束，通过各立管总长度都不相同［图 9-1-6(b)］	管道用量小，各立管间不易平衡

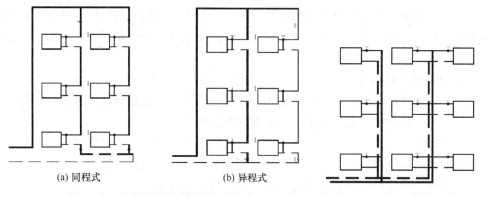

(a) 同程式 　　　　　(b) 异程式

图 9-1-6　上供下回垂直单管系统　　　图 9-1-7　下供下回垂直双管系统

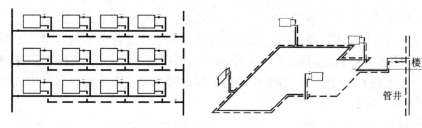

图 9-1-8　水平双管系统图　　　图 9-1-9　共用立管分户独立系统

3. 适合热计量的供暖系统形式

（1）共用立管分户独立循环双管系统：适合采用户用热计量表法进行分户计量的住宅建筑，应按户划分成独立的系统。系统示例如图 9-1-9 所示。

> **实务提示：**
>
> 　　目前国内新建住宅项目基本采用共用立管分户独立循环双管系统形式。工作中要注意留好公共空间管道井。管道井可以是单独的暖井，也可以水暖管线合用，井道尺寸可根据图集或由水暖专业提供资料确定。

（2）垂直双管、垂直单管跨越式：为实现流量调节和便于热计量，住宅建筑除采用共用立管的分户独立系统，还可采用垂直双管、垂直单管跨越式。该方法的热分配计安装简单、常用在散热器供暖系统分户计量改造工程。见图 9-1-6、图 9-1-7。

4. 集中供暖管道系统设计要点

（1）供暖水系统中水平管合理设坡度，高点排气、低点泄水，坡度一般为 0.003。地暖管无法设坡度，应限制管内最低流速，利于空气排出。

（2）当供暖管道利用管段的自然补偿不能满足要求时，应设置补偿器。

（3）当供暖管道必须穿过防火墙时，应预埋钢套管，并在穿墙处一侧设置固定支架，管道与套管之间的空隙应采用耐火材料封堵。

（4）穿越基础、伸缩缝、沉降缝、防震缝的管道，采取预防下沉损坏管道措施。

（5）供暖系统每根立管和分支管的始末段应设置调节、检修和泄水用的阀门。

（6）管道易被冻结或管沟、管井、顶棚内导致无益热损失的地方应保温。

（7）散热器供暖系统的供水和回水管道应在热力入口处与下列系统分开设置：通风与空调系统；热风供暖与热空气幕系统；生活热水供应系统；地面辐射供暖系统；其他需要单独热计量的系统。

5. 集中供暖系统热计量

（1）集中供热的新建建筑和既有建筑的节能改造必须安装热量计量装置，并具备室温调控功能。用于热量结算的热计量装置必须为热量表。

（2）热源和热力站应设热力计量装置。居住建筑以楼栋为对象设热量表。

（3）对住宅建筑内的公共用房和公共空间应单独系统、单独计量。

（4）当分户热计量装置采用热量表时，应符合下列要求：

1）应采用共用立管的分户独立系统形式。

2）系统的共用立管和入户装置，宜设于户外公共空间的管道井内。

3）户用热量表的流量传感器宜安装在回水管上，热量表前应设置过滤器。

4）新建建筑的热量表应设置在室内专用表计小室中，应符合下列规定：①有地下室的建筑，宜设置在地下室的专用空间内，空间净高不应低于2.0m，前操作面净距离不应小于0.8m。②无地下室的建筑，宜于楼梯间下部设置小室，操作面净高不应低于1.4m，前操作面净距离不应小于1m。

实务提示：

对于改造项目，旧建筑的热计量表常设于室外管沟内，改造时也要对现有管沟进行改造。可保证操作面净高不低于1.4m，前操作面净距离不小于0.8m。

例题 9-4：机械循环热水供暖系统的循环动力是以下哪项？

A. 热水锅炉 　　　　　　　　　　B. 热泵

C. 水泵 　　　　　　　　　　　　D. 供回水的容重差

【答案】C

【解析】锅炉及热泵为热源形式。供回水容重差可作为小型的自然循环系统动力。

例题 9-5：关于新建住宅建筑热计量表的设置，错误的是：

A. 应设置楼栋热计量表

B. 楼栋热计量表可设置在热力入口小室内

四、集中供暖散热设备（★★★）

（一）散热器

1. 散热器的选择

（1）湿度较大的房间应采用耐腐蚀的散热器。

（2）用钢制散热器时，应满足产品对水质的要求，在非供暖季节充水保养。

（3）蒸汽系统不应采用钢制散热器。

（4）安装热表和恒温阀的系统不宜采用内腔粘砂的铸铁散热器。

（5）同型号散热器，每组散热器片数越多，每片实际散热量越少。

实务提示：

与铸铁散热器相比，钢制散热器及各种复合材质散热器外形更美观，在承压方面有绝对优势，在建筑供暖系统中应用更为普遍。

2. 散热器的布置

（1）散热器宜安装在外墙窗台下，当管道布置有困难时，也可靠内墙安装。

（2）两道外门之间的门斗内，不应设置散热器、热水风机盘管及热水地板辐射供暖系统。

（3）楼梯间的散热器，宜分配在底层或按一定比例分配在下部各层。

（4）幼儿园、老年人、特殊功能要求的建筑中的散热器、热水辐射供暖分集水器必须暗装或加防护罩。

（5）除幼儿园、老年人和特殊功能要求的建筑外，散热器应明装。必须暗装时，装饰罩应有合理的气流通道、足够的通道面积，并方便维修。散热器的外表面应刷非金属性涂料。

（6）有冻结危险的场所，散热器立支管应单独设置，散热器前不得设调节阀。

（二）地板辐射供暖

（1）地面辐射供暖加热管的材质和壁厚的选择，应按累计使用时间以及系统的运行水温、工作压力等条件确定。

（2）加热管及覆盖层与外围护结构、楼板结构层间应设绝热层（当楼板间允许双向传热时，可不设）；与土壤接触的底层应设绝热层和防潮层，在潮湿房间敷设时，加热管覆盖层上应做防水层。

（3）覆盖层厚度不宜小于50mm，覆盖层应设伸缩缝。

（4）室温控制可采用分环路控制和总体控制两种方式，室温型温控器应设置在附近无散热体、周围无遮挡物、不受风直吹、不受阳光直晒、通风干燥、周围无热源体、能正确反映室内温度的位置，且不宜设在外墙上。

低温热水地面辐射供暖系统地面做法参见建筑材料与构造部分，为重点掌握内容，实际供暖工程中应用最为广泛。

例题 9-6： 下列各建筑，适合采用明装散热器的是：

A. 幼儿园　　　　B. 养老院　　　　C. 医院用房　　　　D. 普通住宅

【答案】 D

【解析】《民用建筑供暖通风与空气调节设计规范》GB 50736—2012 第 5.3.10 条，幼儿园、老年人和特殊功能要求的建筑的散热器必须暗装或加防护罩。

五、分散供暖（★）

（一）电供暖

1. 严寒和寒冷地区居住建筑允许使用条件（符合下列之一时）

（1）无城市或区域集中供热，采用燃气、煤、油等燃料受到环保或消防限制，且无法利用热泵供暖的建筑。

（2）利用可再生能源发电，其发电量能满足自身电加热用电量需求的建筑。

（3）利用蓄热式电热设备在夜间低谷电进行供暖或蓄热，且不在用电高峰和平段时间启用的建筑。

（4）电力供应充足，且当地电力政策鼓励用电供暖时。

2. 公共建筑允许使用条件（符合下列之一时）

（1）无城市或区域集中供热，采用燃气、煤、油等燃料受到环保或消防限制，且无法利用热泵供暖的建筑。

（2）利用可再生能源发电，其发电量能满足自身电加热用电量需求的建筑。

（3）以供冷为主、供暖负荷非常小，且无法利用热泵或其他方式提供供暖热源的建筑。

（4）以供冷为主、供暖负荷小，无法利用热泵或其他方式提供供暖热源，但可以利用低谷电进行蓄热的空调系统。

（5）室内或工作区的温度、相对湿度控制精度较高工艺空调系统。

（6）电力供应充足，且当地电力政策鼓励用电供暖时。

（二）户式燃气炉供暖

户式燃气炉供暖主要采用的是壁挂式供暖、热水两用燃气锅炉为热源的户式供暖系统。户式燃气炉供暖系统的设计要求：

（1）确保用户使用安全，应选用全封闭式燃烧、平衡式强制排烟的系统。

（2）户式燃气炉供暖系统应具有防冻功能，系统应设置排气、泄水装置。

例题 9-7： 对以下建筑物直接采用电供暖的做法错误的是：

A. 对于严寒、寒冷地区居住建筑可以无条件使用电供暖

B. 内蒙古某地民居酒店，有明确供电政策支持，采用发热电缆地面辐射供暖

C. 某温湿度控制精度要求高的工艺性空调厂房，送风直接采用电加热

D. 某自然生态保护区内的游客接待中心，直接采用电供暖

【答案】A

【解析】用高品位的电能直接转化为低品位的热能进行供暖，能源利用率低，是不合适的。只有符合本节"电供暖"中，对严寒和寒冷地区的居住建筑允许使用条件之一，及公共建筑允许使用条件之一时才可以直接采用电供暖。其中 A、B、C 选项直接与条文对应，可知 A 选项是错误的做法。D 选项所说自然生态保护区，一般情况下无市政热力，采用化石燃料受环保限制，采用热泵受自然条件限值，所以是可以使用电直接供暖。

第二节 通 风

一、通风的目的及分类（★）

1. 目的

采用通风方法改善室内空气环境，一是将建筑室内的不符合卫生标准的污浊空气排至室外，将新鲜空气或经过净化符合卫生要求的空气送入室内；二是用室外空气把房间内多余热量排走，提供适合生活和生产的空气环境。

2. 分类

按通风范围及通风动力不同将通风方式分类，各种通风方式的使用条件见表 9-2-1。

通风方式分类及使用条件　　　　　　　　　　　　　　表 9-2-1

分类方式	通风方式	使用条件	
按通风范围	局部通风	在产生污染物的源头局部排风将污染物排出室外。应优先采用	
	全面通风	因受生产条件限制、污染源不固定等原因，不能采用局部排风或采用局部排风方式难以保证时使用	
按通风动力	自然通风	依靠风压、热压使空气流动，具有不使用动力的特点；除工艺对进风有要求或放散极毒物质厂房等，应优先使用	
	机械通风	利用风机造成的压力使空气流动，实现有组织通风	当自然通风不能满足卫生、环保或生产工艺要求时，采用机械通风或联合通风
	复合通风	机械与自然联合通风	

例题 9-8： 对于散发有害物质的生产车间，在设计车间通风系统时，应优先采用下列哪种通风方式？

A. 全面通风　　　　　　　　　B. 局部通风

C. 自然通风　　　　　　　　　D. 诱导通风

【答案】B

【解析】局部排风在污染源直接捕集、排放，需要的风量小，效果好，应优先采用。

例题 9-9：采用下列哪种方法改善室内空气品质是错误的？

A. 保证必要的新风量
B. 提高房间的通风效率
C. 减少室内污染物的产生
D. 降低室内温度

【答案】D

【解析】室内温度是空气质量指标之一，但降低室内温度的说法不确切，室内温度指标应是一个舒适的范围。

二、自然通风（★★★）

（1）自然通风分为靠风压、热压或风压热压综合作用三种情况，见图 9-2-1。无散热量的房间，以风压为主。放散热量的厂房设计时应仅考虑热压作用，而不计入风压，把风压作为实际使用中的安全因素。

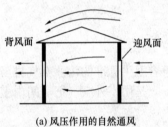

(a) 风压作用的自然通风　　(b) 热压作用的自然通风　　(c) 风压热压综合作用的自然通风

图 9-2-1　自然通风示意图

（2）当建筑室内温度高于室外温度，则室外空气从下层房间的外门窗缝隙或开启的洞口进入室内，经楼内的垂直通道向上流动，最后经上层的外墙的窗或开启的洞口排至室外，形成了热压作用下的自然通风。增强建筑密闭性可减少热压作用；增大进排风口高度差，可增强热压作用。

（3）以自然进风为主的建筑物的主进风面宜布置在夏季主导风向侧。当放散粉尘或有害气体时，在其背风侧的空气动力阴影区内的外墙上，应避免设置进风口。屋顶处于正压区时应避免设排风天窗。

（4）放散热和有害气体的生产设备，宜布置在厂房自然通风的天窗下部或穿堂风的下风侧；当布置在多层厂房内时，应采取防止热或有害气体向相邻层扩散的措施。

（5）利用穿堂风进行自然通风的建筑，其迎风面与夏季最多风向宜成 60°～90° 角，且不应小于 45° 角，同时应考虑可利用的春秋季风向以充分利用自然通风。

（6）夏季自然通风用的进风口，其下缘距室内地面的高度不宜大于 1.2m，并应远离污染源 3m 以上；冬季自然通风用的进风口，当其下缘距室内地面高度小于 4m 时，宜采取防止冷风吹向人员活动区的措施。

（7）合理利用被动式（无动力）通风技术强化自然通风。常用的被动式通风装置包括：捕风装置、无动力风帽及太阳能诱导通风等。

例题 9-10：夏热冬冷地区采用侧窗自然进风、屋顶天窗自然排风的方式排除车间余热时，下列哪种做法有误？

三、机械通风（★★★）

（一）室内维持正、负压条件

在通风房间中，当机械进风量大于机械排风量时，室内压力升高，处于正压状态。反之，处于负压状态。在工程设计中，为使相邻房间不受污染，常有意识地让清洁度要求高的房间保持正压，如空调房间、洁净房间；产生有害物质的房间保持负压，如卫生间、厨房、实验室等。

（二）单独设置排风系统条件

凡属于下列情况之一时，应单独设置排风系统：

（1）两种或两种以上的有害物质混合后能引起燃烧或爆炸时；

（2）混合后能形成毒害更大或腐蚀性的混合物、化合物时；

（3）混合后易使蒸汽凝结并聚积粉尘时；

（4）散发剧毒物质的房间和设备；

（5）建筑物内设有储存易燃易爆物质的单独房间或有防火防爆要求的单独房间。

（三）机械通风一般原则

1. 室外送风口的设置

（1）设在室外空气比较洁净的地点；

（2）设在排风口的上风侧，且应低于排风口；

（3）进风口底部距室外地坪不宜低于 2m，当设在绿化地带时，不宜低于 1m；

（4）避免进、排风短路。

2. 室外排风口的设置

地下车库排风口与人员活动场所的距离小于 10m 时，朝向人员活动场所的排风口底部距人员活动地坪的高度不应小于 2.5m。

> **实务提示：**
>
> 实际工程中室外进、排风口的位置要统一考虑，避免短路，尤其住宅地库排风排烟共用系统的外排风口不宜设于楼座外墙或架空层内，建议设于距建筑 10m 以外的绿地内。

3. 建筑物全面排风系统吸风口的布置

（1）位于房间上部区域的吸风口，除用于排除氢气与空气混合物时，吸风口上缘至顶棚平面或屋顶的距离不大于 0.4m。

（2）用于排除氢气与空气混合物时，吸风口上缘至顶棚平面或屋顶的距离不大于 0.1m。

（3）用于排出密度大于空气的有害气体时，位于房间下部区域的排风口下缘至地板距离不大于 0.3m。

（4）因建筑构造形式的有害或有爆炸危险气体排出的死角区域应设置导流设施。

4. 其他

（1）设于外墙时，进、排风口一般采用防雨百叶风口。

（2）机械通风系统住宅及公共建筑新风入口空气流速宜为 3.5~4.5m/s。

（3）公共建筑的厨房、厕所、盥洗室和浴室等，应采用机械通风；民用建筑的厨房、厕所、盥洗室和浴室等，宜采用自然通风，当利用自然通风不能满足卫生要求时，应采用机械通风。

（4）住宅厨房、卫生间的竖向排风道应具有防火、防倒灌及均匀排气的功能，并应采取防止支管回流和竖井泄漏的措施。顶部应设置防止室外风倒灌装置。

（四）事故通风

（1）在可能突然散发大量有害气体、爆炸或危险性气体或粉尘的建筑物内，应设置事故通风装置及与事故排风系统相连锁的泄漏报警装置。

（2）事故排风量换气次数不应小于 12 次/h。

（3）因建筑结构造成有爆炸危险气体排出的死角处，应设置导流设施。

（4）放散有爆炸危险气体的场所应设置防爆通风设备。

（5）事故排风的排风口，应符合下列规定：

1）不应布置在人员经常停留或经常通行的地点；

2）排风口与机械送风系统的进风口的水平距离应不小于 20m，当水平距离不足 20m 时，排风口必须高出进风口并不得小于 6m；

3）当排气中含有可燃气体时，排风口距可能火花溅落地点应大于 20m；

4）排风口不得朝向室外空气动力阴影区和正压区。

（6）事故通风的手动控制装置应在室内外便于操作的地点分别设置。

（五）通风管道

（1）通风管道的断面形状有圆形和矩形两种。在同样的断面面积下，圆形风管周长最短，最为经济。由于矩形风管四角存在局部涡流，所以在同样风量下，矩形风管的压力损失要比圆形风管大。因此，通风、空调风管优先采用圆形风管或选用长、短边之比不大于 4 的矩形截面。

（2）通风与空调系统的风管当输送腐蚀性或潮湿气体时，应采用防腐材料或采取相应的防腐措施。

（3）机械送排风系统的风管横向宜按防火分区设置。

（4）基于气流噪声和风道强度等因素，风管内应对最大风速进行控制。限定通风和空气调节系统风管内风速可降低空气与管壁摩擦，从而减小系统阻力、系统噪声和风管振动影响。

（5）除尘系统风管设计最低风速，应根据气体含尘浓度、粉尘密度和粒径等因素确定，并应以正常运转条件下管道内不发生粉尘沉降为基本原则。

（6）风管宜垂直或倾斜敷设。倾斜敷设时，与水平面的夹角宜大于45°。水平敷设的管段不宜过长。

例题 9-11： 下列哪类用房的排风系统不应与其排烟系统合用？

A. 汽车库排风系统　　　　　　　B. 室内游泳池排风系统

C. 配电室排风系统　　　　　　　D. 厨房排油烟系统

【答案】D

【解析】两种或两种以上有害物质混合后能引起燃烧或爆炸时，应设独立通风系统。D选项厨房排油烟管道中含大量易燃的油脂，与火灾高温烟气混合能引起燃烧，故不应合用。

例题 9-12： 对储存酒精（乙二醇）液体的库房设置通风系统，以下哪一个是错误的？

A. 设置事故排风

B. 设于库房内的通风机应防爆

C. 事故排风风口高于进风口 6m 以上

D. 事故排风口距顶 0.1m

【答案】D

【解析】乙二醇挥发气体比空气重，应设下排风口，风口下缘距地不大于 0.3m。

四、环境健康卫生对建筑通风空调的要求

（1）对不可避免放散的有害或污染环境的物质，在排放前必须采取通风净化措施，并达到国家有关大气环境质量标准和各种污染物排放标准的要求。

（2）为了保证室内人员的健康，室内有效引入新风的同时，应有效抵御雾霾、粉尘等外部污染，不具备自然通风条件的，应设计新风净化系统，主要的空气净化设备为不同级别的空气过滤器。

（3）通风、空调与制冷机房等的位置，不宜靠近声环境要求较高的房间；当必须靠近时，应采取隔声、吸声和隔振措施。

（4）暴露在室外的设备，采取的降噪措施主要有：①选择低噪声设备；②远离需安静的房间及建筑；③设置隔声屏障等。

（5）通风空调管道系统降噪措施主要有：①选用高效低噪声的通风机；②控制风管内风速；③避免管道急剧转弯造成涡流；④设置管道消声器。

（6）服务于通过空气传播疾病的医疗建筑暖通空调系统设施设计原则：

1）病人环境全部为负压、医护人员环境全部为正压，从而消除任何可能出现的空气交叉污染。

2）送风排风系统根据需要设置相应级别的空气过滤装置。

3）隔离区空调的冷凝水应集中排入医院的污水处理系统统一处理。

4）负压隔离病房应采用全新风直流式空调系统。

5）当公共建筑处于发生经空气途径传播病毒疫情的疫区内，需要使用时，必须而且优先运行自然通风和机械通风系统。全空气空调系统，应当关闭回风阀，采用全新风方式运行。

> **实务提示：**
> 　　实际工程中为避免冷热源机房噪声影响，有地下室的建筑，宜充分利用地下室底层作为冷热源机房；无地下室的建筑，冷热源机房优先考虑设于一层或与主体脱开的独立机房内。对于设置于楼板上的振动较大的设备，必要时可设置浮筑楼板；机房门应采用防火隔声门；机房与使用房间相邻时，其隔墙应采用重质墙体，楼板和顶板不宜采用钢结构；机房内表面吸声处理可采用包括穿孔板和吸声材料组合的各种方式。

> **例题 9-13：** 下列对医院传染病楼通风空调系统设计原则错误的是：
> A. 传染病房内环境为负压
> B. 医护办公区环境为正压
> C. 呼吸道传染病房送排风均设空气过滤装置
> D. 隔离区空调冷凝水可直接排放到室外散水
> **【答案】** D
> **【解析】** 隔离区空调的冷凝水应集中排入医院的污水处理系统统一处理，不应直接排放。

第三节　空　　调

一、空调的目的与系统分类（★）

（一）空调的目的

　　空调的目的就是维持室内空气一定的状态参数，为达到这一状态参数，空调设备需要对空气进行加热或冷却、加湿或减湿等处理。空调系统设计时，也要按规定的室内状态进行计算，规定的状态参数称为室内空气设计参数。舒适性空调室内设计参数见表9-3-1，工艺性空调室内设计参数根据工艺要求确定。

人员长期逗留区域空气调节室内设计参数　　　　　　表 9-3-1

类别	热舒适度等级	温度（℃）	相对湿度（%）	风速（m/s）
供热工况	I级	22~24	≥30	≤0.2
	II级	18~22	—	≤0.2
供冷工况	I级	24~26	40~60	≤0.25
	II级	26~28	≤70	≤0.3

　　注：1. I级热舒适度较高，II级热舒适度一般。

　　　　2. 人员短期逗留区域空气调节供冷工况室内设计参数宜比长期逗留区域提高1~2℃；供热工况宜降低1~2℃。

（二）空调系统的分类

按空气调节的目的及空调冷热源是否集中设置将空调系统分类，分类及适用性见表 9-3-2。

空调系统分类及适用性 表 9-3-2

分类原则	名称	概念	备注
按空调目的分类	舒适性空调	达到舒适性和卫生要求	常见的使用场所有：住宅、办公、影剧院、商业等人员活动场所
	工艺性空调	以满足工艺的环境要求为主，主要有降温空调、恒温恒湿空调、净化空调等	常见的使用场所有：计算机房、净化厂房、洁净手术室等。对温湿度精度要求较高的空调区，要尽量减少外围护结构对室温的扰动
按冷热源设置情况分类	集中冷热源	整个建筑内集中设置一处或几处集中冷热源站房，并将空调用冷、热介质（通常为冷、热水）通过管道输送到分散设置的空气处理设备之中，俗称"中央空调"（图 9-3-1）	优点：具有较高的冷热源能效；便于集中管理和能源系统的优化运行；需与建筑协调的设备少。 缺点：输送系统能耗所占的比例较大；部分负荷运行效率和满足性相对较差。 适用：规模较大的建筑，用户集中，使用时间相同
	分散冷热源	（1）制冷与供热装置都是在建筑中各处分散设置的。如窗式空调机、分体式空调机和柜式空调机（当制冷量＞7kW 时亦可称为单元式空调机）。 （2）变制冷剂流量多联机空调系统	优点：输配系统能耗小（或者没有）。 缺点：设备能效低于集中系统，分散设置运行管理的难度增加，需要与建筑进行更多的设计配合。 适用：用户地点分散、使用时间不同、规模较小的用户

实务提示：

实际工程中，多联机空调系统因其使用灵活性，在租售建筑中应用最为广泛，但是受多联机服务半径限制，大体量建筑室外机很难找到合适位置；集中冷源建筑，室外仅有冷却塔，建筑更好处理。所以需综合比较分析后确定设备方案。

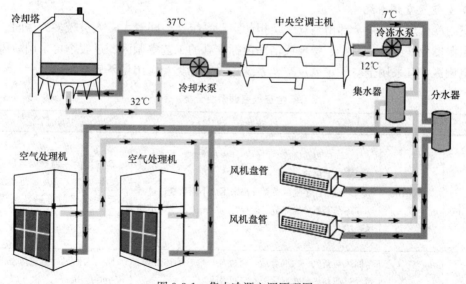

图 9-3-1　集中冷源空调原理图

例题 9-14: 下列哪种建筑物不适合采用变制冷剂流量多联机系统?

A. 普通住宅
B. 超高层办公楼
C. 经济性旅馆
D. 高级公寓

【答案】B

【解析】超高层办公建筑规模大,用户集中,使用时间相同,采用集中冷热源的空调系统冷热源能效高,便于管理及优化运行。

二、空气处理与空调风系统 (★★★)

(一) 空气处理

为了满足空调房间送风要求,在空调系统中应有对空气进行热湿处理及净化处理的设备。按功能为空气处理设备分类,见表 9-3-3。

空气处理设备   表 9-3-3

空气处理类型		空气处理设备
热湿处理	冷却处理	通有冷水或制冷剂的表面冷却器
	加热处理	通有热水、蒸汽或电的空气加热器
	加湿处理	喷蒸汽、喷水、电加湿、湿膜加湿等
	除湿处理	表面冷却器冷却除湿、吸湿剂吸收除湿
净化处理 (一般需处理的空气是新风或新风及回风的混合空气)		过滤器 (一般舒适性空调为初、中效两级过滤,净化空调为初、中及高效三级过滤)

(二) 空调风系统

按照负担室内空调负荷的介质,可分为全空气空调系统、空气—水空调系统、全水空调系统、制冷剂空调系统及空气—制冷剂空调系统。

1. 全空气空调系统

室内冷 (热) 负荷全部由空气来负担的空调系统。空间较大、人员较多的房间,以及房间温湿度允许波动范围小、噪声或洁净度标准高的工艺空调区、过渡季可采用新风作冷源的空调区,宜采用全空气定风量空调系统。主要分类及应用见下表 9-3-4。

全空气空调系统分类   表 9-3-4

分类		特点	应用场合
混合式	一次回风	(1) 回风与新风混合后,经过滤和热湿处理后由风机送入空调房间。 (2) 通常在冬夏两季系统都采用最小新风量;过渡季和冬季需新风冷却节能运行时,尽量关闭或调小回风,增大新风量 [图 9-3-2(a)]	最常用的一种空调系统。体育馆、影剧院、商场、超高层写字楼等大空间的舒适性空调一般采用
	二次回风	回风与新风一次混合后,再次与一部分回风混合,再经过滤和热湿处理后送入空调房间	同一次回风。当送风温差要求较小时选用

分类	特点	应用场合
直流式	无法利用回风，送风进入室内后需全部排走 [图9-3-2(b)]	某些工艺性空调或如厨房之类的特殊场合的空调系统
循环式	(1) 仅有送回风循环，也称为封闭式系统。 (2) 封闭式系统可节约大量的新风能耗 [图9-3-2(c)]	各种设备机房用降温空调系统，由于无人值守，不需要送新风

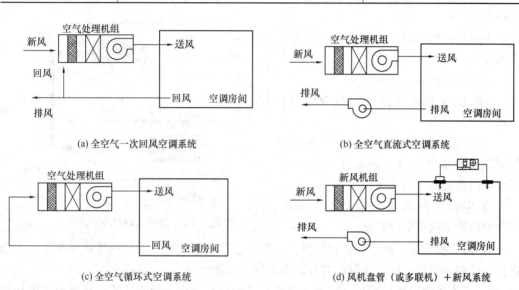

(a) 全空气一次回风空调系统   (b) 全空气直流式空调系统

(c) 全空气循环式空调系统   (d) 风机盘管（或多联机）+新风系统

图 9-3-2　空调风系统原理图

2. 空气—水空调系统

空调房间的热、湿负荷同时由经过处理的空气和水来负担。风机盘管加新风系统是我国民用建筑中应用最普遍的空调形式，适用于房间较多且各房间需要单独调节温度的建筑物，如旅馆、写字楼等，见图9-3-2（d）。

3. 全水空调系统

只设风机盘管的系统，由于无人值守，不需要送新风。当房间空气质量和温湿度波动范围要求严格或空气中含有较多的油烟时，不宜采用风机盘管。

4. 制冷剂空调系统

制冷剂空调系统是房间的负荷由制冷剂直接负担的系统，属于分散冷热源的系统。用户按规格型号整体选用，设计人员无需对系统中各个部件及设备逐一选型。目前常见的制冷剂空调系统有：①房间空调器系统（分体空调）；②单元式空调器系统；③变制冷剂流量多联机系统；④水环热泵空调系统。

（1）制冷剂空调系统特点

与集中式空调系统（中央空调系统）相比，制冷剂系统具有如下特点：

1）空调机组结构紧凑，体积小，占地面积小，自动化程度高。

2）机组分散布置，各空调房间根据需要启停，使用灵活方便，但是维修管理麻烦。

3）机组安装简单，对于风冷式机组，在现场只要接上电源，机组即可投入运行。

4）热泵空调机组系统具有显著的节能效益和环保效益。

5）室外机对建筑外观有一定影响。

（2）制冷原理及系统组件

制冷系统组件主要为压缩机、冷凝器、蒸发器及节流阀。

制冷原理：压缩机将气态的制冷剂压缩为高温高压的气体，并送至冷凝器进行冷却，经冷却后变成液态制冷剂，液态的制冷剂经膨胀阀（节流阀）节流降压，变成气液混合体，经过蒸发器吸收空气中的热量而汽化，变成气态，然后再回到压缩机继续压缩循环进行制冷。

房间空调器（分体空调）制冷原理见图9-3-3。

（3）变制冷剂流量多联机

多联机空调系统设计应符合以下要求：

1）空调区内振动较大、油污蒸汽较多以及产生电磁波或高频波等场所，不宜采用多联机空调系统。

2）空调区负荷特性相差较大时，宜分别设置多联机空调系统。

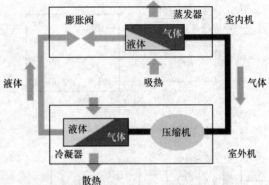

图9-3-3 分体空调制冷原理图

3）多联机系统，制冷剂连接管越长，系统能效比损失越大，室内外机组及室内机组连接管长和高差均受限，选设备时负荷需乘放大系数。

4）室外机的设置应满足：应设在通风良好的地方，避免噪声气流、排热对周围环境的影响；远离高温、油雾等有害气体排风；便于对室外机换热器的清扫；侧排风型若与空调季主导风向相对，必要时加挡风板。

5. 空气—制冷剂空调系统

空气—制冷剂空调系统指空调房间的热、湿负荷同时由经过处理的空气和制冷剂来负担。如变频多联机加新风系统，见图9-3-2(d)。

（三）送回风口形式及气流组织形式

在空调房间中，经空气处理设备处理过的空气经送风口进入空调房间，与室内空气进行热质交换后由回风口排出，此过程形成室内空气的流动。

1. 气流组织的基本形式

气流组织设计的任务是合理地组织室内空气的流动，使室内工作区空气的温度、相对湿度、速度和洁净度能更好地满足工艺要求及人们的舒适性要求。气流组织基本形式见表9-3-5。

气流组织的基本形式 表9-3-5

送风方式	常用气流组织的基本形式	技术要求及适用范围
百叶风口侧面送风	上送下回	回风口宜设在送风口同侧
	上送上回	可用于舒适性空调或工艺空调

送风方式	常用气流组织 的基本形式	技术要求及适用范围
散流器送风	上送下回	需设置吊顶
	上送上回	可用于舒适性空调或工艺空调
孔板送风	上送下回	需设置吊顶或技术夹层； 可用于层高较低的舒适性空调或工艺空调； 当单位面积送风量较大，工作区要求风速较小或区域温差要求严格时采用
喷口送风	上送下回	回风口设在送风口同侧； 用于空间较大的公共建筑和室温允许波动范围大的高大厂房的一般空调
旋流风口	上送下回	用于空间较大的公共建筑和室温允许波动范围大的高大厂房
下送风口：座椅送风口、旋流风口等	下送上回	座椅下送风：如影剧院、会场的座椅下； 地板送风口：如电子计算机房架空地面

2. 回风口的设置

（1）不应设在送风射流区和人员长期停留区，侧送时宜同侧下方设置；

（2）系统兼送热风供暖、房间净高高时，宜设在房间下部；

（3）置换通风、地板送风，应在人员活动区上方设置；

（4）宜集中回风；

（5）一般选用百叶风口或格栅风口。

（四）新风量的确定

（1）系统最小新风量的确定需考虑"人员所需新风量""补偿排风和维持正压所需风量之和"，按两者的大值确定。

（2）人员所需最小新风量为：

1）民用建筑：办公室、客房每人 $30m^3/h$；大堂四季厅每人 $10m^3/h$。

2）工业建筑：每人 $30m^3/h$。

例题 9-15： 下列哪项不属于组合式空调机组的组成部分？

A. 空气冷却器　　　　　　　　B. 风机盘管

C. 通风机　　　　　　　　　　D. 空气过滤器

【答案】 B

【解析】 风机盘管机组为独立的空气处理设备，不属于组合式空调机组的组成部分。

例题 9-16： 下列哪处应选用全空气直流空调系统？

A. 生物安全实验室　　　　　　B. 宾馆

C. 餐馆　　　　　　　　　　　D. 展览大厅

【答案】 A

三、空调冷热源、冷热媒（★★）

（一）空调冷热源

1. 空调冷热源分类

空调冷源装置形式分为电制冷和热力制冷两种；热源装置除了传统的市政热网、电锅炉及矿物能（燃油、燃气、燃煤等）锅炉外，还有利用可再生能源的热泵式冷热水机组。

对空调冷热源装置按制冷机类型、冷却介质及实现功能分类，分类及具体适用性见图 9-3-4。

2. 空调冷热源的选择

冷热源的选择确定应根据建筑物规模、用途、建设地点的能源条件、结构、价格以及国家节能减排和环保政策的相关规定等，通过综合论证，并应符合：

（1）有可供利用的废热、工业余热时，热源优先选用余热废热，冷源优先选用吸收式冷水机组。

（2）技术经济合理时，冷、热源宜利用可再生能源（浅层地能、太阳能、风能等）。

（3）不具备以上 2 条，热源优先选用城市或区域热网，冷源优先选用电动压缩式冷机（电力充足）。

（4）不具备以上 3 条，燃气充足时，选用燃气吸收式冷热水机组供冷供热。

（5）不具备以上 4 条，选用燃煤、燃油锅炉供热、蒸汽吸收式冷水机组供冷或燃油吸收式冷热水机组供冷供热。

3. 可再生能源的应用

可再生能源指风能、太阳能、水能、生物质能、地热能、海洋能等非化石能源。采用可再生能源时，应根据当地资源、适用条件和投资规模等统筹规划。

（1）供暖空调系统可再生能源的应用形式主要有以下四种：

1）太阳能。通过太阳能集热器集热并加热水系统为建筑物供暖，同时配置储热装置及辅助热源。——地域不同，受太阳能资源的制约。

2）地热能。直接开发 60～90℃的地热水用于北方城镇的集中供热。

3）地源热泵是通过输入少量的电能实现热能由土壤、地下水、地表水等向建筑转移的装置。夏季相反，可通过同一套装置将室内热量排至地下。——受地质条件、水体条件的制约。

4）空气源热泵是通过输入少量的电能实现热能由空气向建筑转移的装置。夏季相反，可通过同一套装置将室内热量排至空气中。——严寒、寒冷地区冬季气温过低影响热泵机组能效。

（2）可再生能源应用的一般规定：

1）新建建筑应安装太阳能系统，太阳能系统可为光电或光热。

2）太阳能系统的设计应与建筑设计同步完成。建筑物上安装时不得降低相邻建筑的日照标准。

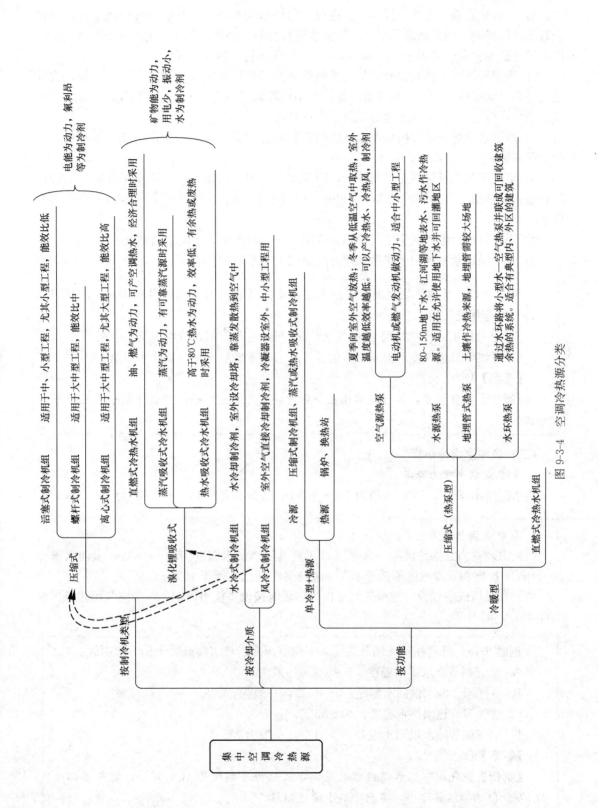

图 9-3-4 空调冷热源分类

集中空调冷热源

按制冷机类型
　压缩式
　　活塞式制冷机组　　　　适用于中、小型工程，尤其小型工程，能效比低
　　螺杆式制冷机组　　　　适用于大中型工程，能效比中
　　离心式制冷机组　　　　适用于大中型工程，尤其大型工程，能效比高 ⎞ 电能为动力，氟利昂等为制冷剂
　溴化锂吸收式
　　直燃式冷水机组　　　　油、燃气为动力，可产空调热水，经济合理时采用
　　蒸气吸收式冷水机组　　蒸气为动力，有可靠蒸气源时采用
　　热水吸收式冷水机组　　高于80℃热水为动力，效率低，有余热或废热时采用 ⎞ 矿物能为动力，用电少，振动小，水为制冷剂

按冷却介质
　水冷式制冷机组　　水冷却制冷剂、室外设冷却塔，靠蒸发散热到空气中
　风冷式制冷机组　　室外空气直接冷却制冷剂，冷凝器设室外。中小型工程用

按功能
　单冷型+热源
　　冷源　　压缩式制冷机组、蒸气或热水吸收式制冷机组
　　热源　　锅炉、换热站
　冷暖型
　　压缩式（热泵型）
　　　空气源热泵　　夏季向室外空气放热；冬季从低温空气中取热，室外温度越低效率越低。可以产冷热水、冷热风、制冷剂。适合中小型工程
　　　水源热泵　　　电动机或燃气发动机做动力。江河湖等地表水、80~150m地下水、污水作冷热源。适用在允许使用地下水并可回灌地区
　　　地埋管热泵　　土壤作冷热来源，地埋管需较大场地
　　　水环热泵　　　通过水环路将小型水—空气热泵并联成可回收建筑余热的系统。适合有典型内、外区的建筑
　　直燃式冷热水机组

305

3）地源热泵系统方案设计前，应进行工程场地状况调查，并应对浅层或中深层地热能资源进行勘查，确定地源热泵系统实施的可行性与经济性。当浅层地埋管地源热泵系统的应用建筑面积大于或等于 $5000m^2$ 时，应进行现场岩土热响应试验。

4）浅层地埋管换热系统吸热量与排热量平衡是保证系统长期高效运行的前提，设计应进行全年动态负荷及吸、排热量计算，最小计算周期不应小于 1 年。建筑面积 $50000m^2$ 以上系统，应进行 10 年以上地源侧热平衡计算。

5）地下水换热系统应根据水文地质勘查资料进行设计。必须采取可靠回灌措施，确保全部回灌到同一含水层。

6）空气源热泵机组的有效制热量，应根据室外温、湿度及结、除霜工况对制热性能进行修正。采用空气源多联式热泵机组时，还需根据室内、外机组之间的连接管长和高差修正。

7）当室外设计温度低于空气源热泵机组平衡点温度时，应设置辅助热源。

8）空气源热泵系统用于严寒和寒冷地区时，应采取防冻措施。

例题 9-17： 某建筑物周围有水量充足、水温适宜的地表水可供利用时，其空调的冷热源应优先选用以下哪种方式？

A. 电动压缩式冷水机组＋燃气锅炉房　　B. 电动压缩式冷水机组＋电锅炉

C. 直燃型溴化锂冷（温）水机组　　　　D. 水源热泵冷（温）水机组

【答案】D

【解析】条件适宜，经济技术比较合理时，可再生能源的使用优于题中其他能源形式。

（二）集中空调冷热媒

1. 集中空调冷媒为冷水

供水温度不宜低于 $5℃$，一般为 $7℃$；供回水温差不应低于 $5℃$，一般为 $5℃$，宜适当增大。

2. 集中空调热媒为热水

（1）市政热力或锅炉供应一次热源时，换热后，供水温度为 $50\sim60℃$；供回水温差 $10\sim15℃$，严寒和寒冷地区不低于 $15℃$，夏热冬冷地区不低于 $10℃$。

（2）直燃机或空气源、地源热泵等作为热源时按设备能力确定，一般空气源热泵供水温度 $45℃$，温差 $5℃$。

例题 9-18： 舒适性空气调节系统，下列空调冷、热水参数哪个是不常用的？

A. 空气调节冷水供水温度：$5\sim9℃$，一般为 $7℃$

B. 空气调节冷水供回水温差：$5\sim10℃$，一般为 $5℃$

C. 空气调节热水供水温度：$40\sim65℃$，一般为 $60℃$

D. 空气调节热水供回水温差：$2\sim4℃$，一般为 $3℃$

【答案】D

【解析】空气调节热水供回水温差，市政热力或锅炉为 $10\sim15℃$，空气源热泵为 $5℃$。D 选项温差过小，不利于减小输送能耗。

四、集中空调冷（热）水系统（★）

集中空调冷（热）水系统是将空调冷（热）源制取的冷（热）水用管道输送到空调机或风机盘管等末端设备处，并承担相应负荷。

（一）冷（热）水系统形式

为了分析方便，根据水系统的不同特点，对集中空调冷（热）水系统所形成的基本形式进行分类，见表9-3-6。

集中空调冷热水系统分类 表 9-3-6

分类原则	系统形式		系统特点	优缺点
按空调末端设备的水流程	同程系统		水流经各用户回路的管路长度相等	利于水力平衡，减少初调节工作量
	异程系统		水流经每一用户回路的管路长度之和不相等	节省管道，需平衡阀，初调工作量大
按系统水压特征	开式系统		水泵从开式水箱中吸入系统回水，经过冷水机组供应到用户末端，然后再回到水箱之中［图9-3-5(a)］	水泵扬程高、能耗大
	闭式系统		封闭环路，水泵的扬程只需要克服水流阻力，与系统高度无关［图9-3-5(b)］	水泵扬程低、能耗小
按管道的设置方式	两管制系统		利用同一组供、回水管为末端装置提供空调冷水或热水的系统，冷、热源季节切换，不能同时供冷水和热水［图9-3-5(c)］	适用于建筑物功能相对单一、空调要求相对较低的场所（普遍应用的空调形式）
	四管制系统		冷、热源分别通过独立的供、回水管路，为末端装置同时提供空调冷水和热水的系统［图9-3-5(d)］	实现"各取所需"的愿望。适用于对室内空气参数要求较高的场合，但投资较高
按末端用户侧水流量的特征	定流量系统		流经用户管道中的流量恒定。末端设备设置三通调节阀［图9-3-5(e)］	一般为一级泵系统
	变流量系统（用户侧总水量随着末端装置流量的自动调节而实时变化）	一级泵系统	只设一级冷水循环泵，冷水流经冷（热）源和用户。末端设备设置两通调节阀［图9-3-5(g)］	一级泵冷水系统简单，投资少，根据需求变流量运行可省输送能耗
		二级泵系统	设两级冷水循环泵，一级泵推动冷水通过冷（热）源，第二级泵向用户供应冷水，两级泵形成接力。末端设备设置两通调节阀［图9-3-5(h)］	第二级泵按环路阻力的不同确定扬程，可以节能。同时变流量节省输送能耗

（二）空调（冷热）水系统注意的问题

（1）供水管、回水管、凝水管均要有坡度。

（2）冷凝水水平干管始端应设置扫除口。

（3）当冷凝水管表面可能产生二次冷凝水时，冷凝水管应采取防结露措施。

（4）冷凝水排入污水系统时，应有空气隔断措施；冷凝水管不得与室内雨水系统直接连接。

（5）冷热水系统应设有定压、补水及水处理装置。

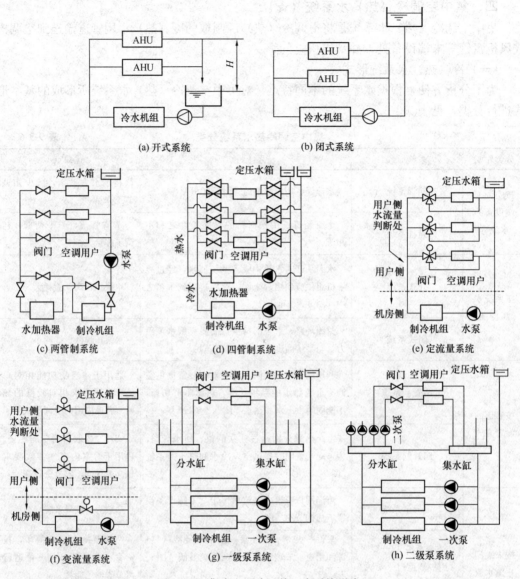

(a) 开式系统　　　　　　　　(b) 闭式系统

(c) 两管制系统　　　(d) 四管制系统　　　(e) 定流量系统

(f) 变流量系统　　　(g) 一级泵系统　　　(h) 二级泵系统

图 9-3-5　集中空调冷（热）水系统形式

例题 9-19： 公共建筑的空调冷水系统，采用以下哪种形式更有利于节能？

A. 设置低位冷水池的开式水系统　　　B. 一级泵定流量系统

C. 二级泵定流量系统　　　　　　　　D. 二级泵变流量系统

【答案】D

【解析】从节能观点出发，变流量系统优于定流量系统。全年运行的空调系统最大负荷出现的时间一般不超过总运行时间的 10%，空调设备的选择是按照设计工况确定的，而空调系统大多数时间在部分负荷下工作，这就使变流量冷水系统有很大的节能空间。

第四节 节 能

一、建筑设计与暖通空调运行节能（★★★）

（一）围护结构节能设计

（1）建筑围护结构热工性能直接影响建筑供暖空调负荷与能耗。

（2）严寒和寒冷地区冬季室内外温差大，供暖期长，对提高围护结构保温性能（减小传热系数）的要求高于南方地区。

（3）建筑物体形系数越小，单位建筑面积对应的外表面积越小，外围护结构的传热损失越小。因此，必须限制建筑物的体形系数。

（4）窗户的保温隔热性能比外墙差，各个朝向窗墙面积比越大，供暖空调能耗也越大。因此，必须限制建筑物的窗墙面积比。

（5）在夏热冬暖和夏热冬冷地区，空调期太阳辐射得热是建筑能耗的主要原因，对窗和幕墙的玻璃（或其他透光材料）的太阳得热系数的要求高于北方地区。

（6）增强建筑外门窗及透明幕墙的气密性，可减少无组织渗风增加的建筑能耗。

（7）严寒地区建筑的外门应该设门斗，寒冷地区建筑的外门宜设门斗或应采取其他减少冷风渗透的措施，如热空气幕。

（8）采取控制与降低建筑碳排放的有效措施。

（9）对围护结构某些热工参数不能满足相关节能标准要求时，需要对建筑热工性能进行权衡判断，应计算比较参照建筑和设计建筑的全年供暖和空气调节能耗，当设计建筑的供暖和空气调节能耗小于或等于参照建筑的供暖和空气调节能耗时，应判定围护结构的总体热工性能符合节能要求。

> **实务提示：**
>
> 实际工程中，建筑围护结构传热系数、窗墙比及透明围护结构传热系数，须满足规范限值要求，当采用建筑围护结构热工性能权衡判断时，应满足《建筑节能与可再生能源利用通用规范》GB 55015—2021 附录 C 的基本要求。

（二）被动节能

应充分利用太阳能、自然通风、夏季遮阳等减小建筑能耗，可采取的措施有：

（1）建筑总平面的布置和设计，冬季利用日照并避开冬季主导风向，夏季利用自然通风。

（2）建筑的主朝向选择本地区最佳朝向或接近最佳朝向，尽量避免东西向日晒。

（3）充分利用太阳能供暖通风，如太阳能房、太阳能烟囱等。

> **例题 9-20：**关于建筑围护结构设计要求的说法，正确的是：
> A. 建筑热工设计与室内温湿度状况无关
> B. 外墙的热桥部位内表面温度不应低于室内空气湿球温度
> C. 严寒地区外窗的传热系数对供暖能耗影响大
> D. 夏热冬暖地区外窗的传热系数对空调能耗影响大

【解析】建筑热工设计是研究室外气候通过围护结构对室内热环境的影响、室内外热湿作用对围护结构的影响，A选项错误。热桥部位是外墙传热量最大的部位，当表面温度低于室内空气露点温度时，内表面会发生结露，B选项错误。

二、暖通空调系统节能技术（★★★）

（1）应区分房间的朝向，细分供暖空调区域，分区控制。

（2）根据建筑空间功能设置分区温度，降低过渡区温度设定标准；冬季室内设计温度降低，夏季室内设计温度升高，能有效降低供暖空调能耗。

（3）对冷热源、输配系统设备能耗进行分项计量。

（4）采用同类型设备中的高能效比设备。

（5）降低末端系统、输配系统能耗：

1）对于风系统主要措施有减小风速，控制合理的输送半径；

2）对于水系统主要措施应为增大供回水温差，从而减小输送流量。

（6）采用能量热回收与冷却塔供冷技术：

1）主要的能量回收技术有排风能量回收、冷凝热回收等；

2）对冬季仍需供冷的建筑，可利用冷却塔直接提供空调冷水，也叫冷却塔免费供冷。

（7）风机、水泵采用变频技术，根据末端需求降低风机水泵转速，能有效降低供暖空调输送能耗。

（8）除有室内温湿度精度控制要求以及特殊场合之外，一般舒适性空调为减少冷热抵消导致的能量浪费，空气处理系统不应同时有冷却和加热处理过程。

（9）合理利用可再生能源。供暖空调系统主要利用可再生能源技术包括空气源热泵、水源热泵及太阳能热水供暖。

（10）全空气系统采取全新风运行或可调新风比措施。

（11）采用完善的自动控制系统，可实现按需供应，有效降低供暖空调系统运行能耗。

实务提示：

项目冷热源规划时，应经技术经济比较，根据项目特点优先选用直接零碳排放能源。制冷宜为电能驱动的制冷机，制热宜采用高性能热泵机组替代燃气、燃油锅炉，利用峰谷电价采用蓄能系统等。有条件时，积极推动可再生能源的合理利用，促进暖通空调系统低碳设计。

例题9-21： 全空气系统过渡季或冬季增大新风比运行，其主要目的是：
A. 利用室外新风带走室内余热　　　　B. 利用室外新风给室内除湿
C. 过渡季或冬季人员新风需求量大　　D. 过渡季或冬季需要更大的室内正压

第五节　机房设置及主要设备管线空间要求

暖通专业机房主要有：锅炉房、制冷机房、换热站、空调机房等。机房设计涉及建筑平面布局、室外风口位置、烟囱位置、噪声振动处理等很多方面，其设计是否合理，不仅影响建筑的初投资，还影响建筑的运行能耗和管理。

一、锅炉房、热力站（★★）

锅炉按燃料不同可分为燃煤、燃气、燃油及电锅炉；按承压不同可分为有压、常压（无压）及负压（真空）锅炉。

1. 锅炉房的位置

（1）靠近热负荷相对集中的地方。

（2）减少烟尘的影响，尽量布置在季节最大频率风向下风侧。

（3）燃料、灰渣运输方便。

（4）燃油、燃气锅炉房宜设置在建筑物外的专用房间内，当受条件限制时可布置在建筑内。当锅炉房和其他建筑物相连或设置在其内部时，不应设置在人员密集场所和重要部门的上一层、下一层、贴邻位置以及主要通道、疏散口的两旁，并应设置在首层或地下室一层靠建筑物外墙部位。

（5）住宅建筑内不宜设置锅炉房。

（6）燃气常压、负压锅炉相对安全，可设在地下二层或屋顶。设置在屋顶上的锅炉房，距离通向屋面的安全出口不应小于6m。

（7）采用相对密度≥0.75的可燃气体（如液化石油气）为燃料的锅炉，不得设置在地下或半地下。

> **实务提示：**
> 住宅内设置锅炉房不仅有安全问题，还有污染及噪声问题，所以锅炉房不建议放在住宅内。实际工程中，地下设置的锅炉房净高经常超过一层楼的高度，对这样的锅炉房，只要本身是一层，即使其地面位于建筑的地下二层，也认为设置于地下一层。

2. 锅炉房的布置及大小

（1）锅炉房平面一般包括锅炉间、风机除尘间、水泵水处理间、配电和控制室、化验室、修理间、浴厕等。

（2）锅炉房的外墙、楼地面、屋面应有相应的防爆措施。

（3）锅炉房与其他部位之间应用耐火墙、楼板隔开，门为甲级防火门。朝锅炉操作面方向开设的玻璃大观察窗，应采用具有抗爆能力的固定窗。

（4）锅炉房通向室外的门向外开。辅助间、生活间等通向锅炉间的门向锅炉间开。

（5）锅炉间外墙的开窗面积应满足通风、泄压、采光要求。泄压面积不小于锅炉间占地面积的10%。地下锅炉房采用竖井泄爆方式时，竖井的净横断面积应满足泄压面积的要求。

（6）出入口不应少于2个，但对独立锅炉房的锅炉间，当炉前走道总长度小于12m，且总建筑面积小于200m²时，其出入口可设1个。

（7）锅炉间为多层布置时，其各层的人员出入口不应少于2个；楼层上的人员出入口，应有直接通向地面的安全楼梯。

（8）燃油、燃气锅炉与使用固体燃料锅炉，烟道、风道应分开设置。

（9）新建锅炉房的烟囱周围半径200m距离内有建筑物时，其烟囱应高出最高建筑物3m以上。

（10）仅用于集中供暖（或空调）的燃气锅炉房面积估算占所负担的总建筑面积的0.15%~0.3%。

> **实务提示：**
> 实际工程中烟囱高度实现有困难时，应通过环评论证，以批复的环评报告为准。

3. 热力站

（1）采用板式换热器时，热交换站的结构净高不宜小于3.0m；采用容积式换热器时，热交换站的结构净高不宜小于3.5m。

（2）蒸汽热力站或长度大于12m、高于100℃的热水热力站设2个出口。

> **实务提示：**
> 居住小区供暖用换热站，供热半径宜在1.0km以内，一个系统的供热规模不宜大于15万m²。

> **例题 9-22：** 在建筑物内的锅炉房，下列说法错误的是：
> A. 应设置在靠外墙部位 　　　　　B. 出入口应不少于2个
> C. 不宜通过窗井泄爆 　　　　　　D. 人员出入口至少有1个直通室外
> 【答案】C
> 【解析】建筑物内的锅炉房可通过窗井泄压，窗井的净横断面积应满足泄压面积的要求。

二、制冷机房（★★）

采用集中空调系统时，制冷机房按以下原则配置。

1. 制冷机房的位置

（1）靠近冷负荷相对集中的地方。

（2）防止振动噪声的影响，不要与噪声要求高的房间相邻。

（3）换热站宜靠近制冷机房布置，利于管线布置、运行管理及工况的切换。

（4）氨制冷机房应单独设置，远离建筑。

（5）溴化锂吸收式制冷机宜靠近热源设置。

2. 制冷机房的布置及大小

（1）燃气直燃溴化锂吸收式制冷机，要求同负压锅炉。

（2）制冷机房在地下室时要有运输通道和通风设施。

（3）宜设值班室或控制室，根据需要设维修工具间。

（4）机房内设给水、排水设施（排水沟）。

（5）预留安装孔洞、运输通道。当设备需要在楼板上水平运输时，运输通道的楼板的结构设计承载力应满足设备运输荷载的需求。

（6）制冷机房面积估算占中央空调系统负担的总建筑面积的 0.5%～1%。

实务提示：

实际工程中有条件时，水冷冷水机组宜设在建筑物的地下室，风冷冷水机组设置在室外或屋顶。制冷机组运输通道不宜利用汽车坡道，不得不使用时应校核汽车坡道荷载。

例题 9-23： 关于电制冷冷水机组与其机房的设计要求，下列何项是错误的？

A. 机房应设泄压口

B. 机房应设置排水设施

C. 机房应尽量布置在空调负荷中心

D. 机组制冷剂安全阀卸压管应接至室外安全处

【答案】 A

【解析】 电制冷机房无易燃易爆气体产生，故无需考虑设置泄压口，A 选项错误。设置排水设施是系统冲洗、排污的要求，机房设在负荷中心是为了减少输送能耗，所以 B、C 选项正确。制冷剂相对密度比空气大，一旦泄露会使人员缺氧窒息，D 选项正确。

三、空调机房（★★）

1. 空调机房的位置

（1）空调机房应邻近所服务的空调区，可控制输送半径，降低能耗。

（2）考虑取新风及排风方便，一般机房设于建筑外侧。高层办公楼标准层空调机房多设于核心筒内，需较大新、排风井。

（3）防止振动噪声的影响，不要与噪声要求高的房间相邻。

2. 空调机房的布置及大小

（1）空调机房应使用耐火极限为 2h 的墙、1.5h 的楼板与相邻房间分隔，甲级防火门外开。

（2）设排水设施，地面做防水。

（3）空调机组靠墙侧应留 200mm 以上的空间，接管侧宜留有与设备等宽的走廊兼维修空间，上空应至少留有 2m 的管道空间，机房内应留有电气配电控制柜的空间。

（4）空调机房占用面积估算：

1）全空气系统机房面积，占服务区域空调面积的 4%～6%；

2）新风空调系统机房面积，占服务区域空调面积的 1%～1.5%。

实务提示：

实际工程中，土建施工会早于空调机房内设备管道施工，当机房设于剪力墙围合中时，应预留设备进出口。

例题 9-24：关于空调机房设计的说法，错误的是：

A. 空调机房宜设置在所服务的空调区域附近

B. 空调机房门不能满足设备运输要求时应预留安装孔洞

C. 空调机房应采用丙级防火门

D. 空调机房应设置地漏等排水设施

【答案】C

【解析】空调机房应采用甲级防火门。

四、主要设备管线空间要求（★★★）

1. 冷却塔的布置

（1）冷却塔设置位置应保证通风良好，远离高温或有害气体，并避免飘水对周围环境的影响。

（2）控制噪声，当其噪声达不到环境噪声标准要求时，应采取降噪措施。

2. 风管占空间要求

（1）全空气系统：机组占用机房面积大，风管尺寸大，占用吊顶空间大。

（2）风机盘管（或多联机）加新风系统：新风机组占用机房面积小，风管尺寸小，风机盘管或多联机可利用吊顶空间安装。

实务提示：

实际工程中采用全空气系统的房间吊顶与梁下净空至少为 500mm，风机盘管加新风系统一般 300mm 左右即可，具体还要根据系统大小确定。

例题 9-25：办公建筑采用下列哪个空调系统时需要的空调机房（或新风机房）面积最大？

A. 风机盘管＋新风空调系统　　　　B. 全空气空调系统

C. 多联机＋新风换气机空调系统　　D. 辐射吊顶＋新风空调系统

【答案】B

【解析】全空气空调机组风量比新风机组风量大，所以占用机房面积大。

例题 9-26：当冷却塔与周围女儿墙的间距不能满足设备技术要求时，女儿墙的设计应采取以下哪种主要措施？

　　A. 墙体高度应大于冷却塔高度

　　B. 墙体高度应与冷却塔高度相同

　　C. 墙体下部应设有满足要求的百叶风口

　　D. 墙体上部设满足要求的百叶风口

【答案】C

【解析】冷却塔是靠风机带动塔内气流循环，将与水换热后的热气流带出散热的，所以冷塔的位置应保证通风良好。当距离女儿墙过近，无法保证通风面积时，应在女儿墙下部设百叶风口进风，C选项正确。

第六节　建　筑　防　排　烟

一、基本概念（★★）

建筑防排烟分为防烟和排烟两种形式。为达到防排烟的目的，必须在建筑物中设置可靠的防排烟系统和设施。建筑防排烟设计必须严格遵照国家现行相关设计的防火规范的规定。

（一）防烟系统

1. 定义

疏散、避难等空间，通过自然通风防止火灾烟气积聚或通过机械加压送风（包括送风井管道、送风口阀、送风机等）阻止火灾烟气侵入。

2. 防烟对象

（1）疏散空间包括楼梯间及前室。楼梯间包括封闭楼梯间、防烟楼梯间；前室包括独立前室（防烟楼梯间前室）、共用前室（剪刀楼梯共用一个前室）、合用前室（防烟间与消防电梯合用一个前室、住宅三合一前室）以及消防电梯前室。

（2）避难空间包括避难层、避难间。

3. 防烟方式

防烟方式分自然通风及机械加压送风两种。

（二）排烟系统

1. 定义

房间、走道等空间通过自然排烟或机械排烟将火灾烟气排至建筑物外的系统。

2. 排烟对象（民用建筑）

（1）排烟对象为房间、走道等空间。

（2）房间包括：①设置在一、二、三层且房间建筑面积大于 $100m^2$ 或设置在四层及以上以及地下、半地下的歌舞、娱乐、放映、游艺场所；②中庭；③公共建筑内地上部分建筑面积大于 $100m^2$ 且经常有人停留的房间；④公共建筑内建筑面积大于 $300m^2$ 且可燃物较多的房间；⑤地下或半地下建筑、地上建筑内的无窗房间，当总建筑面积大于 $200m^2$

或一个房间面积大于 50m²，且经常有人停留或可燃物较多的房间。

(3) 走道包括：建筑内长度大于 20m 的疏散走道。

3. 排烟方式

排烟方式分为自然排烟、机械排烟两种方式。

4. 防烟分区

在建筑室内采用挡烟设施（挡烟垂壁、隔墙或从顶板下突出不小于 50cm 的结构梁）分隔而成，能在一定时间内防止火灾烟气向同一建筑的其余部分蔓延的局部空间。

实务提示：

实际工程中挡烟垂壁采用不燃烧材料制作，常用的有夹丝防火玻璃、防火布。挡烟垂壁垂下的高度不应影响人员疏散，挡烟垂壁下净高一般不小于 2.0m。

例题 9-27：下列需设置防烟设施的区域不正确的是：

A. 防烟楼梯间

B. 消防电梯前室

C. 防烟楼梯间独立前室

D. 设置在地下室面积超 50m² 的无窗库房

【答案】D

【解析】需要设置防烟设施的区域为疏散避难空间，D 选项为需要设置排烟设施的区域。

二、防烟系统（★★★）

（一）建筑防烟系统

1. 防烟方式确定

建筑防烟方式根据建筑高度、使用性质等因素确定，不同位置的防烟方式见表 9-6-1。

建筑防烟方式   表 9-6-1

序号	适用建筑	防烟方式	设置部位
1	建筑高度≤50m 公共建筑、工业建筑；建筑高度≤100m 住宅建筑	优先自然通风，无自然通风条件时应采用机械加压送风	封闭楼梯间、防烟楼梯间、独立前室、消防电梯前室、共用前室、合用前室（*除共用前室与消防电梯前室合用外）
2	建筑高度＞50m 的公共建筑、工业建筑；建筑高度＞100m 住宅建筑	应采用机械加压送风	防烟楼梯间、独立前室、消防电梯前室、共用前室、合用前室

注：表中建筑高度指室外地坪到屋面的高度。

2. 防烟系统一般规定

(1) 建筑高度≤50m 公共建筑、工业建筑，建筑高度≤100m 住宅建筑，当独立前室或合用前室满足以下条件之一时，楼梯间可不设防烟设施：

1）采用全敞开的阳台或凹廊；

2）设有两个及以上不同朝向的可开启外窗，且独立前室两个外窗面积分别不小于2.0m²，合用前室两个外窗面积分别不小于3.0m²。

（2）建筑高度≤50m公共建筑、工业建筑，建筑高度≤100m住宅建筑，当独立前室、共用前室及合用前室的机械加压送风口在前室顶部或正对前室入口，楼梯间可采用自然通风。

（3）建筑高度≤50m公共建筑、工业建筑，建筑高度≤100m住宅建筑，独立前室仅有一个门与走道或房间相通，可仅在楼梯间设机械加压送风。

（4）地下、半地下建筑（室）的封闭楼梯间不与地上楼梯间共用且地下仅为1层时（其地面与室外地坪高差小于10m），首层设置有效面积不小于1.2m²的可开启外窗或直通室外的疏散门时，封闭楼梯间可不设机械加压送风。

（5）当无自然通风条件或自然通风不符合要求时，地下防烟楼梯间、前室及消防电梯前室应采用机械加压送风系统。

实务提示：
以上条文所述建筑高度指室外地坪到屋面的高度。

（二）自然通风设施

自然通风设施指可开启的外窗或开口，面积设置要求见表9-6-2。

建筑自然通风设施的设置 表 9-6-2

设置部位	设置要求
封闭楼梯间、防烟楼梯间	最高部位面积不小于1.0m²的可开启外窗或开口； 建筑高度>10m，楼梯间外墙每5层可开启外窗或开口总面积不小于2.0m²，间隔不大于3层
独立前室、消防电梯前室	可开启外窗或开口的面积不小于2.0m²
共用前室、合用前室	可开启外窗或开口的面积不小于3.0m²
避难层（间）	有不同朝向的可开启外窗，有效面积不小于避难层（间）地面面积的2%，且每个朝向不小于2.0m²

注：可开启外窗应方便直接开启，不便于开启的在距地面高度为1.3～1.5m的位置设置手动开启装置。

实务提示：
实际工程中，很多项目首层扩大前室空间大、开门数量多，机械加压送风很难形成压力差，因此允许采用自然通风方式保证安全，保证可开启外窗面积大于等于3m²且不小于前室地面面积的3%。（参考《上海市建筑防排烟系统设计标准》DGJ 08-88-2021）

（三）机械加压送风设施

（1）机械加压送风设施的设置应满足以下规定：

1）建筑高度大于100m的建筑，其机械加压送风系统应竖向分段独立设置，且每段高度（指加压送风区段的服务高度）不应超过100m。

2）直灌式加压送风系统主要是用于建筑高度≤50m的既有建筑的扩建和改建工程。

3）机械加压送风的防烟楼梯间及其前室、剪刀楼梯间及其前室均应独立设置加压送风系统（风井、风机、风口、风阀）。

（2）有关建筑机械加压送风设施的设置见表9-6-3。

（3）机械加压送风量应满足走廊至前室至楼梯间的压力呈递增分布。

机械加压送风设施 表 9-6-3

设施名称	设置要求
风机	（1）送风机的进风口直通室外，且防止烟气吸入； （2）送风机及其进风口宜设在送风系统的下部； （3）送风机的进风口不应与排烟风机的出风口设在同一面上，当确有困难时，应分开布置： ① 竖向，送风机的进风口在排烟出口下方，边缘最小垂直距离不小于6.0m； ② 水平，两者边缘最小水平距离不小于20.0m。 （4）送风机应设置在专用机房内
加压送风口	（1）楼梯间宜每隔2～3层设一个常开式百叶送风口（直灌除外）； （2）前室应每层设一个常闭式加压送风口，并应设手动开启装置； （3）送风口风速不宜大于7m/s； （4）送风口不宜被门遮挡
送风管道	（1）不应采用土建风道。应采用不燃材料制作且内壁光滑。 （2）加压送风管道井： ① 应采用耐火极限不低于1.0h的隔墙与相邻部位分隔； ② 当墙上必须设置检修门时应采用乙级防火门
百叶窗及可开启外窗	不应设置百叶窗，且不宜设置可开启外窗。设置机械加压的避难层（间）应设不小于地面面积1%的可开启外窗
固定窗	楼梯间顶部设置不小于1.0m² 的固定窗，靠外墙的防烟楼梯间，尚应在其外墙上每5层内设置总面积不小于2.0 m² 的固定窗

例题 9-28：设置机械加压送风系统的封闭楼梯间，应当设置：

A. 顶部不小于1m² 的固定窗   B. 不小于2m² 的固定窗

C. 顶部不小于1m² 的可开启外窗   D. 不小于2m² 的可开启外窗

【答案】A

【解析】《建筑防烟排烟系统技术标准》GB 51251—2017 第3.3.11条，设置机械加压送风系统的封闭楼梯间、防烟楼梯间，尚应在其顶部设置不小于1m² 的固定窗。靠外墙的防烟楼梯间，尚应在其外墙上每5层内设置总面积不小于2m² 的固定窗。

三、排烟系统（★★★）

（一）排烟系统设置规定

（1）建筑排烟系统的设计应优先采用自然排烟。

（2）同一防烟分区应采用同一种排烟方式。

（3）中庭应设排烟设施，具体规定见表9-6-4。

<table>
<tr><td colspan="2" align="center">排烟设施设置原则</td><td align="right">表 9-6-4</td></tr>
<tr><td align="center">位置</td><td colspan="2" align="center">排烟设施设置原则</td></tr>
<tr><td align="center">中庭</td><td colspan="2">优先自然排烟，无自然排烟条件时应采用机械排烟</td></tr>
<tr><td align="center">回廊</td><td colspan="2">①当周围场所各房间均设置排烟设施时，回廊可不设；②当周围场所任一房间未设置排烟设施时，回廊应设置排烟设施；③商店建筑的回廊应设置排烟设施</td></tr>
<tr><td align="center">周围场所任一房间</td><td colspan="2">按现行《建筑设计防火规范》GB 50016 设排烟</td></tr>
<tr><td colspan="3">当中庭与周围场所未封闭时，应设挡烟垂壁</td></tr>
</table>

注：1. 中庭——贯通 3 层或 3 层以上、对边最小净距离不小于 6m、贯通空间的最小投影面积大于 100m² 的室内空间。

2. 周围场所各房间（任一房间）——开口通向回廊的可燃物较多或人员长期停留的房间。

（二）防烟分区

（1）防烟分区不应跨越防火分区。

（2）防烟分区挡烟垂壁等挡烟分隔的深度不应小于储烟仓的厚度：

1）自然排烟时，储烟仓的厚度为空间净高的 20％且不应小于 500mm；

2）机械排烟时，储烟仓的厚度为空间净高的 10％且不应小于 500mm；

3）同时储烟仓的底部距地面应大于疏散所需的最小清晰高度。

（3）最小清晰高度：净高不大于 3m 时，不小于净高的 1/2；净高大于 3m 时，为 1.6m＋0.1 倍净高。

（4）空间吊顶开孔率≤25％时，吊顶内高度不计入储烟仓厚度。

（5）设置排烟的建筑内，敞开楼梯、自动扶梯穿越楼板的开口部应设置挡烟垂壁等设施。

（6）防烟分区最大面积及长边的最大长度：

1）空间净高≤3m：最大面积 500m²，长边的最大长度为 24m；

2）3m＜空间净高≤6m：最大面积 1000m²，长边的最大长度为 36m；

3）空间净高＞6m：最大面积 2000m²，长边的最大长度为 60m；自然对流时，长边的最大长度为 75m；

4）空间净高≥9m，可不设挡烟垂壁；

5）走道宽度≤2.5m，长边的最大长度为 60m。

（三）自然排烟系统

（1）自然排烟场所应设置自然排烟窗（口）。有关自然排烟系统排烟口的设置要求，见表 9-6-5。

建筑自然排烟系统排烟口的设置 表 9-6-5

分项	基本要求	其他要求
排烟窗（口）与防烟分区内任一点之间的水平距离	不应大于 30m	当公共建筑净高≥6m，且具有自然对流条件时，不应大于 37.5m；工业建筑净高大于 10m 时，尚不应大于空间净高的 2.8 倍

分项	基本要求	其他要求
排烟窗（口）设在外墙的高度	应在储烟仓内，但走道及室内净高不大于3m的区域可设置在室内净高度1/2以上	
排烟窗（口）布置	自然排烟窗（口）宜分散均匀布置，且每组的长度不宜大于3m； 设置在防火墙两侧的自然排烟窗（口）之间最近边缘的水平距离不应小于2m	工业建筑（含仓库）：外墙上，应沿建筑物两条对边均匀设置；屋顶上也应均匀设置
排烟窗（口）开启形式	应有利于火灾烟气的排出（下悬外开）； 房间面积≤200m²时，开启方向不限，其余应为外开窗	
排烟窗（口）开启装置	应设置手动开启装置，不便开启时，应设置距地面1.3~1.5m的手动开启装置	净高大于9m的中庭、建筑面积大于2000m²的营业厅、展览厅、多功能厅等场所尚应设置集中手动开启装置和自动开启设施（与消防联动）

实务提示：

实际工程中，外窗手柄在2m以下可认为满足方便开启的要求。手动开启装置包括电控开启、气控开启及机械装置开启。

（2）自然排烟窗（口）开启的有效面积与窗（口）的类别有关，其计算方法应按现行国家标准《建筑防烟排烟系统技术标准》GB 51251—2017 第4.3.5条的规定执行。自然排烟窗（口）有效面积的要求见表9-6-6。

自然排烟窗（口）的有效面积要求 表9-6-6

位置	情况描述	自然排烟窗（口）有效面积要求
除中庭外的防烟分区	房间净高≤6m	≥该防烟分区建筑面积的2%
	房间净高>6m	经计算确定
走道、回廊	仅需在走道、回廊排烟时（房间无需排烟）	两端设自然排烟窗（口），有效面积均应≥2m²且间距不应小于走道长度的2/3
	房间、走道或回廊均排烟时	≥该走道、回廊建筑面积的2%
中庭	中庭周围场所设排烟	自然排烟窗（口）有效面积应计算确定且≥59.5m²
	中庭周围场所不需设排烟，仅在回廊排烟	应计算确定且≥27.8m²

（四）机械排烟系统

采用排风机进行强制排烟称为机械排烟，机械排烟系统由挡烟垂壁、排烟口、排烟防火阀、排烟管道、排烟风机和排烟出口组成。

1. 机械排烟系统设置

（1）机械排烟系统水平方向布置时，每个防火分区机械排烟系统应独立。

（2）机械排烟系统竖直方向布置时，建筑高度大于50m的公共建筑和建筑高度大于

100m 的住宅建筑，其排烟系统应竖向分段、独立设置，且每段高度：公共建筑不大于 50m，住宅建筑不大于 100m。

（3）排烟与通风空调应分开设置，确有困难可合用。

（4）除敞开式汽车库、建筑面积小于 1000m² 的地下一层汽车库和修车库外，汽车库和修车库应设排烟系统，并划分防烟分区，面积不宜大于 2000m²。

> **实务提示：**
>
> 实际工程中，地下车库均设有电动车停车区，一般情况下应按照防火单元独立设置进排风系统。广东省《电动汽车充电基础设施建设技术规程》DBJ/T 15—150—2018 规定，可按照防烟分区（不大于 2000m²）设置排烟风机，即 1 台排烟风机可带大概 1～3 个防火单元（不大于 1000m²）。

2. 机械排烟设施

机械排烟设施的设置要求见表 9-6-7 及表 9-6-8。

机械排烟设施的设置要求 表 9-6-7

设施名称		设计做法规定
排烟风机	排烟风机	排烟风机应满足 280℃时连续工作 30min，排烟风机与风机入口处排烟防火阀连锁该阀关闭时联动排烟风机停止运行
	风机出口	宜设置在排烟系统的最高处，烟气出口宜朝上，并高于加压送风机和补风机的进风口，两者垂直距离不小于 6m；边缘水平距离不小于 20m
	排烟风机房	排烟风机应设置在专用机房内。排烟与通风空调合用系统的机房内应设置自动喷水灭火系统；不得设置机械加压送风机与管道
排烟管道	材质要求	应采用管道排烟但不应采用土建风道。排烟管道应采用不燃材料制作且内壁光滑
	耐火极限	排烟管道及其连接部件应能在 280℃时连续 30min 保持其结构完整性，设置在不同部位的排烟管有 0.5～1h 耐火极限的要求
	隔热	排烟管道设在吊顶内且有可燃物时，应采用不燃材料隔热，并与可燃物保持不小于 0.15m 的距离
排烟管道井	耐火极限	机械排烟管道井隔墙耐火极限不应低于 1.0h 并应独立设置；必须设门时，应采用乙级防火门
排烟口、固定窗	设置要求	见表 9-6-8

机械排烟口、固定窗的设置要求 表 9-6-8

设置内容	设计做法规定
排烟口设置的高度	宜设置在顶棚或靠近顶棚的墙面上，应设在储烟仓内。但走道、室内空间净高不大于 3m 的区域，可设在净空高度的 1/2 以上；当设置在侧墙时，吊顶与其最近边缘的距离不应大于 0.5m
排烟口布置	与防烟分区内任一点之间的水平距离不应大于 30m； 建筑面积小于 50m² 需要设置机械排烟的房间，可通过走道排烟，排烟口可设置在疏散走道； 排烟口与附近安全出口相邻边缘之间的水平距离不应小于 1.5m

设置内容	设计做法规定				
排烟口开启装置	火灾时由火灾自动报警系统联动开启排烟区域的排烟阀或排烟口，应在现场设置手动开启装置				
外墙或屋顶设固定窗的地上建筑或部位	建筑名称	丙类厂房（仓库）	商店、展览建筑及类似功能的公共建筑		歌舞、娱乐、放映、游艺场所	靠外墙或贯通至建筑屋顶的中庭
	建筑面积	任一层＞2500m²	任一层＞3000m²	长度＞60m的走道	总面积＞1000m²	
固定窗的布置	①非顶层区域的固定窗应布置在外墙上；②顶层区域的固定窗应布置在屋顶或顶层外墙上；但未设置喷淋、钢结构屋顶、预应力混凝土屋面板时，应布置在屋顶；③固定窗宜按防烟分区布置，不应跨越防火分区				
固定窗的有效面积	设在顶层的固定窗，面积不应小于楼面面积的2%； 设在中庭的固定窗，面积不应小于楼面面积的5%； 设在靠外墙且不位于顶层，单个窗不应小于1m²且间距不大于20m，其下沿距室内地面不大于层高的1/2；供消防救援人员进入的窗口面积不计入固定窗面积但可组合布置； 固定窗有效面积应按可破拆的玻璃面积计算				

（五）补风系统

排烟时，补风是为了形成理想的气流组织，快速排出烟气。

（1）补风场所：除地上建筑的走道或建筑面积小于 500m² 的房间外，设置排烟系统的场所应设置补风系统。

（2）补风量：补风应直接引入室外空气，且补风量不应小于排烟量的 50%。

（3）补风设施：补风可采用疏散外门、开启外窗等自然进风或机械送风。防火门、窗不得用作补风设施。

（4）补风机房：补风机应设在专用机房内。

（5）补风口位置：补风口与排烟口设置在同一空间内相邻的防烟分区时，补风口位置不限；补风口与排烟口在同一防烟分区时，二者水平距离不应小于 5m，且补风口应在储烟仓下沿以下。

例题 9-29：公共建筑某区域净高为 5.5m，采用自然排烟，设计烟层底部高度为最小清晰高度，自然排烟窗下沿不应低于下列哪个高度？

A. 4.4m   B. 2.75m   C. 2.15m   D. 1.5m

【答案】C

【解析】设置在外墙上的自然排烟窗（口）应在储烟仓以内，最小清晰高度：净高＞3m，按公式，自然排烟窗下沿高度 $H=1.6+0.1\times$净高。$H=1.6+0.1\times5.5=2.15m$。

四、通风空调系统防火防爆 (★)

1. 通风空调风管设备材质

(1) 通风空调风管、风机应采用不燃材料，特殊情况下可采用难燃材料。

(2) 设备及风管的加湿、绝热、消声、胶粘剂材料宜采用不燃材料，确有困难可采用难燃材料。

2. 防火阀的设置

(1) 通风、空气调节系统的风管在下列部位设 70℃防火阀：

1) 穿越防火分区处；

2) 穿越通风、空调机房隔墙和楼板处；

3) 穿越重要或火灾危险性大的隔墙和楼板处；

4) 穿越防火分隔处的变形缝两侧；

5) 竖向风管与每层水平风管交接处的水平管段上。

(2) 排烟管道下列部位应设置 280℃排烟防火阀：

1) 垂直风管与每层水平风管交接处的水平管段上；

2) 一个排烟系统负担多个防烟分区的排烟支管上；

3) 排烟风机入口处（与排烟风机连锁）；

4) 穿越防火分区处。

3. 防爆

排除有燃烧或爆炸危险气体、蒸汽和粉尘的送、排风系统，应符合：

(1) 排风系统应设置导除静电的接地装置。

(2) 排风设备不应布置在地下或半地下建筑（室）内。

(3) 排风管应采用金属管道，并应直接通向室外安全地点，不应暗设。

(4) 送风、排风系统应采用防爆型通风设备。

实务提示：

通风空调系统风管是建筑内部火灾蔓延的通路之一，防火阀能在设定温度下熔断关闭，是阻止火势通过防火墙及防火分隔物的重要手段，设计中要注意防火阀应尽量贴近防火分隔物设置。

例题 9-30： 某商业建筑通风空调系统防火措施中，错误的是：

A. 管道采用难燃材料绝热

B. 管道采用难燃材料制作

C. 管道与房间、走道相通的孔洞，其缝隙处采用不燃烧材料封堵

D. 穿过空调机房的风管在穿墙处设置防火阀

【答案】B

【解析】通风空调风管、风机应采用不燃材料，特殊情况下可采用难燃材料。如体育馆、展览馆、候机（车、船）建筑（厅）等大空间建筑，单、多层办公建筑和丙、丁、戊类厂房内通风、空气调节系统的风管，当不跨越防火分区且在穿越房间隔墙处设置防火阀时，可采用难燃材料。

第七节 燃 气

一、燃气供应（★★）

1. 燃气种类
城市燃气主要种类有天然气、人工煤气、液化石油气等。

2. 基本规定
(1) 供应系统应具备事故工况下能及时切断的功能，并具有防止超压的措施。

(2) 燃气供应系统应设置信息管理系统，并应具备数据采集与监控功能。应达到国家信息安全的要求。

(3) 燃气设施应采取防火、防爆、抗震等措施，有效防止事故的发生。

(4) 设置燃气设备、管道和燃具的场所不应存在燃气泄漏后聚集的条件。燃气相对密度大于或等于 0.75 的燃气管道、调压装置和燃具，不得设置在地下室、半地下室、地下箱体、地下综合管廊及其他地下空间内。

(5) 液化天然气和容积大于 10m³ 液化石油气储罐不应固定安装在建筑物内。充气的或有残气的液化天然气钢瓶不得存放在建筑内。

3. 燃气管道分类
(1) 根据用途不同可将燃气管道分为长距离输气管线、城镇燃气管道、分配管道、用户引入管、室内燃气管道等。

(2) 根据输气压力不同可分为高压（$1.6 < P \leqslant 4.0$MPa）、次高压（$0.4 < P \leqslant 1.6$MPa）、中压（$0.01 < P \leqslant 0.4$MPa）、低压燃气管道（$P \leqslant 0.01$MPa）。

(3) 商业用户室内燃气管最高压力为 0.4MPa、居民室内最高压力为 0.2MPa；居民室内一般直接由低压管道供气。

(4) 城镇燃气输配系统中不同压力级别管道之间连接要设置调压装置。

4. 调压站与调压装置
(1) 当燃气供应压力是中压或次高压，而使用压力为低压或低于供气压力时，应设置调压站、调压箱（或柜）或专用调压装置。

(2) 进口压力为次高压及以上的区域调压装置应设置在室外独立的区域、单独的建筑物或箱体内。

5. 燃气管道
(1) 地下燃气管道不得从建筑物及大型构筑物下面穿越。

(2) 用户燃气管道最高工作压力应符合下列规定：

1) 住宅内，明设时不大于 0.2MPa；暗埋，暗封时不大于 0.01MPa；

2) 商业建筑、办公建筑内不大于 0.4MPa；

3) 农村家庭用户内不大于 0.01MPa。

(3) 用户燃气管道设计工作年限不应小于 30 年。预埋的用户燃气管道设计工作年限应与该建筑设计工作年限一致。

(4) 用户燃气管道及附件不得设置在下列场所：

1) 卧室、客房等人员居住和休息的房间；

2）建筑内的避难场所、电梯井和电梯前室、封闭楼梯间、防烟楼梯间及其前室；

3）空调机房、通风机房、计算机房和变、配电室等设备房间；

4）易燃或易爆品的仓库、有腐蚀性介质等场所；

5）电线（缆）、供暖和污水等沟槽及烟道、进风道和垃圾道等地方。

（5）燃气引入管、立管、水平干管不应设置在卫生间内。

（6）使用管道供应燃气的用户应设置燃气计量器具。

（7）用户燃气调压器和计量装置，不应设置在密闭空间和卫生间内。

（8）燃气相对密度小于0.75的用户燃气管道当敷设在地下室、半地下室或通风不良场所时，应设置燃气泄漏报警装置和事故通风设施。

（9）用户燃气管道穿过建筑物外墙或基础的部位应采取防沉降措施。

（10）用户燃气管道与燃具的连接应牢固、严密。

（11）用户燃气管道阀门的设置部位和设置方式应满足安全、安装和运行维护的要求。燃气引入管、用户调压器和燃气表前、燃具前放散管起点等部位应设置手动快速切断阀门。

（12）暗埋和预埋的用户燃气管道应采用焊接接头。

（13）用户燃气管道的安装不得损坏建筑的承重结构及降低建筑结构的耐火性能或承载力。

（14）地下室、半地下室、设备层和地上密闭房间敷设燃气管道时，净高不宜小于2.2m；当燃气管道与其他管道平行敷设时，应敷设在其他管道的外侧。

实务提示：

实际工程中当燃气管道需要"上楼"且暗装时，建议将管道井靠外墙设置，可在井道外墙设防雨百叶，保证井道内平时的自然通风，同时，井道每隔2～3层设防火分隔。

例题9-31： 关于燃气管道的敷设，下列哪种说法不正确？

A. 燃气管道不得穿越电缆沟、进风井

B. 燃气管道必须穿越变配电室时应设置套管

C. 燃气管道必须敷设在潮湿房间时应采取防腐措施

D. 燃气管道可与上水管道一起敷设在管沟中

【答案】B

【解析】《燃气工程项目规范》GB 55009—2021，第5.3.3条规定，用户燃气管道及附件应结合建筑物的结构合理布置，并应设置在便于安装、检修的位置，不得设置在下列场所：①卧室、客房等人员居住和休息的房间；②建筑内的避难场所、电梯井和电梯前室、封闭楼梯间、防烟楼梯间及其前室；③空调机房、通风机房、计算机房和变、配电室等设备房间；④易燃或易爆品的仓库、有腐蚀性介质等场所；⑤电线（缆）、供暖和污水等沟槽及烟道、进风道和垃圾道等地方。所以B选项燃气管道穿越变配电室是错误的。

二、家用燃具及附件（★★★）

（1）家庭用户应选用低压燃具。

（2）家庭用户的燃具应设置熄火保护装置。燃具铭牌上标示的燃气类别应与供应的燃气类别一致。使用场所应符合下列规定：

1）应设置在通风良好，具有排气条件，便于维护操作的厨房、阳台、专用房间等符合燃气安全使用条件的场所。

2）不得设置在卧室和客房等人员居住和休息的房间及建筑的避难场所内。

（3）直排式燃气热水器不得设置在室内。燃气供暖热水炉和半密闭式热水器严禁设置在浴室、卫生间内。

（4）与燃具贴邻的墙体、地面、台面等，应为不燃材料。燃具与可燃或难燃的墙壁、地板、家具之间应保持足够的间距或采取其他有效的防护措施。

（5）安装燃气灶的房间净高不宜低于 2.2m；安装家用燃气热水器的房间净高宜大于 2.4m。

（6）家庭用户不得使用燃气燃烧直接取暖的设备；不得将燃气作为生产原料使用。

（7）高层建筑的家庭用户使用燃气时，应采用管道供气方式。

（8）当家庭用户管道或液化石油气钢瓶调压器与燃具采用软管连接时，应采用专用燃具连接软管。软管的使用年限不应低于燃具的判废年限。

（9）燃具连接软管不应穿越墙体、门窗、顶棚和地面，长度不应大于 2m 且不应有接头。

（10）家庭用户管道应设置当管道压力低于限定值或连接灶具管道的流量高于限定值时能够切断向灶具供气的安全装置。

例题 9-32： 居民燃气用气设备严禁设置在：

A. 外走廊　　　　　B. 卧室内　　　　　C. 生活阳台　　　　　D. 厨房内

【答案】 B

【解析】 参见《燃气工程项目规范》GB 55009—2021 第 6.1.2 条，家庭用户的燃具不得设置在卧室和客房等人员居住和休息的房间。

例题 9-33： 住宅燃气系统设计，以下不正确的是：

A. 10 层及 10 层以上住宅内不得使用瓶装液化石油气

B. 当采用了严格的安全措施以后，住宅地下室、半地下室内可设置液化石油气用气设备

C. 当采用了严格的安全措施以后，住宅地下室、半地下室可设置人工煤气、天然气用气设备

D. 住宅内管道燃气的供气压力不应高于 0.2MPa

【答案】 B

【解析】《燃气工程项目规范》GB 55009—2021 第 6.1.5 条第 1 款规定，高层建筑的家庭用户使用燃气时，应采用管道供气方式，故 10 层及以上住宅不得使用瓶装液化石油气；液化石油气相对密度大于 0.75，不得设于地下空间。

三、商业燃具、用气设备及附件（★）

（1）商业燃具或用气设备应设置在通风良好、符合安全使用条件且便于维护操作的场所，并应设置燃气泄漏报警和切断等安全装置。

（2）商业燃具或用气设备不得设置在下列场所：

1）空调机房、通风机房、计算机房和变、配电室等设备房间；

2）易燃或易爆品的仓库、有强烈腐蚀性介质等场所。

（3）公共用餐区域、大中型商店建筑内的厨房不应设置液化天然气气瓶、压缩天然气气瓶及液化石油气气瓶。

（4）商业燃具与燃气管道的连接软管要求同家庭用户。

（5）商业燃具应设置熄火保护装置。

（6）商业建筑内的燃气管道阀门设置应符合下列规定：

1）燃气表前应设置阀门；

2）用气场所燃气进口和燃具前的管道上应单独设置阀门，并应有明显的启闭标记；

3）当使用鼓风机进行预混燃烧时，在用气设备前的燃气管道上加装止回阀等防止混合气体或火焰进入燃气管道的措施。

> **例题 9-34：** 商业用燃气灶可设置在以下哪个区域？
> A. 通风机房内　　　　　　　　B. 乙二醇库房
> C. 计算机房　　　　　　　　　D. 有良好通风的地下厨房灶间
> **【答案】** D
> **【解析】**《燃气工程项目规范》GB 55009—2021 第 6.2.2 条规定，商业燃具或用气设备不得设置在下列场所：①空调机房、通风机房、计算机房和变、配电室等设备房间；②易燃或易爆品的仓库、有强烈腐蚀性介质等场所。所以 A、B、C 选项错误。

四、烟气排除（★）

（1）燃具和用气设备燃气燃烧所产生的烟气应排出至室外，并应符合下列规定：

1）设置直接排气式燃具的场所应安装机械排气装置；

2）燃气热水器和采暖炉应设置专用烟道；燃气热水器的烟气不得排入灶具、吸油烟机的排气道；

3）燃具的排烟不得与使用固体燃料的设备共用一套排烟设施。

（2）烟气的排烟管、烟道及排烟管口的设置应符合下列规定：

1）竖向烟道应有可靠的防倒烟、串烟措施，当多台设备合用竖向排烟道排放烟气时，应保证互不影响；

2）排烟口应设置在利于烟气扩散、空气畅通的室外开放空间，并应采取措施防止燃烧的烟气回流入室内；

3）燃具的排烟管应保持畅通，并应采取措施防止鸟、鼠、蛇等堵塞排烟口；

4）在任何情况下，烟囱应高出屋面 0.6m。

例题 9-35：关于锅炉烟风道系统的说法，错误的是：

A. 锅炉的鼓风机、引风机宜单独配置

B. 当多台锅炉合用一条总烟道时，每台锅炉支烟道出口应安装密封可靠的烟道门

C. 燃油燃气锅炉烟囱和烟道应采用钢制或钢筋混凝土构筑

D. 燃油燃气锅炉可与燃煤锅炉共用烟道和烟囱

【答案】D

【解析】《燃气工程项目规范》GB 55009—2021 第 6.3.1 条第 4 款，燃具的排烟不得与使用固体燃料的设备共用一套排烟设施。

第十章 建 筑 电 气

考试大纲对相关内容的要求：

了解建筑供配电系统、常用电气设备、安全防护、智能化系统及太阳能光伏发电等可再生能源技术的基础知识；理解照明配电设计、建筑物防雷接地及绿色节能的基础理论；掌握线路敷设和电气消防设计方法

2002 年版考试大纲的主要内容包括：中小型建筑电力供配电系统，室内外电气线路敷设，电气照明系统，建筑物防雷及电气系统的安全接地；火灾自动报警系统、电信、广播、呼叫、安全防范、共用天线及有线电视、网络布线、节能环保等措施。

两版考纲对比可见：新版大纲保留了旧版考纲中的供配电系统、线路敷设、照明配电、建筑物防雷及安全防护等内容，对于火灾自动报警系统、电信、广播、呼叫、安全防范、共用天线及有线电视、网络布线等考点没有单独列出，统一到智能化系统章节内，新增了常用电气设备及太阳能光伏发电等可再生能源技术的基础知识；绿色节能的基础理论等。

考纲中没有强调中小型建筑，总结近几年考试考点发现，重点考察内容基本没有明显变化，对于考纲中新增内容，建议考生重点关注常用电气设备和智能化系统机房两个考点，智能化系统机房章节重点了解智能化机房的设置要求。

第一节 供 配 电 系 统

一、电力系统

发电厂、电力网和电能用户三者组合成的整体称为电力系统。

(一) 发电厂

发电厂是生产电能的工厂，根据所转换的一次能源的种类，可分为：火力发电厂，其燃料是煤、石油或天然气；水力发电厂，其动力是水力；核电站，其一次能源是核能；此外，还有风力发电站、太阳能光伏发电站、生物质能发电站、地热发电、海洋能发电等。

(二) 电力网

电力网络按其职能可以分为输电网络和配电网络。输电网络是电力系统的重要组成部分，包括各种电压等级的输电线路及变电所、配电所。

1. 输电网络

输电网络的作用是把发电厂生产的电能，输送到远离发电厂的广大城市、工厂、农村。输电线路的额定电压等级一般有：500kV、330kV、220kV、110kV、（63）35kV、10kV 和 6kV。

2. 配电网络

配电网络作为电力网的末端直接和用户相连，它的电压等级和供电范围都比较小，配电网络的构成有电缆和架空线两种方式。

在民用建筑中常见的等级电压是 10kV 和 220V/380V。电力网电压在 1kV 以上的电压称为高压，1kV 及以下的电压称为低压。

3. 变配电所

(1) 配电所：是接受电能和分配电能的场所。配电所由配电装置组成。

(2) 变电所：是接受电能、改变电能电压和分配电能的场所。变电所按功能分为升压变电所和降压变电所，升压变电所经常与发电厂合建在一起，我们一般说的变电所基本都是降压变电所。变电所由变压器和配电装置组成，通过变压器改变电能电压，通过配电装置分配电能。根据供电对象的不同，变电所分为区域变电所和用户变电所。区域变电所是为某一区域供电，属供电部门所有和管理；用户变电所是为某一用电单位供电，一般属用电单位所有和管理。

(三) 电能用户

在电力系统中一切消耗电能的用电设备均称为电能用户，是电力系统服务的对象，包括工厂、企业、机关、居民区等。大致可以分为动力负荷，例如风机、水泵、电梯等；照明负荷，例如工厂照明、办公照明、居民照明等电光源。

二、电力负荷分级及供电要求 (★★)

(一) 电力负荷分级 (★★)

用电负荷应根据对供电可靠性的要求及中断供电所造成的损失或影响程度确定，区分其对供电可靠性的要求，停电造成的损失或影响越大，对供电可靠性的要求越高。民用建筑用电负荷分级及供电要求见表 10-1-1。

民用建筑用电负荷分级及供电要求   表 10-1-1

负荷等级	用电负荷	供电要求
一级负荷	(1) 中断供电将造成人身伤害； (2) 中断供电将造成重大损失或重大影响； (3) 中断供电将影响重要用电单位的正常工作，或造成人员密集的公共场所秩序严重混乱	一级负荷应由双重电源供电，当一个电源发生故障时，另一个电源不应同时受到损坏。同时供电的双重电源供配电系统中，其中一个回路中断供电时，其余线路应能满足全部一级负荷及二级负荷的供电要求
一级负荷中的特别重要负荷	特别重要场所不允许中断供电的负荷	(1) 除双重电源供电外，尚应增设应急电源供电； (2) 应急电源供电回路应自成系统，且不得将其他负荷接入应急供电回路； (3) 应急电源的切换时间，应满足设备允许中断供电的要求； (4) 应急电源的供电时间，应满足用电设备最长持续运行时间的要求

负荷等级	用电负荷	供电要求
二级负荷	（1）中断供电将造成较大损失或较大影响； （2）中断供电将影响较重要用电单位的正常工作或造成人员密集的公共场所秩序混乱	（1）二级负荷的外部电源进线宜由 35kV、20kV 或 10kV 双回线路供电；当负荷较小或地区供电条件困难时，二级负荷可由一回 35kV、20kV 或 10kV 专用的架空线路供电； （2）当建筑物由一路 35kV、20kV 或 10kV 电源供电时，二级负荷可由两台变压器各引一路低压回路在负荷端配电箱处切换供电，另有特殊规定者除外
三级负荷	不属于一级和二级的用电负荷	采用单电源单回路供电

（二）重要用电负荷分级

（1）当主体建筑中有一级负荷中的特别重要负荷时，确保其正常运行的空调设备宜为一级负荷；当主体建筑中有大量一级负荷时，确保其正常运行的空调设备宜为二级负荷。

（2）重要电信机房的交流电源，其负荷级别应不低于该建筑中最高等级的用电负荷。

（3）住宅小区的给水泵房、供暖锅炉房及换热站的用电负荷不应低于二级。

（4）根据建筑扑救难度和建筑的功能及其重要性，建筑发生火灾后可能的危害与损失，建筑物的消防用电负荷等级应按表 10-1-2 划分。

建筑物消防用电负荷等级　　　　表 10-1-2

消防用电负荷	负荷等级
（1）建筑高度大于 50m 的乙、丙类厂房和丙类仓库； （2）一类高层民用建筑	一级负荷
（1）室外消防用水量大于 30L/s 的厂房（仓库）； （2）室外消防用水量大于 35L/s 的可燃材料堆场、可燃气体储罐（区）和甲、乙类液体储罐（区）； （3）粮食仓库及粮食筒仓； （4）二类高层民用建筑； （5）座位数超过 1500 个的电影院、剧场，座位数超过 3000 个的体育馆，任一层建筑面积大于 3000m² 的商店和展览建筑，省（市）级及以上的广播电视、电信和财贸金融建筑，室外消防用水量大于 25L/s 的其他公共建筑	二级负荷
除上述条款外的建筑物、储罐（区）和堆场等的消防用电	三级负荷

三、电源及供配电系统（★★）

电源通常包括电网的电源、应急电源、备用电源及分布式电源。应急电源指用作应急供电系统组成部分的电源。备用电源指当正常电源断电时，由于非安全原因用来维持电气装置或其某些部分所需电源。应急电源和备用电源的性质完全不同，应注意区分。分布式电源主要布置在电力负荷附近，能源利用效率高并与环境兼容，如太阳能光伏发电、燃料电池、风力发电和生物质能发电等。供配电系统通常包括电源和连接到电气设备端子的电气回路。

1. 自备电源设置条件

当符合下列条件之一时，用电单位应设置自备电源：

（1）一级负荷中含有特别重要负荷。

（2）设置自备电源比从电力系统取得第二电源更经济合理，或第二电源不能满足一级负荷要求。

（3）当双重电源中的一路为冷备用，且不能满足消防电源允许中断供电时间的要求。

（4）建筑高度超过 50m 的公共建筑的外部只有一回电源不能满足用电要求。

2. 应急电源的选择

应急电源类型的选择应根据一级负荷中特别重要负荷的容量、允许中断供电的时间等条件来进行，并应符合表 10-1-3 的要求。

应急电源的选择　　　　　　　　　　　　　　表 10-1-3

应急电源类型	应急电源的选用原则
独立于正常电源的发电机组	允许中断供电时间为 30s（60s）的供电，可选用快速自动启动的应急发电机组
供电网络中独立于正常电源的专用馈电线路	自动投入装置的动作时间能满足允许中断供电时间时，可选用独立于正常电源之外的专用馈电线路
蓄电池静止型不间断电源装置（UPS）	连续供电或允许中断供电时间为毫秒级装置的供电，可选用蓄电池静止型不间断电源装置
集中应急电源装置（EPS）	允许中断供电时间为毫秒级的应急照明供电，可采用集中应急电源装置

实务提示：

蓄电池适用于特别重要的直流负荷，但此类负荷民用建筑中较少，常见的一级负荷中特别重要负荷要求交流电源供电，计算机类负荷可采用 UPS 静止型不间断供电装置，对于应急照明负荷，可采用 EPS 应急电源供电。

3. 住宅小区的供配电系统

住宅小区的供配电系统，宜符合下列规定：

（1）住宅小区的 20kV 或 10kV 供电系统宜采用环网方式。

（2）高层住宅宜在首层或地下一层设置 20kV（10kV）/0.4kV 户内变电所或室外预装式变电站。

（3）多层住宅小区、别墅群宜分区设置 20kV（10kV）/0.4kV 独立变电所或室外预装式变电站。

4. 其他说明

当用电设备的安装容量在 250kW 及以上或变压器安装容量在 160kVA 及以上时，宜以 20kV 或 10kV 供电；当用电设备总容量在 250kW 以下或变压器安装容量在 160kVA 以下时，可由低压 380V/220V 供电。

为降低三相低压配电系统负荷的不平衡，宜采取下列措施：

（1）220V 单相用电设备接入 220V/380V 三相系统时，宜使三相负荷平衡；

（2）由地区公共低压电网供电的 220V 用电负荷，线路电流小于或等于 60A 时，可采用 220V 单相供电；大于 60A 时，宜采用 220V/380V 三相供电。

例题 10-1 （2019）：当建筑物内有一、二、三级负荷时，向其同时供电的两路电源中的一路中断供电后，另一路应能满足：

A. 一级负荷的供电　　　　　　　　B. 二级负荷的供电

C. 三级负荷的供电　　　　　　　　D. 全部一级负荷及二级负荷的供电

【答案】D

【解析】依据《民用建筑电气设计标准》GB 51348—2019 第 3.3.2 条，同时供电的双重电源供配电系统中，其中一个回路中断供电时，其余线路应能满足全部一级负荷及二级负荷的供电要求。

例题 10-2 （2020）：关于丙级体育馆的电气设计，供电负荷等级应当为：

A. 特别重要一级负荷　　　　　　　B. 一级负荷

C. 二级负荷　　　　　　　　　　　D. 三级负荷

【答案】C

【解析】依据《民用建筑电气设计标准》GB 51348—2019 第 3.2.1 条第 2 款，符合下列情况之一时，应定为二级负荷：①中断供电将造成较大损失或较大影响；②中断供电将影响较重要用电单位的正常工作或造成人员密集的公共场所秩序混乱。

第二节　变配电所和自备电源

变电所设计应根据工程特点，负荷性质，用电容量，供电条件，节约电能，安装、运行维护要求等因素，合理确定设计方案，并适当考虑发展的可能性。

一、变电所所址的选择 （★★）

变电所位置选择，应符合下列要求：

（1）深入或靠近负荷中心。

（2）进出线方便。

（3）设备吊装、运输方便。

（4）不应设在对防电磁辐射干扰有较高要求的场所。

（5）不宜设在多尘、水雾或有腐蚀性气体的场所，当无法远离时，不应设在污染源的下风侧。

（6）不应设在厕所、浴室、厨房或其他经常有水并可能漏水场所的正下方，且不宜与上述场所贴邻；如果贴邻，相邻隔墙应作无渗漏、无结露等防水处理。

（7）变电所为独立建筑物时，不应设置在地势低洼和可能积水的场所。

（8）变电所可设置在建筑物的地下层，但不宜设置在最底层。变电所设置在建筑物地下层时，应根据环境要求降低湿度及增设机械通风等。当地下只有 1 层时，尚应采取预防洪水、消防水或积水从其他渠道浸泡变电所的措施。

二、配电变压器的选择

（1）配电变压器选择应根据建筑物的性质、负荷情况和环境条件确定，并应选用低损耗、低噪声的节能型变压器。

（2）配电变压器的长期工作负载率不宜大于85%；当有一级和二级负荷时，宜装设两台及以上变压器，当一台变压器停运时，其余变压器容量应满足一级和二级负荷用电要求。

（3）供电系统中，配电变压器宜选用Dyn11结线组别的变压器。

（4）设置在民用建筑内的变压器，应选择干式变压器、气体绝缘变压器或非可燃性液体绝缘变压器。

（5）设置在民用建筑物室外的变电所，当单台变压器油量为100kg及以上时，应设置储油或挡油、排油等防火措施。

（6）变压器低压侧电压为0.4kV时，单台变压器容量不宜大于2000kVA，当仅有一台时，不宜大于1250kVA；预装式变电站变压器容量采用干式变压器时不宜大于800kVA，采用油浸式变压器时不宜大于630kVA。

三、变配电所的布置

（1）民用建筑内变电所，不应设置裸露带电导体或装置，不应设置带可燃性油的电气设备和变压器，其布置应符合下列规定：

1）35kV、20kV或10kV配电装置、低压配电装置和干式变压器等可设置在同一房间内；

2）20kV、10kV具有IP2X防护等级外壳的配电装置和干式变压器，可相互靠近布置。

（2）由同一变电所供给一级负荷用电设备的两个回路电源的配电装置宜分列设置，当不能分列设置时，其母线分段处应设置防火隔板或有门洞的隔墙。

（3）有人值班的变电所应设值班室。值班室应能直通或经过走道与配电装置室相通，且值班室应有直接通向室外或通向疏散走道的门。值班室也可与低压配电装置室合并，此时值班人员工作的一端，配电装置与墙的净距不应小于3m。建筑内变配电所设备布置如图10-2-1所示。

（4）当成排布置的配电柜长度大于6m时，柜后面的通道应设置2个出口。当2个出口之间的距离大于15m时，尚应增加出口。建筑内低压配电室设备布置如图10-2-2所示。

四、变配电所对建筑的要求（★★★）

（1）可燃油油浸变压器室以及电压为35kV、20kV或10kV的配电装置室和电容器室的耐火等级不得低于二级。

（2）非燃或难燃介质的配电变压器室以及低压配电装置室和电容器室的耐火等级不宜低于二级。

（3）当变电所与上、下或贴邻的居住、教室、办公房间仅有一层楼板或墙体相隔时，

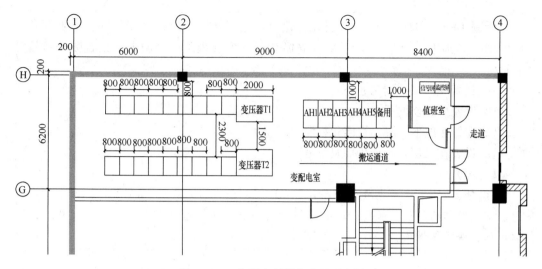

图 10-2-1 变配电所设备布置示意图

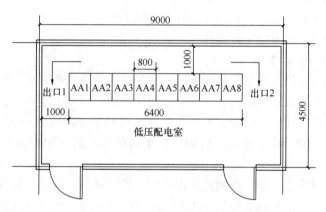

图 10-2-2 低压配电室设备布置示意图

变电所内应采取屏蔽、降噪等措施。

（4）变压器室、配电装置室、电容器室的门应向外开，并应装锁。相邻配电装置室之间设有防火隔墙时，隔墙上的门应为甲级防火门，并向低电压配电室开启，当隔墙仅为管理需求设置时，隔墙上的门应为双向开启的不燃材料制作的弹簧门。

（5）长度大于 7m 的配电装置室，应设 2 个出口，并宜布置在配电室的两端；长度大于 60m 的配电装置室宜设 3 个出口，相邻安全出口的门间距离不应大于 40m。独立式变电所采用双层布置时，变压器应设在底层，位于楼上的配电装置室应至少设 1 个通向室外的平台或通道的出口。

实务提示：

变压器运行时会产生振动、噪声及低频电磁辐射。变电所在选址时，应避免位于有人员经常活动的房间的上、下或贴邻，当条件受限避不开时，应采取减振、降噪和屏蔽等措施，如做夹层、双墙等将上述房间物理隔开。

例题 10-3 (2021)：地上 8 层办公建筑，地下 2 层，建筑高度 42m。地上面积 8.9 万 m²，地下 1.8 万 m²，不采取隔振和屏蔽的前提下，变配电室设置哪个位置合适？

A. 设置在一层，厨房正下方

B. 设置在办公正下方

C. 设置在地下一层，智能化控制室正上方

D. 设置在二层，一层为厨具展厅

【答案】D

【解析】《民用建筑电气设计标准》GB 51348—2019 第 4.10.7 条，当变电所与上、下或贴邻的居住、教室、办公房间仅有一层楼板或墙体相隔时，变电所内应采取屏蔽、降噪等措施。

五、自备柴油发电机组（★★★）

本节适用于民用建筑自身供电需要，发电机额定电压为 10kV 及以下自备应急柴油发电机组和备用柴油发电机组的工程设计。

1. 柴油发电机组机房设计

自备应急柴油发电机组和备用柴油发电机组的机房设计应符合下列规定：

（1）机房宜布置在建筑的首层、地下室、裙房屋面。当地下室为 3 层及以上时，不宜设置在最底层，并靠近变电所设置。不应布置在人员密集场所的上一层、下一层或贴邻。机房宜靠建筑外墙布置，应有通风、防潮、机组的排烟、消声和减振等措施并满足环保要求。

（2）机房宜设有发电机间、控制室及配电室、储油间、备品备件储藏间等。当发电机组单机容量不大于 1000kW 或总容量不大于 1200kW 时，发电机间、控制室及配电室可合并设置在同一房间。

（3）发电机间、控制室及配电室不应设在厕所、浴室或其他经常积水场所的正下方或贴邻。

（4）民用建筑内的柴油发电机房，应设置火灾自动报警系统和自动灭火设施。

2. 发电机组的自启动与并列运行

发电机组的自启动与并列运行应符合下列规定：

（1）用于应急供电的发电机组平时应处于自启动状态。当市电中断时，低压发电机组应在 30s 内供电，高压发电机组应在 60s 内供电。

（2）机组电源不得与市电并列运行，并应有能防止误并网的联锁装置。

（3）当市电恢复正常供电后，应能自动切换至正常电源，机组能自动退出工作，并延时停机。

（4）自备柴油发电机组自启动宜采用电启动方式，电启动用蓄电池组电压宜为 12V 或 24V，容量应按柴油机连续启动不少于 6 次确定。

3. 储油设施的设置

（1）当燃油来源及运输不便或机房内机组较多、容量较大时，宜在建筑物主体外设置

不大于 15m³ 的储油罐。

（2）机房内应设置储油间，其总储存量不应超过 1m³，储油间应采用耐火极限不低于 3h 的防火隔墙与发电机间分隔；确需在防火隔墙上开门时，应设置甲级防火门。

4. 柴油发电机房设计

（1）机房应有良好的通风。

（2）机房面积在 50m² 及以下时宜设置不少于 1 个出入口，在 50m² 以上时宜设置不少于 2 个出入口，其中 1 个应满足搬运机组的需要；门应为向外开启的甲级防火门；发电机间与控制室、配电室之间的门和观察窗应采取防火、隔声措施，门应为甲级防火门，并应开向发电机间。

（3）储油间应采用防火墙与发电机间隔开；当必须在防火墙上开门时，应设置能自行关闭的甲级防火门。

（4）机房内应有足够的新风进口及合理的排烟道位置。机房排烟应采取防止污染大气措施，并应避开居民敏感区，排烟口宜内置排烟道至屋顶。

（5）机房进风口宜设在正对发电机端或发电机端两侧，进风口面积不宜小于柴油机散热器面积的 1.6 倍。

实务提示：

　　通常柴油发电机房储油间最大储油量不应超过 8h 的需要量，且日用油箱储油容积不应大于 1m³。当日用油箱储油容积在 1～2m³ 之间时，也可分别设置 2 个容积分别不大于 1m³ 的日用油箱储油间，2 个储油间中间加防火隔墙，并应按防火要求处理。

例题 10-4（2018）： 关于柴油发电机房设计要求中，下列说法正确的是：

A. 机房设置无环保要求　　　　　　B. 发电机间不应贴邻浴室

C. 发电机组不宜靠近一级负荷　　　D. 发电机组不宜靠近配变电所

【答案】 B

【解析】《民用建筑电气设计标准》GB 51348—2019 第 6.1.2 条第 1、3 款，自备应急柴油发电机组和备用柴油发电机组的机房设计应符合下列规定：

　　机房宜布置在建筑的首层、地下室、裙房屋面。当地下室为 3 层及以上时，不宜设置在最底层，并靠近变电所设置。机房宜靠建筑外墙布置，应有通风、防潮、机组的排烟、消声和减振等措施并满足环保要求。

　　发电机间、控制室及配电室不应设在厕所、浴室或其他经常积水场所的正下方或贴邻。

第三节　民用建筑配电系统

　　民用建筑低压配电系统的设计应根据工程的种类、规模、负荷性质、容量及可能的发展等综合因素确定。

一、低压配电系统

1. 多层民用建筑的低压配电系统

多层民用建筑的低压配电系统应符合下列规定：

（1）低压电源进线宜采用电缆并埋地敷设，进线处应设置总电源箱（柜），箱内应设置总开关电器，总电源箱（柜）宜设室内；当设在室外时，应选用防护等级不低于 IP54 的箱体，箱内电器应适应室外环境的要求。

（2）照明、电力、消防及其他防灾用电负荷，宜分别自成配电系统。

（3）当用电负荷较大或用电负荷较重要时，应设置低压配电室，并宜从低压配电室以放射式配电。

（4）由低压配电室至各层配电箱或分配电箱，宜采用树干式或放射式与树干式相结合的混合式配电。常见小型建筑低压配电系统图如图 10-3-1 所示。

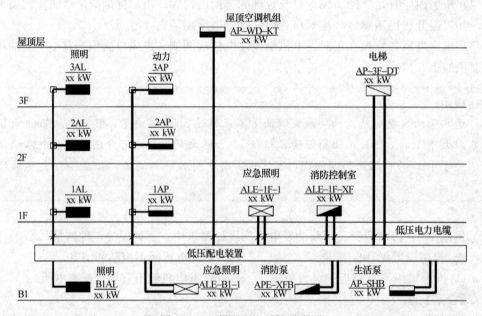

图 10-3-1　低压配电系统示意图

2. 特低电压配电

（1）特低电压（ELV）作为保护措施包括安全特低电压（SELV）和保护特低电压（PELV），其电压不超过《建筑物电气装置的电压区段》GB/T 18379—2011 规定的电压区段Ⅰ的上限值，即交流 50V。

（2）符合下列要求之一的设备，可作为特低电压（ELV）配电系统的电源：

1）符合现行国家标准《电源电压为 1100V 及以下的变压器、电抗器、电源装置和类似产品的安全　第 7 部分：安全隔离变压器和内装安全隔离变压器的电源装置的特殊要求和试验》GB 19212.7 的安全隔离变压器。

2）安全等级等同于本条第 1）款规定的内装安全隔离变压器的电源。

3）电化学电源或其他独立于较高电压回路的电源。

4）符合安全标准的电子设备，该电子设备即使内部发生故障，其输出电压也不超过交流 50V；或允许该电子设备故障时输出较高电压，但能保证人体触及带电部分或当带电部分与外露可导电部分间发生故障时，其端电压能立即降至小于交流 50V。

5）低压供电的移动式电源。

二、配电线路布线系统（★★★）

1. 一般规定

（1）民用建筑布线系统选择与敷设，应避免因环境温度、外部热源以及非电气管道等因素对布线系统带来的损害，并应防止在敷设过程中因受撞击、振动、电线或电缆自重和建筑物变形等各种机械应力带来的损害。

（2）金属导管、可弯曲金属导管、刚性塑料导管（槽）及电缆桥架等布线，应采用绝缘电线和电缆。不同电压等级的电线、电缆不宜同管（槽）敷设；当同管（槽）敷设时，应采取隔离或屏蔽措施。

（3）同一配电回路的所有相导体、中性导体和 PE 导体，应敷设在同一导管或槽盒内。

（4）在有可燃物的闷顶和封闭吊顶内明敷的配电线路，应采用金属导管或金属槽盒布线。

（5）明敷设用的塑料导管、槽盒、接线盒、分线盒应采用阻燃性能分级为 B_1 级的难燃制品。

（6）敷设在钢筋混凝土现浇楼板内的电线导管的最大外径不宜大于板厚的 1/3。当电线导管暗敷设在楼板、墙体内时，其与楼板、墙体表面的外护层厚度不应小于 15mm。

（7）电力电缆不应和输送甲、乙、丙类液体管道、可燃气体管道、热力管道敷设在同一管沟内。

（8）配电线路不得穿越通风管道内腔或直接敷设在通风管道外壁上，穿金属导管保护的配电线路可紧贴道风管道外壁敷设。

> **实务提示：**
>
> 可燃物包括木结构、木吊顶板、PV 吊顶板、泡沫吸声板、PC 聚碳酸酯板和膜材等，不包括吊顶内敷设的线缆。不燃物包括钢筋混凝土、轻钢龙骨、石膏板和铝合金扣板等。

2. 直敷布线

（1）直敷布线可适用于建筑配电线路改造及室内场所。

（2）室内场所采用直敷布线时，应符合下列规定：

1）应采用不低于 B_2 级阻燃护套绝缘电线，其截面积不宜大于 $6mm^2$；

2）护套绝缘电线水平敷设至地面的距离不应小于 2.5m，垂直敷设至地面低于 1.8m 部分应穿导管保护；

3）建筑物顶棚内、墙体及顶棚的抹灰层、保温层及装饰面板内或在易受机械损伤的场所不应采用直敷布线。

3. 刚性金属导管布线

（1）金属导管布线可适用于室内外场所，但不应用于对金属导管有严重腐蚀的场所。

（2）明敷于潮湿场所或埋于素土内的金属导管，应采用管壁厚度不小于 2.0mm 的钢导管，并采取防腐措施。明敷或暗敷于干燥场所的金属导管宜采用管壁厚度不小于 1.5mm 的镀锌钢导管。

（3）穿金属导管的绝缘电线（两根除外），其总截面积（包括外护层）不应超过导管内截面积的 40%。

（4）金属导管暗敷布线时，应符合下列规定：

1）不应穿过设备基础；

2）当穿过建筑物基础时，应加防水套管保护；

3）当穿过建筑物变形缝时，应设补偿装置。

4. 电缆桥架布线

（1）电缆桥架可适用于民用建筑正常环境的室内外场所的电缆或电线敷设。

（2）在有腐蚀或特别潮湿的场所采用电缆桥架布线时，应根据腐蚀介质的不同采用塑料桥架或采取相应防护措施的钢制桥架。

（3）电缆桥架水平敷设时，底边距地高度不宜低于 2.2m。除敷设在配电间或竖井内，垂直敷设的线路 1.8m 以下应加防护措施。

（4）电缆桥架多层敷设时，层间及水平距离应满足敷设和维护需要，并符合表 10-3-1 的规定。

电缆桥架间最小净距（m） 表 10-3-1

电缆类型	桥架层间距离	桥架水平间距	桥架与顶板、梁之间
电力电缆	0.3		
电力电缆与电信电缆	0.5 (0.3)	0.2	0.15
控制电缆	0.2		

注：电信电缆与电力电缆的电缆桥架间距不宜小于 0.5m，当有屏蔽盖板时可减少到 0.3m。

（5）在电缆桥架内可无间距敷设电缆。在托盘内敷设电缆时，电缆总截面积与托盘内横断面积的比值不应大于 40%。

（6）槽盒内电缆的总截面积（包括外护层）不应超过槽盒内截面积的 40%，且电缆根数不宜超过 30 根。

5. 电力电缆布线

（1）电力电缆布线应符合下列规定：

1）电缆布线的敷设方式应根据工程条件、环境特点、电缆类型和数量等因素，按满足运行可靠、便于维护和技术、经济合理等原则综合确定。

2）电缆在室内吊顶、电缆沟、电缆隧道和电气竖井内明敷时，应采用难燃的外护层。

3）电缆不应在有热力管道的隧道或沟道内敷设。

（2）电力电缆室外敷设：电力电缆室外敷设方式主要有电缆室外埋地敷设、电缆沟（隧道）敷设和电缆排管布线。电缆敷设方式应在满足安全条件下敷设方便、易于维护，避免遭受机械外力、过热、腐蚀等危害，并应符合表10-3-2的相关规定。

电力电缆室外敷设的规定 表10-3-2

敷设方式	电缆敷设一般规定
电缆埋地敷设	（1）当沿同一路径敷设的室外电缆小于或等于6根且场地有条件时，宜采用电缆直接埋地敷设。在人行道或非机动车道，也可采用电缆直埋敷设。 （2）宜采用有外护层的铠装电缆。在无机械损伤可能的场所，可采用无铠装塑料护套电缆。在流沙层、回填土地带等可能发生位移的土壤中，应采用钢丝铠装电缆。 （3）在有化学腐蚀的土壤中，不得采用直接埋地敷设电缆。 （4）电缆外皮至地面的深度不应小于0.7m，并应在电缆上下分别均匀铺设100mm厚的细砂或软土，并覆盖混凝土保护板或类似的保护层。 （5）在寒冷地区，电缆宜埋设于冻土层以下。当无法深埋时，应采取措施，防止电缆受到损伤。 （6）电缆与建筑物平行敷设时，电缆应埋设在建筑物的散水坡外。电缆进出建筑物时，所穿保护管应超出建筑物散水坡200mm，且应对管口实施阻水堵塞
电缆沟、隧道敷设	（1）当同一路径的电缆根数小于或等于21根时，宜采用电缆沟布线；当电缆多于21根时，可采用电缆隧道布线。 （2）当电缆与供暖通风、给水排水管道在共同沟内敷设时，电缆宜单独敷设安装在一侧，当布线条件只能同侧布置时，电缆应在暖通风管下方、给水排水管上方敷设。 （3）电缆沟和电缆隧道应采取防水措施，其底部应做不小于0.5%的坡度坡向集水坑（井）；积水可经逆止阀直接接入排水管道或经集水坑（井）用泵排出。 （4）在多层支架上敷设电力电缆时，电力电缆宜放在控制电缆的上层；1kV及以下的电力电缆和控制电缆可并列敷设；当两侧均有支架时，1kV及以下的电力电缆和控制电缆宜与1kV以上的电力电缆分别敷设在不同侧支架上。 （5）电缆沟在进入建筑物处应设防火墙。电缆隧道进入建筑物及配变电所处，应设带门的防火墙，此门应为甲级防火门并应装锁。 （6）电缆隧道的净高不宜低于1.9m，局部或与管道交叉处净高不宜小于1.4m；隧道内宜有通风设施，当满足要求时可采取自然通风。 （7）电缆隧道应每隔不大于75m的距离设安全孔（人孔）；安全孔距隧道的首、末端不宜超过5m。安全孔的直径不得小于0.7m。 （8）电缆隧道内应设照明，其电压不宜超过36V，当照明电压超过36V时，应采取安全措施
电缆排管布线	（1）电缆根数不宜超过12根。 （2）电缆宜采用塑料护套或橡皮护套电缆。电缆排管可选用混凝土管、混凝土管块、玻璃钢电缆保护管及聚氯乙烯管等。 （3）电缆排管管孔数量应根据实际需要确定，并应根据发展预留备用管孔。备用管孔不宜小于实际需要管孔数的10%。 （4）当地面上均布荷载超过100kN/m² 时，应采取加固措施，防止排管受到机械损伤。 （5）排管孔的内径不应小于电缆外径的1.5倍，且电力电缆的管孔内径不应小于90mm，控制电缆的管孔内径不应小于75mm。 （6）当在线路转角、分支或变更敷设方式时，应设电缆人（手）孔井，在直线段上应设置一定数量的电缆人（手）孔井，人（手）孔井间的距离不宜大于100m。 （7）电缆人孔井的净空高度不应小于1.8m，其上部人孔的直径不应小于0.7m

6. 电气竖井内布线 (★★)

(1) 电气竖井内布线可适用于多层和高层建筑内强电及弱电垂直干线的敷设。可采用金属导管、电缆桥架及母线等布线方式。强电竖井内电缆布线,除有特殊要求外宜优先采用梯架布线。

(2) 当暗敷设的竖向配电线路,保护导管外径超过墙厚的 1/2 或多根电缆并排穿梁对结构体有影响时,宜采用竖井布线。竖井的位置和数量应根据建筑物规模、各支线供电半径及建筑物的变形缝位置和防火分区等因素确定,并应符合下列规定:

1) 不应和电梯井、管道井共用同一竖井。

2) 不应贴邻有烟道、热力管道及其他散热量大或潮湿的设施。

3) 强电和弱电线路,宜分别设置竖井。当受条件限制必须合用时,强电和弱电线路应分别布置在竖井两侧,弱电线路应敷设于金属槽盒之内。

7. 建筑内电梯井等竖井

建筑内的电梯井等竖井应符合下列规定:

(1) 电梯井应独立设置,井内严禁敷设可燃气体和甲、乙、丙类液体管道,不应敷设与电梯无关的电缆、电线等。电梯井的井壁除设置电梯门、安全逃生门和通气孔洞外,不应设置其他开口。

(2) 电缆井、管道井、排烟道、排气道、垃圾道等竖向井道,应分别独立设置。井壁的耐火极限不低于 1h,井壁上的检查门应采用丙级防火门。

(3) 建筑内的电缆井、管道井应在每层楼板处采用不低于楼板耐火极限的不燃材料或防火封堵材料封堵。

建筑内的电缆井、管道井与房间、走道等相连通的孔隙应采用防火封堵材料封堵。

例题 10-5 (2020): 配电线路敷设在有可燃物的闷顶内时,应采取穿 ( ) 等防火保护措施。

A. PVC 套管　　B. 金属套管　　　　C. 塑料套管　　　　D. 难燃套管

【答案】B

【解析】《民用建筑电气设计标准》GB 51348—2019 第 8.1.6 条,在有可燃物的闷顶和封闭吊顶内明敷的配电线路,应采用金属导管或金属槽盒布线。

三、常用设备电气装置

1. 电动机

（1）电动机启动时，其端子电压应能保证机械要求的启动转矩，且在配电系统中引起的电压波动不应妨碍其他用电设备的工作。

（2）交流电动机启动时，其配电母线上的电压应符合下列规定：

1）电动机频繁启动时，不宜低于额定电压的 90%；电动机不频繁启动时，不宜低于额定电压的 85%；

2）当电动机不频繁启动且不与照明或其他对电压波动敏感的负荷合用变压器时，不应低于额定电压的 80%。

（3）交流电动机应装设短路保护和接地故障保护，并应根据电动机的用途分别装设过负荷与断相保护。

2. 自动旋转门、电动门、电动卷帘门和电动伸缩门窗

（1）自动旋转门、电动门、电动卷帘门、电动伸缩门应由就近的配电装置单独回路供电。

（2）电动卷帘门控制箱应设置在卷帘门附近，在卷帘门的一侧或两侧应设置手动控制按钮，其安装高度宜为中心距地 1.4m。

（3）室外带金属构件的电动伸缩门的配电线路，应设置过负荷保护、短路保护及剩余电流动作保护电器，并应做等电位联结。

（4）自动旋转门、电动门和电动卷帘门的所有金属构件及附属电气设备的外露可导电部分均应做等电位联结。

3. 舞台用电及放映设备

（1）乐池内谱架灯和观众厅座位牌号灯宜采用 24V 及以下电压供电，光源可采用 24V 的半导体发光照明装置（LED），当采用 220V 供电时，供电回路应增设剩余电流动作保护器。

（2）对配电系统产生谐波干扰的调光器宜就地设置滤波装置，同时应满足下列要求：

1）调光回路应选用金属导管、金属槽盒敷设，并不宜与电声等对电磁骚扰敏感线路平行敷设。当调光回路与电声线路平行敷设时，其间距应大于 1m；当垂直交叉时，间距应大于 0.5m。

2）电声、电视转播设备的电源不应直接接在舞台照明变压器上。

4. 医用设备

（1）配电系统设计应符合医院电气设备工作场所分类要求。在医疗用房内禁止采用 TN－C 系统。

（2）X 线诊断室、加速器治疗室、核医学扫描室、γ 照相机室和手术室等用房，应设防止误入的红色信号灯，红色信号灯电源应与机组连通。

（3）NMR-CT 机的扫描室的电气管线、器具及其支持构件不得使用铁磁物质或铁磁制品。进入室内的电源电线、电缆必须进行滤波。

5. 交流充电桩

（1）民用建筑的交流充电桩，安装在室外时，其防水防尘等级不应低于 IP65。

（2）交流充电桩供电电源应采用单相、交流 220V 电压，电压偏差不应超过标称电压的+7%、−10%；额定电流不应大于32A。

（3）交流充电桩应设置剩余电流动作保护，应选用额定剩余动作电流不大于30mA的A型RCD。

（4）安装在公共区域或停车场的交流充电桩应采取以下一种或多种防撞击措施：

1）应避免安装在可预见有可能发生碰撞的场所；

2）设置机械防护措施；

3）设备防机械撞击级别至少为IK07。

（5）保护接地端子应与保护接地导体可靠连接。

6. 其他用电设备 （★★★）

（1）电辐射供暖、电热缆的电气设计应符合下列规定：

1）电辐射供暖、电热缆设备的每根发热电缆应单独装设过负荷保护、短路保护及剩余电流动作保护；

2）不同温度要求的房间，电辐射供暖、电热缆不应共用一根发热电缆；每个房间宜通过发热电缆温控器单独控制温度。

（2）电干、湿桑拿室的电气设计应符合下列规定：

1）电干、湿桑拿室设备的配电线路，应装设过负荷保护、短路保护及剩余电流动作保护器；

2）电干、湿桑拿室内不应设置电源插座，除加热器自带的开关外，所有照明、设备电源开关均应设在蒸房外；

3）电干、湿桑拿室距顶板0.3m处，温度超过90℃时，应自动断开加热器及蒸汽泵电源；

4）电干、湿桑拿室的可导电部分应设置等电位联结。

（3）厨房设备的电气设计应符合下列规定：

1）厨房设备的配电线路应装设过负荷保护、短路保护及剩余电流动作保护；

2）厨房设备电源开关除设备上自带的开关外，宜布置在干燥、便于操作的场所，并满足安装场所相应的防护等级要求；

3）厨房内电缆槽盒、设备电源管线，应避开明火2.0m以外敷设；

4）厨房内电缆槽盒应避开产生蒸汽等热气流2.0m以外敷设；

5）厨房设备应设置等电位联结。

实务提示：
第5）条规范所指厨房指营业性餐厅的厨房，应与住宅厨房区别。

（4）开关、插座和照明灯具靠近可燃物时，应采取隔热、散热等防火措施。

卤钨灯和额定功率不小于100W的白炽灯泡的吸顶灯、槽灯、嵌入式灯，其引入线应采用瓷管、矿棉等不燃材料作隔热保护。

额定功率不小于60W的白炽灯、卤钨灯、高压钠灯、金属卤化物灯、荧光高压汞灯（包括电感镇流器）等，不应直接安装在可燃物体上或采取其他防火措施。

（5）可燃材料仓库内宜使用低温照明灯具，并应对灯具的发热部件采取隔热等防火措施，不应使用卤钨灯等高温照明灯具。配电箱及开关应设置在仓库外。

例题 10-6（2020）：下列可燃材料仓库电气设计方法中，错误的是：

A. 开关应设置在仓库外

B. 配电箱应设置在仓库外

C. 仓库内部都应采用防爆灯具

D. 库内采用的低温灯具应采取隔热等防火措施

【答案】C

【解析】依据《建筑设计防火规范》GB 50016—2014（2018 年版）第 10.2.5 条，可燃材料仓库内宜使用低温照明灯具，并应对灯具的发热部件采取隔热等防火措施，不应使用卤钨灯等高温照明灯具（D 选项正确）。

配电箱及开关应设置在仓库外（A、B 选项正确）。

四、住宅电气设计（★★★）

（1）每套住宅的用电负荷应根据套内建筑面积和用电负荷计算确定，且不应小于 2.5kW。

（2）住宅供电系统的设计，应符合下列规定：

1）应采用 TT、TN-C-S 或 TN-S 接地方式，并应进行总等电位联结；

2）电气线路应采用符合安全和防火要求的敷设方式配线，套内的电气管线应采用穿管暗敷设方式配线；导线应采用铜芯绝缘线，每套住宅进户线截面不应小于 10mm^2，分支回路截面不应小于 2.5mm^2；

3）套内的空调电源插座、一般电源插座与照明应分路设计，厨房插座应设置独立回路，卫生间插座宜设置独立回路；

4）除壁挂式分体空调电源插座外，电源插座回路应设置剩余电流保护装置；

5）设有洗浴设备的卫生间应作局部等电位联结；

6）每幢住宅的总电源进线应设剩余电流动作保护或剩余电流动作报警。

（3）每套住宅应设置户配电箱，其电源总开关装置应采用可同时断开相线和中性线的开关电器。

（4）套内安装在 1.80m 及以下的插座均应采用安全型插座。

（5）共用部位应设置人工照明，应采用高效节能的照明装置和节能控制措施。当应急照明采用节能自熄开关时，必须采取消防时应急点亮的措施。

例题 10-7（2019）：在住宅电气设计中，错误的做法是：

A. 供电系统进行总等电位联结

B. 卫生间的洗浴设备作局部等电位联结

C. 厨房固定金属洗菜盆作局部等电位联结

D. 每幢住宅的总电源进线设剩余电流动作保护

【答案】C

【解析】参见《住宅设计规范》GB 50096—2011 第 8.7.2 条第 1、5、6 款住宅供电系统的设计，应符合下列规定：应采用 TT、TN-C-S 或 TN-S 接地方式，并应进行总等电位联结；设有洗浴设备的卫生间应作局部等电位联结；每幢住宅的总电源进线应设剩余电流动作保护或剩余电流动作报警。

第四节 电 气 照 明

一、一般规定

（1）在照明设计时应根据视觉要求、作业性质和环境条件，通过对光源、灯具的选择和配置，使工作区或空间具备合理的照度、显色性和适宜的亮度分布以及舒适的视觉环境。

（2）照明方案应根据不同类型建筑对照明的特殊要求，处理好电气照明与天然采光的关系、照明器具与照明品质的关系。

（3）照明设计应采用高效光源和灯具及节能控制技术，合理采用智能照明控制系统。

二、照明方式和种类（★★）

（1）民用建筑照明方式应符合下列规定：

1）各场所均应设置一般照明，并应满足该场所视觉活动性质的需求；

2）设置有永久性通行区的场所宜采用分区一般照明，且通行区照度不应低于工作区域照度的 1/3；

3）有精细视觉工作要求的场所应针对视觉作业区设置局部照明，作业区邻近周围照度应根据作业区的照度相应减少，但不应低于 200lx，其余区域的一般照明照度不应低于 100lx；

4）商业建筑和展览建筑内应根据展示要求设置重点照明，重点照明区域的照度与其周围背景的照度比不宜小于 3：1。

（2）照明设计过程中，应根据建筑的使用功能和要求，设置相应的照明，各场所照明设计应符合表 10-4-1 的相关规定。

不同照明种类的设置场所　　　　　　　　　　　　　　　　　　　　　　　　表 10-4-1

照明种类	设置场所
警卫照明	（1）警卫区域周围的全部走道，通向警卫区域所在楼层的全部楼梯、走道； （2）警卫区域所在楼层的电梯厅和配电设施处； （3）警卫区域所在建筑物主要出入口内外以及该建筑室外监控摄像机的拍摄区域； （4）其他有照明要求的场所
值班照明	（1）面积超过 500m² 的商店及自选商场，面积超过 200m² 的贵重品商店； （2）商店、金融建筑的主要出入口，通向商品库房的通道，通向金库、保管库的通道； （3）单体建筑面积超过 3000m² 的库房周围的通道； （4）其他有值班照明要求的场所

照明种类	设置场所
应急照明	(1) 需确保正常工作或活动继续进行的场所，应设置备用照明； (2) 需确保处于潜在危险之中的人员安全的场所，应设置安全照明； (3) 需确保人员安全疏散的出口和通道，应设置疏散照明

（3）城市中的标志性建筑、大型商业建筑、具有重要社会影响的构筑物等，宜设置景观照明。

实务提示：
应急照明包含备用照明、安全照明和疏散照明。

三、消防应急照明和疏散指示标志（★）

（1）除建筑高度小于 27m 的住宅建筑外，民用建筑、厂房和丙类仓库的下列部位应设置疏散照明：

1）封闭楼梯间、防烟楼梯间及其前室、消防电梯间的前室或合用前室、避难走道、避难层（间）；

2）观众厅、展览厅、多功能厅和建筑面积大于 200m² 的营业厅、餐厅、演播室等人员密集的场所；

3）建筑面积大于 100m² 的地下或半地下公共活动场所；

4）公共建筑内的疏散走道；

5）人员密集的厂房内的生产场所及疏散走道；

6）开敞式疏散楼梯间；歌舞娱乐、放映游艺厅等场所；建筑面积超过 400m² 的办公场所、会议场所。

（2）建筑内疏散照明的地面最低水平照度应符合表 10-4-2 的规定。

疏散照明的地面最低水平照度 表 10-4-2

疏散照明设置场所	最低水平照度（lx）
疏散走道	1.0
人员密集场所、避难层（间）	3.0
楼梯间、前室或合用前室、避难走道	5.0
（人员密集场所、老年人照料设施、病房楼或手术部内的）楼梯间、前室或合用前室、避难走道	10.0
老年人照料设施、病房楼或手术部的避难间	10.0

（3）消防控制室、消防水泵房、自备发电机房、配电室、防排烟机房以及发生火灾时仍需正常工作的消防设备房应设置备用照明，其作业面的最低照度不应低于正常照明的照度。

（4）疏散照明灯具应设置在出口的顶部、墙面的上部或顶棚上；备用照明灯具应设置在墙面的上部或顶棚上。

（5）公共建筑、建筑高度大于 54m 的住宅建筑、高层厂房（库房）和甲、乙、丙类单、多层厂房，应设置灯光疏散指示标志，并应符合下列规定：

1）消防应急（疏散）照明灯应设置在墙面或顶棚上，设置在顶棚上的疏散照明灯不应采用嵌入式安装方式。灯具选择、安装位置及灯具间距以满足地面水平最低照度为准；疏散走道、楼梯间的地面水平最低照度，按中心线对称50％的走廊宽度为准；大面积场所疏散走道的地面水平最低照度，按中心线对称疏散走道宽度均匀满足50％范围为准。

2）疏散指示标志灯在顶棚安装时，不应采用嵌入式安装方式。安全出口标志灯，应安装在疏散口的内侧上方，底边距地不宜低于2.0m；疏散走道的疏散指示标志灯具，应在走道及转角处离地面1.0m以下墙面上、柱上或地面上设置，采用顶装方式时，底边距地宜为2.0～2.5m。

设在墙面上、柱上的疏散指示标志灯具间距在直行段为垂直视觉时不应大于20m，侧向视觉时不应大于10m；对于袋形走道，不应大于10m。交叉通道及转角处宜在正对疏散走道的中心的垂直视觉范围内安装，在转角处安装时距角边不应大于1m。

疏散标志灯的设置位置可参考图10-4-1布置。

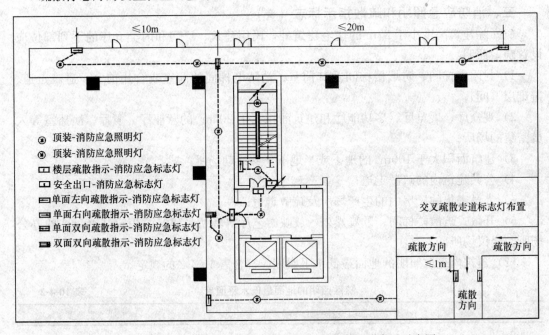

图10-4-1　疏散走道、防烟楼梯间及前室疏散照明布置示意图

3）设在地面上的连续视觉疏散指示标志灯具之间的间距不宜大于3m。装设在地面上的疏散标志灯，应防止被重物或受外力损坏，其防水、防尘性能应达到IP67的防护等级要求。地面标志灯不应采用内置蓄电池灯具。

（6）下列建筑或场所应在疏散走道和主要疏散路径的地面上增设能保持视觉连续的灯光疏散指示标志或蓄光疏散指示标志：

1）总建筑面积大于8000m²的展览建筑；

2）总建筑面积大于5000m²的地上商店；

3）总建筑面积大于500m²的地下或半地下商店；

4）歌舞、娱乐、放映、游艺场所；

5）座位数超过1500个的电影院、剧场，座位数超过3000个的体育馆、会堂或礼堂；

6）车站、码头建筑和民用机场航站楼中建筑面积大于 3000m² 的候车、候船厅和航站楼的公共区。

（7）建筑内消防应急照明和灯光疏散指示标志的备用电源的连续供电时间应符合表 10-4-3的规定。

消防应急照明连续供电时间　　　　　　　　　　　表 10-4-3

建筑类型	连续供电时间（h）
建筑高度大于 100m 的民用建筑	1.5
医疗建筑、老年人照料设施、总建筑面积大于 100000m² 的公共建筑和总建筑面积大于 20000m² 的地下、半地下建筑	1.0
其他建筑	0.5

实务提示：

　　火灾时疏散照明和备用照明的备用电源连续供电时间，是保证建筑中人员疏散安全的重要保障，区别于消防用电设备在火灾发生期间的最少持续供电时间。消防水泵及防排烟风机的持续供电时间要大于疏散照明连续供电时间。

四、照明配电与控制（★★）

1. 照明配电

（1）一般照明光源的电源电压应采用 220V；1500W 及以上的高强度气体放电灯的电源电压宜采用 380V。

（2）安装在水下的灯具应采用安全特低电压供电，其交流电压值不应大于 12V，无纹波直流供电不应大于 30V。

（3）当移动式和手提式灯具采用Ⅲ类灯具时，应采用安全特低电压（SELV）供电，其电压限值应符合下列规定：

1）在干燥场所交流供电不大于 50V，无纹波直流供电不大于 120V；

2）在潮湿场所不大于 25V，无纹波直流供电不大于 60V。

（4）三相照明线路各相负荷的分配宜保持平衡，最大相负荷电流不宜超过三相负荷平均值的 115%，最小相负荷电流不宜小于三相负荷平均值的 85%。

（5）照明系统中的每一单相分支回路电流不宜超过 16A，所接光源数或 LED 灯具数不宜超过 25 个；大型建筑组合灯具每一单相回路电流不宜超过 25A，光源数量不宜超过 60 个；当采用小功率单颗 LED 灯时，仅需满足回路电流的规定。

（6）当采用带电感镇流器的气体放电光源时，宜将同一灯具的相邻灯管（光源）或不同灯具分接在不同相序的线路上。

（7）采用Ⅰ类灯具的室外分支线路应装设剩余电流动作保护器。

实务提示：

　　在干燥环境下当接触电压不超过 50V 时，人体接触此电压不会受到伤害，即正常环境下人体安全电压限制为交流 50V。

2. 照明控制

（1）走道、楼梯间、门厅等公共场所的照明，宜按建筑使用条件和天然采光状况采取分区、分组控制措施，并按使用需求采取降低照度的控制措施。

（2）房间或场所装设两列或多列灯具时，宜按下列方式分组控制：

1）在有可能分隔的场所内，按照每个有可能分隔的区域分组；

2）多媒体教室、会议厅、多功能厅、报告厅等场所，按靠近或远离讲台分组；

3）除上述场所外，所控灯列与采光窗平行。

（3）教育建筑的照明控制方式应符合下列规定：

1）多功能厅、报告厅、会议室及展示厅等场所宜采用智能照明控制系统，并可按使用需求设置调光及场景控制功能；

2）普通教室、实验室、办公室宜在每个门口处设开关控制，除只设置单个灯具的房间外，每个房间灯的开关不宜少于 2 个，黑板照明应单独设置开关；

3）图书馆的大空间阅览室等宜采用智能照明控制系统，并宜具备时间控制、照度控制功能；

4）书库照明用电源配电箱应有电源指示灯并设于书库之外，书库通道照明应独立设置开关；

（4）对于要求统一眩光值 $UGR \leqslant 22$ 的照明场所，可采取下列措施：

1）不得将灯具安装在干扰区内或可能对视觉形成镜面反射的区域内；

2）可使用发光表面面积大、亮度低、光扩散性能好的灯具；

3）可在视觉工作对象和工作房间内采用低光泽度的表面装饰材料；

4）可在视线方向采用特殊配光灯具或采取间接照明方式；

5）可采用混合照明；

6）可照亮顶棚和墙面以减小亮度比，并应避免出现光斑。

例题 10-8 （2021）： 下列需要设置照明值班的场所是：

A. 面积 300m² 的商店及自选商场

B. 单体建筑面积超过 2000m² 的库房周围的通道

C. 面积 250m² 的贵重商品商场

D. 商店的次要出入口

【答案】 C

【解析】《民用建筑电气设计标准》GB 51348—2019 第 10.2.3 条，下列场所应设置值班照明：面积超过 500m² 的商店及自选商场，面积超过 200m² 的贵重品商店。

第五节　民用建筑物防雷

一、一般规定

（1）建筑物的防雷包括雷电防护系统（LPS）和雷电电磁脉冲防护系统（LPMS），雷电防护系统由外部防雷装置和内部防雷装置组成。

（2）在建筑物的地下一层或地面层处，下列物体应与防雷装置进行防雷等电位联结：

1）建筑物金属构件；

2）电气装置的外露可导电部分；

3）建筑物内布线系统；

4）进出建筑物的金属管道。

（3）建筑物防雷设计应调查地质、地貌、气象、环境等条件和雷电活动规律以及被保护物的特点等，因地制宜地采取防雷措施，防止或减少雷击建筑物所引发的人身伤亡和财产损失，以及雷电电磁脉冲引发的电气和电子系统的损坏和错误运行。

（4）新建建筑物防雷宜利用建筑物金属结构及钢筋混凝土结构中的钢筋等导体作为防雷装置，并根据建筑及结构形式与相关专业配合。

（5）建筑物防雷不应采用装有放射性物质的接闪器。

二、建筑物的防雷分类（★）

（1）建筑物应根据建筑物的重要性、使用性质、发生雷电事故的可能性和后果，按防雷要求分为三类。民用建筑物应划分为第二类和第三类防雷建筑物，具体划分详见表 10-5-1。

民用建筑物防雷分类 表 10-5-1

防雷类别	建筑物类型
第二类	（1）高度超过 100m 的建筑物； （2）国家级重点文物保护建筑物； （3）国家级会堂、办公建筑物、档案馆、大型博展建筑物；特大型、大型铁路旅客站；国际性的航空港、通信枢纽；国宾馆、大型旅游建筑物；国际港口客运站； （4）国家级计算中心、国家级通信枢纽等对国民经济有重要意义且装有大量电子设备的建筑物； （5）特级和甲级体育建筑； （6）年预计雷击次数大于 0.05 的部、省级办公建筑物及其他重要或人员密集的公共建筑物； （7）年预计雷击次数大于 0.25 的住宅、办公楼等一般民用建筑物
第三类	（1）省级重点文物保护建筑物及省级档案馆； （2）省级大型计算中心和装有重要电子设备的建筑物； （3）100m 以下，高度超过 54m 的住宅建筑和高度超过 50m 的公共建筑物； （4）年预计雷击次数大于或等于 0.01 且小于或等于 0.05 的部、省级办公建筑物及其他重要或人员密集的公共建筑物； （5）年预计雷击次数大于或等于 0.05 且小于或等于 0.25 的住宅、办公楼等一般民用建筑物； （6）建筑群中最高的建筑物或位于建筑群边缘高度超过 20m 的建筑物； （7）通过调查确认当地遭受过雷击灾害的类似建筑物；历史上雷害事故严重地区或雷害事故较多地区的较重要建筑物； （8）在平均雷暴日大于 15d/a 的地区，高度大于或等于 15m 的烟囱、水塔等孤立的高耸构筑物；在平均雷暴日小于或等于 15d/a 的地区，高度大于或等于 20m 的烟囱、水塔等孤立的高耸构筑物

注：表中建筑物的年预计雷击次数单位为次/a，即次/年。

实务提示：

第一类防雷建筑均为爆炸危险场所，雷击可能造成巨大破坏或人身伤亡，不作为学习重点。

三、防雷建筑物的雷电防护措施

防雷建筑物外部防雷应采取防直击雷、防侧击雷的措施，内部防雷应采取防闪电电涌侵入、防反击的措施。民用建筑雷电防护措施详见表 10-5-2。

建筑物雷电防护措施 表 10-5-2

防雷分类	防直击雷的措施	防直击雷装置的引下线
第二类	（1）接闪器宜采用接闪带（网）、接闪杆或由其混合组成。接闪带应装设在建筑物易受雷击的屋角、屋脊、女儿墙及屋檐等部位，建筑物女儿墙外角应在接闪器保护范围之内，并应在整个屋面上装设不大于 10m×10m 或 12m×8m 的网格；外圈的接闪带及作为接闪带的金属栏杆等应设在外墙外表面或屋檐边垂直面上或垂直面外。当女儿墙以内的屋顶钢筋网以上的防水和混凝土层允许不保护时，宜利用屋顶钢筋网作接闪器。 （2）所有接闪杆应采用接闪带或金属导体与防雷装置连接。 （3）引出屋面的金属物体可不装接闪器，但应和屋面防雷装置相连。 （4）防直击雷的引下线应优先利用建筑物钢筋混凝土中的钢筋或钢结构柱	（1）当利用建筑物钢筋混凝土中的钢筋或钢结构柱作为防雷装置的引下线时，引下线根数可不限，其中专用引下线的间距不应大于 18m，但建筑外廓受雷击的各个角上的柱子的钢筋或钢柱应被利用作专用引下线；当其垂直支柱均起到引下线的作用时，引下线的根数、间距及冲击接地电阻均可不作要求； （2）当无建筑物钢筋混凝土中的钢筋或钢结构柱可作为防雷装置的引下线时，应专设引下线，其根数不应少于 2 根，并应沿建筑物四周和内庭院四周均匀对称布置，其间距不应大于 18m，每根引下线的冲击接地电阻不应大于 10Ω
第三类	（1）接闪器宜采用接闪带（网）、接闪杆或由其混合组成。接闪带应装设在建筑物易受雷击的屋角、屋脊、女儿墙及屋檐等部位，建筑物女儿墙外角应在接闪器保护范围之内，并应在整个屋面上装设不大于 20m×20m 或 24m×16m 的网格；外圈的接闪带及作为接闪带的金属栏杆等应设在外墙外表面或屋檐边垂直面上或垂直面外。 （2）所有接闪杆应采用接闪带或金属导体与防雷装置连接。 （3）引出屋面的金属物体可不装接闪器，但应和屋面防雷装置相连。 （4）防直击雷的引下线应优先利用建筑物钢筋混凝土中的钢筋或钢结构柱	（1）当利用建筑物钢筋混凝土中的钢筋或钢结构柱作为防雷装置的引下线时，引下线根数可不限，其中专用引下线的间距不应大于 25m，但建筑外廓易受雷击的各个角上的柱子的钢筋或钢柱应被利用作专用引下线。当其垂直支柱均起到引下线的作用时，引下线的根数、间距及冲击接地电阻均可不作要求。 （2）当无建筑物钢筋混凝土中的钢筋或钢结构柱可作为防雷装置的引下线时，应专设引下线其根数不应少于 2 根，并应沿建筑物四周和内庭院四周均匀对称布置，其间距不应大于 25m，每根引下线的冲击接地电阻应大于 25Ω

四、接闪器（★★）

（1）不得利用安装在接收无线电视广播的共用天线的杆顶上的接闪器保护建筑物。

（2）建筑物防雷装置可采用接闪杆、接闪带（网）、屋顶上的永久性金属物及金属屋面作为接闪器。

（3）对于利用钢板、铜板、铝板等做屋面的建筑物，当符合下列要求时，宜利用其屋面作为接闪器：

1）金属板之间具有持久的电气贯通连接；

2）当金属板需要防雷击击穿时，不锈钢、热浸镀锌钢和钛板的厚度不应小于 4mm，铜板厚度不应小于5mm，铝板厚度不应小于7mm；

3）当金属板不需要防雷击击穿和金属板背面无易燃物品时，铅板的厚度不应小于2mm，不锈钢、热浸镀锌钢、钛和铜板的厚度不应小于0.5mm，铝板厚度不应小于0.65mm，锌板厚度不应小于0.7mm；

4）金属板应无绝缘被覆层❶。

（4）接闪器的布置及保护范围应符合下列规定：

1）接闪器应由下列各形式之一或任意组合而成：①独立接闪杆；②直接装设在建筑物上的接闪杆、接闪带或接闪网。

2）布置接闪器时应优先采用接闪网、接闪带或采用接闪杆。

五、引下线

（1）建筑物防雷装置宜利用建筑物钢结构或结构柱的钢筋作为引下线。敷设在混凝土结构柱中作引下线的钢筋仅为1根时，其直径不应小于10mm。当利用构造柱内钢筋时，其截面积总和不应小于1根直径10mm钢筋的截面积，且多根钢筋应通过箍筋绑扎或焊接连通。作为专用防雷引下线的钢筋应上端与接闪器、下端与防雷接地装置可靠连接，结构施工时作明显标记。

（2）当专设引下线时，宜采用圆钢或扁钢。当采用圆钢时，直径不应小于8mm。当采用扁钢时，截面积不应小于50mm²，厚度不应小于2.5mm。对于装设在烟囱上的引下线，圆钢直径不应小于12mm，扁钢截面积不应小于100mm²，且扁钢厚度不应小于4mm。

（3）除利用混凝土中钢筋作引下线外，引下线应热浸镀锌，焊接处应涂防腐漆。在腐蚀性较强的场所，还应加大截面积或采取其他的防腐措施。

（4）专设引下线宜沿建筑物外墙明敷设，并应以较短路径接地，建筑艺术要求较高者也可暗敷，但截面积应加大一级，圆钢直径不应小于10mm，扁钢截面积不应小于80mm²。

（5）建筑物的钢梁、钢柱、消防梯等金属构件，以及幕墙的金属立柱等宜作为引下线，其所有部件之间均应连成电气通路，各金属构件可覆有绝缘材料。

> **实务提示：**
> "专用引下线"是用作防雷检测的引下线，指建筑物钢筋混凝土中的钢筋或钢结构柱。"专设引下线"为无钢筋或钢结构柱可利用作为防雷装置的引下线时，需要单独设置防雷引下线，常见的情况是沿建筑外墙明敷设的防雷引下线。

（6）在建筑物引下线附近需采取以下防接触电压和跨步电压的措施，以保护人身安全：

1）防接触电压应符合下列规定之一：①利用建筑物四周或建筑物内金属构架和结构柱内的钢筋作为自然引下线时，其专用引下线的数量不少于10处，且所有自然引下

---

❶ 薄的油漆保护层、1mm厚沥青层或0.5mm厚聚氯乙烯层或类似保护层均不应属于绝缘被覆层。

线之间通过防雷接地网互相电气导通；②引下线 3m 范围内地表层的电阻率不小于 50kΩ·m，或敷设 5cm 厚沥青层或 15cm 厚砾石层；③外露引下线，其距地面 2.7m 以下的导体用耐 1.2/50μs 冲击电压 100kV 的绝缘层隔离，或用至少 3mm 厚的交联聚乙烯层隔离。

2）防跨步电压应符合下列规定之一：①利用建筑物四周或建筑物内的金属构架和结构柱内的钢筋作为自然引下线时，其专用引下线的数量不少于 10 处，且所有自然引下线之间通过防雷接地网互相电气导通；②引下线 3m 范围内土壤地表层的电阻率不小于 50kΩ·m；或敷设 5cm 厚沥青层或 15cm 厚砾石层；③用网状接地装置对地面作均衡电位处理。

六、接地网

（1）民用建筑宜优先利用钢筋混凝土基础中的钢筋作为防雷接地网。当需要增设人工接地体时，若敷设于土壤中的接地体连接到混凝土基础内钢筋或钢材，则土壤中的接地体宜采用铜质、镀铜或不锈钢导体。

（2）单独设置的人工接地体，其垂直埋设的接地极，宜采用圆钢、钢管、角钢等。水平埋设的接地极及其连接导体宜采用扁钢、圆钢等。

（3）接地极及其连接导体应热浸镀锌，焊接处应涂防腐漆。在腐蚀性较强的土壤中，还应适当加大其截面积或采取其他防腐措施。

（4）垂直接地体的长度宜为 2.5m。垂直接地极间的距离及水平接地极间的距离均宜为 5m，当设置受到限制时可减小。

（5）接地极埋设深度不宜小于 0.6m，并应敷设在当地冻土层以下，其距墙或基础不宜小于 1m。接地极应远离由于高温影响使土壤电阻率升高的地方。

（6）为降低跨步电压，人工防雷接地网距建筑物入口处及人行道不宜小于 3m，当小于 3m 时，应采取下列措施之一：

1）水平接地极局部深埋不应小于 1m；

2）水平接地极局部应包以绝缘物；

3）采用沥青碎石地面或在接地网上面敷设 50～80mm 沥青层，其宽度不宜小于接地网两侧各 2m。

（7）当采用敷设在钢筋混凝土中的单根钢筋作为防雷装置时，钢筋的直径不应小于 10mm。

（8）铝导体不应作为埋设于土壤中的接地极和接地连接导体（线）。

（9）用于输送可燃液体或气体的金属管道，供暖管道、供水、中水、排水等金属管道，不应用作接地极。

（10）沿建筑物外面四周敷设成闭合环状的水平接地体，可埋设在建筑物散水以外的基础槽边。

（11）在高土壤电阻率地区，宜采用下列方法降低防雷接地网的接地电阻：

1）采用多支线外引接地网，外引长度不应大于有效长度 $2\sqrt{\rho}$（m）[ρ 为敷设接地体处的土壤电阻率（Ω_m）]；

2）将接地体埋于较深的低电阻率土壤中，也可采用井式或深钻式接地极；

3）采用降阻剂，降阻剂应符合环保要求；

4）换土；

5）敷设水下接地网。

> **实务提示：**
>
> 工程设计过程中用于输送可燃液体或气体的金属管道、供暖管道及自来水管道，不应用作接地极，但是此类设施管道要求作总等电位连接，不应混淆。

> **例题 10-9（2020）：** 下列不可以作为避雷针使用的是：
>
> A. 金属屋面　　　　　　　　　　B. 永久性金属网
>
> C. 热浸镀锌圆钢　　　　　　　　D. 电视天线
>
> **【答案】** D
>
> **【解析】** 依据《民用建筑电气设计标准》GB 51348—2019 第 11.6.1 条，不得利用安装在接收无线电视广播的共用天线杆顶上的接闪器保护建筑物。

第六节　建筑电气防火

建筑电气防火设计的范围，主要包括民用建筑内火灾自动报警系统、电气火灾监控系统、消防应急照明系统、消防电源及配电系统、配电线路布线系统的防火设计。在建筑电气防火设计中，应合理设置火灾自动报警系统、消防负荷供配电系统，并应合理选择非消防负荷配电线缆和通信线缆的燃烧性能等级，防止火灾蔓延。

一、系统设置（★）

（一）应设置火灾自动报警系统的建筑或场所

（1）任一层建筑面积大于 1500m² 或总建筑面积大于 3000m² 的制鞋、制衣、玩具、电子等类似用途的厂房。

（2）每座占地面积大于 1000m² 的棉、毛、丝、麻、化纤及其制品的仓库，占地面积大于 500m² 或总建筑面积大于 1000m² 的卷烟仓库。

（3）任一层建筑面积大于 1500m² 或总建筑面积大于 3000m² 的商店、展览、财贸金融、客运和货运等类似用途的建筑，总建筑面积大于 500m² 的地下或半地下商店。

（4）图书或文物的珍藏库，每座藏书超过 50 万册的图书馆，重要的档案馆。

（5）地市级及以上广播电视建筑、邮政建筑、电信建筑，城市或区域性电力、交通和防灾等指挥调度建筑。

（6）特等、甲等剧场，座位数超过 1500 个的其他等级的剧场或电影院，座位数超过 2000 个的会堂或礼堂，座位数超过 3000 个的体育馆。

（7）大、中型幼儿园的儿童用房等场所，老年人照料设施建筑❶，任一层建筑面积

---

❶ 老年人照料设施中的老年人用房及其公共走道，均应设置火灾探测器和声警报装置或消防广播。

$1500m^2$ 或总建筑面积大于 $3000m^2$ 的疗养院的病房楼、旅馆建筑和其他儿童活动场所，不少于 200 床位的医院门诊楼、病房楼和手术部等。

（8）歌舞、娱乐、放映、游艺场所；

（9）净高大于 2.6m 且可燃物较多的技术夹层，净高大于 0.8m 且有可燃物的闷顶或吊顶内。

（10）电子信息系统的主机房及其控制室、记录介质库，特殊贵重或火灾危险性大的机器、仪表、仪器设备室、贵重物品库房。

（11）二类高层公共建筑内建筑面积大于 $50m^2$ 的可燃物品库房和建筑面积大于 $500m^2$ 的营业厅。

（12）其他一类高层公共建筑。

（13）设置机械排烟、防烟系统，雨淋或预作用自动喷水灭火系统，固定消防水炮灭火系统，气体灭火系统等需与火灾自动报警系统联锁动作的场所或部位。

（二）宜设置电气火灾监控系统的建筑或场所

老年人照料设施的非消防用电负荷应设置电气火灾监控系统，电气火灾监控系统示意如图 10-6-1 所示。下列建筑或场所的非消防用电负荷宜设置电气火灾监控系统：

（1）建筑高度大于 50m 的乙、丙类厂房和丙类仓库，室外消防用水量大于 30L/s 的厂房（仓库）；

（2）一类高层民用建筑；

（3）座位数超过 1500 个的电影院、剧场，座位数超过 3000 个的体育馆，任一层建筑面积大于 $3000m^2$ 的商店和展览建筑，省（市）级及以上的广播电视、电信和财贸金融建筑，室外消防用水量大于 25L/s 的其他公共建筑；

（4）国家级文物保护单位的重点砖木或木结构的古建筑。

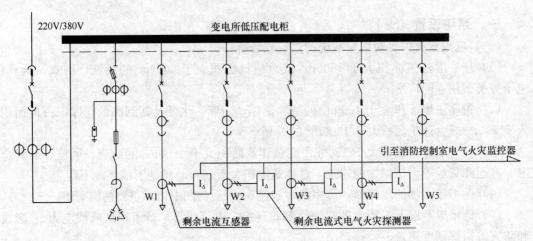

图 10-6-1　电气火灾监控系统示意图

二、系统形式的选择和设计要求

1. 系统形式的选择

火灾自动报警系统形式的选择依据保护对象及设立的消防安全目标不同，分为区域报警系统、集中报警系统、控制中心报警系统三种形式。火灾报警系统的选择和设计要求，应符合表 10-6-1 相关规定。

火灾自动报警系统形式的选择和设计要求　　　　　　　　　　表 10-6-1

系统形式	系统选择	设计要求
区域报警系统	仅需要报警，不需要联动自动消防设备的保护对象	（1）系统应由火灾探测器、手动火灾报警按钮、火灾声光警报器及火灾报警控制器等组成，系统中可包括消防控制室图形显示装置和指示楼层的区域显示器。 （2）火灾报警控制器应设置在有人值班的场所
集中报警系统	不仅需要报警，同时需要联动自动消防设备，且只设置一台具有集中控制功能的火灾报警控制器和消防联动控制器的保护对象，应采用集中报警系统，并应设置一个消防控制室	（1）系统应由火灾探测器、手动火灾报警按钮、火灾声光警报器、消防应急广播、消防专用电话、消防控制室图形显示装置、火灾报警控制器、消防联动控制器等组成。 （2）系统中的火灾报警控制器、消防联动控制器和消防控制室图形显示装置、消防应急广播的控制装置、消防专用电话总机等起集中控制作用的消防设备，应设置在消防控制室内
控制中心报警系统	设置两个及以上消防控制室的保护对象，或已设置两个及以上集中报警系统的保护对象	（1）有两个及以上消防控制室时，应确定一个主消防控制室。 （2）主消防控制室应能显示所有火灾报警信号和联动控制状态信号，并应能控制重要的消防设备；各分消防控制室内消防设备之间可互相传输、显示状态信息，但不应互相控制

实务提示：

　　消防控制室设置的位置应能便于安全进出和具有足够的防火性能，一般设置在建筑物的首层或地下一层，区别于其他智能化机房。

　　火灾报警系统的区域报警系统示意图及集中报警系统、控制中心报警系统框图如图 10-6-2～图 10-6-4 所示。

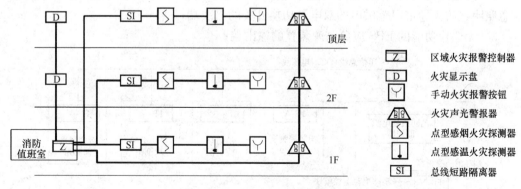

☒Z	区域火灾报警控制器
☐D	火灾显示盘
Y	手动火灾报警按钮
△	火灾声光警报器
点型感烟火灾探测器	
点型感温火灾探测器	
SI	总线短路隔离器

图 10-6-2　区域报警系统示意图

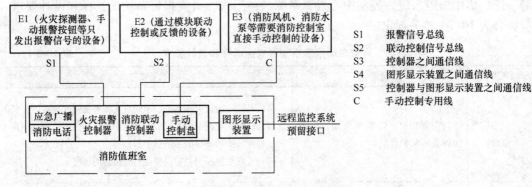

S1　　报警信号总线
S2　　联动控制信号总线
S3　　控制器之间通信线
S4　　图形显示装置之间通信线
S5　　控制器与图形显示装置之间通信线
C　　　手动控制专用线

图 10-6-3　集中报警系统框图

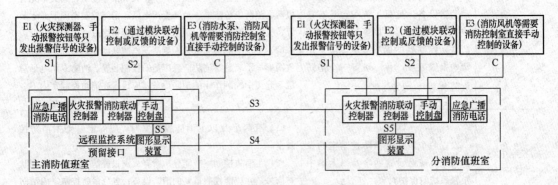

图 10-6-4　控制中心报警系统框图

2. 系统设计要求

设有消防控制室的建筑物应设置消防电源监控系统，消防电源监控系统示意如图 10-6-5 所示，其设置应符合下列要求：

（1）消防电源监控器应设置在消防控制室内，用于监控消防电源的工作状态，故障时发出报警信号。

（2）消防设备电源监控点宜设置在下列部位：

1）变电所消防设备主电源、备用电源专用母排或消防电源柜内母排；

2）为重要消防设备如消防控制室、消防泵、消防电梯、防排烟风机、非集中控制型应急照明、防火卷帘门等供电的双电源切换开关的出线端；

3）无巡检功能的 EPS 应急电源装置的输出端；

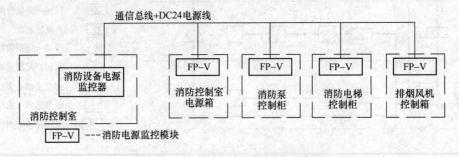

图 10-6-5　消防电源监控系统示意图

4）为无巡检功能的消防联动设备供电的直流 24V 电源的出线端。

三、消防设施联动控制设计（★★）

1. 电动防火卷帘的联动控制与手动控制设计

电动防火卷帘的联动控制与手动控制设计，应符合下列规定：

（1）疏散通道上的防火卷帘的联动控制，应由防火分区内任意两只感烟探测器或一只感烟探测器和一只防火卷帘专用感烟探测器的报警信号，联动控制防火卷帘下落至 1.8m；任一只防火卷帘专用感温探测器的报警信号联动防火卷帘下落到底。

（2）非疏散通道上的防火卷帘的联动控制，应由防火分区内任意两只感烟探测器的报警信号联动防火卷帘一次下落到底。

（3）手动控制：疏散通道上的防火卷帘两侧应设置手动控制按钮，控制防火卷帘的升降。非疏散通道上的防火卷帘应根据安装地点不同，在一侧或两侧安装手动控制按钮，并应能在消防控制室联动控制器上手动控制防火卷帘的降落。

2. 常开防火门的联动控制设计

常开防火门的联动控制设计，应符合下列规定：

（1）应由常开防火门所在防火分区任意两只感烟探测器或一只感烟探测器和一只手动报警按钮的报警信号作为触发信号，通过火灾报警控制器（联动型）、联动控制器或防火门监控器控制常开防火门关闭；常开防火门的关闭及故障信号应反馈至防火门监控器。

（2）常开防火门宜选用平时不耗电的闭门器。

3. 电梯的联动控制设计

（1）消防联动控制器应具有发出联功控制信号强制所有电梯停于首层或电梯转换层的功能。

（2）电梯运行状态信息和停于首层或转换层的反馈信号，应传送给消防控制室显示，轿厢内应设置能直接与消防控制室通话的专用电话。

4. 火灾警报和消防应急广播系统的联动控制设计

（1）火灾自动报警系统应设置火灾声光警报器，并应在确认火灾后启动建筑内的所有火灾声光警报器。

（2）公共场所宜设置具有同一种火灾变调声的火灾声警报器；具有多个报警区域的保护对象，宜选用带有语音提示的火灾声警报器；学校、工厂等各类日常使用电铃的场所，不应使用警铃作为火灾声警报器。

（3）同一建筑内设置多个火灾声警报器时，火灾自动报警系统应能同时启动和停止所有火灾声警报器工作。

（4）集中报警系统和控制中心报警系统应设置消防应急广播。

（5）消防应急广播系统的联动控制信号应由消防联动控制器发出。当确认火灾后，应同时向全楼进行广播。

（6）消防应急广播与普通广播或背景音乐广播合用时，应具有强制切入消防应急广播的功能。

5. 其他说明

当确认火灾后，由发生火灾的报警区域开始，顺序启动全楼疏散通道的消防应急照明和疏散指示系统，系统全部投入应急状态的启动时间不应大于 5s。疏散照明应在消防控制室集中手动、自动控制。不得利用切断消防电源的方式直接强启疏散照明灯。

消防水泵、防烟和排烟风机的控制设备，除应采用联动控制方式外，还应在消防控制室设置手动直接控制装置。

四、火灾探测器的选择（★★）

火灾探测器的选择，应根据探测区域内可能发生的初期火灾的形成和发展特征、房间高度、环境条件以及可能引起误报的原因等因素来决定，民用建筑内不同场所火灾探测器的选择应符合表 10-6-2 相关规定。

火灾探测器的选择　　　　　　　　　　　表 10-6-2

探测器类型	典型场所
点型感烟火灾探测器	（1）饭店、旅馆、教学楼、办公楼的厅堂、卧室、办公室、商场、列车载客车厢等； （2）计算机房、通信机房、电影或电视放映室等； （3）楼梯、走道、电梯机房、车库等； （4）书库、档案库等
点型感温火灾探测器	（1）相对湿度经常大于 95%； （2）可能发生无烟火灾； （3）有大量粉尘； （4）吸烟室等在正常情况下有烟或蒸气滞留的场所； （5）厨房、锅炉房、发电机房、烘干车间等不宜安装感烟火灾探测器的场所； （6）需要联动熄灭"安全出口"标志灯的安全出口内侧； （7）其他无人滞留且不适合安装感烟火灾探测器，但发生火灾时需要及时报警的场所
点型火焰探测器或图像型火焰探测器	（1）火灾时有强烈的火焰辐射； （2）可能发生液体燃烧等无阴燃阶段的火灾； （3）需要对火焰做出快速反应
可燃气体探测器	（1）使用可燃气体的场所； （2）燃气站和燃气表房以及存储液化石油气罐的场所； （3）其他散发可燃气体和可燃蒸气的场所
缆式线型感温火灾探测器	（1）电缆隧道、电缆竖井、电缆夹层、电缆桥架； （2）不易安装点型探测器的夹层、闷顶； （3）各种皮带输送装置； （4）其他环境恶劣不适合点型探测器安装的场所
吸气式感烟火灾探测器	（1）具有高速气流的场所； （2）点型感烟、感温火灾探测器不适宜的大空间、舞台上方、建筑高度超过 12m 或有特殊要求的场所； （3）低温场所； （4）需要进行隐蔽探测的场所； （5）需要进行火灾早期探测的重要场所； （6）人员不宜进入的场所

五、系统设备的设置

1. 点型火灾探测器的设置

（1）探测区域的每个房间应至少设置一只火灾探测器。

（2）在有梁的顶棚上设置点型感烟火灾探测器、感温火灾探测器时，应符合下列规定：

1）当梁突出顶棚的高度小于 200mm 时，可不计梁对探测器保护面积的影响。

2）当梁突出顶棚的高度为 200～600mm 时，应按本规范计算确定梁对探测器保护面积的影响和一只探测器能够保护的梁间区域的数量。

3）当梁突出顶棚的高度超过 600mm 时，被梁隔断的每个梁间区域应至少设置一只探测器。

4）当梁间净距小于 1m 时，可不计梁对探测器保护面积的影响。

（3）在宽度小于 3m 的内走道顶棚上设置点型探测器时，宜居中布置。感温火灾探测器的安装间距不应超过 10m；感烟火灾探测器的安装间距不应超过 15m；探测器至端墙的距离，不应大于探测器安装间距的 1/2。

（4）点型探测器至墙壁、梁边的水平距离，不应小于 0.5m。

（5）点型探测器周围 0.5m 内，不应有遮挡物。

（6）点型探测器至空调送风口边的水平距离不应小于 1.5m，并宜接近回风口安装。探测器至多孔送风顶棚孔口的水平距离不应小于 0.5m。

2. 手动火灾报警按钮的设置

（1）每个防火分区应至少设置一只手动火灾报警按钮。从一个防火分区内的任何位置到最邻近的手动火灾报警按钮的步行距离不应大于 30m。手动火灾报警按钮宜设置在疏散通道或出入口处。

（2）手动火灾报警按钮应设置在明显和便于操作的部位。当采用壁挂方式安装时，其底边距地高度宜为 1.3～1.5m，且应有明显的标志。

3. 火灾警报器的设置

（1）火灾警报器应设置在每个楼层的楼梯口、消防电梯前室、建筑内部拐角等处的明显部位，且不宜与安全出口指示标志灯具设置在同一面墙上。

（2）每个报警区域内应均匀设置火灾警报器，其声压级不应小于 60dB；在环境噪声大于 60dB 的场所，其声压级应高于背景噪声 15dB。

（3）当火灾警报器采用壁挂方式安装时，其底边距地面高度应大于 2.2m。

4. 消防应急广播的设置

（1）消防应急广播扬声器的设置，应符合下列规定：

1）民用建筑内扬声器应设置在走道和大厅等公共场所。每个扬声器的额定功率不应小于 3W，其数量应能保证从一个防火分区内的任何部位到最近一个扬声器的直线距离不大于 25m，走道末端距最近的扬声器距离不应大于 12.5m。

2）在环境噪声大于 60dB 的场所设置的扬声器，在其播放范围内最远点的播放声压级应高于背景噪声 15dB。

3）客房设置专用扬声器时，其功率不宜小于 1W。

（2）壁挂扬声器的底边距地面高度应大于 2.2m。

5. 消防专用电话的设置

（1）消防专用电话网络应为独立的消防通信系统。

（2）消防控制室应设置消防专用电话总机。

（3）多线制消防专用电话系统中的每个电话分机应与总机单独连接。

（4）电话分机或电话插孔的设置，应符合下列规定：

1）消防水泵房、发电机房、配变电室、计算机网络机房、主要通风和空调机房、防排烟机房、灭火控制系统操作装置处或控制室、企业消防站、消防值班室、总调度室、消防电梯机房及其他与消防联动控制有关的且经常有人值班的机房应设置消防专用电话分机。消防专用电话分机，应固定安装在明显且便于使用的部位，并应有区别于普通电话的标识。

2）设有手动火灾报警按钮或消火栓按钮等处，宜设置电话插孔，并宜选择带有电话插孔的手动火灾报警按钮。

3）各避难层应每隔20m设置一个消防专用电话分机或电话插孔。

4）电话插孔在墙上安装时，其底边距地面高度宜为1.3～1.5m。

（5）消防控制室、消防值班室或企业消防站等处，应设置可直接报警的外线电话。

六、消防系统供电及布线（★★）

1. 火灾自动报警系统供电

（1）火灾自动报警系统应设置交流电源和蓄电池备用电源。

（2）消防控制室图形显示装置、消防通信设备等的电源，宜由 UPS 电源装置或消防设备应急电源供电。

（3）火灾自动报警系统主电源不应设置剩余电流动作保护和过负荷保护装置。

（4）消防设备应急电源输出功率应大于火灾自动报警及联动控制系统全负荷功率的120%，蓄电池组的容量应保证火灾自动报警及联动控制系统在火灾状态同时工作负荷条件下连续工作 3h 以上。

（5）消防联动控制设备的直流电源电压，应采用24V 安全电压。

2. 火灾自动报警系统布线

（1）火灾自动报警系统的供电线路、消防联动控制线路应采用耐火铜芯电线电缆，报警总线、消防应急广播和消防专用电话等传输线路应采用阻燃或阻燃耐火电线电缆。

（2）线路暗敷设时，应采用金属管、可挠（金属）电气导管或 B_1 级以上的刚性塑料管保护，并应敷设在不燃烧体的结构层内，且保护层厚度不宜小于 30mm；线路明敷设时，应采用金属管、可挠（金属）电气导管或金属封闭线槽保护。矿物绝缘类不燃性电缆可直接明敷。

3. 消防设备配电及线路敷设

（1）消防用电设备应采用专用的供电回路，当建筑内的生产、生活用电被切断时，应仍能保证消防用电。备用消防电源的供电时间和容量，应满足该建筑火灾延续时间内各消防用电设备的要求。

（2）消防配电干线宜按防火分区划分，消防配电支线不宜穿越防火分区。

（3）消防控制室、消防水泵房、防烟和排烟风机房的消防用电设备及消防电梯等的供电，应在其配电线路的最末一级配电箱处设置自动切换装置。

（4）按一、二级负荷供电的消防设备，其配电箱应独立设置；按三级负荷供电的消防设备，其配电箱宜独立设置。消防配电设备应设置明显标志。

（5）火灾自动报警系统的导线选择及其敷设，应满足火灾时连续供电或传输信号的需要。所有消防线路，应采用铜芯电线或电缆。

（6）火灾自动报警系统的传输线路和50V以下供电的控制线路，应采用耐压不低于交流300V/500V的多股绝缘电线或电缆。采用交流220V/380V供电或控制的交流用电设备线路，应采用耐压不低于交流450V/750V的电线或0.6kV/1.0kV的电缆。

（7）消防配电线路应满足火灾时连续供电的需要，其敷设应符合下列规定：

1）明敷时（包括敷设在吊顶内），应穿金属导管或采用封闭式金属槽盒保护，金属导管或封闭式金属槽盒应采取防火保护措施；当采用阻燃或耐火电缆并敷设在电缆井、沟内时，可不穿金属导管或采用封闭式金属槽盒保护；当采用矿物绝缘类不燃性电缆时，可直接明敷。

2）暗敷时，应穿管并应敷设在不燃性结构内且保护层厚度不应小于30mm。

3）消防配电线路宜与其他配电线路分开敷设在不同的电缆井、沟内；确有困难需敷设在同一电缆井、沟内时，应分别布置在电缆井、沟的两侧，且消防配电线路应采用矿物绝缘类不燃性电缆。

例题 10-10（2020）： 以下属于消防联动关联控制的是：

A. 普通电梯　　　　　　　　　　B. 消防电梯

C. 一般照明　　　　　　　　　　D. 中央空调

【答案】B

【答案】消防设施联动控制主要包括灭火设施（消火栓和自动喷水灭火系统）的联动控制，电动防火卷帘的联动控制，常开防火门的联动控制，防烟、排烟设施的联动控制，安全技术防范系统的联动以及非消防电源及电梯的联动控制。

第七节　智能化系统

一、一般规定

（1）智能化系统机房包括民用建筑所设置的进线间（信息接入机房）、信息网络机房、用户电话交换机房、消防控制室、安防监控中心、智能化总控室、公共广播机房、有线电视前端机房、建筑设备管理系统机房、弱电间（电信间、弱电竖井）等。

（2）各类机房的设置应满足系统正常运行和用户使用、管理等要求。

（3）机房面积应留有发展空间。

二、机房的设置（★★）

1. 机房位置选择

（1）机房宜设在建筑物首层及以上各层，当有多层地下层时，也可设在地下一层。

（2）机房不应设置在厕所、浴室或其他潮湿、易积水场所的正下方或与其贴邻。

（3）机房应远离强振动源和强噪声源的场所，当不能避免时，应采取有效的隔振、消声和隔声措施。

（4）机房应远离强电磁场干扰场所，当不能避免时，应采取有效的电磁屏蔽措施。

2. 集中设置机房

大型公共建筑宜按使用功能和管理职能分类集中设置机房，并应符合下列规定：

（1）信息设施系统总配线机房宜与信息网络机房及用户电话交换机房靠近或合并设置。

（2）安防监控中心宜与消防控制室合并设置。

（3）与消防有关的公共广播机房可与消防控制室合并设置。

（4）有线电视前端机房宜独立设置。

（5）建筑设备管理系统机房宜与相应的设备运行管理、维护值班室合并设置或设于物业管理办公室。

（6）信息化应用系统机房宜集中设置，当火灾自动报警系统、安全技术防范系统、建筑设备管理系统、公共广播系统等的中央控制设备集中设在智能化总控室内时，不同使用功能或分属不同管理职能的系统应有独立的操作区域。

3. 安防监控中心设置

（1）安防监控中心宜设于建筑物的首层或有多层地下室的地下一层，其使用面积不宜小于 $20m^2$。与消防控制室或智能化总控室合用时，其专用工作区面积不宜小于 $12m^2$。

（2）综合体建筑或建筑群安防监控中心应设于防护等级要求较高的综合体建筑或建筑群的中心位置；在安防监控中心不能及时处警的部位宜增设安防分控室。

（3）安防监控中心应设置为禁区，应有保证自身安全的防护措施和进行内外联结的通信装置，并应设置紧急报警装置和留有向上一级接处警中心报警的通信接口。

4. 弱电间（弱电竖井）设置

（1）弱电间宜设在进出线方便，便于设备安装、维护的公共部位，且为其配线区域的中心位置。

（2）智能化系统较多的公共建筑应独立设置弱电间及其竖井。

（3）弱电间位置宜上下层对应，每层均应设独立的门，不应与其他房间形成套间。

（4）弱电间不应与水、暖、气等管道共用井道。

（5）弱电间应避免靠近烟道、热力管道及其他散热量大或潮湿的设施。

（6）当设置综合布线系统时，弱电间至最远端的缆线敷设长度不得大于90m；当同楼层及邻层弱电终端数量少，且能满足铜缆敷设长度要求时，可多层合设弱电间。

三、机房对建筑专业的要求

各类机房对土建专业的要求应符合下列规定：

（1）机房内敷设活动地板时，应符合现行行业标准《防静电活动地板通用规范》SJ/T 10796 的要求；地板敷设高度应按实际需求确定，宜为 200～350mm。

（2）弱电间预留楼板洞应上下对齐，楼板洞尺寸和数量应为发展留有余地，布线后应采用与楼板相同耐火等级的防火堵料封堵。

（3）弱电间地面宜抬高 150mm，当抬高地面有困难时，门口应设置不低于 150mm 高的挡水门槛。

（4）当机房内设有用水设备时，应采取防止漫溢和渗漏的措施。

（5）机房室内装修设计和材料尚应符合现行国家标准《建筑内部装修设计防火规范》GB 50222 的要求。

四、安全技术防范系统（★★）

（1）安全技术防范系统宜由安防综合管理系统和相关子系统组成。子系统可包括入侵报警系统、视频监控系统、出入口控制系统、电子巡查系统、停车库（场）管理系统、楼宇对讲系统等。

（2）安全技术防范系统设防的区域及部位宜符合表 10-7-1 规定。

安全技术防范系统设防的区域及部位 表 10-7-1

设防区域	设防部位
周界	建筑物、建筑群外围周界，建筑物周边外墙，建筑物地面层，建筑物顶层等
出入口	建筑物、建筑群周界出入口，建筑物地面层出入口，房间门，建筑物内和楼群间通道出入口，安全出口、疏散出口，停车库（场）出入口等
通道	周界内主要通道，门厅（大堂），楼层通道，楼层电梯厅、自动扶梯口等
公共区域	营业厅、会议厅、休息厅，功能转换层、避难层，停车库（场）等
重要部位	重要办公室、财务出纳室、集中收款处、重要物品库房、重要机房和设备间、重要厨房等
民用建筑场所设置的视频监控设备，不得直接朝向涉密和敏感的有关设施	

（3）视频监控摄像机的设防应符合下列规定：

1）周界宜配合周界入侵探测器设置监控摄像机；

2）公共建筑地面层出入口、门厅（大堂）、主要通道、电梯轿厢、停车库（场）行车道及出入口等应设置监控摄像机；

3）建筑物楼层通道、电梯厅、自动扶梯口、停车库（场）内宜设置监控摄像机；

4）建筑物内重要部位应设置监控摄像机；超高层建筑的避难层（间）应设置监控摄像机；

5）安全运营、安全生产、安全防范等其他场所宜设置监控摄像机。

（4）楼宇对讲系统设计宜符合下列规定：

1）别墅宜选用访客可视对讲系统；多幢别墅统一物业管理时，宜选用数字联网式访客可视对讲系统；

2）住宅小区和单元式公寓应选用联网式访客（可视）对讲系统；

3）有楼宇对讲需求的其他民用建筑宜设置楼宇对讲系统。

例题 10-11（2021）： 智能化系统机房的设置，说法错误的是：

A. 不应设置在厕所正下方

B. 有多层地下室时，不能设置在地下一层

C. 应远离强振动源和强噪声源

D. 应远离强电磁干扰

【答案】B

【解析】依据《民用建筑电气设计标准》GB 51348—2019 第 23.2.1 条第 1 款，机房位置选择应符合下列规定：机房宜设在建筑物首层及以上各层，当有多层地下层时，也可设在地下一层。

第八节 建筑电气节能及电气安全

一、供配电系统节能设计 (★)

（1）供配电系统应满足使用功能和系统可靠性要求，并应进行技术经济比较，采用节能的供配电系统。

（2）变电所宜设在负荷中心或大功率的用电设备处，缩短供电半径，并应符合下列规定：

1）建筑电气设计应合理确定配电系统的电压等级，减少变压级数，用户用电负荷容量大于 250kW 时，宜采用高压供电；

2）当建筑物内有多个负荷中心时，应进行技术经济比较，合理设置变电所；

3）冷水机组、冷冻水泵等容量较大的季节性负荷应采用专用变压器供电。

（3）单相负荷较多的供配电系统，宜符合下列规定：

1）单相负荷应均匀分布在三相系统上，三相负荷的不平衡度宜小于 15%；

2）变电所集中设置的无功补偿装置宜采用部分分相无功自动补偿装置。

（4）在采取提高自然功率因数措施的基础上，在负荷侧应设置集中与就地无功补偿设备，补偿后的功率因数应符合变电所计量点的功率因数不宜低于 0.9 的规定，并应符合下列规定：

1）功率因数较低的大功率用电设备，且远离变电所时，应就地设置无功功率补偿；

2）安装无功补偿设备不得过补偿。

二、照明系统的节能设计 (★★★)

（1）建筑照明应采用高光效光源、高效灯具和节能器材。

（2）光源的选择应符合下列规定：

1）民用建筑不应选用白炽灯和自镇流荧光高压汞灯，一般照明的场所不应选用荧光高压汞灯。

2）一般照明在满足照度均匀度的前提下，宜选择单灯功率较大、光效较高的光源；在满足识别颜色要求的前提下，宜选择适宜色度参数的光源。

3）高大空间和室外场所的光源选择应与其安装高度相适应；灯具安装高度不超过 8m 的场所，宜采用单灯功率较大的直管荧光灯，或采用陶瓷金属卤化物灯以及 LED 灯；灯具安装高度超过 8m 的室内场所宜采用金属卤化物灯或 LED 灯；灯具安装高度超过 8m 的室外场所宜采用金属卤化物灯、高压钠灯或 LED 灯。

4）走道、楼梯间、卫生间和车库等无人长期逗留的场所宜选用三基色直管荧光灯、单端荧光灯或 LED 灯。

5）疏散指示标志灯应采用 LED 灯，其他应急照明、重点照明、夜景照明、商业及娱乐等场所的装饰照明等，宜选用 LED 灯。

6）办公室、卧室、营业厅等有人长期停留的场所，当选用 LED 灯时，其相关色温不应高于 4000K。

7）室外景观、道路照明应选择安全、高效、寿命长、稳定的光源，避免光污染。

（3）使用电感镇流器的气体放电灯应采用就地无功补偿方式，补偿后功率因数不应低于 0.9。

（4）照明控制应符合下列规定：

1）应结合建筑使用情况及天然采光状况，进行分区、分组控制；

2）天然采光良好的场所，宜按该场所照度要求、营运时间等自动开关灯或调光；

3）旅馆客房应设置节电控制型总开关，门厅、电梯厅、大堂和客房层走廊等场所，除疏散照明外宜采用夜间降低照度的自动控制装置；

4）功能性照明宜每盏灯具单独设置控制开关；当有困难时，每个开关所控的灯具数不宜多于 6 盏；

5）走廊、楼梯间、门厅、电梯厅、卫生间、停车库等公共场所的照明，宜采用集中开关控制或自动控制；

6）大空间室内场所照明，宜采用智能照明控制系统；

7）道路照明、夜景照明应集中控制；

8）设置电动遮阳的场所，宜设照度控制与其联动。

（5）建筑景观照明应符合下列规定：

1）建筑景观照明应至少有三种照明控制模式，平日应运行在节能模式；

2）建筑景观照明应设置深夜减光或关灯的节能控制。

实务提示：

常见的荧光灯是一种低压气体放电灯，使用电感镇流器的荧光灯应采用单灯补偿方式，目前应用最广泛的是电子镇流器的荧光灯，电子镇流器内部有功率因数补偿电路。

三、电气安全

（1）低压配电系统的电击防护应包括基本保护（直接接触防护）、故障保护（间接接触防护）和特殊情况下采用的附加保护。

（2）电击防护应采取基本防护和故障防护组合或基本防护和故障防护兼有的保护措施。

（3）低压配电系统的电气装置根据外界影响的情况，可采用下列一种或多种保护措施：

1）在故障情况下自动切断电源；

2）将电气装置安装在非导电场所；

3）双重绝缘或加强绝缘；

4）电气分隔措施；

5）特低电压（SELV 和 PELV）。

（4）附加防护应符合下列规定：

1）采用剩余电流保护器（RCD）作为附加防护时，应满足下列要求：在交流系统中装设额定剩余电流不大于 30mA 的 RCD，可用作基本保护失效和故障防护失效，以及用电不慎时的附加保护措施。下列设备的配电线路应设置额定剩余动作电流值不大于 30mA 的剩余电流保护器：①手持式及移动式用电设备；②人体可能无法及时摆脱的固定式设备；③室外工作场所的用电设备；④家用电器回路或插座回路。

2）采用辅助等电位联结作为附加保护时，辅助等电位联结可作为故障保护的附加保护措施。

（5）从建筑物外进入的供应设施管道可导电部分，宜在靠近入户处进行等电位联结。建筑物内的接地导体、总接地端子和下列导电部分应实施保护等电位联结：

1）进入建筑物的供应设施的金属管道；

2）在正常使用时可触及的电气装置外可导电部分；

3）便于利用的钢筋混凝土结构中的钢筋；

4）电梯轨道。

建筑工程中通过设置总等电位联结端子板以达到降低建筑物内故障情况下的接触电压和不同金属部件间的电位差，并消除来自建筑物外经电气线路和各种金属管道引入的危险故障电压的危害，减少保护电器动作不可靠带来的危险，总等电位联结示意如图 10-8-1 所示。

（6）在下列情况下应实施辅助等电位联结：

1）在局部区域，当自动切断供电的时间不能满足防电击要求；

2）在特定场所，需要有更低接触电压要求的防电击措施；

3）具有防雷和电子信息系统抗干扰要求。

（7）潮湿场所安全防护：

1）装有浴盆或淋浴器的房间，应设置辅助保护等电位联结，将保护导体与外露可导电部分和可接近的外界可导电部分相连接。

2）在装有浴盆或淋浴器的房间，0 区用电设备应满足下列全部要求：①采用固定永久性的连接用电设备；②采用额定电压不超过交流 12V 或直流 30V 的 SELV 保护措施。

3）在装有浴盆或淋浴器的房间，0 区内不应设置开关设备、控制设备和附件。

4）游泳池 0 区内不应安装接线盒、开关设备或控制设备以及电源插座。在 1 区内只允许为 SELV 回路安装接线盒。

5）游泳池在 0 区、1 区和 2 区内的所有装置外可导电部分，应以等电位联结导体和这些区域内的设备外露可导电部分的保护导体相连接。

6）允许人进入的喷水池应执行本节游泳池的规定。

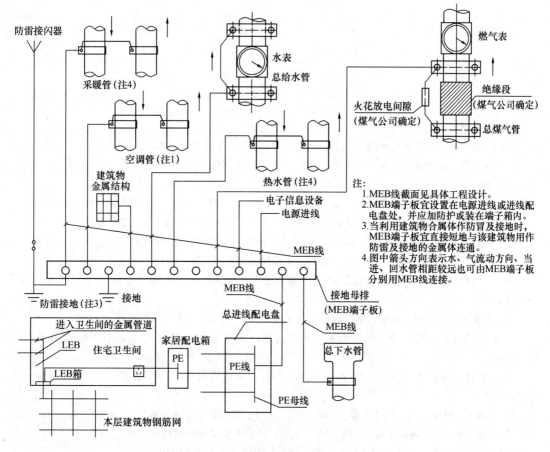

图 10-8-1 总等电位联结系统示意图

实务提示：

辅助等电位联结是指在建筑物局部范围内，将电气装置外露可接近导体和其他外露可接近导体等电位联结。《民用建筑电气设计标准》GB 51348—2019 中取消了局部等电位联结概念。

例题 10-12（2018）： 电气照明设计中，下列哪种做法不能有效节省电能？

A. 采用高能效光源
B. 采用高能效镇流器
C. 采用限制眩光灯具
D. 采用智能灯控系统

【答案】 C

【解析】 依据《民用建筑电气设计标准》GB 51348—2019 第 24.3 节电气照明的节能设计，一般照明设计在满足照度均匀度的前提下，宜选择单灯功率较大、光效较高的光源（A、B 选项正确）；大空间室内场所照明，宜采用智能照明控制系统（D 选项正确）。C 选项符合题意。

参 考 文 献

一、参考书目

(1) 陈希哲. 土力学地基基础：4 版 [M]. 北京：清华大学出版社，2007.

(2) 化建新，郑建国. 工程地质手册：5 版 [M]. 北京：中国建筑工业出版社，2018.

(3) 刘鸿文. 材料力学 I：5 版 [M]. 北京：高等教育出版社，2011.

(4) 哈尔滨工业大学理论力学教研室. 理论力学 I：7 版 [M]. 北京：高等教育出版社，2009.

(5) 程懋堃，白生翔，等. 混凝土构造手册：4 版 [M]. 北京：中国建筑工业出版社，2013.

(6) 刘加平. 建筑物理：4 版 [M]. 北京：中国建筑工业出版社，2009.

(7) 柳孝图. 建筑物理：3 版 [M]. 北京：中国建筑工业出版社，2010.

(8) 中国建筑工业出版社，中国建筑学会. 建筑设计资料集 第 1 分册 建筑总论：3 版 [M]. 北京：中国建筑工业出版社，2017.

(9) 谢水波，袁玉梅. 建筑给水排水与消防工程 [M]. 长沙：湖南大学出版社，2003.

(10) 郭汝艳，杨彭，等. 建筑给水排水设计统一技术措施 [M]. 北京：中国建筑工业出版社，2021.

(11) 赵锂，刘振印. 建筑给水排水实用设计资料 1 常用资料集 [M]. 北京：中国建筑工业出版社，2005.

(12) 贺平，孙刚，等. 供热工程：4 版 [M]. 北京：中国建筑工业出版社，2009.

(13) 孙一坚，等. 通风工程：4 版 [M]. 北京：中国建筑工业出版社，2010.

(14) 赵荣义，等. 空调工程：4 版 [M]. 北京：中国建筑工业出版社，2009.

(15) 中国航空规划设计研究总院有限公司. 工业与民用供配电设计手册：4 版 [M]. 北京：中国电力出版社，2016.

(16) 北京照明学会照明设计专业委员会. 照明设计手册：3 版 [M]. 北京：中国电力出版社，2016.

二、主要规范、规程及标准

(1)《工程结构通用规范》GB 55001—2021

(2)《建筑与市政地基基础通用规范》GB 55003—2021

(3)《混凝土结构通用规范》GB 55007—2021

(4)《混凝土结构设计规范》GB 50010—2010（2015 年版）

(5)《建筑地基基础设计规范》GB 50007—2011

(6)《建筑地基处理技术规范》JGJ 79—2012

(7)《建筑抗震设计规范》GB 50011—2010（2016 年版）

(8)《建筑边坡工程技术规范》GB 50330—2013

(9)《建筑桩基技术规范》JGJ 94—2008

(10)《建筑与市政工程抗震通用规范》GB 55002—2021

(11)《建筑结构荷载规范》GB 50009—2012

(12)《建筑结构可靠性设计统一标准》GB 50068—2018

(13)《钢结构通用规范》GB 55006—2021

(14)《砌体结构通用规范》GB 55007—2021

(15)《砌体结构设计规范》GB 50003—2011

(16)《钢结构设计标准》GB 50017—2017

(17)《木结构设计规范》GB 50005—2017

(18)《建筑环境通用规范》GB 50016—2021

(19)《建筑采用设计标准》GB 50033—2013

(20)《建筑照明设计标准》GB 50034—2013

(21)《建筑隔声设计规范》GB 50118—2010

(22)《建筑隔声评价标准》GB/T 50121—2005

(23)《声环境质量标准》GB 3096—2008

(24)《工业企业厂界环境噪声排放标准》GB 12348—2008

(25)《社会生活环境噪声排放标准》GB 22337—2008

(26)《建筑给水排水设计标准》GB 50015—2019

(27)《室外给水设计标准》GB 50013—2018

(28)《室外排水设计规范》GB 50014—2006（2016 年版）

(29)《民用建筑节水设计标准》GB 50555—2010

(30)《污水综合排放标准》GB 8978—1996

(31)《建筑设计防火规范》GB 50016—2014（2018 年版）

(32)《消防给水及消火栓系统技术规范》GB 50974—2014

(33)《自动喷水灭火系统设计规范》GB 50084—2017

(34)《气体灭火系统设计规范》GB 50370—2005

(35)《建筑灭火器配置设计规范》GB 50140—2005

(36)《汽车库、修车库、停车场设计防火规范》GB 50067—2014

(37)《建筑机电工程抗震设计规范》GB 50981—2014

(38)《建筑与小区雨水控制及利用工程技术规范》GB 50400—2016

(39)《建筑给水排水及采暖工程施工质量验收规范》GB 50242—2002

(40)《二次供水工程技术规程》CJJ 140—2010

(41)《民用建筑供暖通风与空气调节设计规范》GB 50736—2012

(42)《工业建筑供暖通风与空气调节设计规范》GB 50019—2015

(43)《民用建筑设计统一标准》GB 50352—2019

(44)《民用建筑热工设计规范》GB 50176—2016

(45)《建筑防烟排烟系统技术标准》GB 51251—2017

(46)《建筑节能与可再生能源利用通用规范》GB 55015—2021

(47)《锅炉房设计标准》GB 50041—2020

(48)《城镇燃气设计规范》GB 50028—2006（2020 年版）

(49)《燃气工程项目规范》GB 55009—2021

(50)《辐射供暖供冷技术规程》JGJ 142—2012

(51)《环境空气质量标准》GB 3095—2012

(52)《声环境空气质量标准》GB 3096—2008

(53)《公共建筑室内空气质量控制设计标准》JGJ/T 461—2019

(54)《住宅设计规范》GB 50096—2011

(55)《民用建筑电气设计标准》GB 51348—2019

(56)《公共建筑节能设计标准》GB 50189—2015